全国高等农林院校“十一五”规划教材

动物性食品卫生理化检验

刁有祥　张雨梅　主编

中国农业出版社

编 写 人 员

主　编　刁有祥　张雨梅

副主编　刘兴友　曲祖乙

编　者（按姓名笔画排序）

刁有祥（山东农业大学）

曲祖乙（辽宁医学院）

刘兴友（河南科技学院）

张雨梅（扬州大学）

张素霞（中国农业大学）

赵月兰（河北农业大学）

审　稿　秦贞奎（中国检验检疫科学研究院）

前　言

随着我国经济的持续发展以及人民生活水平的日益提高，肉、蛋、奶、水产品等动物性产品及其制品在城乡居民饮食结构中所占比例越来越高。随着生活质量的不断提高，人们对动物性食品的质量要求也越来越高，绿色、环保、健康的食品成为消费者追求的食品理念。

但是腐败变质的，被有害物质污染的，残留药物或有害化学物的，或者存在掺假物的动物性食品，不仅会影响和损害消费者本身的健康，而且可能影响子孙后代。因此，加强动物性食品卫生检验，保证食用安全，是维护消费者利益，保障人类健康的重要保障。为此，我们编写了《动物性食品卫生理化检验》一书，以满足教学、科研、生产需要。

本书绪论、第一章、第二章、第九章由刁有祥教授编写，第三章由刘兴友教授编写，第四章由张雨梅教授编写，第五章由张素霞教授编写，第六章由赵月兰教授编写，第七章、第八章由曲祖乙教授编写。中国检验检疫科学研究院秦贞奎研究员对全部书稿进行了认真审阅，并提出了宝贵的修改意见，在此表示衷心的感谢。

本书以我国的国家标准《食品卫生检验方法——理化部分》和最新版的行业标准为依据，注意收集国内外有关最新资料，在总结教学、科研和生产实践的基础上编写而成。全面系统地介绍了动物性食品卫生理化检验的基础知识、动物性食品卫生理化检验的基本步骤；动物性食品中营养成分、食品添加剂、重金属元素、农药残留、药物残留、生物毒素、化学致癌物质的检验方法，以及各类动物性食品的相关检验内容。同时对国内外有关最新资料和检验技术做了扼要介绍，具有科学性、系统性和实用性等特点。

本书在编写过程中，得到了中国农业出版社及参与本书编写的作者所在学校的大力支持，在此表示衷心感谢。由于我们水平有限，书中难免存在不妥之处，敬请读者指正。

编　者

2011 年 5 月

目　录

第一章 动物性食品卫生理化检验概论

第一节　动物性食品卫生理化检验基础知识

一、食品分析所用单位

《中华人民共和国计量法》规定，我国采用国际单位制。国家计量局于 1984 年颁布了《我国法定计量单位的使用方法》。因此，食品分析中所用的计量单位均应采用我国法定计量单位、法定的名称及其符号。

食品分析检测中常用的量及其单位的名称和符号见表 1-1。

表 1-1　分析检测中常用的量及其单位名称和符号

量的名称	量的符号	单位名称	单位符号	倍数与分数单位
物质的量	n_B	摩［尔］	mol	mmol 等
质量	m	千克	kg	g、mg、μg 等
体积	V	立方米	m^3	L（dm^3）、mL 等
摩尔质量	M_B	千克每摩［尔］	kg/mol	g/mol 等
摩尔体积	V_B	立方米每摩［尔］	m^3/mol	L/mol 等
物质的量浓度	c_B	摩［尔］每立方米	mol/m^3	mol/L 等
质量分数	ω_B	—	%	—
质量浓度	ρ_B	千克每立方米	kg/m^3	g/L、g/mL 等
体积分数	Φ_B	—	%	—
滴定度	$T_{s/X}$，T_S	克每毫升	g/mL	—
密度	ρ	千克每立方米	kg/m^3	g/mL、g/m^3
相对原子质量	Ar	—	—	—
相对分子质量	Mr	—	—	—

二、试剂的规格及配制

（一）试剂规格

试剂规格又称试剂级别或类别。一般按实际的用途或纯度、杂质含量来划分规格标准。我国的试剂规格基本上按纯度划分，有高纯、光谱纯、基准试剂、分光纯、优级纯、分析纯和化学纯 7 种。国家和主管部门颁布质量指标的主要有优级纯、分析纯和化学纯 3 种。不同规格的试剂其纯度、用途、瓶签颜色均不同，见表1-2。

表1-2 化学试剂的等级标志和用途

名 称	英文缩写	瓶签颜色	纯度和用途
优级纯	(guaranteed reagent，G·R)	绿色	纯度高，杂质含量低，适用于精确分析、科学研究和配制标准溶液
分析纯	(analytical reagent，A·R)	红色	纯度较高，杂质含量较低，适用定性、定量分析
化学纯	(chemical pure，C·P)	蓝色	主成分含量高、纯度较高，存在干扰杂质，适用于化学实验和合成制备
实验试剂	(laboratory reagent，L·R)	棕色或其他色	主成分含量高，纯度较差，杂质含量不做选择，只适用于一般化学实验和合成制备
生物试剂	(biological reagent，B·R)	黄色或其他色	用于生化研究和分析实验
生物染色剂	(biological stain，B·S)	黄色或其他色	配制微生物标本染色液。质量指标注重生物活性杂质。可替代指示剂，可用于生物组织学、细胞学和微生物染色
光谱纯试剂	(spectrum pure，S·P)	绿色、红色、蓝色	经发射光谱法分析过的、纯度较高的试剂，纯度比优级纯高，用于光谱分析和标准溶液配制

从表1-2中可以看出，试剂的分级基本上是根据所含杂质的多少来划分的，其杂质的含量在化学试剂标签上都予以说明。因此，选择试剂的主要依据是该试剂所含杂质对分析要求有无影响。如果纯度不符合要求，其杂质对分析有干扰，应对试剂进行纯度处理。

（二）试剂配制要求

配制溶液的试剂及所有的溶剂应符合分析项目的要求。

1. 配制前的准备 配制试剂溶液时，首先根据所配制试剂纯度的要求，选用不同等级试剂，一般试剂及提取用的溶剂可用化学纯试剂，如遇到空白高或对测定有干扰时，则需要采用更纯的试剂或经纯化处理的试剂。配制微量物质的标准溶液时，所用的试剂纯度应在分析纯以上。作为标定标准滴定溶液浓度用的试剂纯度应为基准级或优级纯。根据配制溶液的浓度和数量，计算出试剂的用量。实验人员取出所需试剂，并经仔细核对，以防发生错误。例如，有的试剂仅一字之差，若稍不注意核查，往往发生混淆，如乙二胺与二乙胺等；同时，还要注意是否含结晶水以及有多少结晶水，还应注意试剂有无变质、潮解、变色等现象。

2. 试剂的称量 称量试剂要求准确和精确。必须做到：选用清洁干燥的器皿和器具；试剂一经取出，不应将多余的部分放回原瓶，以免因吸管或药匙不洁而沾污整瓶试剂；试剂称后，应立即盖好、封好，放回试剂橱，用具及操作台要收拾干净。

3. 溶剂的选择 检验方法中所使用的水，未注明其他要求时，系指蒸馏水或去离子水。未指明溶液用何种溶剂配制时，均指水溶液。

4. 试剂的配制 试剂称好后，一般应先置于烧杯中，加少量水或其他溶剂溶解。溶解后的试剂用玻璃棒搅匀，将玻棒紧靠烧杯口，使溶液沿玻棒流入容量瓶，以少量水或其他溶剂洗涤烧杯，一并倒入容量瓶中，最后用水或其他溶剂定容至刻度。

配置硫酸、硝酸、盐酸、磷酸等溶液时，均应将酸慢慢倒入水中，边加边搅拌，必要时以冷水冷却烧杯外壁，切忌直接在容量瓶中配制试剂，以免爆裂。

用有机溶剂配制溶液时，如溶解较慢，可在热水中温热溶解，并不断搅拌，切忌直接加热；易燃溶剂应远离明火，同时为防毒性，必须在通风橱内进行。

有腐蚀性及剧毒的试剂不要用手直接接触，必须套上橡皮手套；剧毒废液应解毒处理后方可埋弃，切忌直接倒入下水道等。

5. 试剂的标记和保存　试剂瓶应贴上标签，标签上写明试剂名称、浓度、配制日期。配好的试剂，应妥善保管，保管不当，会变质失效，不仅造成浪费，甚至会引起事故。一般的化学试剂应保存在通风良好、干净、干燥的房间里，以防止被水分、灰尘和其他物质污染。同时，应根据试剂的不同性质而采取不同的保管方法。试剂保管方法应根据试剂的性质来定，一般试剂均可保存在无色玻璃瓶内。容易侵蚀玻璃而影响试剂纯度的试剂，如氢氟酸、含氟盐和苛性碱，应保存在聚乙烯塑料瓶或涂有石蜡的玻璃瓶中。见光会逐渐分解的试剂、与空气接触易逐渐被氧化的试剂以及易挥发的试剂，应放在棕色瓶内置冷暗处。

吸水性强的试剂，如无水碳酸盐、苛性钠、过氧化钠等应严格密封（应该蜡封）。

相互易作用的试剂，如挥发性的酸与氨，氧化剂与还原剂应分开存放。易燃的试剂，如乙醇、乙醚、苯、丙酮与易爆炸的试剂，如高氯酸、过氧化氢、硝基化合物，应分开贮存在阴凉通风、不受阳光直射的地方。

剧毒试剂，如氰化钾、氰化钠、氢氟酸、二氯化汞、三氧化二砷等，应特别注意由专人妥善保管，严格做好记录，经一定手续取用，以免发生事故。

极易挥发并有毒的试剂可放在通风橱内，当室内温度较高时，可放在冷藏室内保存。

（三）标准溶液与配制

标准溶液是已知准确浓度的溶液，标准溶液的浓度用物质的量浓度 c（mol/L）表示，其意义是物质的量除以溶液的体积，即 $c=n/V$。标准溶液在食品理化分析中应用广泛，它是根据加入已知浓度和体积的标准溶液以求出被测物质的含量。因此，标准溶液必须准确可靠。其配制方法有两种，即直接法和间接法。

1. 直接法　如果使用的试剂是纯度较高的基准物质，就可以直接配成某种浓度的标准溶液。这就需要将一定量烘干的基准物质溶解，并在容量瓶中稀释定容到刻度，混匀后，就可以直接算出溶液的标准浓度。适合于这种方法配制的基准物质，必须具备以下条件：

（1）试剂的纯度应足够高（99.9%以上），杂质含量不得超过0.01%～0.02%，并且所含微量杂质不得影响测定。

（2）物质的组成要与化学式完全相符。若含结晶水，其结晶水应与化学式相符。

（3）性质稳定，组成固定。干燥过程中不发生变化与分解，测定时不吸湿，不吸收空气中的 CO_2。

2. 间接法　如果试剂不符合上述基准物质的条件，就必须采用间接法配制。如 NaOH 易吸收空气中的水分和 CO_2；HCl、I_2 易挥发；H_2SO_4 易吸水；$KMnO_4$ 易发生氧化还原反应等。这种情况下，应先配成接近所需浓度的溶液，再用基准物质测定它的准确浓度。这种用基准物质准确地测定标准溶液浓度的过程称为标定。标定时应注意：

(1) 标定时应平行测定至少 2～3 次，并要求测定结果的相对偏差不大于 0.2%。

(2) 为了减少测量误差，称取基准物质的量不应太少；滴定时消耗标准溶液的体积也不应太少。

(3) 配制和标定溶液时使用的量器，如滴定管、容量瓶和移液管等，在必要时应校正其体积，并考虑温度的影响。

三、实验中的有效数字

为了取得准确的分析结果，不仅要准确测量，而且还要正确记录与计算。所谓正确记录是指记录数字的位数。因为数字的位数不仅表示数字的大小，也反映测量的准确程度。所谓有效数字（significant figure）是表示数字的有效意义，就是实际能测得的数字，它一方面反映了数量的大小，同时也反映了测量的精密程度。

有效数字保留的位数，应根据分析方法与仪器的准确度来决定，一般使测得的数值中只有最后一位是可疑的。例如在分析天平上称取试样 0.500 0g，这不仅表明试样的质量 0.500 0g，还表明称量的误差在±0.000 2g 以内。如将其质量记录成 0.50g，则表明该试样是在台称上称量的，其称量误差为 0.02g，故记录数据的位数不能任意增加或减少。有效数字不仅表明数量的大小，而且也反映测量的准确度。

（一）运算规则

(1) 除有特殊规定外，一般可疑数表示末位 1 个单位的误差。

(2) 复杂运算时，其中间过程多保留一位有效数，最后结果须取应有的位数。

(3) 加减法：当几个数据相加或相减时，它们的和或差保留几位有效数字，应以小数点后位数最少（即绝对误差最大）的数为依据。

(4) 乘除法：对几个数据进行乘除运算时，它们的积或商的有效数字位数，应以其中相对误差最大的（即有效数字位数最少的）那个数为依据。

（二）数字修约规则

我国科学技术委员会正式颁布的《数字修约规则》，通常称为“四舍六入五成双”法则或四舍六入五考虑，即当尾数≤4 时舍去，尾数为 6 时进位。当尾数 4 舍为 5 时，则应视末位数是奇数还是偶数，5 前为偶数应将 5 舍去，5 前为奇数应将 5 进位。

四舍六入五留双规则的具体方法是：

(1) 当尾数小于或等于 4 时，直接将尾数舍去。

(2) 当尾数大于或等于 6 时，将尾数舍去并向前一位进位。

(3) 当尾数为 5，而尾数后面的数字均为 0 时，应看尾数“5”的前一位：若前一位数字此时为奇数，就应向前进一位；若前一位数字此时为偶数，则应将尾数舍去。数字“0”在此时应被视为偶数。

(4) 当尾数为 5，而尾数“5”的后面还有任何不是 0 的数字时，无论前一位在此时为奇数还是偶数，也无论“5”后面不为 0 的数字在哪一位上，都应向前进一位。

按照四舍六入五留双规则进行数字修约时，也应像四舍五入规则那样，一次性修约到指定的位数，不可以进行数次修约，否则得到的结果也有可能是错误的。

第二节　动物性食品卫生理化检验常用检测方法

在动物性食品卫生理化检验中，由于测定的目的不同及被检物质的性质各异，所用的方法也不同，常用的方法有感官检查法、物理检查法、化学分析法、物理化学分析法等。

（一）感官检查法

感官检查法依靠人的感觉器官，即视觉、嗅觉、味觉、触觉等来鉴定被检物质的外观、颜色、气味、味道和质地等。这种方法在动物性食品理化检验中具有重要意义。

1. 视觉检查法（vision appraisal）　这是判断食品质量的一个重要感官手段。食品的外观形态和色泽对于评价食品的新鲜程度、食品是否有不良改变度等有着重要意义。视觉鉴别应在白昼的散射光线下进行，以免灯光隐色发生错觉。鉴别时应注意整体外观、大小、形态，块形的完整程度、清洁程度，表面有无光泽、颜色的深浅色调等。在鉴别液态食品时，要将它注入无色的玻璃器皿中，透过光线来观察；也可将瓶子颠倒过来，观察其中有无夹杂物下沉或絮状物悬浮。

2. 嗅觉检查法（scent appraisal）　人的嗅觉器官相当敏感，甚至用仪器分析的方法也不一定能检查出来极轻微的变化，用嗅觉检查却能够发现。当食品发生轻的腐败变质时，就会有不同的异味产生。食品的气味是一些具有挥发性的物质形成的，所以在进行嗅觉鉴别时常需稍稍加热，但最好是在15～25℃的常温下进行，因为食品中的气味挥发性物质常随温度的高低而增减。在鉴别食品的异味时，液态食品可滴在清洁的手掌上摩擦，以增加气味的挥发；识别大块食品时，可将一把尖刀稍微加热刺入深部，拔出后立即嗅闻气味。

食品气味鉴别的顺序应当是先识别气味淡的，后鉴别气味浓的，以免影响嗅觉的灵敏度。在鉴别前禁止吸烟。

3. 味觉检查（sense of taste）　感官鉴别中的味觉对于辨别食品品质的优劣是非常重要的一环。味觉器官不但能品尝到食品的滋味如何，而且对于食品中极轻微的变化也能敏感地察觉。味觉器官的敏感性与食品的温度有关，在进行食品的滋味检查时，最好使食品处在20～45℃，以免温度的变化会增强或降低对味觉器官的刺激。几种不同味道的食品在进行感官评价时，应当按照刺激性由弱到强的顺序，最后鉴别味道强烈的食品。在进行大量样品鉴别时，中间必须休息，每鉴别一种食品之后必须用温水漱口。

4. 触觉检查（tactile sensation）　凭借触觉来鉴别食品的膨、松、软、硬、弹性（稠度），以评价食品品质的优劣，也是常用的感官鉴别方法之一。例如，根据鱼体肌肉的硬度和弹性，可以判断鱼是否新鲜或腐败；评价动物油脂的品质时，常须鉴别其稠度等。在感官测定食品的硬度（稠度）时，要求温度在15～20℃，因为温度的升降会影响食品状态的改变。

（二）物理检查法

根据食品的物理常数与食品的组成及含量之间的关系进行检测的方法称为物理检验法，物理检验法是食品分析及食品工业生产中常用的检测方法。

1. 密度法（densimetry）　密度是指物质在一定温度下单位体积的质量，以符号ρ表示，

其单位为 g/cm^3。一般用相对密度来表示，相对密度是指某一温度下物质的质量与同体积某一温度下水的质量之比，以符号 d 表示，即两者的密度之比，无量纲。

各种液态食品都有其一定的相对密度，当其组成成分及其浓度发生改变时，其相对密度也发生改变，故测定液态食品的相对密度可以检验食品的纯度和浓度。

2. 折光率（refractometry） 当光线从一种介质射到另一种介质时，在分界面上，光线的传播方向发生了改变，一部分光线进入第二种介质，这种现象称为折射现象。无论入射角怎样改变，入射角正弦与折射角正弦之比，恒等于光在两种介质中的传播速度之比，此值称为该介质的折光率。

折射率是物质的一种物理性质。可以鉴别液态食品的组成，确定食品的浓度，判断食品的纯净程度及品质。

3. 旋光度（polarimetry） 分子结构中有不对称碳原子，能把偏振光的偏振面旋转一定角度的物质称为光学活性物质。光学活性物质可分为右旋（+）和左旋（-）。偏振光通过光学活性物质的溶液时，其振动平面所旋转的角度叫做该物质溶液的旋光度，以 α 表示。在一定温度和一定光源情况下，当溶液浓度为 1g/mL，旋光管的长度为 1dm 时，偏振光所旋转的角度为比旋光度。在一定条件下比旋光度是已知的，故测得了旋光度就可计算出旋光质溶液中的浓度。

（三）化学分析法

根据已知的可以定性或定量进行的化学反应所设计的分析方法称为化学分析法，根据检测目的和被检物质的特性又可分为定性分析和定量分析。

1. 定性分析（qualitative analysis） 定性分析的目的，在于检查某一物质是否存在。它是根据被检物质的化学性质，经适当分离后，与一定试剂产生化学反应，根据反应所呈现的特殊颜色或特定性状的沉淀来判断其存在与否。

2. 定量分析（quantitative analysis） 定量分析的目的，在于检查某一物质的含量。可供定量分析的方法较多，除利用质量和容量分析外，近年来，定量分析的方法正向着快速、准确、微量的仪器分析方向发展，如光学分析、电化学分析、层析分析等。

（1）质量分析：通过称量被测组分的质量来确定被测组分质量分数的分析方法。一般是现将试样中被测组分从其他组分中分离出来，并转化为一定的称量形式，然后称量，根据其质量，计算被测成分的含量。它是化学分析中最基本、最直接的定量方法。尽管操作烦琐、费时，但准确度较高，常作为检验其他方法的基础方法。

在动物性食品卫生理化检验中，目前仍有一部分项目采用质量分析法，如水分、油脂含量，总固形体、溶解固形体，灰分的测定等都是质量法。由于红外线灯、热天平灯等近代仪器的使用，使质量分析操作正向着快速和自动分析的方向发展。

根据使用的分离方法不同，质量分析法又可分为以下三种：

①挥发法：是将被测成分挥发或将被测成分转化为易挥发的成分去掉，称残留物的质量，根据挥发前和挥发后的质量差，计算出被测物质的含量。

②萃取法：是将被测成分用有机溶媒萃取出来，再将有机溶媒挥发，称残留物的质量，计算出被测物质的含量。

③沉淀法：是在样品溶液中，加入一种适当过量的沉淀剂，使被测成分形成易于分离的

难溶性化合物，通过过滤从溶液中分离出去，再经洗涤、烘干、灼烧后称重。根据所称化合物的质量，求算被测成分的含量。

质量分析法用分析天平直接称量试样和沉淀的质量来获得分析结果，不需要基准物质和容量仪器，所以引入误差小，准确度较高。对于常量组分的测定，相对误差约为±0.1%。

缺点是费时，测定速度慢、烦琐，不适合微量组分的测定。

（2）容量分析法：容量分析是用一已知准确浓度的试剂，称为标准溶液，通过滴定管，逐滴加入被测溶液中。当标准溶液与被测组分通过一定的化学反应恰好进行完全时，根据所消耗标准溶液的体积和标准溶液浓度，计算被测组分的含量。

容量分析根据所选用反应的类型，又可分为四类：

①酸碱滴定法：是利用已知浓度的酸溶液来测定碱溶液的浓度，或利用已知浓度的碱溶液来测定酸溶液的浓度。

②沉淀滴定法：是利用形成沉淀的反应来测定其含量的方法。

③络合滴定法：是应用氨羧络合滴定中的乙二胺四乙酸二钠（EDTA）直接滴定法。

④氧化还原滴定法：是利用氧化还原来测定被检物质中氧化性或还原性物质的含量，又包括碘量法和高锰酸钾法。

（3）气体分析法：在一定温度、一定压力下，依据反应中产生的气体或气体样品在反应前后体积的变化，以测定分析物质的含量。例如在动物性食品的气调保存中，测定贮藏室中CO_2、O_2和N_2的含量就属于气体分析法。

（四）物理化学分析法

物理化学分析法是在化学分析基础上发展起来的分析方法。它是根据待测物质的物理或物理化学性质及其组成和浓度之间的关系，利用特殊的仪器进行分析工作的。物理化学法操作简便、快速准确，适用于微量或痕量组分的分析。目前在动物性食品卫生理化分析中，常用的有以下几种：

1. 比色分析法（colorimetric analysis）　比色分析是利用被测组分在一定条件下与试剂作用产生稳定的有色化合物，通过测定有色化合物对光的吸收并与标准溶液比较，从而测定被测组分的含量。

2. 分光光度法（spectrophotometry）　利用物质对不同波长的光具有选择吸收的特性，使用分光能力很强的单色器，以获得连续的不同波段的单色光，测定溶液对各波段光的吸收，制成吸收光谱，在物质最大吸收波长下，测定其对光的吸收程度，从而判断被测物质的含量，这种测定方法叫分光光度法。分光光度法不只限于可见光，可选择合适的光源获得200～400nm波长的紫外光。用紫外光进行分光光度法的仪器，叫做紫外分光光度计。用760～3 000nm波长范围的仪器叫红外分光光度计。分光光度法可以测定无色溶液的组分，从而扩大了分析领域。由于单色程度高，也提高了测定的灵敏度，对性质相似的组分，可以不分离进行测定。红外吸收光谱常用于测定有机物的组成和结构。

3. 原子吸收分光光度法（atomic absorption spectrophotometry）　简称原子吸收，是20世纪50年代发展起来的一种分析方法，对许多元素的测定具有快速、灵敏、精确和特效的优点。其基本原理是，当含有待测元素的溶液受到足够高的温度时，该元素可自化学键中解离出来，成为不激发不电离的基态原子蒸气。此基态原子可吸收它们自己特定共振波长的光辐射。若将这种波长的光通过该原子的蒸气层，则一部分光被吸收，一部分光透过。测定透过光的强度，则可以确定试样中某元素的含量。原子吸收分光光度法具有灵敏度高、准确度高、选择性好、用途广泛等特点，广泛用于微量和痕量元素的测定。

4. 色层分析法（chromatography） 色层分析法也称色谱分析法，是利用被测物质组分在固定相及流动相中分配系数不同，当两相作相对对流运动时，使被测物质在两相之间进行反复多次分配，从而达到对不同物质分离的目的，这种分析方法叫做色层分析法。色层分析依据其层析的机理可分为吸附层析、分配层析和离子交换层析三类。在滤纸上进行的层析叫纸上层析法，将吸附剂涂在薄板上进行的层析叫薄层层析，薄层层析目前应用较多。

柱层析法是一种分离结构相似物质简单而有效的方法，根据分离原理和方法，可分为液-固吸附柱层析法和液-液分配柱层析法。在食品卫生检验中，柱层析法对样品的处理是比较好的。

纸层析法是以纸作为载体的层析法，分离原理属于分配原理的范畴。固定相一般为纸纤维上吸附的水分，流动相为与水不相容的有机溶剂，但在应用中也常用和水相混合的流动相。

薄层层析法（thin layer chromatography，TLC）是层析法中应用最普遍的方法。它具有分离速度快、展开时间短、分离能力强、灵敏度高和显色方便等优点。

气相色谱（gas chromatography，GC）是以气体作为流动相进行的色层分析，它是根据试样中各气体组分性质的差别，在气固或气液两相间分配系数的不同，使被测组分分离并进行分析的一种方法。目前已广泛用于食品营养成分及有毒有害物质的分析。气相色谱法在分离、分析方面有其独特的优点，如选择性高、效能好、分析速度快、分析样品量极小、灵敏度高等，同时操作比较简单，应用范围广。

高效液相色谱法（high performance liquid chromatography，HPLC）与气相色谱法比较有以下特点：能测定高沸点有机物；色谱柱一般可在室温工作；柱效高于气相色谱；柱压高于气相色谱。但分析速度和灵敏度与气相色谱相似。

5. 荧光分析法（spectrofluorimetry） 荧光物质受紫外线照射后发出的荧光强度，在一定条件下与溶液浓度成正比，测定样品溶液的荧光强度，就可确定样品溶液的浓度，这种方法叫荧光分析法。荧光分析法灵敏度高、选择性好、取样量少，因此已广泛应用于各领域，在动物性食品理化检验中可用于某些无机物与有机物的分析。

6. 电位分析法（electrical potential analysis） 利用测定原电池电动势以求物质含量的分析方法，称为电位分析法。通常是将待测溶液与指示电极、参比电极组成电池，由于电池电动势与溶液浓度之间存在一定的关系，因此，测出电池的电动势，即可求出待测溶液的浓度。电位分析法，可分为两大类，即直接电位法和电位滴定法。

直接电位法是根据电池的电动势与有关离子浓度之间的函数关系，直接测出有关离子的浓度。直接电位法应用最多的是测定溶液的 pH。近年来，由于离子选择电极的迅速发展，使直接电位法的应用更为广泛。目前，在食品、水质、三废监测等方面都有应用。

电位滴定法是利用电位法测定滴定过程中溶液离子浓度的变化，从而确定滴定的终点，因此，电位滴定法实质就是容量分析法。用电位法确定终点，比一般容量分析更为准确。物理化学分析方法发展很快、种类繁多。

7. 超临界流体色谱技术（supercritical fluid chromatography，SFC） 超临界流体色谱

(SFC) 是以超临界流体作为色谱流动相的分离检测技术。可以使用各种类型的较长色谱柱，可以在较低温度下分析分子质量较大、对热不稳定的化合物和极性较强的化合物。

它综合利用了气相色谱和高效液相色谱的优点，克服了各自的缺点，可以与大部分 GC 和 HPLC 的检测器相连接。这样就极大地拓宽了其应用范围，许多在 GC 或 HPLC 上需经过衍生化才能分析的检测物，都可以用 SFC 直接测定。

8. 毛细管电泳 (capillary electrophoresis，CE) 毛细管电泳技术是在电泳技术的基础上发展的一种分离技术。其工作原理是使毛细管内的不同带电粒子（离子、分子或衍生物）在高压场作用下以不同的速度在背景缓冲液中定向迁移，从而进行分离。

根据样品组分的背景缓冲液中所受作用的不同，CE 又被分为毛细管区带电泳（CZE)、毛细管凝胶电泳（CGE)、等电聚焦（IEF)、胶束电动色谱（MEKC)、等速电泳（ITP）等几大类。

它具有灵敏度高、耗资少、样品消耗量很小（每次进样只是纳升级)、分离柱效高、使用方便等优点，非常适用于那些难以用传统的液相色谱法分离的离子化样品的分离与分析，其分离效率可达数百万理论塔板数。

9. 液相色谱-质谱联用技术 (liquid chromatography - mass spectrometry，LC/MS) 液-质联用技术（LC/MS）是将液相色谱与质谱串联成为一个整机使用的检测技术。用来分析低浓度、难挥发、热不稳定和强极性物质。LC/MS 先后产生四种接口技术：热喷雾（TSP)、粒子束（PB)、电喷雾电离（ESI)、大气压化学电离（APCI)。现在，一种内喷射式和粒子流式接口技术将液相色谱与质谱连接起来，已成功地用于分析对热不稳定、分子质量较大、难以用气相色谱分析的化合物。具有检测灵敏度高、选择性好、定性定量同时进行、结果可靠等优点。

LC/MS 对简单样品可进行分析前净化并具有几乎通用的多残留分析能力，用于对初级监测呈阳性反应的样品进行在线确证，其优势明显。尽管 LC/MS 仪器价格昂贵，液相色谱和质谱的接口技术尚不十分成熟，但它仍是一种很有价值的高效率、高可靠性分析技术。

10. 免疫分析法 (immunoassay，IA) 免疫分析法是基于抗原抗体的特异性识别和结合反应为基础的分析方法。分子质量大的物质可以直接作为抗原进入脊椎动物的体内产生免疫应答，从而得到可以和该物质分子特异性结合的抗体；分子质量小的物质（相对分子质量$<$2 500）一般不具备免疫抗性，不能刺激动物产生免疫反应。

将小分子物质以半抗原的形式通过一定碳链长度的分子质量大的载体蛋白质（通常使用牛血清白蛋白、人血清白蛋白、兔血清白蛋白、卵清蛋白）用共价键偶联制成人工抗原，使动物产生免疫反应，产生识别该物质并与之特异性相结合的抗体。

通过对半抗原或抗体进行标记，利用标记物的生物、物理、化学放大作用，对样品中特定的物质进行定性、定量检测。免疫分析法具有快速、简单、灵敏和选择性高等优点，目前已广泛应用于肉、奶中农药、药物残留的检测。根据采用的检测手段不同，可分为放射免疫法、荧光免疫法、酶免疫法、流动注射免疫法等，其中以酶免疫法应用最为广泛。

11. 生物传感器 (biosensor) 生物传感器是由一种生物敏感膜和电化学转换器两部分紧密配合，对特定种类的化学物质或生物活性物质具有选择性和可逆响应的分析装置。

它由识别元件、信号转移和信号传递电路组成，其特点是集生物化学、生物工程、电化学、材料科学和微型制造技术于一体。按其生物功能可分为：酶传感器（enzyme biosensor，包括电位型和电流型），免疫传感器（immunosensor），微生物传感器（microbial sensor）。具有微型化、响应速度快、样品用量少并可以插入生物组织或细胞内的特点，可实现超微量在线快速跟踪分析，在农药残留分析上得到了广泛的应用。

第三节　动物性食品卫生理化检验的基本程序

动物性食品卫生理化检验一般分为取样、样品的预处理、分析方法的选择和分析结果的记录与整理。

一、样品的采集程序

（一）采样的目的

动物性食品的检验结果常常和样品的采取有密切的关系。从整批被检食品中抽取一部分有代表性的样品，供分析检验用叫做采样。采样是进行营养成分分析，并进行食品卫生检验监督的重要依据和手段，是进行理化检验的基础工作，采样的正确与否，是检验工作成败的关键。

动物性食品的种类繁多，成分十分复杂，而且组成很不均匀，不管是制成品，还是未加工的原料，即使是同一种样品，其所含成分的分布也不会完全一致，如果采样方法不正确，试样不具有代表性，则无论操作如何细心、结果如何精密，分析都将毫无意义，甚至可能导致得出错误的结论，所以必须十分重视样品的采集。

（二）采样的一般规则

1. 树立正确的总体和样本的概念　动物性食品的采样，通常是以一批食品中抽取其中一部分来进行检验，将检验结果作为这一批食品的检验结论。因此，要求抽取的样品应该完全代表总体，但在实际工作中影响样品代表性的因素很多，如食品组织状态的差异、部位的不同以及采样过程中产生的采样误差等，直接影响样品对总体的代表性。因此，在采样时应注意克服和消除这些因素，使样品最大限度地接近总体，保证样品对总体的代表性。

2. 要有明确的检验目的　动物性食品种类繁多，属性千差万别，可以进行检验的项目非常多。因此，每一次采样都必须有明确而具体的检验目的，根据不同的检验目的，确定样品的种类、样品的来源，采样的方法、部位和数量等问题。

3. 所采集的样品对总体应有充分的代表性　要使所采集样品代表总体，减少采样所引起的误差，可适量增加采样份数或加大每份样品的数量，或增加重复采样的次数。采样要做到随机化，使总体的每个部分被采集的机会均等，可将采集的食品充分混合或按几何法、一定批次比例采样，同时采取对照样品。

4. 正确地设立和采集对照样品　正确地设立和采集对照样品，对于排除实验过程中各种正负干扰因素，保证检验结论的可靠性有很大作用。根据需要和可能可设立阳性对照及阴性对照。对照与样品之间本质相同，区别只在于被检物质的有无及数量的多少。直接获得这样的对照样品有时较为困难，可通过实验手段，将加入或去除被检物的样品作为对照；也可根据现场调查将直接受到污染的食品作为阳性对照，将完全未被污染的食品作为阴性对照。

5. 采样过程中设法保持原有的理化指标　避免待测组分在采样过程中发生化学变化或丢失，要防止和避免待测组分的沾污。

（三）采样的数量和方法

1. 样品的分类　样品分检样、原始样品和平均样品三种。由整批样的各部分采取的少量样品称为检样。把许多份检样综合在一起称为原始样品，原始样品经过处理再抽取其中一部分供分析检验用者称为平均样品。如果采得到的检样互不一致，则不能把他们放在一起做成原始样品，而只能把质量相同的检样混在一起，作为若干份原始样品。

2. 采样的数量　食品分析检验结果的准确与否通常取决于两个方面：①采样的方法是否正确；②采样的数量是否得当。因此，从整批食品中采取样品时，通常按一定的比例进行。确定采样的数量，应考虑分析项目的要求、分析方法的要求和被分析物的均匀程度三个因素。一般平均样品的数量不少于全部检验项目的 4 倍；检验样品、复验样品和保留样品一般每份数量不少于 0.5kg。检验掺假的样品，与一般的成分分析的样品不同，分析项目事先不明确，属于捕捉性分析，因此，相对来讲，取样数量要多一些。

3. 采样的方法

（1）采样的一般方法：样品的采集通常采用随机抽样的方法。随机抽样是指不带主观框架，在抽样过程中保证整批食品中的每一个单位产品都有被抽取的机会。抽取的样品必须均匀地分布在整批食品的各个部位。最常用的方法有简单随机抽样、分层随机抽样、系统随机抽样和阶段随机抽样。

①简单随机抽样：整批待测食品中的所有单位产品都以相同的可能性被抽到的方法，叫简单随机抽样，又称单纯随机抽样。

②系统随机抽样：实行简单随机抽样有困难或对样品随时间和空间的变化规律已经了解时，可采取每隔一定时间或空间间隔进行抽样，这种方法叫系统随机抽样。

③分层随机抽样：按样品的某些特征把整批样品划分为若干小批，这种小批叫做层。同一层内的产品质量应尽可能均匀一致，各层间特征界限应明显。在各层内分别随机抽取一定数量的单位产品，然后合在一起即构成所需采取的原始样品，这种方法称为分层随机抽样。

④分段随机抽样：当整批样品由许多群组成，而每群又由若干组构成时，可用前三种方法中的任何一种方法，以群作为单位抽取一定数量的群，再从抽出的群中，按随机抽样方法抽取一定数量的组，再从每组中抽取一定数量的单位产品组成原始样品，这种抽样方法称为分段随机抽样方法。

上述方法并无严格界线，采样时可结合起来使用，在保证代表性的前提下，还应注意抽样方式的可行性和抽样技术的先进性。

（2）具体样品的抽取方法：采样时，应根据具体情况和要求，按照相关的技术标准或操作规程所规定的方法进行。

①有完整包装（桶、袋、箱等）的食品：首先根据下列公式确定取样件数：

$$n=\sqrt{\frac{N}{2}}$$

式中：n 为取样件数；N 为总件数。

例如：200袋食品，应从10袋中采样，或用分样器分取检样，把许多检样做成原始试样，然后将原始试样混匀堆集在清洁的玻璃上，压平，厚度在3cm以下，按四分法制备平均样品。

从样品堆放的不同部位采取到所需的包装样品后，再按下述方法采样。

a. 固体食品：用双套回转取样管插入包装中，回转180°取出样品。每一包装须由上、中、下三层取出三份检样，把许多份检样综合起来成为原始样品，再按四分法缩分至所需数量。

b. 稠的半固体样品：如动物油脂等，启开包装后，用采样器从上、中、下三层分别取出检样，然后混合缩减至所需数量。

c. 液体样品：如鲜乳等，充分混匀后采取一定量的样品。用大容器盛装不便混匀的，可采用虹吸法分层取样，每层各取500mL左右，装入小口瓶中混匀，再分取缩减至所需数量。

②散装固体食品：可根据堆放的具体情况，先划分为若干等体积层，然后在每层的四角和中心分别用双套回转取样管采取一定数量的样品，混合后按四分法缩分至所需数量。

③肉类、水产等组成不均匀的食品：视检验目的，可由被检物有代表性的各部位（肌肉、脂肪等），分别采样，经捣碎、混匀后，再缩减至所需数量。体积较小的样品，可随机抽取多个样品，切碎混匀后取样。有的项目还可在不同部位分别采样、分别测定。

④罐头、瓶装食品或其他小包装食品：根据批号连同包装一起采样。同一批号取样数量，250g以上包装不得少于3个，250g以下包装不得少于6个。

4. 采样的步骤 采集样品的步骤一般分五步，依次如下：

（1）获得检样：由分析的整批样品的各个部分采集的少量样品成为检样。

（2）形成原始样品：许多份检样综合在一起称为原始样品。如果采得的检样互不一致，则不能把它们放在一起做成一份原始样品，而只能把质量相同的检样混在一起，做成若干份原始样品。

（3）得到平均样品：原始样品经过技术处理后，再抽取其中一部分供分析检验用的样品称为平均样品。

（4）平均样品三分：将平均样品平分为3份，分别作为检验样品（供分析检测使用）、复验样品（供复验使用）和保留样品（供备查或查用）。

（5）填写采样记录：写明样品的生产日期、批号、采样条件、方法、数量、包装情况等。外地调入的食品还应结合运货单、商检机关和卫生部门的化验单、厂方化验单等，了解起运日期、来源地点、数量、品质及包装情况，同时注意其运输及保管条件，并填写检验目的、项目及采样人。

5. 采样的注意事项

（1）采样工具应该清洁，不应将任何有害物质带入样品中。

（2）样品在检测前，不得受到污染，发生变化。

（3）样品抽取后，应迅速送检测室进行分析。

（4）在感官性质上差别很大的食品不允许混在一起，要分开包装，并注明其性质。

（5）盛样容器可根据要求选用硬质玻璃或聚乙烯制品，容器上要贴上标签，并做好标记。

（四）平均样品的制备

制备的目的在于保证样品十分均匀，在分析时取任何部分都能代表全部被检物的成分。

一般为考虑样品的充分代表性，所取样品的数量较多，但因较多的样品送检时不便于运输和保存，而检验工作实际也不需要如此多的数量，故应在现场进行样品缩分，根据被检物的性质和检测要求，可以用摇动、搅拌、切细或搅碎、研磨或捣碎等方面进行制备。把送检样品分割后，混合其中有代表性的一部分作为“检验样品”。

制备方法为圆锥四分法。圆锥四分法是把样品充分混合后堆砌成圆锥体，再把圆锥体压平成扁平的圆形，中心划两条垂直交叉的直线，分成对称的四等分，弃去对角的两个四分之一圆，再混合；反复用四分法缩分，直至得到适量的样品（图 1-1）。

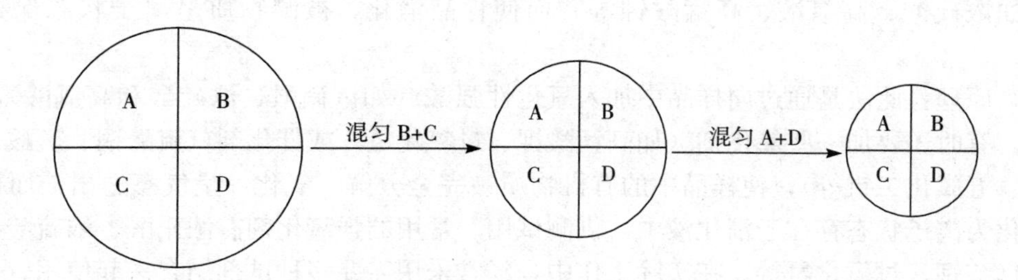

图 1-1　样品圆锥四分法

（五）样品的保存

为保证样品的成分不发生变化，不要使样品发生受潮、挥发、风干、污染及变质等现象。一般在收到样品后应尽快分析，以防止其中的水分或挥发性物质的散失及其他待测物质含量的变化，如不能立即分析，则需妥善保存。

样品在进行保存时应注意防止污染，防止腐败变质，易腐败变质的样品装入瓶中放冰箱中保存；保持食品样品中原有的水分；防止蒸发损失和干食品吸湿；以及对某些不稳定或容易挥发损失的待测成分，可以结合分析方法，在采样时加入某些试剂或溶剂，使待测成分处于稳定状态。样品在存放时尽可能保持原状，不使其发生受潮、挥发、风干、污染及变质等现象，将其储存于低温、洁净、密闭的容器中，可获得较好的保存效果。

二、样品分析前的预处理

由于动物性食品种类繁多，组成较为复杂，其中的杂质或某些组分对分析测定常常产生干扰，使反应达不到预期的目的。因此，在测定前必须对样品加以处理，以保证检验工作的顺利进行。此外，有些被测组分在样品中含量很低时，测定前还必须对样品进行浓缩，以便准确测出它们的含量。

不同类型、特点的食品样品，其预处理的方法不同，即使是同一种食品，其前处理方法也随待测物质的性质不同或分析方法的不同而不相同。常用的食品样品预处理方法有以下几种：

（一）有机质分解

在测定食品中金属或非金属的无机成分时，因食品中的无机成分一般很少，大部分为有机质和水分，食品中含的大量有机质将干扰实验进行，故需先进行有机质分解（decomposition of organic substances），使金属或非金属元素呈游离状态。在食品分析中，无机成分的总量用粗灰分表示，并且无机成分很稳定，样品经干燥、粉碎后可以长时间保存。这一步骤关系到被测目的物能否检出或检出是否彻底。

破坏有机质的操作，称为样品的无机化处理，通常用灰化、消化的方法除去有机物和用螯合萃取分离等方法除去干扰元素。无机成分分析的程序为：采样、缩分、灰化或消化、制成待测样品溶液、用合适的溶剂萃取排除干扰元素、选择合适的方法测定。样品的无机化处理方法很多，应根据被检食品的基本性质和所需检测的重金属或非金属元素的种类和性质加以选择。常用的无机化方法有以下几种：

1. 湿法消化　这种方法简称消化法，是常用的样品无机化方法，是向样品中加入强氧化剂（如浓硫酸、高氯酸、高锰酸钾等）而使样品消化，被测物质呈离子状态保存在溶液中。

（1）原理：此法是通过向样品中加入氧化性强酸（如浓硝酸、浓硫酸和高氯酸），并结合加热，有时还要加一些氧化剂（如高锰酸钾、过氧化氢）或催化剂（硫酸铜、硫酸汞、二氧化硒、五氧化二钒等），使样品中的有机物质被完全分解、氧化，呈气态逸出，而待测成分则转化为离子状态存在于消化液中，供测试用。常用的强氧化剂有浓硝酸、浓硫酸、高氯酸、高锰酸钾、过氧化氢等。在实际工作中，经常采用需要多种试剂结合一起使用。

（2）方法特点：这种方法的优点是：①由于使用强氧化剂，有机物分解速度快，消化所需时间短；②由于加热温度较干法灰化低，故可减少金属挥发逸散的损失，同时容器的吸留也少；③被测物质以离子状态保存在消化液中，便于分别测定其中的各种微量元素。

但湿法消化也有以下缺点：①在消化过程中，有机物快速氧化常产生大量有害气体，因此操作需在通风橱内进行；②消化初期，易产生大量泡沫外溢，故需操作人员随时照管；③消化过程中大量使用各种氧化剂等，试剂用量较大，空白值偏高。

（3）常用的消化方法：在实际工作中，除了单独使用硫酸的消化方法外，经常采取几种不同的氧化性酸类配合使用，利用各种酸的特点，取长补短，以达到安全、快速、完全破坏有机物的目的。几种常用的消化方法如下：

①硫酸消化方法：样品消化时，仅加入硫酸，依靠硫酸的脱水炭化作用，破坏有机物。由于硫酸的氧化能力较弱，消化液炭化变黑后，保持较长的炭化阶段，使消化时间延长。为此常加入硫酸钾以提高其沸点，加适量的硫酸铜或硫酸汞作催化剂，以缩短消化时间。

②硝酸-高氯酸消化法：此法可先加硝酸进行消化，待大量的有机物分解后，再加入高氯酸，或者以硝酸高氯酸混合液先将样品浸泡过夜，或小火加热待大量泡沫消失后，再提高消化温度，直至完全消化为止。此法氧化能力强，反应速度快，炭化过程不明显；消化温度较低，挥发损失少。但由于这两种酸受热都易挥发，故当温度过高、时间过长时，容易烧干，并可能引起残余物燃烧或爆炸。为防止这种情况，有时加入少量硫酸。

③硝酸-硫酸消化法：此法是在样品中加入硝酸和硫酸的混合液，或先加入硫酸加热，使有机物分解，在消化过程中不断补加硝酸。这样可缩短炭化过程，并减少消化时间，反应速度适中。由于碱土金属的硫酸盐在硫酸中的溶解度较小，故此法不宜做食品中碱土金属的分析。如果样品含较大量的脂肪和蛋白质时，可在消化的后期加入少量的高氯酸或过氧化氢，以加快消化的速度。

上述几种消化方法各有利弊，在处理不同的样品或做不同的测定项目时，做法上略有差异。在掌握加热温度、加酸的次序和种类、氧化剂和催化剂的加入与否，可按要求和经验灵活掌握，并同时做空白试验，以消除试剂和操作条件不同所带来的差异。

（4）消化的操作技术：根据消化的具体操作不同，消化技术可分为敞口消化法、回流消化法、冷消化法和密封罐消化法。

①敞口消化法：这是最常用的消化技术。通常在凯氏烧瓶或硬质锥形瓶中进行消化。操作时，在凯氏烧瓶中加入样品和消化液，将瓶倾斜呈约45°，用电炉、电热板或煤气灯加热，直至消化完全为止。由于本法敞口操作，有大量消化烟雾和消化分解产物逸出，故需在通风橱中进行。

②回流消化法：测定具有挥发性成分时，可在回流消化器中进行。这种消化器由于在上端连接冷凝器，可使挥发成分随同冷凝酸雾形成的酸液流回反应瓶中，不仅可以防止被测成分的挥发损失，而且可以防止烧干。

③冷消化法：又称低温消化法，是将样品和消化液混合后，置于室温或37～40℃烘箱内，放置过夜。由于在低温下消化，可避免极易挥发的元素（如汞）的挥发损失，不需要特殊的设备，极为方便，但仅适用于含有机物较少的样品。

④密封罐消化法：这是近年来开发的一种新型样品消化技术，此法是在聚四氟乙烯容器中加入适量样品、氧化性强酸和氧化剂等，加压于密封罐内，并置于120～150℃烘箱中保温数小时（通常2h左右），取出自然冷却至室温，摇匀，开盖，便可取此液直接测定。此法克服了常压湿法消化的一些缺点，但要求密封程度高，高压密封罐的使用寿命也有限。

2. 干法灰化　干法灰化是一种用高温灼烧的方式破坏样品中有机物的方法，因而又称为灼烧法，样品在灰化炉中（一般550℃）被充分氧化。除汞外大多数金属元素和部分非金属元素的测定都可采用这种方法对样品进行预处理。

（1）原理：一定量的样品在坩埚中加热，使其中的有机物脱水、炭化、分解、氧化之后，再置于高温的灰化炉（马弗炉）中（一般温度为500～550℃）灼烧灰化，使有机成分彻底分解为二氧化碳、水和其他气体而挥发，直至残渣为白色或浅灰色为止，所得的残渣即为无机成分，可供测定用。

（2）方法特点：这种方法的优点是：①基本不添加或添加很少量的试剂，故空白值较低；②多数食品经灼烧后所剩下的灰分体积很小，因而能处理较多量的样品，故可加大称样量，在方法灵敏度相同的情况下，可提高检出率；③有机物分解彻底；④操作简单，灰化过程中不需要人一直看管，可同时做其他实验的准备工作。

这种方法的缺点是：①处理样品所需要的时间较长；②由于敞口灰化，温度又高，容易造成某些挥发性元素的损失；③盛装样品的坩埚对被测组分有一定的吸留作用，由于高温灼烧使坩埚材料结构改变造成微小孔穴，使某些被测组分吸留于孔穴中很难溶出，致使测定结果和回收率偏低。

近年来已开发出一种低温灰化技术，此法是将样品放在低温灰化炉中，先将炉内抽至近真空（10Pa左右），然后不断通入氧气，流速为0.3～0.8L/min，再用射频照射使氧气活化，这样在低于150℃的温度下便可使样品完全灰化，从而克服了高温灰化的缺点，但所需仪器的价格较高，不易普及推广。用氧瓶燃烧法来进行灰化，不需要特殊的设备，较易办到。可将样品包在滤纸内，夹在燃烧瓶塞下的托架上，在燃烧瓶中加入一定量的吸收液，并充满纯的氧气，点燃滤纸包立即塞紧燃烧瓶，使样品中的有机物燃烧完全，剧烈振摇，使烟气全部被吸收在吸收液中，最后取出分析。

（二）酸碱提取法

酸碱提取法（extraction with acid and base）是用盐酸或氢氧化钠与试样一起加热，并在过滤或离心后测定某些元素的简单方法。与湿法消化法的测定结果比较，两者无显著差异。但是，应当指出，试样煮沸时间要合适，这样才能获得满意的回收率。例如，经试验有些项目测定，动物性食品需加热 45min 才能保证抽提完全。因此，建议在采用本法之前，对各类型的食品均需做一下回收试验。

（三）液-液分配法

液-液分配法（liquid - liquid extraction）是利用被测成分在两种互不相溶的溶剂中溶解度不同，使被测成分从原来的溶剂中定量地转入另一种溶解度大的溶剂中，然后再从该溶剂中将被测成分提取出来，这种方法也叫抽提法或萃取法。如果从固体有机物中提取某成分时，一般采用有机溶剂浸取，所用浸取溶剂应以能大量溶解提取的成分，又不破坏被提取成分的性质为度。

萃取的理论基础为分配定律，即当一种溶质分配在两种不相混合的溶剂中，用力振摇而达到平衡时，溶质在两相中的浓度有一定的关系，该物质溶解在这两种液体中的浓度比例关系叫做分配系数（K）。

例如，被测物质 A 的水溶液样品，用某种有机溶剂进行萃取，物质 A 就分配在两种不相混的溶剂中。经充分振摇并静止分层而达到平衡时，A 在两种溶剂中浓度的比值在一定温度和一定 pH 条件下是一个常数，不因物质浓度而改变，该常数值即分配比（K）：

$$K = \frac{A_{有}}{A_{水}}$$

当两种溶剂体积相等时，K 值越大，A 物质进入有机相中的量越大。因此，K 值越大越好，一般要求 $K \geqslant 10$。萃取通常在分液漏斗中进行，适当地增加萃取次数可提高萃取效率。

液-液萃取常用于样品中被测物质与基质的分离，在两种不相容液体或相之间通过分配对样品进行分离而达到被测物质纯化和消除干扰物质的目的。在大部分情况下，一种液相是水溶剂，另一种液相是有机溶剂。可通过选择两种不相溶的液体控制萃取过程的选择性和分离效率。在水和有机相中，亲水化合物的亲水性越强，憎水性化合物将进入有机相中的程度就越大。通常先在有机溶剂中分离出感兴趣的被测物质，然后由于常用的溶剂具有较高的蒸汽压，可以通过蒸发的方法将溶剂除去，以便浓缩这些被测物质。

（四）挥发与蒸馏法

1. 挥发（evaporation） 是将样品加热使待测成分生成挥发性物质逸出，然后根据样品质量的减少来计算其百分含量。其主要操作步骤是：称取一定量的试样，在一定条件下加热至恒重。如食品中水分的分析，就是利用挥发法测定食品干燥减失的质量，该质量包括水分和其他挥发性物质的总量，因此也称为干燥失重。

2. 蒸馏法（distillation）　是利用样品液中各种成分汽化温度的不同而将其分离为纯物质的方法。其原理是利用组成试样的各成分在一定的温度下蒸馏，汽化温度低的物质，绝大部分变成蒸汽而被馏出，汽化温度高的物质，则大部分留在原液中，经多次蒸馏可将样品液中的某种成分分离为纯物质。这一方法常用于将挥发性物质与不挥发性物质分离，或用于挥发性不同物质的分离。

（五）层析技术

层析（chromatography）技术是利用混合物中各组分的理化性质的差别（如吸附力、分子形状和大小、分子极性、分子亲和力、分配系数等），使各组分以不同程度分布在两个相中，从而达到分离目的。其中一相是固定的，称固定相，另一相则流过固定相，称流动相。在层析过程中，溶质既进入固定相，又进入流动相，这个过程称作分配过程。分配进行的程度，可用分配系数（K）表示，K＝溶质在固定相中的浓度/溶质在流动相中的浓度。K 值大，表示物质在固定相中停留的时间长，随流动相迁移的速度慢，出现在洗脱液中较晚。K 值小，则表示溶质出现在洗脱液中较早。因此，混合物中各物质的 K 值相差越大，则越容易得到完全分离。

按照操作形式的不同，层析技术可分为以下几类：

（1）吸附层析：固定相是氧化铝、硅胶、活性炭等吸附剂，流动相是洗脱液。吸附过程是可逆的，吸附的混合物在一定条件下可以解吸出来，吸附剂的吸附能力强弱，除决定于吸附剂及吸附的混合物本身的性质外，还与周围溶液的组成有密切关系。当改变吸附剂周围溶剂的成分时，吸附剂的吸附力即可发生变化，往往可使吸附物从吸附剂上解吸下来。吸附层析就是利用吸附剂这种吸附能力可受溶剂影响而发生改变的性质，当样品中的物质被吸附剂吸附后，用适当的洗脱剂冲洗，改变吸附剂的吸附能力，使被吸附的物质解吸并随洗脱液向前移动。当遇到新的吸附剂时被再吸附，它在后来流下的洗脱剂冲洗下重新解吸。经过反复的吸附—解吸—再吸附—再解吸的过程，一段时间后该物质移动至一定距离，此距离的长短与吸附剂对该物质的吸附力及溶剂对该物质的溶解能力有关。经过适当时间后，各物质就形成了各种区带，每一区带可能是一种纯的物质，从而达到了分离的目的。

（2）分配层析：固定相是极性溶剂，吸附于支持物如滤纸上，流动相是有机溶剂。当溶质在两种互不相溶的溶剂中溶解达到平衡时，溶质在固定相和流动相两部分的浓度的比值，称为分配系数。分配系数较大的物质，在固定相中多些而在流动相中少些；反之，分配系数较小的物质，在固定相中少些而在流动相中多些。在纸层析中，当流动相沿滤纸经过样品点时，样品点上的溶质在水和有机相之间不断进行溶液分配，各种组分按其各自的分配系数进行不断分配，从而使物质得到分离和纯化。

（3）离子交换层析：固定相是由惰性载体与共价结合的带电离子所组成的离子交换剂，流动相是具有一定 pH 和一定离子强度的电解质溶液。离子交换层析的能力主要取决于离子的相对浓度和交换剂对离子的相对亲和力。对于具有两性解离性质的蛋白质，其结合强度取决于 pH。在等电点时，蛋白质分子所带的正负电荷相等，不与离子交换剂结合。在 pH 远离等电点时，蛋白质带某种性质的电荷，可以与带反离子的离子交换剂结合。蛋白质分子带的电荷越多，与离子交换剂结合得越牢固。假定在样品中存在几种蛋白质，在某种实验条件下，不同蛋白质的带电量及带电性质不同，被交换剂吸附的程度则不同。有些蛋白质完全不被吸附，而和流动相流速完全相同，形成穿过峰，而与被吸附的其他蛋白质分开。而其他蛋白质则以不同程度被吸附在离子交换剂上。通过改变洗脱条件（如 pH 及离子强度），使被吸附的蛋白质逐一解吸下来，得到完全的分离。

离子交换剂可分为无机离子交换剂和有机离子交换剂两大类。在分析时应用较多的是有机离子交换剂，即离子交换树脂。离子交换树脂按性能可分为七类，即阳离子交换树脂、阴离子交换树脂、螯合树脂、大孔树脂、氧化还原树脂、萃淋树脂和纤维交换剂。

离子交换树脂为具有网状结构的高聚物，在水、碱或酸中难溶，对化学试剂具有一定的稳定性，对热也较稳定。

（4）凝胶层析：固定相是不带电荷的多孔网状的凝胶，流动相是有机溶剂或具有不同离子强度和 pH 的缓冲液，有时也采用水。当含有不同分子大小的混合物加入到固定相中，这些物质随流动相的流动而移动。分子质量大的物质沿凝胶粒子间的孔隙随流动相移动，流程短，移动速度快，先流出固定相；而分子质量小的物质可通过凝胶网孔进入粒子内部，然后再扩散出来，故流程长，移动速度慢，最后流出固定相，从而达到分离的效果。

（5）亲和层析：流动相是含有欲分离物质的混合液，固定相是琼脂糖凝胶、葡聚糖凝胶及聚丙烯酰胺等载体。亲和层析的基本过程是先选择欲分离物质的亲和对象，将其作为配基，在不损害生物功能条件下与固定相结合，使之固定化；然后把含有欲分离物质的混合液，在有利于配基固定相和欲分离物质之间形成络合物的条件下进入固定相。这时，混合物中只有能与配基形成专一亲和力的物质分子被吸附，不能亲和的杂质则直接流出。改变洗脱液条件，促使配基与其亲和物解离，从而释放出亲和物，得到纯化的欲分离物质。

（六）磺化、皂化法

1. 硫酸磺化法（sulfonation reaction） 脂肪、色素等遇到浓硫酸即发生磺化反应，生成极性甚大且易溶于水的化合物。利用磺化反应，可使样品中的脂肪磺化后溶于水而被除去，这就是硫酸磺化净化法。磺化法是处理油脂或脂肪样品时经常使用的方法，适用于对浓硫酸稳定的待测成分。

磺化净化法是去除样品中脂肪的重要方法，可应用于对酸稳定的有机氯农药测定中的净化处理，如六六六和滴滴涕等，而对有机磷、氨基甲酸酯类农药不能使用。

使用此种方法时，可以直接使用浓硫酸直接磺化，在分液漏斗中，加酸、振摇、静置分层，放出下部硫酸层，若油脂太多，需重复处理数次，最后用水洗溶剂层；也可以用经浓硫酸处理的硅藻土装填色谱柱，将样品提取液过柱以磺化其中的油脂，一般取硅藻土 10g，加入发烟硫酸 3mL，研磨至烟雾消失，随即加入浓硫酸 3mL，继续研磨，然后装柱，由上端加入待净化的样品，用正己烷或环己烷、苯、四氯化碳等洗脱。经此处理后，样品中的油脂即被磺化分离。

2. 皂化法（saponification） 皂化法是处理油脂或脂肪样品时经常使用的方法，对碱类稳定的待测成分提取液中，可采取此法除去脂类。对碱类稳定的一些成分，如维生素 A、维生素 D、狄氏剂、艾氏剂、苯并［*a*］芘等，混入的脂肪可用 KOH 回流皂化 2～3h 而除去，以达到净化目的。

（七）固相萃取技术

固相萃取（solid phase extraction，SPE）技术是20世纪70年代在液固萃取和柱液相色谱的基础上发展起来的一种相对较老的样品预处理技术，主要用于液相色谱分析的样品前处理，其原理是利用固体吸附剂将液体样品中的目标化合物吸附，与样品的基体和干扰化合物分离，然后再利用洗脱液洗脱或加热解吸附，达到分离和富集目标化合物的目的。1980年以后，国外将此项技术扩展，用于气相色谱法分析农药残留量的样品前处理。

根据固相萃取柱中填料的不同，SPE主要可分为以下几种类型：

（1）正相固相萃取：柱中填料都是极性的，如硅胶、氧化铝、硅镁吸附剂等，用来萃取（保留）极性物质。

（2）反相固相萃取：柱中填料通常是非极性的或是弱极性的，如C_8、C_{18}、苯基柱等，所萃取的目标化合物通常是中等极性到非极性的化合物。

（3）离子交换型固相萃取：离子交换固相萃取基质材料通常是聚苯乙烯/二乙烯基苯类树脂，适用于在溶液中带有电荷的化合物。根据待测物的带电荷基团与键合硅胶上的带电荷基团相互静电吸引实现吸附分离。离子交换分为阳离子交换和阴离子交换，阳离子交换填料通常用硅胶上键和脂肪族磺酸基、脂肪族羧酸基等作为阳离子交换固定相；阴离子填料常用脂肪族季铵盐、氨基键合作为固定相。

固相萃取操作步骤包括柱预处理、加样、洗去干扰组分和回收待测组分四个部分。其中加到萃取柱上的样品量取决于萃取柱的尺寸、类型、待测组分的保留性质以及待测组分与基质组分的浓度等因素。SPE的另一种分离情况是杂质被保留在柱上，待测组分通过柱。样品被净化但不能富集待测组分，也不能分离保留性质比待测组分更弱的杂质，即净化不完全。与传统的液液萃取法相比，固相萃取克服了液/液萃取技术及一般柱层析的缺点，具有待测组分的高回收率，并能有效地将待测组分与干扰组分分离，萃取过程简单快速、溶剂省、重现性好，一般分析只需5～10min，是液-液萃取法的1/10，所需溶剂也只有液-液萃取法的10%，并减少了杂质的引入，降低了有机溶剂对人身和环境的影响。

（八）超临界流体萃取技术

所谓超临界流体是指处于临界温度和临界压力的高密度流体。这种流体介于气体和液体之间，兼具二者的优点。超临界流体萃取（super critical fluid extraction，SFE）技术是指利用处于超临界状态的流体作为溶剂对样品中待测组分的萃取方法。在选用超临界流体萃取剂时应考虑：临界条件是否容易达到、溶解能力的大小、萃取剂的毒性和腐蚀性对装置是否有影响、价格等因素。最常用的超临界流体为CO_2，它具有无毒、无臭、化学惰性、不污染样品、易于提纯、超临界条件温和等特点，是萃取热不稳定的非极性物质的良好溶剂。但CO_2属非极性溶剂，在萃取极性化合物时具有一定的局限性；实际应用时，通过加入少量的改进剂如NH_3、NO_2等极性化合物来改善萃取效果。超临界流体萃取的流程由萃取与分离两过程组成。

（九）基质固相分散萃取技术

基质固相分散萃取（matrix solid - phase dispersion extraction，MSPDE）技术是1989

年美国 Louisiana 州立大学的 Barke 教授首次提出并给予理论解释的一种崭新的萃取技术。其基本操作是将试样直接与适量反相填料（C_8 或 C_{18}）研磨、混匀得到半干状态的混合物并将其作为填料装柱，然后用不同的溶剂淋洗柱子，将各种待测物洗脱下来，得到了广泛应用。

MSPDE 浓缩了传统的样品前处理中所需的样品均化、组织细胞裂解、提取、净化等过程，是简单高效的提取净化方法，适用于各种分子结构和极性农药、药物残留的提取、净化，在动物性食品农药、药物残留检测中应用广泛。

（十）分子印迹合成受体技术

分子印迹合成受体（molecular imprinting synthetic receptor，MISR）技术原理是：首先使拟被印迹的分子或聚合物单体键合，然后将聚合物单体交联，再将印迹分子从聚合物中提取出来，聚合物内部就留下了被印迹分子的印迹。由于需要合成被印迹分子衍生物，使该项技术受到限制，因为有些化合物的分子无法进行衍生化。

分子印迹技术可以用于药物、激素、蛋白质、农药、氨基酸、多肽、碳水化合物、辅酶、核酸碱基、甾醇、涂料、金属离子等各种化合物的分离工作。

（十一）衍生化技术

衍生化（derivatization）技术是通过化学反应将样品中难于分析检测的目标化合物定量转化成另一易于分析检测的化合物，通过后者的分析检测对可疑目标化合物进行定性或定量分析。衍生化的目的有以下几点：①将一些不适合某种分析技术的化合物转化成可以用该技术的衍生物；②提高检测灵敏度；③改变化合物的性能，改善灵敏度；④有助于化合物结构的鉴定。

（十二）微波萃取技术

微波萃取（microwave - assisted extraction，MAE）技术即微波辅助萃取，是用微波能加热与样品相接触的溶剂，将所需化合物从样品基体中分离，进入溶剂中的过程。微波萃取技术是一种萃取速度快、试剂用量少、回收率高、灵敏以及易于自动控制的前处理技术。它利用微波加热的特性对物料中目标成分进行选择性萃取。微波萃取是将样品放在聚四氟乙烯材料制成的样品杯中，加入萃取溶剂后将样品杯放入密封好、耐高压又不吸收微波能量的萃取罐中。由于萃取罐是密封的，当萃取溶剂加热时，由于萃取溶剂的挥发使罐内压力增加，压力的增加使得萃取溶剂的沸点也大大增加，这样就提高了萃取温度。同时，由于密封，萃取溶剂不会损失，也就减少了萃取溶剂的用量。微波加热过程中萃取温度的提高大大提高了萃取效率。

微波萃取技术作为一种新型的萃取技术，有其独特的特点。首先体现在微波的选择性，因其对极性分子的选择性加热从而对其选择性地溶出。其次，MAE 大大降低了萃取时间，提高了萃取速度，传统方法需要几小时至十几小时，超声提取法也需半小时到一小时，微波提取只需几秒到几分钟，提取速率提高了几十至几百倍，甚至几千倍。微波萃取由于受溶剂亲和力的限制较小，可供选择的溶剂较多，同时减少了溶剂的用量。另外，微波提取如果用于大生产，则安全可靠，无污染，属于绿色工程，生产线组成简单，并可节省投资。

（十三）凝胶渗透色谱技术

凝胶渗透色谱（gel permeation chromatography，GPC）技术是根据溶质（被分离物质）分子质量的不同，通过具有分子筛性质的固定相（凝胶），使物质达到分离。凝胶渗透色谱的最佳参数主要决定于载体、溶剂的选择。载体凝胶渗透色谱是具有分离作用的关键，其结构直接影响仪器性能及分离效果。因此，要求载体具有良好的化学惰性、热稳定性、一定的机械强度、不易变形、流动阻力小、不吸附待测物质、分离范围广（取决于载体的孔径分布）等性质。同时分离效果还与载体的粒度大小和填充密度有关。为了扩大分离范围和分离容量，一般选择几种不同孔径的载体混合装柱，或串联装有不同载体的色谱柱，其中载体的粒度越小、越均匀、填充得越紧密越好。良好的溶剂有利于提高待测物质的溶解度，避免操作时因分析对象的改变而更换溶剂。由于凝胶渗透色谱为液体色谱，则要求溶剂的熔点在室温以下，而沸点应高于实验温度，且溶剂的黏度小，以减小流动阻力。另外溶剂还必须具备毒性低、易于纯化、化学性质稳定及不腐蚀色谱设备的特点。此外，分离效率除了载体、溶剂的选择外，还包括合适的温度和溶质的化学性质的影响。与吸附柱色谱等净化技术相比，凝胶渗透色谱技术具有净化容量大、可重复使用、适用范围广、使用自动化装置后净化时间缩短、简便、准确等优点。

（十四）固相微萃取技术

固相微萃取（solid - phase microextraction，SPME）技术是在固相萃取技术基础上发展起来的一种萃取分离技术，它克服固相萃取吸附剂孔道易堵塞的缺点，是一种无溶剂，集采样、萃取、浓缩、进样于一体的样品前处理新技术。固相微萃取装置类似普通样品注射器，由手柄和萃取头两部分组成。萃取头是一根涂有不同固定相或吸附剂的熔融石英纤维，石英纤维接不锈钢针，外套不锈钢管（用来保护石英纤维），纤维头可在不锈钢管内伸缩。固相微萃取的萃取模式主要可分为两种：直接法，即将石英纤维暴露在样品中，主要用于半挥发性的气体、液体样品萃取；顶空法，将石英纤维放置在样品顶空中，主要用于挥发性固体或废水水样萃取。固相微萃取包括吸附和解吸两个过程，即样品中待测物在石英纤维上的涂层与样品间扩散、吸附、浓缩的过程和浓缩的待测物解吸附进入分析仪器完成分析的过程。吸附过程中待测物在涂层与样品之间遵循相似相溶原则，平衡分配。这一步主要是物理吸附过程。解吸过程随固相微萃取后续分离手段不同而不同，对于气相色谱，萃取纤维直接插入进样口进行热解吸，对于高效液相色谱（HPLC），需要在特殊的解吸室内以解吸剂解吸。固相微萃取的选择性、灵敏度可通过改变石英纤维表面固定液的类型、厚度、pH、基质种类、样品加热或冷却处理等因素来实现。目前商业化的固相微萃取纤维涂层主要有碳酸-模板树脂（car - boxen - PTR）、聚二甲基硅氧烷、二乙烯苯、聚丙烯酸酯、聚二甲基硅氧烷（PDMS）等，其极性依次由强变弱。对于不同极性的样品应选取不同的固定相。固相微萃取的选择性可以通过改变涂渍材料或涂层厚度来调节；加入盐或调节 pH 可以改善难提取化合物的回收率；SPME 所用的纤维价格便宜且能重复使用（可用 50 次以上）。固相微萃取比其他任何提取技术都快，一般只需 15min（固相萃取需 1h，而液-液萃取需 4～8h），而且只需少量样品。

三、分析方法的选择

一个好的分析方法，是指这个分析方法具备一组达到食品卫生分析检验所希望的性质，例如精密度、准确度和灵敏度高等，这组性质可以用数值来描述，也就是分析方法质量评价参数。

（一）选择分析方法应考虑的因素

样品中待测成分的分析方法往往很多，怎样选择最恰当的分析方法？一般来说，应该综合考虑下列各因素。

1. 分析的要求　分析的目的不同对实验的要求差别很大，不同分析方法的灵敏度、选择性、准确度、精密度各不相同。要根据生产和科研工作对分析结果要求的准确度和精密度来选择适当的分析方法。

2. 分析方法的繁简和速度　不同分析方法操作步骤的繁简程度和所需时间及劳力各不相同，每样次分析的费用也不同。要根据待测样品的数目和要求取得分析结果的时间等来选择适当的分析方法，同一样品需要测定几种成分时，应尽可能选用同一份样品处理液同时测定该几种成分的方法。

3. 样品的特性　各类样品中待测成分的形态和含量不同，可能存在的干扰物质及其含量不同，样品的溶解和待测成分的提取的难易程度也不相同。要根据样品的这些特征来选择制备待测液、定量某成分和消除干扰的适宜方法。

4. 现有条件和能力　分析工作一般在实验室进行，各级实验室的设备条件和技术条件也不相同，应根据具体条件来选择适当的分析方法。在具体情况下究竟选用哪一种方法，必须综合考虑上述各项因素，但首先必须了解各类方法的特点，如方法的精密度、准确度、灵敏度等，以便加以比较。

（二）分析方法的评价

在研究一个分析方法时，通常用精密度、准确度和灵敏度这三项指标评价。

1. 精密度　精密度是指在一定条件下对同一被测物多次测定的结果与平均值偏离的程度。这些测试结果的差异是由偶然误差造成的，它代表着测定方法的稳定性和重现性。衡量精密度的指标主要有：绝对偏差、相对偏差、平均偏差、相对平均偏差、标准偏差和变异系数等。绝对偏差也叫偏差，是指个别测定值与几次测定的平均值之间的差别；偏差对平均值的百分数成为相对偏差；平均偏差是指各次测定值与多次测定平均值的偏差绝对值的平均值；平均偏差对平均值的百分数称为相对平均偏差；标准偏差亦为标准差，是偏差平方的统计平均值，表示整个测定值的离散程度；标准差对平均值的百分数称为相对标准差，也叫变异系数；方差是标准差的平方。

（1）单次测定结果的平均偏差（$\overline{d}$）的计算：

$$\overline{d}=\frac{|d_1|+|d_2|+|d_3|+\cdots+|d_n|}{n}$$

式中：d_1，d_2，…，d_n 为1，2，…，n 次测定结果的绝对偏差。

平均偏差没有正负号，用这种方法求得的平均偏差称算术平均偏差。

（2）单次测定结果的相对算术平均偏差的计算：

$$相对偏差=\frac{\bar{d}}{\bar{x}}\times 100\%$$

式中：$\bar{x}$ 为单次测定结果的算术平均值。

（3）单次测定的标准偏差（S）的计算：

$$S=\sqrt{\frac{\sum d_i^2}{n-1}}$$

（4）单次测定结果的相对标准偏差称为变异系数，即：

$$变异系数=\frac{S}{\bar{x}}\times 100\%$$

标准偏差较平均偏差有更多的统计意义，因为单次测定的偏差平方后，较大的偏差更显著地反映出来，能更好地说明数据的分散程度。因此，在考虑一种分析方法的精密度时，通常用标准偏差和变异系数来表示。

2. 准确度　准确度是指测定值与真实值的接近程度。测定值与真实值越接近，则准确度越高，准确度主要是由系统误差决定的，它反映测定结果的可靠性。准确度高的方法精密度必然高，而精密度高的方法准确度不一定高。准确度通常用绝对误差和相对误差来衡量，误差越小，准确度越高。绝对误差指测定结果与真实值之差，有时为正，有时为负；相对误差是绝对误差占真实值（通常用平均值代替）的百分率。选择分析方法时为了便于比较，通常用相对误差表示准确度。某一分析方法的准确度可通过测定标准试样的误差，或做回收实验计算回收率，以误差或回收率来判断。

单次测定值绝对误差和相对误差的计算：

$$绝对误差（E）=X-X_T$$

$$相对误差（RE）=\frac{E}{X_T}\times 100\%$$

式中：X 为绝对值，对一组测定值 X 取多次测定值的平均值；X_T为真实值。

在回收实验中，加入已知量的标准物的样品，称加标样品，未加标准物质的样品称为未知样品。在相同条件下用同种方法对加标样品和未知样品进行顶处理和测定，按下列公式计算加入标准物质的回收率。

$$P=\frac{(X_1-X_0)}{m}\times 100\%$$

式中：P 为加入的标准物质的回收率；m 为加入的标准物质的量；X_1为加标试样的测定值；X_0为未加标试样的测定值。

本底值的测定精密度所显示的为随机误差，而加入标准物前后测定值之差与添加量之间的差别反映了系统误差。所以，回收率是两种误差综合指标，能决定方法的可靠性。

3. 灵敏度　灵敏度是指分析方法所能检测到的最低限量。不同的分析方法有不同的灵敏度，一般仪器分析法具有较高的灵敏度，而化学分析法（质量分析和容量分析）灵敏度相对较低，在选择分析方法时，要根据待测成分的含量范围选择适宜的方法。一般地说，待测成分含量低时，须选用灵敏度高的方法，含量高时，宜选用灵敏度低的方法，以减少由于稀释倍数太大所引起的误差。由此可见灵敏度的高低并不是评价分析方法好坏的绝对标准，一味追求选用高灵敏度的方法是不合理的。如质量分析和容量分析法，灵敏度虽不高，但对于高含量的组分（如食品的含糖量的测定能获得满意的结果），相对误差一般为千分之几。相反，对于低含量组分（如黄曲霉毒素）的测定，质量法和容量法的灵敏度一般达不到要求，这时应采用灵敏度较高的仪器分析法。

4. 检测限量 检测限量是指对某一特定的分析方法在给定的置信水平内可以从样品中检测待测物质的最小浓度或最小量。所谓“检测”是指定性检测，即断定样品中确实存在有浓度高于空白的待测物质，即分析方法所能识别的极限。

5. 检测上限 检测上限系指与校准曲线直线部分的最高界限点相应的浓度值。当样品中待测物质的浓度值超过检测上限时，相应的响应值将不在校准曲线直线部分的延长线上。校准曲线直线部分的最高界限点称为弯曲点。

6. 测定限 测定限可分为测定下限与测定上限。测定下限是指在限定误差能满足预定要求的前提下，用特定方法能够准确地定量测定待测物质的最小浓度或量。测定下限反映出定量分析方法能准确测定低浓度水平待测物质的极限可能性。在没有或消除了系统误差的前提下，它受精密度要求的限制，对特定分析方法来说，精密度要求越高，测定下限高于检出限越多。

测定上限是指在限定误差能满足预定要求的前提下，用特定方法能够准确地定量测定待测物质的最大浓度或量。对没有或消除了系统误差的特定分析方法来说，精密度要求不高，测定上限亦可能有所不同，要求越高，则测定上限低于检测上限越多。

7. 最佳测定范围 最佳测定范围亦称有效测定范围，系指在限定误差能满足预定要求的前提下，特定方法的测定下限至测定上限之间的浓度范围。在此范围内能够准确地定量测定待测物质的浓度或量。

最佳测定范围应小于方法的适用范围。对测量结果的精密度（通常以相对标准偏差表示）要求越高，相应的最佳测定范围越小。

8. 方法适用范围 方法适用范围系指某一特定方法的检测下限至检测上限之间的浓度范围。在此范围内可作定性或定量的测定。

9. 选择性和专一性 在定量和定性分析中，一种混合物中的一个成分的测量可能受到另一个成分的干扰。这意味着这个方法对于所测量的组合不是选择性的。

10. 其他 分析方法的价格包括设备、实验室、试剂和人力；分析方法的安全性是指可能对人体或环境造成的危害，这些在选择分析方法时都必须考虑。

四、分析数据的统计学处理

在食品理化检验中，为使食品分析的测定结果可靠准确，不但要在实验技术上精益求精，而且要熟练掌握分析数据的科学处理方法。数据处理工作是分析测定操作最后而又重要的一步。

一般在表示结果之前，首先要对测定结果进行处理，运用统计学的原理，找出误差的大小及根源，排除有明显过失的测定值，然后对有怀疑但没有确凿证据的与大多数测定值差距较大的测定值采取数据统计的方法判断能否剔除，确定测定数据的可靠性，最后进行统计处理报告出测定结果，以便更正确、更客观地反映出被调查对象总体的真实情况，达到人们分析的目的。数据的处理必须建立在良好的测试数据基础之上，才能得出准确、可靠的结果。

1. 平均值 平均值是衡量测定试剂集中趋势的指标，在一般分析工作中最常用的是算术平均数，X_1、X_2、X_3、…、X_n 代表各次的测定值，n 代表测定次数，则均数为：

$$\overline{X}=\frac{X_1+X_2+X_3+\cdots+X_n}{n}=\frac{\sum X_n}{n}$$

均值只能反映分析资料的集中趋势，不能反映间变异的程度。因此，在用平均值来说明事物数量上的关系时，还必须说明各个数值存在大小差异的情况。

2. 标准差　标准差是表示各个测定值之间的离散程度的数值。可作为实验误差或精密度的指示。如果标准差大，表示各个测定值分布离散；标准差小，表示各个测定值在平均值附近分布比较密集。

当 $n<30$ 时，

$$S=\sqrt{\frac{\sum(X-\overline{X})^2}{n-1}}$$

当 $n>30$ 时，

$$S=\sqrt{\frac{\sum(X-\overline{X})^2}{n}}$$

式中：S 为标准差；X 为测定值。

3. 标准误　要了解样品组分的含量，不可能将所有样品进行检验，只能从中随机抽取若干试样作为样本进行检验，用以说明该样品的品质。这种在总体中随机抽取样本进行研究，用以推论总体的方法叫抽样研究法。抽样研究必须严格遵循随机化的原则，使总体中每一个体都有共同的机会被抽到样本中，避免主观的因素，但由于总体中的各个个体存在着变异，因此，当从同一总体中许多倒数相等的样本计算它们的均数时，这些样本均数有大有小，不尽相同，也不恰好等于总体均数。这种由于抽样而引起的样本均数与总体均数之间的差别叫做抽样误差。抽样误差是抽样研究中不可避免的，抽样误差的大小通常用标准误来表示：

$$S_{\bar{x}}=\frac{S}{\sqrt{1/n}}$$

式中：S 为标准差；n 为样本数。

标准差与标准误的区别：前者表示个别值间的差异情况，而后者表示样品平均值间的差异情况。从公式可以看出标准误与标准差成正比，而与倒数的平方根成反比。即样本越大，抽样误差越小。因而加大样本数可减少抽样误差。因此，标准误越小，表示样本平均值与总体平均值越接近。

4. 变异系数　变异系数也叫相对标准差，是标准差对平均值的百分数，变异系数是衡量资料中各观测值变异程度的另一个统计量。它可以用来检验分析结果的精密度，变异系数的大小取决于分析方法自身的稳定性、实验仪器的控制和恒定情况以及个人操作误差等。标准差与平均数的比值称为变异系数，用 CV 表示。

$$CV=\frac{S}{\overline{X}}$$

注意，变异系数的大小，同时受平均数和标准差两个统计量的影响，因而在利用变异系数表示资料的变异程度时，最好将平均数和标准差也列出。在理化分析中，一般要求变异系数应小于 5%。

第四节　动物性食品卫生理化检验的质量控制

动物性食品卫生理化检验的目的是利用物理、化学分析方法，借助于检验所需灵敏度的仪器设备，对样品中的有效成分和有毒有害成分准确地进行定量或定性分析，为产品质量监督和评价提供可靠的实验数据，对理化检验工作全过程开展有效的质量控制和评定是保证检验结果准确性的重要手段。

1. 样品管理　样品是实验对象，理化检验要求样品具有唯一性、真实性和安全性等特征。样品管理是一项看似简单而实际易出问题的工作，作为检验质量控制的一个方面，应有一套严格的管理制度、素质较高的管理人员、符合要求的样品存放室和规范的样品交接手续。

2. 采样的质量　保证采集的样品应具有代表性和公正性，这主要取决于现场采样人员的技能。如果采样不具有代表性和公正性或未按样品的属性进行保存和运输，就会造成检验结果的失控。同时，采集的样品数量应符合检验要求，便于对检验结果有疑问时进行复查。

3. 取样的质量　保证取样过程是产生分析不确定度的重要方面，一旦分析测定的不确定度降低到样本不确定度的1/3或更少时，再进一步降低分析测定的不确定度就没有意义了。取样的质控关键要注意样品的均匀性和稳定性，即注意被测指标的空间分布是否随时间的变化而变化。

4. 分析测试的内控　理化检验中对样品的分析测试几乎涉及了质量保证的全部内容，分析测试的内控就是要尽可能控制误差。误差是分析结果和真实值之间的差异，在实际测试工作中，误差无时不有、无处不在，要从分析者本身、测试环境、实验用水、试剂、器皿及每一个分析测试的环节中减少分析空白值的引入，同时做好分析方法校正曲线、精密度测试、检出限、方差齐性检验、误差估计、质控图等工作，杜绝过失误差，及时发现并消除系统误差，减小随机误差。

5. 技术人员的质量控制　理化检验是专业性很强的技术工作，不仅要求技术人员要有专业知识，同时还应学习相应的卫生法律、法规知识，才能将检验技术较好地应用于卫生监督监测工作中。技术人员的能力和经验是保证检测质量的首要条件。

6. 实验室仪器设备的质量控制　仪器设备是理化检验的根本基础，对其科学的管理可以从根本上保证检验质量的控制。为了延长仪器的使用寿命，提高使用效率以及保证检验数据的准确可靠，对每台仪器应进行日常维护，每台仪器应有维护计划，并按计划实施。另外每台仪器应有专人负责，并且严格按照操作规程进行操作，避免不正确的操作引起仪器的损坏以及数据的偏差或错误。凡对检验准确性和有效性有影响的测量和检验仪器设备，在投入使用前必须进行校准或检定，对所用量器具要定期送计量部门检定或按规程自检。要建立完善的仪器设备档案，并有专人负责档案的管理，把每台仪器的有关原始资料和技术资料归档，并且对仪器设备进行标志化管理。

7. 实验室间分析质量控制　实验室间分析质量控制，是在各实验室做好内部质量控制的基础上，由中心实验室或协调实验室给参加实验室发标准参考样品，各参加实验室将分析结果上报。中心实验室综合各实验室提供的分析结果进行统计处理，把结果再及时返回各实验室，从而发现一些系统误差。

8. 检验结果报告及记录　检验报告是对检品卫生质量检验结果的一个证明，实验记录是反映工作完成的情况及细节，所以检验报告及原始记录的格式应规范化，每一步骤的实验记录必须是原始真实的，记录应完整、数据要正确、改错要规范、签名要清楚，检验报告必须准确，判断一定要有依据而且必须明确，才能保证报告的真实有效。

第二章 动物性食品中营养成分的测定

动物性食品的品种繁多，成分复杂，各种成分的含量因动物的种类、饲养时间、饲养条件及加工方法等不同而存在差异。食品的营养成分，主要指蛋白质、脂肪、糖类、维生素、矿物质等，但鉴于水分在食品中的重要意义，通常将水分计算在内。

第一节　动物性食品中水分的测定

一、概　　述

（一）动物性食品中水分测定的意义

水分（water）是食品的天然成分，通常不看做营养素，但它是动植物体内不可缺少的重要成分。水分是人体内营养物质和代谢产物的溶剂，能帮助营养物质的吸收和废物的运输排泄，是使体内化学反应能够进行的必要条件。食品中的水分是细菌生长繁殖的重要条件之一，食品中水分含量较高时，往往容易潮解、发霉、变质、不耐储存，从而缩短了食品的可食用期限。控制食品水分含量，可防止食品腐败变质和营养成分的分解，关系到食品品质的保持。

水分是食品的重要组成成分，其含量影响食品的感官性状、结构以及加工、贮藏特性。各种食品的水分含量差别很大，如表2-1。水分是指导食品生产、评价食品营养价值的一个很重要的指标，有利于生产中的物料平衡和实行工艺监督；控制食品水分含量，可防止食品腐败变质和营养成分的分解，延长食品的保存期限；确定是否掺假。因此，食品中水分的测定对于计算生产中的物料平衡、实行工艺监督以及保证产品质量等方面，都具有很重要的意义。

表2-1　部分食品的水分含量（%）

品名	水分	品名	水分	品名	水分	品名	水分
蔬　菜	80～97	牛　肉	47～71	太仓肉松	≤20	牛　乳	87
水　果	87～89	猪　肉	38～73	广式腊肉	≤25	面　粉	12～14
鱼贝类	70～85	鸡　肉	71.8	全脂乳粉	≤2.5～3.0	脱水蔬菜	6～9
鲜　蛋	67～74	羊　肉	39～67	奶　油	≤16.0	面　包	32～36

（二）动物性食品中水分的存在形式

食品中的水分主要有以下两种存在形式，即自由水和结合水。

1. 自由水（游离水）　自由水是以游离状态存在于食品中的水，包括组织细胞间隙和组织结构中由毛细管力维系的毛细管水，动植物体内及细胞内可以相对自由流动的水分。自由水是食品的主要分散剂，可以溶解糖、酸、无机盐等。自由水由于流动性大，不被束缚，可借助毛细管作用和渗透作用向外或向内移动，所以在干燥过程中容易被排除。

2. 结合水　即基质中化合物的结晶水以及与某些化合物以氢键联结的水分，其结合力要比吸附水的分子与物质分子间的引力大得多，很难用蒸发的方法分离除去。结合水又可分为束缚水和结晶水。

（1）束缚水：这种水是与食品中脂肪、蛋白质、碳水化合物等形式结合状态。它是以氢键的形式与有机物的活性基团结合在一起，故称束缚水。束缚水不易结冰（冰点为－40℃），不能作为溶质的溶剂。

（2）结晶水：结晶水是以配价键的形式存在，它们之间结合得很牢固，难以用普通方法除去这一部分水。

食品中的水分，主要是指游离水和结合水的总量。在食品中，结合水比较难以蒸发，若对其进行长时间的加热，非但不能将其去除，反而会使食品中的其他成分发生变化，影响分析结果。所以水分测定要在一定的温度、时间和规定的操作条件下进行，才能得到满意的结果。

二、动物性食品中水分的测定方法

食品中水分测定方法很多，根据不同测定原理，可分为直接测定法和间接测定法两大类。直接测定法是利用水分本身的物理性质和化学性质，去掉样品中的水分，再对其进行定量的方法，如烘干法、蒸馏法、卡尔-费休法等。间接测定法是利用食品的密折射率、电导率、介电常数等物理性质进行测定，不需要除去样品中的水分。直接测定法精确度高、重复性好，但花费时间较多，且主要靠人工操作，广泛应用于实验室内。间接测定法对样品要求高、干扰大，所得结果的准确度一般比直接法低，而且往往需要进行校正，但间接法测定速度快，能够自动连续测量，可用于食品工业生产过程中水分含量的自动控制。

由于食品种类繁多，样品性质差异较大，分析目的和要求各异，同时各种方法适用的范围不同，故在实际应用时，水分的测定方法要根据食品性质和测定目的而选定。

（一）干燥法

采用加热脱水的质量分析方法，在一定温度和压力下，通过加热方式将样品中的水分蒸发完全，根据样品加热前后的质量差来计算水分的含量。加热干燥的原理是基于食品中的水分受热后产生的蒸气压高于它在烘箱中的分压，于是水分慢慢离开食品表面蒸发掉而达到干燥的目的。常用的干燥方法包括直接干燥法和减压干燥法。干燥法可同时测定大量样品，应用范围较广。

应用干燥法测定水分的样品应符合以下三项要求：①水分是样品中唯一的挥发物质；②水分的排除情况很完全；③食品中其他组分在加热过程中，由于发生化学反应而引起的质量变化可以忽略不计。

1. 直接干燥法　又称常压干燥法，是将样品置于常压、高温的条件下进行烘烤，使其水分蒸发溢出，直至烘出全部水分之后，根据样品所减少的质量来计算样品含水分量的方法。直接干燥法能适合多种样品，特别是较干食品的水分测定。其烘烤温度通常在95～

105℃，一般3～4h即可达到恒重。对于黏稠的样品如乳类，水分蒸发慢，可掺入经处理过的海沙，帮助蒸发。

样品中水分驱净与否，要依靠恒重与否来定。恒重是指连续两次烘烤冷却后称重，质量相差不超过规定的克数，一般不超过2mg。测定含油脂较多的食品时，称重过程中如发现后一次质量比前一次质量增加时，表明干燥时间过长，系脂肪氧化所致，除采取较低温度外，可按其中最轻一次质量为准。

【试剂】

(1) 6mol/L盐酸：量取100mL盐酸，加水稀释至200mL。

(2) 6mol/L氢氧化钠溶液：称取24g氢氧化钠，加水溶解并稀释至100mL。

(3) 海沙：取用水洗去泥土的海沙或河沙，先用6mol/L盐酸煮沸0.5h，用水洗至中性，再用6mol/L氢氧化钠溶液煮沸0.5h，用水洗至中性，经105℃干燥备用。

【仪器】

(1) 扁形铝制或玻璃制称量瓶。

(2) 分析天平。

(3) 电热恒温干燥箱。

(4) 干燥器。

【测定方法】

(1) 固体样品：取洁净铝制或玻璃制的扁形称量瓶，置于（100±5)℃干燥箱中，瓶盖斜支于瓶边，加热0.5～1h，取出盖好，置干燥器内冷却0.5h，称量，并重复干燥至恒重。称取2.00～10.00g切碎或磨细的样品，放入此称量瓶中，样品厚度约5mm。加盖，精密称量后，置于（100±5)℃干燥箱中，瓶盖斜支于瓶边，干燥2～4h后，盖好取出，放入干燥器内冷却0.5h后称量。然后再放入（100±5)℃干燥箱中干燥1h左右，取出，放干燥器内冷却0.5h后再称量。至前后两次质量差不超过2mg，即为恒重，计算其水分含量。

(2) 半固体或液体样品：取洁净的蒸发皿，内加10.0g海沙及一根小玻棒，置于(100±5)℃干燥箱中，干燥0.5～1h后取出，放入干燥器内冷却0.5h后称量，并重复干燥至恒重。然后精密称取5～10g样品，置于蒸发皿中，用小玻棒搅匀放在沸水浴上蒸干，并随时搅拌，擦去皿底的水滴，置（100±5)℃干燥箱中干燥4h后盖好取出，放入干燥器内冷却0.5h后称量。以下按（1）中自“然后再放入（100±5)℃干燥箱中干燥1h左右……”起依法操作。

(3) 鲜肉：将6～8g海沙及一根小玻棒置于称量瓶中，于150℃烘箱中干燥至恒重。然后准确称取肉或肉制品（均匀和粉碎样品）3.00～4.00g，放入称重过的称量瓶中，用小玻棒搅匀，于150℃干燥1h，盖好取出，放入干燥器内冷却0.5h后称量。反复干燥、称量，直至恒重，并计算水分含量。

(4) 乳：用吸管取5mL乳，置于已恒重的含有10g左右海沙的蒸发皿中，用小玻棒搅匀放在沸水浴上蒸干，擦去皿底的水滴，置100～105℃干燥箱中干燥2.5h，盖好取出，放入干燥器内冷却0.5h后称量。反复干燥、称量，直至恒重，并计算水分含量。

(5) 甜炼乳：将2g甜炼乳，置于已恒重的含有10g左右海沙的称量瓶中，用小玻棒搅匀，置100～105℃干燥箱中干燥3h，盖好取出，放入干燥器内冷却0.5h后称量。反复干燥、称量，直至恒重，并计算水分含量。

【计算】

$$X = \frac{m_1 - m_2}{m_1 - m_3} \times 100\%$$

式中：X 为样品中水分的含量（%）；m_1 为称量瓶（或蒸发皿加海沙、玻棒）和样品的质量（g）；m_2 为称量瓶（或蒸发皿加海沙、玻棒）和样品干燥后的质量（g）；m_3 为称量瓶（或蒸发皿加海沙、玻棒）的质量（g）。

计算结果保留三位有效数字。

【说明】

（1）本法设备操作简单，但时间较长，且不适宜胶体、高脂肪、高糖食品及含有较多的高湿易氧化、易挥发物质的食品。

（2）本法测得的水分还包括微量的芳香油、醇、有机酸等挥发性物质。

（3）在重复条件下获得的两次独立测定结果的绝对差值不得超过算术平均值的5%。本方法最低检出量为0.002g，取样量为2g时，方法检出限为0.10g/100g。

2. 减压干燥法　食品中的水分指在一定的温度及减压的情况下失去物质的总量，适用于含糖等易分解的食品。减压干燥法与直接干燥法基本相同，它的特点在于用真空干燥箱代替普通干燥箱。食品中的水分在低温、低压的技术条件下，即在50～60℃的温度与40.0～53.3kPa压力的条件下处理样品。适用于在100℃以上加热容易分解、变质及含有不易除去的结合水的食品，如罐头制品、蜂蜜、油脂等。

由于采用较低的蒸发温度，可以防止含脂肪高的样品在高温下的脂肪氧化；可以防止含糖高的样品在高温下的脱水炭化；还可以防止含高温易分解成分的样品在高温下分解等。因此，较之于直接干燥法有更多的优点：低压干燥法可以降低水的沸点，加速样品脱水速度，缩短样品干燥处理的时间；另一方面，由于温度比较低，可以减少样品中挥发性物质的损失，防止脂肪的氧化，避免糖的炭化脱水，使测定结果更接近样品中水分的实际含量；低温处理可以防止某些样品在高温下表面水分蒸发过快，内部水分来不及转移，样品表面迅速干涸，形成干燥膜，使内部水分难以除尽。

【仪器】

（1）真空干燥箱。

（2）其他仪器同“直接干燥法”。

【测定方法】

（1）试样的制备：粉末和结晶试样直接称取；硬糖果经乳钵粉碎；软糖用刀片切碎，混匀备用。

（2）测定：取已恒重的称量瓶准确称取2～10g试样，放入真空干燥箱内，将干燥箱连接真空泵，抽出干燥箱内空气至所需压力（一般为40～53kPa），并同时加热至所需温度(60±5)℃。关闭连接真空泵的活塞，停止抽气，使干燥箱内保持一定的温度和压力。经4h后，打开活塞，使空气经干燥装置缓缓通入干燥箱中，待压力恢复正常后再打开。取出称量瓶，放入干燥器中冷却0.5h后称量，重复以上操作直至恒重。

【计算】

同“直接干燥法”。计算结果保留三位有效数字。

【说明】

（1）干燥时在真空干燥箱内放置适量的硅胶，可吸收从样品中蒸发出的水分，降低环境的水蒸气分压，因而能够加快干燥速度，使样品中的水分蒸发更加彻底。

（2）在重复条件下获得的两次独立测定结果的绝对差值不得超过算术平均值的10%。

（二）蒸馏法

蒸馏法是基于两种互不相溶的混合液体组成的二元体系的沸点低于两种单独成分的沸点的原理，使用专门的水分蒸馏器，采用有机溶剂（甲苯或二甲苯），将样品中水分与甲苯或二甲苯共同蒸出，收集馏出液于接收管中，根据水分的体积，计算出样品中水分的质量分数。

蒸馏法有多种形式，常用的是共沸蒸馏法，将样品与某些与水互不相溶的有机溶剂混合放入水分蒸馏器的蒸馏瓶中，加热使有机溶剂和水分蒸发，经冷凝收集于标有刻度的集水管中，经过一段时间蒸馏，集水管中水量不再增加时，读取管中水分体积而计算其含量。

1. 蒸馏法的特点 蒸馏法采用了一种有效的热交换方式，水分可被迅速移去，而且样品处于惰性气体的环境，因而食品组分所发生的化学变化如氧化、分解等作用都较干燥法小。蒸馏法可避免由于挥发性物质减少以及脂肪氧化对水分测定造成的误差。适用于含较多其他挥发性物质的食品，如油脂、香肠等。蒸馏法所测的结果更接近实际情况，但结果的精密度较干燥法差，因集水管的最小刻度为0.1mL，即在100mg以下的质量变化为估计值。本法设备简单，操作方便，时间较短，便于推广。

2. 有机溶剂的选择 蒸馏法测定食品中水分含量所使用的有机溶剂，必须具备以下三条：①与水互不溶解；②密度比水小；③沸点与水的沸点接近或可与水形成共沸混合物。常用的有机溶剂为甲苯、二甲苯和苯等，对热不稳定的食品，因为二甲苯沸点高，一般不采用。对于一些含有糖分、可分解析出水分的样品，宜选用苯作为溶剂。

3. 产生误差的原因及其预防 蒸馏法可产生误差的原因很多：①样品中的水分没有完全蒸发出来；②冷凝的水分有时呈小球状黏附在冷凝器内壁；③生成了乳浊液，因而无法分清油水界面；④蒸馏出了水溶性组分。为预防误差产生的原因，对富含蛋白质或糖分的黏性样品，宜分散涂布在硅藻土上；对热不稳定的样品，除选择低沸点的溶剂外，也可分散涂布在硅藻土上；为了防止水分黏附于蒸馏器内壁，需充分清洗仪器，蒸馏结束后，应用绕有橡皮线的铜丝将黏附在管壁的水珠擦下；添加少量戊醇或异丁醇，可防止出现乳浊液。

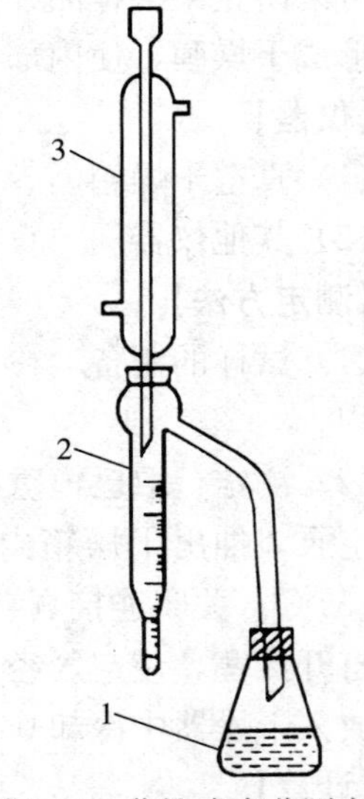

图2-1 蒸馏式水分测定器
1. 250mL锥形瓶 2. 水分接收管 3. 冷凝管

【试剂】 甲苯或二甲苯：取甲苯或二甲苯，先以水饱和后，分去水层，进行蒸馏，收集馏出液备用。

【仪器】 水分测定器：如图2-1所示（带可调式电炉）。水分接收管容量5mL，最小刻度值0.1mL，容量误差小于0.1mL。

【测定方法】 准确称取样品5～10g（估计含水2～5mL），放入250mL锥形瓶中，加入新蒸馏的甲苯（或二甲苯）75mL，连接冷凝管与水分接收管，从冷凝管顶端注入甲苯，装满水分接收管。加热慢慢蒸馏，控制每秒钟得馏出液 2 滴，待大部分水分蒸出后，加速蒸馏约每秒钟 4 滴。当水分全部蒸出，接收管内的水分体积不再增加时，从冷凝管顶端加入甲苯冲洗。如冷凝管壁附有水滴，可用附有小橡皮头的铜丝擦下。再蒸馏片刻至接收管上部及冷凝管壁无水滴附着，接收管水平面保持 10min 不变，即为蒸馏终点，读取接收管水层的容积。

【计算】

$$X=\frac{V}{m}\times 100$$

式中：X 为样品中水分的含量（mL/100g）；V 为接收管内水的体积（mL）；m 为样品的质量（g）。计算结果保留三位有效数字。

（三）卡尔-费休法

卡尔-费休法是一种以滴定法为基础的测定水分的化学分析方法，其原理是基于食品中的水分与碘和二氧化硫的定量反应。

$$2H_2O+I_2+SO_2 = 2HI+H_2SO_4$$

上述反应是可逆的，体系中加入吡啶和甲醇可使反应顺利进行。

$$C_5H_5N\cdot I_2+C_5H_5N\cdot SO_2+C_5H_5N+H_2O \longrightarrow 2C_5H_5N\cdot HI+C_5H_5N\cdot SO_3H$$

$$C_5H_5N\cdot SO_3+CH_3OH \longrightarrow C_5H_5N\cdot HSO_4CH_3$$

用卡尔-费休试剂滴定水分的终点，可用试剂本身的碘作指示剂，开始呈淡黄色，接近终点时呈琥珀色，刚出现微弱黄棕色即为终点。棕色表示有过量碘存在。预先测定与卡尔-费休试剂 1mL 反应的水的质量，将送检样品用此试剂滴定至终点，此时卡尔-费休试剂的滴定量和试剂中水的质量的乘积，即为样品中水分含量。本法因卡尔-费休试剂有吸湿性，故每次使用时必须检测其浓度。凡与卡尔-费休试剂起氧化还原反应的均有干扰。

【试剂】

（1）无水甲醇：取甲醇约 200mL，置于干燥的圆底烧瓶中，加表面光洁的镁条或镁屑 15g 与碘 0.5g，加热回流至金属镁开始变为白色絮状的甲醇镁。再加入甲醇 800mL，继续回流至镁条溶解。分馏，收集 64～65℃馏出的甲醇，用干燥的吸滤瓶作接收器。冷凝管的顶部和接收器支管上要置氯化钙干燥管。

（2）无水吡啶：取吡啶 200mL，置于干燥的蒸馏瓶中，加苯 40mL，加热蒸馏。收集 110～116℃馏出的吡啶。

（3）碘：将碘置于硫酸干燥器内，干燥 48h。

（4）卡尔-费休试剂的配制：取无水吡啶 133mL，碘 42.33g，置于带塞的烧瓶中，冷却。振荡至碘全部溶解，加入无水甲醇 333mL，称重。待烧瓶充分冷却后，通入干燥的二氧化硫 32g，密塞、摇匀。在暗处放 24h，待标定。

（5）卡尔-费休试剂的标定：卡尔-费休试剂可以用标准水溶液进行标定。取 50mL 的干燥、带标线的圆底烧瓶，加入 40mL 无水甲醇，加热回流 15min，移开热源，静置 15min，使附着在冷凝管内壁的液体流下来。取干燥的反应瓶，用干燥的氮气驱除反应瓶中的水汽。标准加入重蒸水约 30mg，加入无水甲醇 2～5mL，不断搅拌，用卡尔-费休试剂滴定至溶液颜色有淡黄色变成黄棕色为终点。另作空白对照校正。

$$F=\frac{m}{V_1-V_2}$$

式中：F 为每毫升卡尔-费休试剂相当于水的质量（g/mL）；m 为称取重蒸水的质量（g）；V_1为标定所消耗卡尔-费休试剂的体积（mL）；V_2为空白所消耗卡尔-费休试剂的体积（mL）。

【仪器】

（1）反应瓶：容积 200mL。

（2）电磁搅拌器：可调节搅拌速度。

【测定方法】准确称取样品（准确至小数点后第三位，其中含水量约 100mg），放入 50mL 干燥的有标准磨口的圆底烧瓶中，加入 40mL 经回流处理的无水甲醇，装好冷凝管，加热，先用处理的无水甲醇回流 15min，停止加热，静置 15min，使附着在内壁上的液体流下来。取下冷凝管加盖。吸取 10mL 萃取液于反应瓶中，不断搅拌，用卡尔-费休试剂滴定至终点。

空白对照试验：另取 40mL 无水甲醇，按以上操作回流后，吸取 10mL，用卡尔-费休试剂滴定至终点。

【计算】

$$Y=\frac{F\times(V_1-V_0)}{m\times\frac{10}{40}}\times100\%$$

式中：Y 为样品中水分的质量分数（%）；F 为每毫升卡尔-费休试剂相当于水的质量（g/mL）；V_1为样品萃取液所消耗的卡尔-费休试剂的体积（mL）；V_0为空白所消耗的卡尔-费休试剂的体积（mL）；m 为样品质量（g）。

【说明】富含还原性组分的样品、不均匀的食品、水分含量高的样品均不易适用卡尔-费休法。卡尔-费休试剂应避光、密封，置阴暗干燥处保存，每次使用前均应标定。

第二节　动物性食品中蛋白质的测定

一、概　　述

（一）动物性食品蛋白质的测定意义

蛋白质（protein）是生命的物质基础，是构成人体及动植物细胞组织的重要成分之一。人体内的酸碱平衡、水平衡维持、遗传信息的传递、物质的代谢及转运都与蛋白质有关。如果缺乏蛋白质，生物就不能维持。所以一切有生命的东西，无论动物或植物都含有蛋白质，只是含量及所含蛋白质的类型有所不同。

蛋白质是食品的主要成分之一，也是重要的营养物质。人和动物只能从食品中得到蛋白质及其分解产物来合成自身的蛋白质。各种食品中蛋白质的含量及其组成与性质不同，其营养价值也不一样。所以食品中的蛋白质含量是评价其营养价值的重要指标。测定食品中蛋白质、氨基酸的含量，对了解食品的质量、合理膳食、保证人体的营养需要、掌握食品营养价值和食品品质的变化，对合理利用食品资源，为食品生产加工提供依据等方面都十分重要。此外，在食品加工过程中，蛋白质及其分解产物对食品的色、香、味都有一定的作用。因此，测定食品中蛋白质和氨基酸的含量有重要意义。

（二）动物性食品蛋白质的化学组成及营养特点

蛋白质是复杂的含氮有机化合物，而氨基酸是构成蛋白质的基本单位。已知氨基酸的种类有二十多种，人体和各种食物中的各种蛋白质都由这些氨基酸通过酰胺键以一定方式连接起来的。不同的蛋白质，其氨基酸构成比例和方式不同，故各种蛋白质的含氮量也不同。一般蛋白质含氮量为16%，即1份氮相当于6.25份蛋白质，此数值（6.25）称为蛋白质换算系数。不同种类食品的蛋白质换算系数有所不同。氨基酸是构成蛋白质的最基本物质，虽然从各种天然物中分离得到的氨基酸已达175种以上，但是构成蛋白质的氨基酸主要是其中的20种，赖氨酸、苏氨酸、色氨酸、蛋氨酸、缬氨酸、亮氨酸、异亮氨酸和苯丙氨酸8种氨基酸在人体中不能合成，必须依靠食物供给，被称为必需氨基酸（essential amino acid），它们对人体有着及其重要的生理功能。食物蛋白质中必需氨基酸含量的高低及其比例，决定了蛋白质的生理效价，对合理搭配膳食有重要的指导意义。在营养学上，根据蛋白质所含氨基酸的种类、数量和比例的不同，可将蛋白质分为：完全蛋白质、半完全蛋白质、不完全蛋白质。

蛋白质在食品中的含量变化范围很宽，动物性食品和豆类食品是优良的蛋白质资源。部分食品的蛋白质含量见表2-2。

表2-2　部分食品的蛋白质含量（%）

名　称	蛋白质含量	名　称	蛋白质含量
牛肉（瘦）	16.5～21.3	鸡　肉	19.5
牛肉（肥）	15.0～19.5	鸭　肉	23.7
羊肉（瘦）	16.0～19.8	火　腿	17.6
羊肉（肥）	13.9～14.7	鸡　蛋	13.3
猪肉（瘦）	17.4～20.1	鲤	17.3
猪肉（肥）	12.4～14.5	牛　乳	3.3
兔　肉	24.2		

二、动物性食品中蛋白质的测定方法

蛋白质主要由C、H、O、N四种元素组成，少量蛋白质含有S，有的蛋白质含有P、Fe、Mg等元素。由于脂肪和碳水化合物中只含有C、H、O，不含N，所以N是构成蛋白质的特有元素。因此，可测定食品中的氮量来计算食品中蛋白质的含量。

蛋白质是由多种氨基酸组成的高分子含氮有机化合物，其最终分解产物为二氧化碳、水和氮等。虽然不同的蛋白质其组成成分各不相同，但各种蛋白质的含氮量大致相同，在15%～17%，平均为16%。因此，测定样品的含氮量后乘以蛋白质换算系数即可计算出蛋白质的含量。蛋白质的定量是基于测定总氮量，根据氮的多少换算出蛋白质的含量，但除蛋白质外，还包括了非蛋白含氮化合物，如核酸，生物碱，含氮的类酯，含氮的色素，因此用定氮法求得的结果，不是纯蛋白的含氮量，故称为粗蛋白（crude protein）。

蛋白质测定的方法很多，分为直接测定法和间接测定法。根据蛋白质的物理化学性质如蛋白质对紫外光的吸收、双缩脲呈色反应等所测得蛋白质含量的方法称为直接法。用测定样品的含氮量，而推算出蛋白质含量的方法称为间接法。间接法测定蛋白质最常用的方法为凯氏定氮法，是由 Kieldahl 于 1883 年首先提出，分为全量法和微量法。凯氏定氮法是测定有机氮最准确、最简单的方法，最低可测出 0.05mg 氮，约相当于 0.3mg 的蛋白质，可用于大部分食品的分析，国内外应用较普遍，是目前蛋白质标准检验方法。

（一）微量凯氏定氮法

本法适用于各类食品中蛋白质的测定。

1. 凯氏定氮法的测定步骤 凯氏定氮法测定蛋白质可分为三步，即消化、蒸馏和滴定。

（1）消化：样品与浓硫酸一同加热消化，破坏有机质，蛋白质中碳和氢被氧化成二氧化碳和水，从溶液中逸出，而蛋白质中的氮转化为氨与硫酸结合成硫酸铵，留在溶液中。

$$H_2SO_4 \rightarrow SO_2 + H_2O + [O]$$

$$RCHNH_2COOH + [O] \rightarrow RCHNH_2OH + CO_2$$

$$RCHNH_2OH + [O] \rightarrow NH_3 + CO_2 + H_2O$$

$$2NH_3 + H_2SO_4 \rightarrow (NH_4)_2SO_4$$

（2）蒸馏：消化液中的硫酸铵，在浓的氢氧化钠的作用下生成氢氧化铵，在加热和水蒸气的蒸馏下释放出氨。

$$(NH_4)_2SO_4 + 2NaOH \rightarrow NH_3 + H_2O + Na_2SO_4$$

（3）滴定：蒸馏出的氨，用硼酸吸收后以标准盐酸或硫酸溶液滴定，从而计算出总的氮量，再乘以蛋白质换算系数，即为蛋白质的含量。

$$2NH_3 + 4H_3BO_3 \rightarrow (NH_4)_2B_4O_7 + 5H_2O$$

$$(NH_4)_2B_4O_7 + 2HCl + 5H_2O \rightarrow 2NH_4Cl + 4H_3BO_3$$

2. 样品消化分解的条件 在消化过程中，为加速有机质的分解，缩短消化时间，常加入催化剂、氧化剂。

（1）催化剂：

①硫酸铜：以硫酸铜作为催化剂，可加快反应速度。

②氧化汞和汞：氧化汞和汞是良好的催化剂。

③硒粉：催化效能较强，可以大大缩短消化时间。

（2）氧化剂：

①过氧化氢：H_2O_2具有消化速度高、操作简单的特点。但在使用时要特别注意，须待消化液完全冷却后再加入数滴 30%过氧化氢。

②高锰酸钾：若试样中富含碳时，可使用高锰酸钾加快消化速度。但由于其氧化性强可将一部分氨进一步氧化为 N_2而损失。

【试剂】所有试剂均用不含氨的蒸馏水配制。

（1）硫酸铜（$CuSO_4 \cdot 5H_2O$）。

（2）硫酸钾。

（3）硫酸。

（4）硼酸溶液（20g/L）。

（5）混合指示剂：1 份甲基红乙醇溶液（1g/L）与 5 份溴甲酚绿乙醇溶液（1g/L）临

用时混合。也可用2份甲基红乙醇溶液（1g/L）与1份次甲基蓝乙醇溶液（1g/L），临用时混合。

（6）氢氧化钠溶液（400g/L）。

（7）盐酸标准溶液（0.050 0mol/L）。

【仪器】定氮蒸馏装置如图2-2所示。

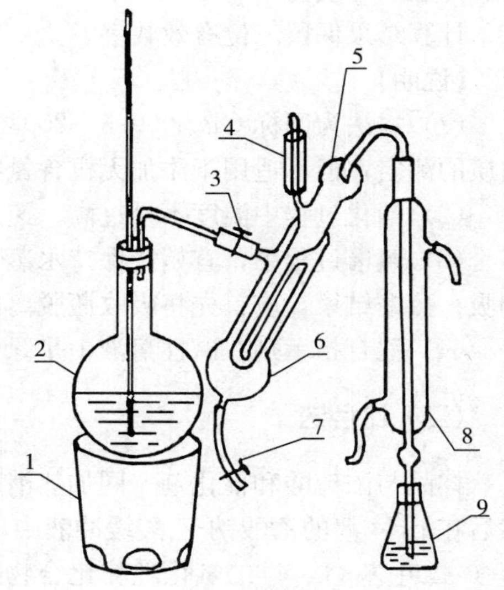

图2-2　定氮蒸馏装置

1. 电炉　2. 水蒸气发生器　3. 螺旋夹　4. 小玻杯及棒状玻塞　5. 反应室　6. 反应室外层　7. 橡皮管及螺旋夹　8. 冷凝管　9. 蒸馏液接收瓶

【测定方法】

（1）样品处理：称取0.20～2.00g固体样品或2.00～5.00g半固体样品或吸取10.00～25.00mL液体样品（相当于氮30～40mg），移入干燥的100mL或500mL定氮瓶中，加入0.2g硫酸铜，6g硫酸钾及20mL硫酸，稍摇匀后于瓶口放一小漏斗，将瓶以45°斜支于有小孔的石棉网上。小心加热，待内容物全部炭化，泡沫完全停止后，加强火力，并保持瓶内液体微沸，至液体呈蓝绿色澄清透明后，再继续加热0.5～1h，取下放冷。小心加20mL水，放冷后，移入100mL容量瓶中，并用少量水洗定氮瓶，洗液并入容量瓶中，再加水至刻度，混匀备用。同时做试剂空白试验。

（2）测定：按图2-2装好定氮装置，于水蒸气发生瓶内装水至约2/3处，加甲基红指示剂数滴及数毫升硫酸，以保持水呈酸性，加入数粒玻璃珠以防暴沸，用调节器控制，加热煮沸水蒸气发生瓶内的水。

（3）向接收瓶内加入10mL 20g/L硼酸溶液及混合指示剂1～2滴，并使冷凝管下端插入液面下。吸取10mL样品消化稀释液，由小漏斗流入反应室，并以10mL水洗涤小烧杯使流入反应室内，塞好小玻杯的棒状玻塞。将10mL 400g/L氢氧化钠溶液倒入小玻杯，提起玻塞，使其迅速流入反应室，立即将玻塞盖紧，并加水于小烧杯中，以防漏气。夹紧螺旋夹7，开始蒸馏，蒸气通入反应室，使氨通过冷凝管进入接收瓶内。蒸馏5min，移动接收瓶，使冷凝管下端离开液面，再蒸馏1min，然后用少量水冲洗冷凝管下端外部。取下接收瓶，以盐酸标准溶液滴定至灰色或蓝紫色为终点。同时准确吸取10mL试剂空白消化液按步骤（3）操作。

【计算】

$$X=\frac{(V_1-V_2)\times c\times 0.014}{m\times\frac{10}{100}}\times F\times 100$$

式中：X为样品中蛋白质的含量（g/100g或g/100mL）；V_1为样品消耗盐酸标准溶液的体积（mL）；V_2为试剂空白消耗盐酸标准溶液的体积（mL）；c为盐酸标准溶液的浓度（mol/L）；0.014为1mL盐酸（c=1.000mol/L）标准溶液中相当于氮的质量（g）；m为样品的质量（或体积）（g或mL）；F为氮换算为蛋白质的系数。一般食物为6.25，乳制品为6.38，小麦粉为5.70，玉米、高粱为6.24，花生为5.46，大米为5.95，大豆及其制品为5.71，肉与肉制品为6.25，大麦、小米、燕麦、裸麦为5.83，芝麻、向日葵为5.30，荞麦、青豆、鸡蛋为6.25。

计算结果保留三位有效数字。

【说明】

(1) 本法为国标GB 5009.5—2003中的第一法，精密度为10%。适用于各类食品中蛋白质的测定，但不适用于添加无机含氮物质或有机非蛋白质含氮物质的食品测定。

(2) 消化过程中温度不易过高、速度不易过快，否则会使部分氮成为分子状态而逸散。

(3) 蒸馏过程中，宜始终保持水蒸气发生器中的水呈沸腾状态，以节约蒸馏时间，防止倒吸；蒸馏结束，应首先将吸收瓶脱离冷凝管口，防止倒吸。

(4) 混合指示剂在碱性溶液中呈绿色，在中性溶液中呈灰色，在酸性溶液中呈红色。

(二) 比色法

样品与浓硫酸和催化剂一同加热消化，使蛋白质分解，分解的氨与硫酸结合成硫酸铵。然后在pH4.8的乙酸钠-乙酸缓冲液中，铵与乙酰丙酮和甲醛反应生成黄色的3，5-二乙酰-2，6-二甲基-1，4-二氢化吡啶化合物。在波长400nm处测定吸光度，与标准系列比较定量，结果乘以换算系数。

【试剂】 所有试剂均用不含氨的蒸馏水配制。

(1) 硫酸铜（$CuSO_4 \cdot 5H_2O$）。

(2) 硫酸钾。

(3) 硫酸。

(4) 氢氧化钠溶液（300g/L）：称取30g氢氧化钠加水溶解后，放冷，并稀释至100mL。

(5) 对硝基苯酚指示剂溶液（1g/L）：称取0.1g对硝基苯酚指示剂溶于20mL 95%乙醇中，加水稀释至100mL。

(6) 乙酸溶液（1mol/L）：量取5.8mL冰乙酸，加水稀释至100mL。

(7) 乙酸钠溶液（1mol/L）：称取41g无水乙酸钠或68g乙酸钠（$CH_3COONa \cdot 3H_2O$），加水溶解后稀释至500mL。

(8) 乙酸钠-乙酸缓冲液：量取60mL乙酸钠溶液（1mol/L）与40mL乙酸溶液（1mol/L）混合，该溶液pH为4.8。

(9) 显色剂：15mL 37%甲醛与7.8mL乙酰丙酮混合，加水稀释至100mL，剧烈振摇，混匀（室温下放置稳定3d）。

(10) 氨氮标准储备溶液（1.0g/L）：精密称取105℃干燥2h的硫酸铵0.472g，加水溶解后移入100mL容量瓶中，并稀释至刻度，混匀，此溶液每毫升相当于1.0mg NH_3—N（10℃下冰箱内储存稳定1年以上）。

(11) 氨氮标准使用液（0.1g/L）：用移液管精密吸取10mL氨氮标准储备液（1.0mg/mL）于100mL容量瓶中，加水稀释至刻度，混匀，此溶液相当于100μg NH_3—N（10℃下冰箱内储存稳定1个月）。

【仪器】

(1) 分光光度计。

(2) 电热恒温水浴锅（100±0.5）℃。

（3）10mL具塞玻璃比色管。

【测定方法】

（1）试样消解：精密称取经粉碎过40目筛的固体样品0.1～0.5g或半固体样品0.2～1.0g或吸取液体样品1～5mL，移入干燥的100mL或500mL定氮瓶中，加入0.1g硫酸铜，1g硫酸钾及4mL硫酸，稍摇匀后于瓶口放一小漏斗，将瓶以45°斜支于有小孔的石棉网上。小心加热，待内容物全部炭化，泡沫完全停止后，加强火力，并保持瓶内液体微沸，至液体呈蓝绿色澄清透明后，再继续加热0.5h。取下放冷，小心加20mL水，放冷后，移入50mL或100mL容量瓶中，并用少量水洗定氮瓶，洗液并入容量瓶中，再加水至刻度，混匀备用。同时做试剂空白试验。

（2）试样溶液的准备：精密吸取2～5mL试样或试剂空白消化液于50～100mL容量瓶中，加1～2滴对硝基苯酚指示剂（1g/L），摇匀后滴加氢氧化溶液（300g/L）中和至黄色，再滴加乙酸（1mol/L）至溶液无色，用水稀释至刻度，混匀。

（3）标准曲线的绘制：精密吸取0mL、0.05mL、0.1mL、0.2mL、0.4mL、0.6mL、0.8mL、1.0mL氨氮标准使用溶液（相当于NH_3—N 0μg、5μg、10μg、20μg、40μg、60μg、80μg、100.0μg），分别置于10mL比色管中。加4mL乙酸钠-乙酸缓冲液（pH4.8）及4mL显色剂，加水稀释至刻度，混匀。置于100℃水浴中加热15min。取出用水冷却至室温后，移入1cm比色皿内，以零管为参比，于波长400nm处测量吸光度，绘制标准曲线或计算回归方程。

（4）试样测定：精密吸取0.5～2.0mL（约相当于氮小于100μg）试样溶液和同量的试剂空白溶液，分别置于10mL比色管中。加4mL乙酸钠-乙酸缓冲液（pH4.8）及4mL显色剂，加水稀释至刻度，混匀。置于100℃水浴中加热15min。取出用水冷却至室温后，移入1cm比色皿内，以零管为参比，于波长400nm处测量吸光度，绘制标准曲线或计算回归方程。试样吸光度与标准曲线比较定量或代入标准回归方程求出含量。

【计算】

$$X=\frac{C-C_0}{m\times\frac{V_2}{V_1}\times\frac{V_4}{V_3}\times1000\times1000}\times100\times F$$

式中：X为试样中蛋白质的含量（g/100g或g/100mL）；C为试样测定液中氮的含量（μg）；C_0为试样空白测定液中氮的含量（μg）；V_1为试样消化液定容体积（mL）；V_2为制备试样溶液的消化液体积（mL）；V_3为试样溶液总体积（mL）；V_4为测定用试样溶液体积（mL）；m为样品的质量（或体积）（g或mL）；F为氮换算为蛋白质的系数。

【说明】本法为国标GB 5009.5—2003中的第二法，该法在重复性条件下获得的两次独立测定结果的绝对差值不得超过算术平均值的5%。

三、氨基酸的测定方法

（一）氨基酸总量的测定方法

氨基酸具有酸性的羧基（—COOH）和碱性的氨基（$—NH_2$），它们相互作用而使氨基酸成为中性的内盐。当加入甲醛溶液时，$—NH_2$与甲醛结合，从而使其碱性消失。这样就可以用标准强碱溶液来滴定—COOH，并用间接的方法测定氨基酸的总量。

【试剂】

(1) 36%甲醛：应不含有聚合物。

(2) 0.05mol/L 氢氧化钠标准溶液。

【仪器】

(1) 酸度计。

(2) 磁力搅拌器。

(3) 10mL 微量滴定管。

【测定方法】

(1) 吸取含氨基酸约 20mg 的样品溶液（如酱油，吸取 5mL）于 100mL 容量瓶中，加水至刻度，混匀后吸取 20mL 置于 200mL 烧杯中，加水 60mL，开动磁力搅拌器，用 0.05mol/L 氢氧化钠标准溶液滴定至酸度计指示 pH8.2，记录消耗氢氧化钠标准溶液的体积，据此计算总酸含量。

(2) 加入 10mL 甲醛溶液，混匀，用氢氧化钠标准溶液继续滴定至 pH9.2，记录消耗氢氧化钠标准溶液的体积。

(3) 同时取 80mL 蒸馏水置于 200mL 烧杯中，先用氢氧化钠标准溶液滴定至 pH8.2，再加入 10mL 中性甲醛溶液，用氢氧化钠标准溶液继续滴定至 pH9.2，作为空白试验。

【计算】

$$X = \frac{(V_1 - V_2) \times c \times 0.014}{m \times \frac{20}{100}} \times 100\%$$

式中：X 为样品中氨基酸态氮含量（%）；V_1 为样品稀释液在加入甲醛后滴定至终点（pH9.2）所消耗氢氧化钠标准溶液的体积（mL）；V_2 为空白试验加入甲醛后滴定至终点所消耗氢氧化钠标准溶液的体积（mL）；c 为氢氧化钠标准溶液的浓度（mol/L）；m 为测定用样品溶液相当于样品的质量（g）；0.014 为氮的毫摩尔质量（g/mmol）。

（二）氨基酸自动分析仪法

食品中的蛋白质经盐酸水解成为游离氨基酸，经氨基酸分析仪的离子交换柱分离后，与茚三酮溶液产生颜色反应，再通过分光光度计比色测定氨基酸含量。

【试剂】

(1) 浓硫酸：优级纯。

(2) 盐酸（6mol/L）：浓盐酸与水 1∶1 混合而成。

(3) 氢氧化钠（50%）：称取 100g 氢氧化钠溶解在 100mL 水中。

(4) 苯酚：需重蒸馏。

(5) 缓冲液：

①柠檬酸钠缓冲液（pH2.2）：称取 19.6g 柠檬酸钠和 16.5mL 浓盐酸混合，加水稀释到 1 000mL，用盐酸或 50%氢氧化钠调节 pH 至 2.2。

②柠檬酸钠缓冲液（pH3.3）：称取 19.6g 柠檬酸钠和 12mL 浓盐酸混合，加水稀释到 1 000mL，用盐酸或 50%氢氧化钠调节 pH 至 3.3。

③柠檬酸钠缓冲液（pH4.0）：称取 19.6g 柠檬酸钠和 9mL 浓盐酸混合，加水稀释到 1 000mL，用盐酸或 50%氢氧化钠调节 pH 至 4.0。

④柠檬酸钠缓冲液（pH6.4）：称取 19.6g 柠檬酸钠和 46.8g 氯化钠混合，加水稀释到 1 000mL，用盐酸或 50%氢氧化钠调节 pH 至 6.4。

（6）茚三酮溶液：

①乙酸锂溶液（pH5.2）：称取氢氧化锂 168g，加入冰乙酸 279mL，加水稀释到 1 000mL，用盐酸或 50%氢氧化钠调节 pH 至 5.2。

②茚三酮溶液：取 150mL 二甲基亚砜和乙酸锂溶液 50mL，加入 4g 水合茚三酮和 0.12g 还原茚三酮，搅拌至完全溶解。

【仪器】

（1）氨基酸自动分析仪。

（2）真空泵。

（3）恒温干燥箱。

（4）水解管。

（5）真空干燥器。

【测定方法】

（1）样品处理：试样采集后用匀浆机打成匀浆（或者将试样尽量粉碎）于低温冰箱中冷冻保存，分析用时将其解冻后使用。

（2）称样：准确称取一定量均匀性好的试样如奶粉等，精确到 0.000 1g（使试样蛋白质含量在 10～20mg 范围内）；均匀性差的试样如鲜肉等，为减少误差可适当增大称样量，测定前再稀释。将称好的试样放于水解管中。

（3）水解：在水解管内加 6mol/L 盐酸 10～15mL（视试样蛋白质含量而定），含水量高的试样（如牛奶）可加入等体积的浓盐酸，加入新蒸馏的苯酚 3～4 滴，再将水解管放入冷冻剂中，冷冻 3～5min，再接到真空泵的抽气管上，抽真空（接近 0Pa），然后充入高纯氮气；再抽真空充氮气，重复三次后，在充氮气状态下封口或拧紧螺丝盖将已封口的水解管放在（110±1）℃的恒温干燥箱内，水解 22h 后，取出冷却。

打开水解管，将水解液过滤后，用去离子水多次冲洗水解管，将水解液全部转移到 50mL 容量瓶内用去离子水定容。吸取滤液 1mL 于 5mL 容量瓶内，用真空干燥器在 40～50℃干燥，残留物用 1～2mL 水溶解，再干燥，反复进行两次，最后蒸干，用 1mL pH2.2 的缓冲液溶解，供仪器测定用。

（4）测定：准确吸取 0.200mL 混合氨基酸标准，用 pH2.2 的缓冲液稀释到 5mL，此标准稀释液浓度为 5.00nmol/50μL，作为上机测定用的氨基酸标准，用氨基酸自动分析仪以外标法测定试样测定液的氨基酸含量。

【计算】按下式计算：

$$X=\frac{c\times\frac{1}{50}\times F\times V\times M}{m\times 10^{9}}\times 100$$

式中：X 为试样氨基酸的含量（g/100g）；c 为试样测定液中氨基酸含量（nmol/50μL）；F 为试样稀释倍数；V 为水解后试样定容体积（mL）；M 为氨基酸相对分子质量；

m 为试样质量（g）；1/50 为折算成每毫升试样测定的氨基酸含量（μmol/L）；10^9 为将试样含量由纳克（ng）折算成克（g）的系数。

计算结果表示为：试样氨基酸含量在 1.00g/100g 以下，保留两位有效数字；含量在 1.00g/100g 以上，保留三位有效数字。在重复性条件下获得的两次独立测定结果的绝对差值不得超过算术平均值的 12%。

标准图谱见图 2-3，出峰顺序与保留时间见表 2-3。

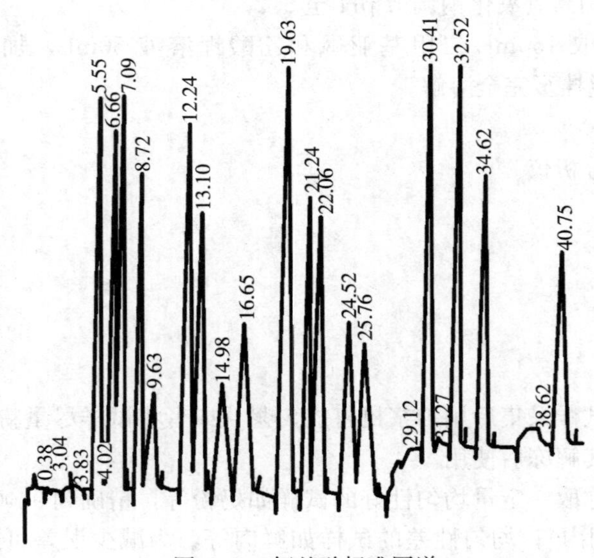

图 2-3　氨基酸标准图谱

表 2-3　出峰顺序与保留时间

出峰顺序	保留时间/min	出峰顺序	保留时间/min
1　天冬氨酸	5.55	9　蛋氨酸	19.63
2　苏氨酸	6.60	10　异亮氨酸	21.24
3　丝氨酸	7.09	11　亮氨酸	22.06
4　谷氨酸	8.72	12　酪氨酸	24.52
5　脯氨酸	9.63	13　苯丙氨酸	25.76
6　甘氨酸	12.24	14　组氨酸	30.41
7　丙氨酸	13.10	15　赖氨酸	32.57
8　缬氨酸	16.65	16　精氨酸	40.75

【说明】本法为国标 GB/T 5009.124—2003。该法最低检出限为 10pmol。

第三节　动物性食品中脂肪的测定

一、概　　述

（一）动物性食品中脂肪测定的意义

脂肪（fat）是重要的营养成分之一，是食品的重要组成成分。脂肪的热值高，1g 脂肪在体内可产热 37 656J，比蛋白质和碳水化合物提供的热量要多一倍以上，是体内储存能量和供给能量的主要物质。脂肪与蛋白质结合生成脂蛋白，在调节人体生理机能、完成体内生化反应方面具有重要作用。脂肪能改善食品的感官性状，增加细腻感和润滑感，富于脂肪的食品可延长在胃肠中的停留时间，增加饱腹感。

脂肪是食品的重要组成成分，大多数动物性食品含有脂肪和类脂类化合物。人体中的脂肪来源一般直接取自食物，因此，食品中脂肪含量多少是衡量食品质量的一项重要指标。同时在食品生产加工过程中，原料、半成品、成品的脂类含量对产品的风味、组织结构、外观、口感等都有直接的影响。测定食品的脂肪含量，可以用来评价食品的品质，衡量食品的营养价值，并且对实行工艺监督、生产过程的质量管理、食品贮藏稳定性的研究等都有重要的意义。

（二）动物性食品中的脂类物质和脂肪含量

广义的脂肪包括中性脂肪和类脂质。狭义的脂肪仅指中性脂肪，是由一分子甘油和三分子脂肪酸组成的甘油三酯。类脂质是一些能溶于脂肪或脂肪溶剂的物质，在营养学上特别是重要的有磷脂和固醇两类化合物。有时也将中性脂肪和类脂质统称为脂类或脂质。

食品中的脂肪有两种存在形式，即游离脂肪和结合脂肪。就大多数食品来说，游离脂肪是主要的，结合脂肪的含量较少。食品样品不用水解处理，直接用有机溶剂浸溶提出，然后挥去溶剂所得的脂肪为游离脂肪。如果将样品加入酸碱进行水解处理，使食品中结合脂肪游离出来，一并用有机溶剂提取，然后挥去溶剂，称取脂肪质量，系游离脂肪和结合脂肪的总和，称为总脂肪。食品中的游离脂肪能用有机溶剂浸取出来，仅有个别食品，如乳类脂肪，尽管也属游离脂肪，但脂肪球受乳中酪蛋白钙盐的包裹，又处于高度分散的胶体溶液中，不能直接被有机溶剂浸提，需经适当处理后方可提取。食品中的结合脂肪不能直接被有机溶剂浸提，必须进行水解转变为游离脂肪后，才能被提取。

动物性食品中脂类主要包括脂肪（甘油三酯）和一些类脂质，如脂肪酸、磷脂、糖脂、甾醇、固醇等。动物的脂肪可分为两类：一类是皮下、肾周围、肌肉块间的脂肪，称为蓄积脂肪；另一类是肌肉组织内、脏器组织内的脂肪，称为组织脂肪。蓄积脂肪主要为中性脂肪，它的含量和性质随动物种类、年龄、营养状况等变化。组织脂肪主要为磷脂，中性脂肪少。肉中磷脂的含量同肉的酸败速度有很大关系。

二、动物性食品中脂肪的测定方法

（一）脂肪测定中提取剂的选择

脂肪在结构上都很相似，都有非极性的长碳链，具有像烷烃一样的性质，在水中的溶解度非常小，但能溶解于脂溶剂中。常用的脂溶剂是无水乙醚或石油醚。乙醚的沸点很低，为34.6℃，溶解脂肪的能力比石油醚强，现有的食品脂肪含量的标准分析都采用无水乙醚作提取剂。但乙醚可饱和 2%的水分，含水的乙醚将会同时抽出糖分等非脂成分。所以，实用时必须采用无水乙醚为提取剂，被测样品必须事先烘干。石油醚具有较高的沸点，沸程为35～45℃，用石油醚作提取剂时，允许样品含有微量的水分。它没有胶溶现象，不会夹带胶态的淀粉、蛋白质等物质，其抽出物比较接近真实的脂类。

乙醚、石油醚这两种溶剂一般适用于已烘干磨细、不易潮解结块的样品。它们能提取样品中游离脂肪，但不能提取结合脂肪。对结合脂肪提取时应根据相似相容原理，非极性的脂肪用非极性的脂溶剂，极性的糖脂则需要极性的醇类进行提取。一般说来，在提取之前必须首先破坏脂类与其他非脂类成分的结合，否则就无法得到满意的提取效果。

醇类如乙醇或正丁醇可用来使结合脂肪与非脂成分分离。醇类可以直接作为提取剂，也可以先破坏脂类与非脂类成分的结合，然后用乙醚或石油醚等脂溶剂进行抽提。

氯仿-甲醇是另一种有效的提取剂，对脂蛋白、磷脂等的提取效率很高，适用范围很广，特别适用于鱼、肉、家禽等类食品。

（二）样品的预处理

样品预处理的方法取决于样品本身的性质。相对而言，牛乳的预处理非常简单，而动物组织的预处理方法较为复杂。

在预处理中，需将样品粉碎。粉碎的方法很多，如切碎、绞碎或均质等处理方法，但均应注意控制温度，以防止样品中脂类发生物理、化学变化。

样品被提取的完善程度还取决于其颗粒大小。某些样品易结块，可加入4～6倍量的海沙；有的样品含水量较高，可加入无水硫酸钠脱水，用量以样品呈松散状为宜。液体或半固体样品，可用无水硫酸钠和少量海沙充分搅匀，于沸水浴上蒸干后，再于95～105℃烘干，研细，干燥温度不宜过高。

（三）脂肪的测定

食品的种类不同，其中脂肪的含量及其存在形式不相同，测定脂肪的方法也就不相同。脂肪测定的方法很多，但大多数是采用低沸点溶剂直接萃取或用酸碱破坏有机物后，再用溶剂萃取或离心离析。常用的脂肪测定方法有：索氏提取法、酸水解法、罗兹-哥特里法、巴布科克氏法、盖勃氏法和氯仿-甲醇法等。索氏提取法是普遍采用的经典方法，被认为是测定多种食品脂类含量的有代表性的方法，应用于脂类含量较高、与组织成分结合的脂肪少的食品比较有效，但对于某些样品测定结果往往偏低。酸水解法能对包含在组织内部并于食品成分结合在一起的脂肪时测定有效。罗兹-哥特里法主要用于乳及乳制品中脂类的测定。

1. 索氏提取法　样品用有机溶剂无水乙醚或石油醚等抽提后，蒸去溶剂所得的物质，即为粗脂肪。因为挥干有机溶剂后所得的物质除了游离脂肪外，还含磷脂、色素、挥发油、蜡、树脂等物质，所以用索氏提取法测得的脂肪成为粗脂肪。

此法适用于脂类含量高、结合态脂类含量少、能烘干磨细、不易吸湿结块样品的测定。

【试剂】

（1）无水乙醚或石油醚。

（2）海沙：取用水洗去泥土的海沙或河沙，先用盐酸（1＋1）煮沸0.5h，用水洗至中性，再用氢氧化钠溶液（240g/L）煮沸0.5h，用水洗至中性，经（100±5)℃干燥备用。

【仪器】

（1）索氏提取器，见图2-4。

（2）恒温干燥箱。

【测定方法】

（1）样品处理：

①固体样品：谷物或干燥制品用粉碎机粉碎过 40 目筛；肉用绞肉机绞两次；一般样品用组织捣碎机捣碎后，精密称取干燥并研细的样品 2～5g（可取测定水分后的样品），必要时拌以海沙，全部移入滤纸筒内。

②液体或半干固体样品：称取 5～10g 样品，置于蒸发皿中，加入约 20g 海沙，于沸水浴上蒸干后，在（100±5）℃干燥，研细，全部转移入滤纸筒内。蒸发皿及附有样品的玻璃棒，均用蘸有乙醚的脱脂棉擦掉，并将棉花放入滤纸筒内。

（2）抽提：将滤纸筒放入脂肪抽提器的抽提筒内，连接已干燥恒重的接收瓶，由抽提器冷凝管上端加入无水乙醚或石油醚至瓶内容积的 2/3 处，于水浴上加热，使乙醚或石油醚不断回流提取，一般抽提 6～12h。

（3）称重：取下接收瓶，回收乙醚或石油醚，待接收瓶内乙醚剩 1～2mL 时在水浴上蒸干，再于（100±5）℃干燥 2h，放干燥器内冷却 0.5h 后称重。并重复以上操作直至恒重。

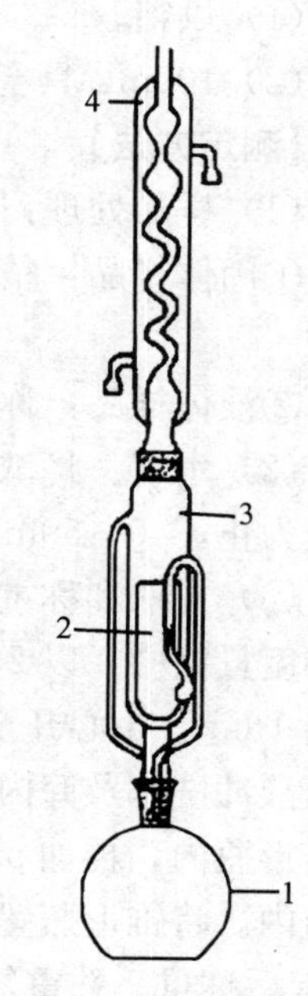

图 2-4　索氏提取器

1. 接收瓶　2. 滤纸筒
3. 抽提瓶　4. 冷凝管

【计算】

$$X=\frac{m_1-m_0}{m_2}\times 100\%$$

式中：X 为样品中脂肪的含量（g/100g）；m_1 为接收瓶和脂肪的质量（g）；m_0 为接收瓶的质量（g）；m_2 为样品的质量（g）。

计算结果表示到小数点后一位。

【说明】

（1）本法为国标 GB 5009.6—2003 中的第一法。测定食品中游离脂肪的含量，精密度为 10%，不适用于乳及乳制品粗脂肪含量的测定。

（2）样品应干燥无水，水分有碍有机溶剂对样品的浸润。抽提时，冷凝管上端最好塞一团干燥的脱脂棉球，这样可防止空气中的水分进入，也可避免乙醚在空气中挥发。

2. 酸水解法　将样品与盐酸溶液一同加热进行水解，使结合或包藏在组织里的脂肪游离出来，再用乙醚和石油醚提取脂肪，除去溶剂即得脂肪含量，其结果为游离及结合脂肪的总量。

此法适用于各类食品中脂肪的测定，对固体、半固体、黏稠液体或液体食品，特别是加工的混合食品，容易吸湿、结块、不易烘干的食品，不能采用索氏提取法时，用此法的效果较好。

【试剂】

（1）盐酸。

（2）95%乙醇。

（3）乙醚。

（4）石油醚（沸程 30～60℃）。

【仪器】

（1）烘箱。

（2）100mL 具塞刻度量筒。

【测定方法】

（1）样品处理：

①固体样品：精密称取约 2g，置于 50mL 大试管内，加 8mL 水，混匀后再加 10mL 盐酸。

②液体样品：称取 10g，置于 50mL 大试管内，加 10mL 盐酸。

（2）水解：将试管放入 70～80℃水浴中，每隔 5～10min 用玻棒搅拌一次，至样品消化完全为止，40～50min。

（3）提取和称重：取出试管，加入 10mL 乙醇，混合。冷却后将混合物移入 100mL 具塞刻度量筒中，以 25mL 乙醚分次洗试管，一并倒入量筒中。待乙醚全部倒入量筒后，加塞振摇 1min，小心开塞，放出气体，再塞好，静置 12min，小心开塞，并用石油醚-乙醚等量混合液冲洗塞及筒内附着的脂肪。静置 10～20min，待上部液体清晰，吸出上清液于已恒重的锥形瓶内，再加 5mL 乙醚于具塞量筒内，振摇，静置后，仍将上层乙醚吸出，放入原锥形瓶内。将锥形瓶置于水浴上蒸干，置（100±5）℃烘箱中干燥 2h，取出，放干燥器内冷却 0.5h 后称重。并重复以上操作至恒重。

【计算】

$$X=\frac{m_1-m_0}{m_2}\times 100$$

式中：X 为样品中脂肪的含量（g/100g）；m_1 为接收瓶和脂肪的质量（g）；m_0 为接收瓶的质量（g）；m_2 为样品的质量（g）。

计算结果表示到小数点后一位。

【说明】

（1）本法为国标 GB 5009.6—2003 中的第二法。本法不适于测定含有大量磷脂的样品，因在盐酸溶液中加热时，磷脂几乎完全分解为脂肪酸和碱，因为仅定量前者，测定值偏低。

（2）测定固体样品需充分磨碎，液体样品需充分混匀，以使消化完全。水解时，注意防止水分大量损失，以免使酸度过高。

3. 罗兹-哥特里法　本法又称碱性乙醚提取法，是测定乳类样品中脂肪含量的基准方法。乙醚本身不能从乳中及其他液体中提取脂肪，若先用碱处理，使酪蛋白钙盐溶解，并降低其吸附力，便能使脂肪游离出来。然后用乙醚-石油醚提取出脂肪，蒸馏除去溶剂后，残留物即为乳脂肪。

本法适用于测定乳类及乳制品类如鲜奶、奶粉、奶油、酸奶及冰淇淋等食物中脂肪含量，也使用于豆乳类或水呈乳状的食品。

【试剂】

（1）氨水。

（2）乙醇。

（3）乙醚。

（4）石油醚（沸程 30～60℃）。

【仪器】

（1）抽脂瓶：内径2～2.5cm，容积100mL，见图2-5。

（2）恒温干燥箱。

图2-5　抽脂瓶

【测定方法】 吸取一定量样品（牛奶取10mL；乳粉精密称取约1g，用10mL 60℃水，分数次溶解）于抽脂瓶中，加入1.25mL氨水，充分混匀。置60℃水浴中加热5min，再振摇2min，加入10mL乙醇，充分摇匀。于冷水中冷却后，加入25mL乙醚，振摇0.5min，加入25mL石油醚，再振摇0.5min。静置30min，待上层液澄清时，读取醚层体积。放出一定体积醚层于一已恒重的烧瓶中，蒸馏回收乙醚和石油醚，挥干残余醚后，将烧瓶放入98～100℃干燥1h后取出，放入干燥器中冷却至室温后称重，重复操作直至恒重。

【计算】

$$X=\frac{m_2-m_1}{m\times\frac{V_1}{V}}\times 100$$

式中：X为样品中脂肪的含量（g/100g）；m_2为烧瓶和脂肪质量（g）；m_1为空烧瓶的质量（g）；m为样品的质量（质量或体积×相对密度）；V为读取醚层总体积（mL）；V_1为放出醚层体积（mL）。

【说明】

（1）乳类脂肪因脂肪球被乳中酪蛋白钙盐包裹，又处于高度分散的胶体体系中，故不能直接被乙醚、石油醚提取，需预先用氨水处理，使酪蛋白钙盐成为可溶性的钙盐。加氨水后，要充分混匀，否则会影响下一步醚对脂肪的提取。

（2）操作时加入乙醇的作用是沉淀蛋白质以防止乳化，并溶解醇溶性的物质，使其留在水中，避免进入醚层，影响结果。同时乙醇还能溶解卵磷脂等物质，防止其形成胶状物质。

第四节　动物性食品中碳水化合物的测定

一、概　　述

（一）动物性食品中碳水化合物的测定意义

碳水化合物（carbohydrate）又称糖类或糖，是由碳、氢、氧三种元素组成的一大类化合物。食品中的碳水化合物是供给人体热能的主要物质，人体活动热能的60%～70%由其供给。

碳水化合物对食品的性状、风味、加工和贮藏等都有重要的影响。例如，食品加工中常需要控制一定量的糖酸比；糖的焦糖化作用和羰氨反应对于食品的色泽和风味有重要影响；动物屠宰后的肌肉糖原含量随着时间延长而逐渐减少，其结果使葡萄糖含量增加，而葡萄糖经糖酵解作用后生成乳酸，影响肉的品质；乳糖含量对发酵乳制品的生产有重要影响。

碳水化合物是人体必不可少的营养物质，也是食品的主要成分之一。机体对糖类物质摄入量不足，会导致机体发育迟缓、体重减轻。而糖类物质摄入过多，则可转化为脂肪致使肌体发胖，并会造成血液中甘油三酯含量的增高，引起动脉粥样硬化等症状。因此，测定食品中碳水化合物的含量具有重要的作用和意义。

（二）碳水化合物在机体中的作用

碳水化合物是构成机体组织器官的一种重要物质，作为细胞的构成成分，参与许多生命过程。例如，核糖和脱氧核糖是细胞中核酸的组成成分，黏多糖是结缔组织基质的组成物质。此外，碳水化合物还与蛋白质结合成糖蛋白或与脂肪结合成糖脂，糖蛋白是细胞膜的组成成分，糖脂是神经细胞的组成成分。碳水化合物也是体内蛋白质和脂肪代谢的必要物质。碳水化合物在人体内可转变成糖原和脂肪而作为营养储备。实际上糖原在体内经常处于合成储备与分解消耗的动态平衡之中，如同营养储备的机动库。

碳水化合物在动物组织中含量较少，但分布较广，主要有糖原、葡萄糖和核糖。葡萄糖含量为 0.01%，是动物肌肉收缩的能量来源。核糖是细胞中核酸的组成部分。糖原含量为 0.1%～0.3%，是动物体内糖的主要存在形式，主要存在于动物体的肝脏和肌肉中。糖原在动物肝脏中含量最多，高达 2%～8%，骨骼肌中含量为 0.3%～0.9%。肌肉中糖原含量同生理作用有着重要的关系，运动剧烈或运动较多的肌肉糖原含量较高。动物体内还含有其他一些碳水化合物，如糖蛋白、糖脂等，它们作为细胞的构成物质，含量甚微。

二、乳糖的测定方法

乳糖（lactose）是一种还原糖，可按还原糖法进行测定。根据糖分的还原性的测定方法，叫做还原糖法。此法可用来测定葡萄糖、果糖、麦芽糖和乳糖等。

（一）直接滴定法

乳糖具有还原性，可根据这一特性采用直接滴定法进行测定。样品除去蛋白质后，在加热条件下，以次甲基蓝作指示剂，直接滴定标定过的碱性酒石酸铜溶液（用还原糖标准溶液标定碱性酒石酸铜溶液），根据样品液消耗体积计算还原糖量。

【试剂】

（1）碱性酒石酸铜甲液：称取 15g 硫酸铜及 0.05g 次甲基蓝，溶于水中并稀释至 1 000mL。

（2）碱性酒石酸铜乙液：称取 50g 酒石酸钾钠、75g 氢氧化钠，溶于水中，再加入 4g 亚铁氰化钾，完全溶解，用水稀释至 1 000mL，储存于橡胶塞玻璃瓶内。

（3）乙酸锌溶液：称取 29g 乙酸锌，加 3mL 冰乙酸，加水稀释至 100mL。

（4）亚铁氰化钾溶液：称取 10.6g 亚铁氰化钾，加水稀释至 100mL。

（5）盐酸。

（6）葡萄糖标准溶液：精密称取 1.000 0g 经过（96±2）℃干燥 2h 的纯葡萄糖，加水溶解后加入 5mL 盐酸，并以水稀释至 1 000mL。此溶液每毫升相当于 1.0mg 葡萄糖。

（7）果糖标准溶液：按（6）操作，配制每毫升标准溶液相当于 1.0mg 果糖。

（8）乳糖标准溶液：按（6）操作，配制每毫升标准溶液相当于 1.0mg 乳糖（含水）。

（9）转化糖标准溶液：准确称取 1.052 6g 纯蔗糖，用 100mL 水溶解，置于具塞三角瓶中。加 5mL 盐酸（1：1）在 68～70℃水浴中加热 15min，放置室温定容至 1 000mL，每毫升标准溶液相当于 1.0mg 转化糖。

【仪器】

（1）酸式或碱式滴定管。

（2）可调式电炉（带石棉网）。

【测定方法】

（1）样品处理：

①乳类、乳制品及含蛋白质的冷食类：称取 2.5～5.0g 固体样品（吸取 25～50mL 液体样品），置于 250mL 容量瓶中，加 50mL 水，慢慢加入 5mL 乙酸锌溶液及 5mL 亚铁氰化钾溶液，加水至刻度，混匀，沉淀，静置 30min，用干燥滤纸过滤，弃去初滤液，滤液备用。

②酒精性饮料：吸取 100mL 样品，置于蒸发皿中，用氢氧化钠（40g/L）溶液中和至中性，在水浴上蒸发至原体积的 1/4 后，移入 250mL 容量瓶中，加水至刻度。

③含多量淀粉的食品：称取 10～20g 样品置于 250mL 容量瓶中，加 200mL 水，在 45℃ 水浴中加热 1h，并时时振摇。冷却后加水至刻度，混匀，静置，沉淀。吸取 200mL 上清液于另一 250mL 容量瓶中，以下按①自“慢慢加入 5mL 乙酸锌溶液……”起依法操作。

④汽水等含有二氧化碳的饮料：吸取 100mL 样品置于蒸发皿中，在水浴上除去二氧化碳后，移入 250mL 容量瓶中，并用水洗涤蒸发皿，洗液并入容量瓶中，再加水至刻度，混匀后，备用。

（2）标定碱性酒石酸铜溶液：吸取 5mL 碱性酒石酸铜甲液及 5mL 乙液，置于 150mL 锥形瓶中，加水 10mL，加入玻璃珠 2 粒，从滴定管滴加约 9mL 乳糖标准溶液（或其他还原糖标准溶液），控制在 2min 内加热至沸，趁热以每两秒 1 滴的速度继续滴加乳糖标准溶液（或其他还原糖标准溶液），直至溶液蓝色刚好褪去为终点，记录消耗乳糖（或其他还原糖）标准溶液的总体积。平行操作 3 次，取平均值，计算每 10mL（甲、乙液各 5mL）碱性酒石酸铜溶液相当于乳糖（或其他还原糖）的质量（mg）。也可按上述方法标定 4～20mL 碱性酒石酸铜溶液，来适应样品中还原糖浓度的变化。

（3）样品溶液预测：吸取 5mL 碱性酒石酸铜甲液及 5mL 乙液，置于 150mL 锥形瓶中，加水 10mL，加入玻璃珠 2 粒，控制在 2min 内加热至沸，趁热以先快后慢的速度，从滴定管中滴加样品溶液，并保持溶液沸腾状态，待溶液颜色变浅时，以每两秒 1 滴的速度滴定，直至溶液蓝色刚好褪去为终点，记录样液消耗体积。当样液中还原糖浓度过高时应适当稀释，在进行正式测定时每次滴定消耗样液的体积控制在与标定碱性酒石酸铜溶液时所消耗的还原糖标准溶液的体积相近，在 10mL 左右。当浓度过低时则直接加入 10mL 样品液，免去加水 10mL，再用还原糖标准溶液滴定至终点，记录消耗的体积与标定时消耗的还原糖标准溶液体积之差相当于 10mL 样液中所含还原糖的量。

（4）样品溶液的测定：吸取 5mL 碱性酒石酸铜甲液及 5mL 乙液，置于 150mL 锥形瓶中，加水 10mL，加入玻璃珠 2 粒，从滴定管加比预测体积少 1mL 的样品溶液，控制在 2min 内加热至沸，趁热继续以每两秒 1 滴的速度滴定，至蓝色刚好褪去为终点，记录样液消耗体积。平行操作 3 次，取其平均值。

【计算】

$$X = \frac{A}{m \times \frac{V}{250 \times 1000}} \times 100$$

式中：X 为样品中乳糖含量（或其他还原糖）（g/100g）；A 为碱性酒石酸铜溶液相当于乳糖的质量（mg）；m 为样品质量（g）；V 为测定时消耗样品溶液的体积（mL）。

计算结果表示到小数点后一位。

【说明】

（1）本法为国标 GB 5009.7—2003 中的第一法。滴定必须在沸腾条件下进行，以免空气进入反应溶液。

（2）为消除氧化亚铜沉淀对滴定终点观察的干扰，在碱性酒石酸铜乙液中加入了少量的亚铁氰化钾，它能与氧化亚铜生成络合物，而不再析出红色沉淀，使终点更为明显。

（3）整个滴定工作必须控制在 3min 内完成，其中 2min 内加热至沸腾，然后以每 2s 1 滴的速度滴定至终点。将滴定所需体积的绝大部分先加入碱性酒石酸铜试剂中共沸，使其充分反应，仅留 1mL 左右进行滴定，以减少因滴定操作带来的误差。

（二）高锰酸钾滴定法

样品经除去蛋白质后，其中还原糖把铜盐还原为氧化亚铜，加硫酸铁后，氧化亚铜被氧化为铜盐，以高锰酸钾溶液滴定氧化后生成的亚铁盐，根据高锰酸钾消耗量，计算氧化亚铜含量，再查表得还原糖量。

【试剂】

（1）碱性酒石酸铜甲液：称取 34.63g 硫酸铜（$CuSO_4 \cdot 5H_2O$），加适量水溶解，加 0.5mL 硫酸，再加水稀释至 500mL，用精制石棉过滤。

（2）碱性酒石酸铜乙液：称取 173g 酒石酸钾钠与 50g 氢氧化钠，加适量水溶解并稀释至 500mL，用精制石棉过滤，贮存于橡胶塞玻璃瓶内。

（3）精制石棉：石棉先用盐酸（3mol/L）浸泡 2～3d，用水洗净。加氢氧化钠溶液（10%）浸泡 2～3d，倾去溶液，再用热碱性酒石酸铜乙液浸泡数小时，用水洗净。再以盐酸（3mol/L）浸泡数小时，以水洗至不呈酸性。加水振摇，使成细微的浆状软纤维，用水浸泡并贮存于玻璃瓶中，即可用于充填古氏坩埚。

（4）高锰酸钾标准溶液［c（$1/5KMnO_4$）＝0.1mol/L］。

（5）氢氧化钠溶液（40g/L）：称取 4g 氢氧化钠，加水溶解并稀释至 100mL。

（6）硫酸铁溶液：称取 50g 硫酸铁，加入 200mL 水溶解后，慢慢加入 100mL 硫酸，冷后加水稀释至 1 000mL。

（7）盐酸（3mol/L）：量取 30mL 盐酸，加水稀释至 120mL。

【仪器】

（1）25mL 古氏坩埚或 G_4 垂融坩埚。

（2）真空泵或水泵。

【测定方法】

（1）样品处理：

①乳类、乳制品及含蛋白质的冷食类：称取 2～5g 固体样品（或 25～50mL 液体样品），置于 250mL 容量瓶中，加水 50mL，摇匀后加 10mL 碱性酒石酸铜甲液及 4mL 氢氧化钠（40g/L）溶液，加水至刻度，混匀。静置 30min，用干燥滤纸过滤，弃去初滤液，滤液备用。

②酒精性饮料：吸取100mL样品，置于蒸发皿中，用氢氧化钠（40g/L）中和至中性，在水浴上蒸发至原体积的1/4后，移入250mL容量瓶中。加50mL水，混匀。以下按①自“加10mL碱性酒石酸铜甲液……”起依法操作。

③含淀粉量多的食品：称取10～20g样品，置于250mL容量瓶中，加200mL水，在45℃水浴中加热1h，并时时振摇。冷后加水至刻度，混匀，静置。吸取200mL上清液于另一250mL容量瓶中，以下按①自“加10mL碱性酒石酸铜甲液……”起依法操作。

④汽水等含有二氧化碳的饮料：吸取100mL样品置于蒸发皿中，在水浴上除去二氧化碳后，移入250mL容量瓶中，并用水洗涤蒸发皿，洗液并入容量瓶中，再加水至刻度，混匀后备用。

（2）测定：吸取50mL处理后的样品溶液置于400mL烧杯中，加入25mL碱性酒石酸铜甲液及25mL乙液，于烧杯上盖一表面皿，加热，控制在4min沸腾，再准确煮沸2min。趁热用铺好石棉的古氏坩埚或G_4垂融坩埚抽滤，并用60℃热水洗涤烧杯及沉淀，至洗液不呈碱性为止。将坩埚放回原400mL烧杯中，加25mL硫酸铁溶液及25mL水，用玻璃棒搅拌使氧化亚铜完全溶解，以高锰酸钾标准溶液至微红色为终点，记录高锰酸钾标准溶液消耗量。同时吸取50mL水代替样液，按上述方法做试剂空白试验，记录空白试验消耗高锰酸钾溶液的量。

【计算】

$$X=(V-V_0)\times c\times 71.54$$

式中：X为与滴定时所消耗的高锰酸钾标准溶液相当的氧化亚铜的质量（mg）；V为测定时样品溶液消耗高锰酸钾标准溶液的体积（mL）；V_0为试剂空白消耗高锰酸钾标准溶液的体积（mL）；c为高锰酸钾溶液的实际浓度（mol/L）；71.54为1mL高锰酸钾标准溶液［$c(1/5KMnO_4)=0.1mol/L$］相当于氧化亚铜的质量（mg）。

根据式中计算所得氧化亚铜质量，查表“氧化亚铜质量相当于葡萄糖、果糖、乳糖、转化糖的质量表”（附录二），再按下式计算样品中还原糖含量：

$$X=\frac{m_1}{m_2\times\frac{V}{250\times 1000}}\times 100$$

式中：X为样品中乳糖的含量（g/100g）；m_1为查表得还原糖质量（mg）；m_2为样品质量或体积（g或mL）；V为测定用样品溶液的体积（mL）；250为样品处理后的总体积（mL）。

计算结果保留三位有效数字。

【说明】

（1）本法为国标GB 5009.7—2003中的第二法。测定必须严格按规定的操作条件进行，必须控制好热源强度，保证在4min内加热沸腾，否则误差较大。

（2）本法所用碱性酒石酸铜溶液是过量的，即保证把所有的还原糖全部氧化后，还有过剩的二价铜存在。所以，煮沸后的反应液应呈蓝色（酒石酸钾钠铜络离子）。

（三）比色法

牛乳或乳粉中的乳糖在苯酚、氢氧化钠、苦味酸和亚硫酸氢钠的作用下，生成橘红色的络合物，在波长520nm处有最大的吸收，由标准乳糖含量可计算出样液中的乳糖含量。

【试剂】

(1) 沉淀剂：4.5%氢氧化钡溶液，5%硫酸锌溶液。

(2) 显色剂：1%苯酚溶液，5%氢氧化钠溶液，1%苦味酸溶液，1%亚硫酸氢钠溶液，按次序以1∶2∶2∶1 (V/V) 配成，保存于棕色瓶中，有效期2d。

(3) 乳糖标准溶液：称取含有结晶水的乳糖 ($C_{12}H_{22}O_{11} \cdot H_2O$) 1.052g或经100℃烘干至恒重的乳糖1g，经水解后移入1 000mL容量瓶中，并用水稀释至刻度，此溶液每毫升含1mg的乳糖。

【仪器】

(1) 分光光度计。

(2) 离心机。

【测定方法】

(1) 样品处理：准确吸取2.0mL牛乳或1.0g乳粉，用水溶解后移入100mL容量瓶中，用水稀释至刻度，摇匀。吸取2.5mL样品稀释液，移入离心管中，添加5%硫酸锌溶液2mL和4.5%氢氧化钡溶液0.5mL，用小玻璃棒轻轻搅拌后，于2 000r/min离心2min，上层澄清液为样品测定溶液。

(2) 标准曲线绘制：准确吸取每毫升相当于1mg乳糖的标准溶液0mL、0.2mL、0.4mL、0.6mL、0.8mL和1.0mL，分别移入25mL比色管中，加入2.5mL显色剂，用塑料塞或橡皮塞紧后，在沸水浴中准确加热6min，取出，立即在冷水中冷却，加水稀释至刻度，于520nm处测定吸光度，绘制标准曲线或回归方程。

(3) 样品分析：准确吸取1.0mL经离心澄清后的样品溶液或0.5mL经离心澄清后的乳粉溶液，移入25mL比色管中，加入2.5mL显色剂，以下操作按标准曲线绘制的步骤进行，测定样液的吸光度，由标准曲线或回归方程计算乳糖的含量。

【计算】

$$乳糖含量\ (mg/mL 或 mg/g) = C/M$$

式中：C为由标准曲线或回归方程计算乳糖的含量 (mg)；M为吸取经离心澄清后的样品溶液相当于样品的质量 (mL或g)。

三、糖原的测定方法

糖原 (glycogen) 的定量方法有两种，一种是将糖原由组织中分离出来，加酸水解，对生成的葡萄糖进行定量；另一种是用酶把组织水解，生成的葡萄糖以酶法进行测定。

本法为加酸水解法，将肉和肝中的糖原用热的浓氢氧化钾溶液提取，加乙醇使之沉淀；得到的糖原加硫酸水解而生成葡萄糖，再对葡萄糖进行定量。葡萄糖的定量方法，可用各种还原糖的定量法。

【试剂】

(1) 30%氢氧化钾溶液。

(2) 0.2%酚酞乙醇溶液。

(3) 99%乙醇：用无水乙醇稀释。

(4) 饱和氯化钾溶液：取34g氯化钾，加水100mL。

(5) 硫酸 (2mol/L)：取 6mL 硫酸，缓缓注入适量水中，冷后用水稀释至 100mL。

(6) 氢氧化钠溶液 (0.5mol/L)：取 0.3g 氢氧化钠，加水稀释至 100mL。

其他试剂与“高锰酸钾滴定法”或“直接滴定法”测定乳糖所用试剂相同。

【仪器】 离心机。

【测定方法】

(1) 提取和分离：将生鲜动物肝脏或肌肉切成片，用均化器粉碎，称取 5g，置于大型试管中，加 30%KOH 溶液 100mL，在沸水浴上加热，用玻棒搅混使之完全液化。冷却后加 99%乙醇 20mL，充分混合，静置后生成糖原沉淀，倾斜倒掉上部液体，下部沉淀移入 15mL 的离心管中，以 3 000r/min 离心 15min，弃去上清液。加 1～2mL 水，加热把管壁附着物溶解，再加饱和氯化钾溶液 1 滴，加乙醇 1.5mL，混匀，静置后离心分离，弃去上清液；按同样方法重复离心分离一次，弃去上清液。水浴加热除去乙醇，至乙醇气味消失即可。

(2) 酸水解：加水 2mL 溶解沉淀物，加 1mL 2mol/L 硫酸在沸水浴上加热 2～2.5h，放冷后滴加酚酞指示液一滴，用 0.5mol/L 氢氧化钠溶液中和至略显红色，根据糖原含量，置于 25～50mL 容量瓶内以水定容。

(3) 葡萄糖的定量：按测定乳糖的“高锰酸钾滴定法”或“直接滴定法”对生成的葡萄糖进行定量测定。

【计算】

$$\text{糖原含量(mg/100g)}=\frac{m_1\times 0.9}{m\times\frac{V_1}{V_2}}\times 100$$

式中：m_1为由“高锰酸钾滴定法”或“直接滴定法”计算出的葡萄糖的质量（mg）；m为样品质量（g）；V_1为样液的总体积（mL）；V_2为测定用样液体积（mL）；0.9 为糖原与葡萄糖的换算系数［糖原的质量（g）＝葡萄糖的质量（g）×0.9］。

第五节　动物性食品中灰分的测定

一、动物性食品中灰分测定的意义

灰分（ash）即指动物性食品灼烧后的残留物。食品中除含有大量有机物质外，还含有丰富的无机成分，其中含量较多的有 Ca、Mg、K、Na、S、P、Cl 等元素，还有 Fe、Cu、Zn、Mn、I、F、Co、Se 等微量元素，这些元素在维持机体的正常生理功能、构成机体组织方面，有着十分重要的作用。当这些组分经高温灼烧时，有机成分挥发逸散，而无机成分（主要是盐类和氧化物）则残留下来，这些残留物称为灰分。灰分是表示食品中无机成分总量的一项指标。

食品的灰分常称为总灰分或粗灰分（total ash），按其溶解性还可分为水溶性灰分（water-soluble ash）、水不溶性灰分（water-insoluble ash）、酸溶性灰分（acid-soluble ash）和酸不溶性灰分（acid-insoluble ash）。水溶性灰分主要是钾、钠、钙、镁等氧化物的盐类。水不溶性灰分主要是污染的泥沙和铁、铝及碱土金属的碱式磷酸盐。酸不溶性灰分主要是污染入产品中的泥沙及样品组织中的微量氧化硅。若食品中灰分过高时，往往表示食品受到污染，影响其质量。

食品中总灰分含量是控制食品成品或半成品质量的重要依据，如牛奶中的总灰分在牛奶中的含量是恒定的。一般在0.68%～0.74%，平均值接近0.70%，因此可以用测定牛奶中总灰分的方法测定牛奶是否掺假，若掺水，灰分降低。另外还可以判断浓缩比，如果测出牛奶灰分在1.4%左右，说明牛奶浓缩一倍。测定灰分的含量可以评定食品是否卫生，有没有污染。如果灰分含量超过了正常范围，说明生产中使用了不卫生的原料或食品添加剂。如果原料中有杂质或加工过程中混入了泥沙，则测定灰分时可检出。灰分的含量也是评价食品营养价值的重要指标，如肉类食品是人体补充铁和锌的良好食物，乳是补钙的最佳食品。

二、灰分的测定方法

灰分的测定内容包括以下几个方面：总灰分、水溶性灰分、水不溶性灰分、酸溶性灰分和酸不溶性灰分等。

（一）总灰分的测定

样品经炭化后置于500～600℃高温炉内灼烧，样品中的水分及挥发物质以气态放出，碳、氢、氮等物质生成二氧化碳、水蒸气、氮氧化物而挥发，无机物以硫酸盐、磷酸盐、碳酸盐、氯化物等无机盐和金属氧化物的形式残留下来，即为灰分。

【仪器】

（1）高温电炉。

（2）坩埚。

（3）分析天平。

（4）干燥器。

【测定方法】

（1）坩埚的准备：将坩埚用盐酸（1∶4）煮1～2h，洗净晾干后，用0.5%三氯化铁溶液和等量蓝墨水的混合液在坩埚外壁及盖上写上编号，置高温炉（500～550℃）灼烧1h，冷至200℃左右后取出，放入干燥器中冷至室温，精密称量，并重复灼烧至恒重（两次称量之差不超过0.5mg）。

（2）取样：在坩埚中加入2～3g固体样品或5～10g液体样品后，准确称量。果汁、牛乳等含水较多的样品须先在沸水浴上蒸干；含水较多的果蔬及动物性食品，用烘箱干燥；富含脂肪的样品，应先提取脂肪，再将残渣进行炭化和灰化。

（3）炭化：将坩埚置于电炉上，半盖坩埚盖，小心加热使试样在通气条件下逐渐炭化，直至无黑烟产生。炭化时若发生膨胀，可滴橄榄油数滴。应先用小火，避免样品溅出。

（4）灰化：炭化后，将坩埚移入高温炉中，在（500±25）℃灼烧4h。打开炉门，将坩埚移至炉口处冷至200℃左右，移入干燥器中冷却至室温。在称量前如灼烧残渣有炭粒时，向试样中滴入少许水润湿，使结块松散，蒸出水分后再次灼烧直至无炭粒即灰化完全，准确称重。重复灼烧至前后两次称量相差不超过0.5mg为恒重。

【计算】

$$X=\frac{m_1-m_2}{m_3-m_2}\times 100$$

式中：X为样品中灰分的含量（g/100g）；m_1为坩埚和灰分的质量（g）；m_2为坩埚的质量（g）；m_3为坩埚和样品的质量（g）。

计算结果保留三位有效数字。

【说明】

（1）本法为国标GB 5009.4—2003，精密度为5%。

（2）为加快灰化过程，可向灰化的样品中加入纯净疏松的物质，如乙酸铵或等量的乙醇等。灰化时间一般需2～5h。

（3）对于难以灰化的样品加入10%碳酸铵等疏松剂，在灼烧时分解为气体逸出，使灰分呈现松散状态，促进未灰化的炭粒灰化。

（4）样品在放入高温炉灼烧之前要先进行炭化，防止糖、蛋白质、淀粉等在高温下发泡膨胀而溢出坩埚，不经炭化而直接灰化，炭粒易被包裹住，灰化不完全。

（二）水溶性灰分和水不溶性灰分的测定

【仪器】

（1）干燥箱。

（2）坩埚。

【测定方法】向测定总灰分所得残留物中加入25mL去离子水，加热至沸，用无灰滤纸过滤，然后用25mL热的去离子水分多次洗涤坩埚、滤纸及残渣。将残渣连同滤纸移回原坩埚中，在水浴上蒸发至干，放入干燥箱中干燥，再进行灼烧，冷却，称重，直至恒重。残留物即为水不溶性灰分，灰分与水不溶性灰分之差为水溶性灰分。按下式计算水不溶性灰分和水溶性灰分的含量。

【计算】

$$X = \frac{m_4 - m_2}{m_3 - m_2} \times 100$$

式中：X为水不溶性灰分的含量（g/100g）；m_4为不溶性灰分和坩埚的质量（g）；其他符号意义同总灰分的计算。

水溶性灰分＝总灰分－水不溶性灰分

（三）酸溶性灰分与酸不溶性灰分的测定

【试剂】盐酸（0.1mol/L）。

【仪器】坩埚。

【测定方法】向总灰分或水不溶性灰分中加入25mL浓度为0.1mol/L的盐酸，以下操作同水不溶性灰分的测定。按下式计算酸不溶性灰分含量。

【计算】

$$X = \frac{m_5 - m_2}{m_3 - m_2} \times 100$$

式中：X为酸不溶性灰分的含量（g/100g）；m_5为酸溶性灰分和坩埚的质量（g）；其他符号意义同总灰分的计算。

酸溶性灰分＝总灰分－酸不溶性灰分

第六节　动物性食品中维生素的测定

一、动物性食品中维生素测定的意义

维生素（vitamin）不是构成人体组织器官的原料，也不是机体的能量物质，但却是维持生命活动所必需的营养素。机体只需要极少量的维生素即可满足维持正常生理功能的需要，但绝对不可缺少。维生素是一类低分子有机化合物，目前认为对维持机体健康和促进发育至关重要的有 20 余种，都存在于天然食品中，可分为脂溶性维生素（liposoluble vitamin）和水溶性维生素（water-soluble vitamin）两大类。

脂溶性维生素能溶于脂肪或脂溶剂，在食物中与脂类共存，包括维生素 A、维生素 D、维生素 E、维生素 K 等，多存在于动物性食品中，特别是畜禽内脏器官和蛋黄中。脂溶性维生素的共同特点是摄入后存在于脂肪组织中，不能从尿中排除，大剂量时可引起中毒。

水溶性维生素能溶于水，包括维生素 B_1、维生素 B_2、维生素 C、维生素 PP、维生素 B_6、泛酸、生物素、叶酸、维生素 B_{12} 等。水溶性维生素多存在于植物性食品中，满足组织需要后都能从机体排出。

二、脂溶性维生素的测定

（一）食品中的维生素 A 的测定

1. 高效液相色谱法　试样中的维生素 A 和维生素 E 经皂化提取处理后，将其从不可皂化部分提取至有机溶剂中。用高效液相色谱 C_{18} 反相柱将维生素 A 和维生素 E 分离，经紫外检测器检测，并用内标法定量测定。

【试剂】

（1）无水乙醚：不含有过氧化物。

过氧化物检查方法：用 5mL 乙醚加 1mL 10%碘化钾溶液，振摇 1min。如有过氧化物则放出游离碘，水层呈黄色或加 4 滴 0.5%淀粉溶液，水层呈蓝色。该乙醚需处理后使用。

去除过氧化物的方法：重蒸乙醚时，瓶中放入纯铁丝或铁末少许。弃取 10%初馏液和 10%残馏液。

（2）无水乙醇：不得含有醛类物质。

检查方法：取 2mL 银氨溶液于试管中，加入少量乙醇，摇匀，再加入氢氧化钠溶液，加热，放置冷却后，若有银镜反应则表示乙醇中有醛。

脱醛方法：取 2g 硝酸银溶于少量水中。取 4g 氢氧化钠溶于温乙醇中，将两者倾入 1L 乙醇中，振摇后，放置暗处 2d（不时摇动，促进反应），经过滤，置蒸馏瓶中蒸馏，弃去初蒸出的 50mL。当乙醇中含醛较多时，硝酸银用量适当增加。

（3）无水硫酸钠。

（4）甲醇：重蒸后使用。

（5）重蒸水：水中加少量高锰酸钾，临用前蒸馏。

（6）抗坏血酸溶液（100g/L）：临用前蒸馏。

（7）氢氧化钾溶液（1∶1）。

(8) 氢氧化钠溶液 (100g/L)。

(9) 硝酸银溶液 (50g/L)。

(10) 银氨溶液：加氨水至硝酸银溶液中，直至生成的沉淀重新溶解为止，再加氢氧化钠溶液数滴，如发生沉淀，再加氨水直至溶解。

(11) 维生素A标准液：视黄醇 (纯度85%) 或视黄酸乙酸酯 (纯度90%) 经皂化处理后使用。用脱醛乙醇溶解维生素A标准品，使其浓度大约为1mL相当于1mg视黄醇。临用前用紫外分光光度法标定其准确浓度。

(12) 维生素E标准液：α、β、γ-生育酚 (纯度95%)。用脱醛乙醇分别溶解以上三种维生素E标准品，使其浓度大约为1mL相当于1mg。临用前用紫外分光光度计分别标定此三种维生素E溶液的准确浓度。

(13) 内标溶液：称取苯并 [*e*] 芘 (纯度98%)，用脱醛乙醇配制成每1mL相当10μg苯并 [*e*] 芘的内标溶液。

【仪器】

(1) 高效液相色谱仪带紫外分光检测器。

(2) 旋转蒸发器。

(3) 高速离心机。

(4) 恒温水浴锅。

(5) 紫外分光光度计。

【测定方法】

(1) 样品处理：

①皂化：准确称取1～10g试样 (含维生素A约3μg) 于皂化瓶中，加30mL无水乙醇，进行搅拌，直到颗粒物分散均匀为止。加5mL 10%抗坏血酸，苯并 [*e*] 芘标准液2.00mL，混匀。10mL氢氧化钾 (1∶1)，混匀。于沸水浴回流30min使皂化完全，皂化后立即放入冰水中冷却。

②提取：将皂化后的试样移入分液漏斗中，用50mL水分2～3次洗皂化瓶，洗液并入分液漏斗中。用约100mL乙醚分两次洗皂化瓶及其残渣，乙醚液并入分液漏斗中。如有残渣，可将此液通过有少许脱脂棉的漏斗滤入分液漏斗。轻轻振摇分液漏斗2min，静置分层，弃去水层。

③洗涤：用约50mL水洗分液漏斗中的乙醚层，用pH试纸检验直至水层不显碱性 (最初水洗轻摇，逐渐振摇强度可增加)。

④浓缩：将乙醚提取液经过无水硫酸钠 (约5g) 滤入与旋转蒸发器配套的250～300mL球形蒸发瓶内，用约100mL乙醚冲洗分液漏斗及无水硫酸钠3次，并入蒸发瓶内，并将其接至旋转蒸发器上，于55℃水浴中减压蒸馏并回收乙醚，待瓶中剩下约2mL乙醚时，取下蒸发瓶，立即用氮气吹掉乙醚。立即加入2.00mL乙醇，充分混合，溶解提取物。

⑤将乙醇液移入一小塑料离心管中离心5min (5 000r/min)，上清液供色谱分析。如果试样中维生素含量过少，可用氮气将乙醇液吹干后，再用乙醇重新定容，并记下体积比。

(2) 标准曲线的制备：

①维生素A和维生素E标准浓度的标定：取维生素A和各维生素E标准液若干微升，分别稀释至3.00mL乙醇中，并分别给定波长测定各维生素的吸光值。用比吸光数计算出该

维生素的浓度。测定条件如表 2-4 所示。

表 2-4　维生素 A 和维生素 E 标准浓度的标定

标　准	加入标准液的量（V）/μL	比吸光系数（$E_{cm}^{1\%}$）	波长λ/nm
视黄醇	10.00	1 835	325
α-生育酚	100.0	71	294
γ-生育酚	100.0	92.8	298
δ-生育酚	100.0	91.2	298

浓度计算：

$$c_1=\frac{A}{E}\times\frac{1}{100}\times\frac{3}{V\times10^{-3}}$$

式中：c_1为某维生素浓度（g/mL）；A 为维生素的平均紫外吸光值；V 为加入标准液的量（μL）；E 为某种维生素 1%比吸光系数；3/（$V\times10^{-3}$）为标准液稀释倍数。

②标准曲线的制备：本标准采用内标法定量。把一定量的维生素 A、α-生育酚、γ-生育酚、δ-生育酚及内标苯并［e］芘液混合均匀。选择合适灵敏度，使上述物质的各峰高约为满量程 70%，为高浓度点。高浓度的 1/2 为低浓度点（其内标苯并［e］芘的浓度值不变），用此种浓度的混合标准进行色谱分析结果见色谱图 2-6。维生素标准曲线绘制是以维生素峰面积与内标物峰面积之比为纵坐标，维生素浓度为横坐标绘制，或计算直线回归方程。如有微处理机装置，则按仪器说明用二点内标法进行定量。

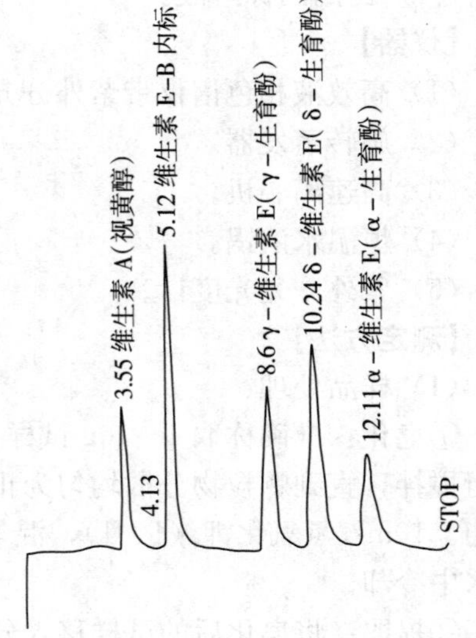

图 2-6　维生素 A 和维生素 E 色谱图

本标准不能将 β-维生素 E 和 γ-维生素 E 分开，故 γ-维生素 E 峰中包含有 β-维生素 E 峰。

（3）高效液相色谱分析：

①色谱条件（参考条件）：

预柱：ultrasphere ODS 10μm，4mm×4.5cm。

分析柱：ultrasphere ODS 5μm，4.6mm×25cm。

流动相：甲醇＋水＝98＋2，混匀，临用前脱气。

紫外检测器波长：300nm。量程 0.02。

进样量：20μL。

流速：1.7mL/min。

②试样分析：取试样浓缩液 20μL，待绘制出色谱图及色谱参数后，再进行定性和定量。

定性：用标准物色谱峰的保留时间定性。

定量：根据色谱图求出某种维生素峰面积与内标物峰面积的比值，以此值在标准曲线上查得其含量，或用回归方程求出其含量。

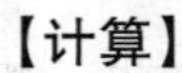

【计算】

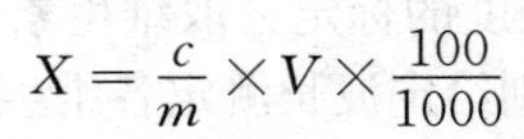

$$X=\frac{c}{m}\times V\times\frac{100}{1000}$$

式中：X 为某维生素的含量（mg/100g）；c 为由标准曲线查得某种维生素含量（μg/mL）；V 为试样浓缩定容体积（mL）；m 为试样质量（g）。

计算结果保留三位有效数字。

【说明】本法为国标 GB 5009.82—2003 中的第一法，本方法适用于各种食品中维生素 A 和维生素 E 的测定，方法精密度为 10%。最小检出限分别为维生素 A：0.8ng；α-维生素 E：91.8ng；γ-维生素 E：36.6ng；δ-维生素 E：20.6ng。

2. 比色法　维生素 A 在三氯甲烷中与三氯化锑相互作用，产生蓝色物质，其深浅与溶液中所含维生素 A 的含量成正比。该蓝色物质虽不稳定，但在一定时间内可用分光光度计于 620nm 波长处测定其吸光度。

本法适用于维生素 A 含量较高的各种样品，对低含量样品，因受其脂溶性物质的干扰，不易比色测定。

【试剂】

（1）无水硫酸钠。

（2）乙酸酐。

（3）乙醚。

（4）无水乙醇。

（5）三氯甲烷：应不含分解物，否则会破坏维生素 A。

检查方法：三氯甲烷不稳定，放置后易受空气中氧的作用生成氯化氢和光气。检查时可取少量三氯甲烷置试管中加水少许振摇，使氯化氢溶到水层。加入几滴硝酸银液，如有白色沉淀即说明三氯甲烷中有分解产物。

处理方法：试剂应先测验是否含有分解产物，如有，则应于分液漏斗中加水洗数次，加无水硫酸钠或氯化钙使之脱水，然后蒸馏。

（6）三氯化锑-三氯甲烷溶液（250g/L）：用三氯甲烷配制三氯化锑溶液，储于棕色瓶中（注意勿使吸收水分）。

（7）氢氧化钾溶液（1+1）。

（8）维生素 A 或视黄醇乙酸酯标准液：配制方法和标定方法同本节“高效液相法测定”。

（9）酚酞指示剂（10g/L）：用 95%乙醇配制。

【仪器】

（1）分光光度计。

（2）回流冷凝装置。

（3）实验室常用仪器。

【测定方法】

（1）试样处理：根据试样性质，可采用皂化法或研磨法。

①皂化法：适用于维生素 A 含量不高的试样，可减少脂溶性物质的干扰，但全部试验过程费时，且易导致维生素 A 损失。

a. 皂化：根据试样中维生素 A 含量的不同，准确称取 0.5～5g 试样于三角瓶中，加入 10mL 氢氧化钾（1∶1）及 20～40mL 乙醇，于电热板上回流 30min 至皂化完全为止。

b. 提取：将皂化瓶内混合物移至分液漏斗中，以 30mL 水洗皂化瓶，洗液并入分液漏斗。如有渣子，可用脱脂棉漏斗滤入分液漏斗内。皂化瓶再用约 30mL 乙醚分两次冲洗，洗液倾入第二个分液漏斗中。振摇后，静置分层，水层放入三角瓶中，醚层与第一个分液漏斗合并。重复至水液中无维生素 A 为止。

c. 洗涤：用约 30mL 水加入第一个分液漏斗中，轻轻振摇，静置片刻后，放去水层。加 15～20mL 0.5mol/L 氢氧化钾溶液于分液漏斗中，轻轻振摇后，弃去下层碱液，除去醚溶性酸皂。继续用水洗涤，每次用水约 30mL，直至洗涤液与酚酞指示剂呈无色为止（大约 3 次）。醚层液静置 10～20min，小心放出析出的水。

d. 浓缩：将醚层液经过无水硫酸钠滤入三角瓶中，再用约 25mL 乙醚冲洗分液漏斗和硫酸钠两次，洗液并入三角瓶内。置水浴上蒸馏，回收乙醚。待瓶中剩约 5mL 乙醚时取下，用减压抽气法至干，立即加入一定量的三氯甲烷使溶液中维生素 A 含量在适宜浓度范围内。

②研磨法：适用于每克试样维生素 A 含量大于 5～10μg 试样的测定，如肝的分析。步骤简单、省时、结果准确。

a. 研磨：精确称 2～5g 试样，放入盛有 3～5 倍试样质量的无水硫酸钠研钵中，研磨至试样中水分完全被吸收，并均质化。

b. 提取：小心地将全部均质化试样移入带盖的三角瓶内，准确加入 50～100mL 乙醚。紧压盖子，用力振摇 2min，使试样中维生素 A 溶于乙醚中，使其自行澄清（需 1～2h），或离心澄清（因乙醚易挥发，气温高时应在冷水浴中操作。装乙醚的试剂瓶也应事先放入冷水浴中）。

c. 浓缩：取澄清的乙醚提取液 2～5mL，放入比色管中，在 70～80℃水浴上抽气蒸干，立即加入 1mL 三氯甲烷溶解残渣。

（2）测定：

①标准曲线的制备：准确取一定量的维生素 A 标准液于 4～5 个容量瓶中，以三氯甲烷配制标准系列。再取相同数量比色管顺次取 1mL 三氯甲烷和标准系列使用液 1mL，各管加入乙酸酐 1 滴，制成标准比色系列，于 620nm 波长处以三氯甲烷调节吸光度至零点，将其标准比色系列按顺序移入光路前，迅速加入 9mL 三氯化锑-三氯甲烷溶液。于 6s 内测定吸光度，以吸光度为纵坐标，维生素 A 含量为横坐标绘制标准曲线图。

②试样测定：于一比色管中加入 10mL 三氯甲烷，加入 1 滴乙酸酐为空白液。另一比色管中加入 1mL 三氯甲烷，其余比色管中分别加入 1mL 试样溶液及 1 滴乙酸酐。其余步骤同标准曲线的制备。

【计算】

$$X=\frac{c}{m}\times V\times\frac{100}{1000}$$

式中：X 为试样中维生素 A 的含量（如按 IU，每 1IU=0.3μg）（mg/100g）；c 为由标准曲线上查得试样中维生素 A 的含量（μg/mL）；m 为试样质量（g）；V 为提取后加三氯甲烷定量的体积（mL）；100 为以每百克试样计。

计算结果保留三位有效数字。

【说明】

（1）本法为国标 GB 5009.82—2003 中的第二法，适用于食品中维生素 A 的测定，精密度为 10%。

（2）三氯化锑有腐蚀性，不能黏在手上。所用的氯仿中不应含有水分，因三氯化锑与水能生成白色沉淀，干扰比色测定。

（3）三氯化锑与维生素 A 生成的蓝色物质很不稳定，要在 6s 内完成吸光度的测定，否则结果偏低。维生素 A 极易被光破坏，实验应在微弱光线下进行。

（二）食品中的维生素 E 测定（比色法）

维生素 E 能将高价铁离子还原为亚铁离子，利用亚铁离子与 α，α′-联氮苯发生颜色反应，可测定维生素 E 的含量。

【试剂】

（1）乙醚（不含过氧化物，检验和去除方法同比色法测维生素 A 试剂）。

（2）无水乙醇（不含醛类化合物，检验和脱醛方法同比色法测定维生素 A 试剂）。

（3）甲醇。

（4）氢氧化钾溶液：20g/L。

（5）氢氧化钾甲醇溶液（2mol/L）：取 11.2g 氢氧化钾溶于甲醇中，并用甲醇稀释至 100mL。

（6）三氯化铁无水乙醇溶液：2g/L，新鲜配制。

（7）吸附剂（floridin XS）：在 50g 吸附剂中加入 100mL 盐酸，置沸水浴上 1h，放至室温，倾出酸液，再加入 100mL 盐酸搅拌均匀，在室温下处理一次，然后用水洗至中性。再用乙醇和苯相继洗涤，在室温下晾干备用。

（8）维生素 E 标准溶液：取适量维生素 E，用无水乙醇稀释成浓度为 5μg/mL 的标准使用液。

【仪器】分光光度计。

【测定方法】

（1）样品处理：

①皂化：取 1.00g 脂肪提取液于脂肪烧瓶中，加入 2mL 2mol/L 氢氧化钾甲醇溶液。连接回流冷凝管，在氮气流中于 72～74℃温度下皂化 10min。皂化液用 8mL 甲醇稀释，移入分液漏斗中，加 10mL 水，然后用乙醚萃取 3 次，每次 30～50mL。合并醚液，用 200mL 水分三次洗涤，再用氢氧化钾（20g/L）洗涤一次，最后用水洗至中性。将乙醚提取液经过无水硫酸钠柱子或漏斗脱水，在二氧化碳气流中，减压蒸发至干，再用 5mL 苯溶解。

②纯化：将处理好的吸附剂（floridin XS）装满 12cm×30cm 的分离柱，用苯润湿。将上述样液倾入柱中，用苯淋洗至洗出液容积为 25mL。若柱层上出现微蓝绿色带，系类胡萝卜素；出现暗蓝色带系维生素 A。如没有胡萝卜素存在，可直接用 25mL 苯溶解残渣。

（2）样品测定：取适量样液（1～2mL）于 25mL 比色管中。加入三氯化铁无水乙醇液 1mL，摇匀，加 1mL α，α′-联氮苯无水乙醇溶液，用无水乙醇定容至刻度，摇匀，放置 10min 后于 520nm 波长处读取吸光值。同样条件下做一空白试验。

（3）标准曲线的绘制：根据样液浓度，分别吸取一定量的维生素 E 标准使用液配制标准系列，按样品测定步骤读取吸光值，绘制标准曲线。

【计算】

$$X=\frac{C-C_0}{m\times V\times\frac{100}{1000}}$$

式中：X 为样品中维生素 E 的量（mg/100g）；C 为由标准曲线上查得样品溶液中维生素 E 的含量（μg/mL）；C_0 为由标准曲线上查得样品空白液中维生素 E 的含量（μg/mL）；m 为样品质量（g）；V 为样品提取后加入无水乙醇定容的体积（mL）；100/1 000 为将样品中维生素 E 由 μg/g 折算成 mg/100g 的折算系数。

【说明】

（1）维生素 E 在碱性条件下与空气接触易被氧化，因此在皂化时，用氮气流保护，也可加入焦性没食子酸（联苯三酚）作为抗氧化剂，防止维生素 E 的氧化。

（2）由于光能促进维生素 E 氧化，因此尽可能避光操作。

（三）食品中的维生素 D 测定

样品在焦性没食子酸保护下皂化，用石油醚萃取不皂化物，萃取物经正相色谱柱分离富集，再用反相色谱柱进一步分离，紫外检测器测定，与标准样品比较定量。

【试剂】

（1）2%焦性没食子酸乙醇溶液。

（2）75%KOH 溶液。

（3）石油醚。

（4）正己烷。

（5）维生素 D 标准溶液：称取 0.25g 维生素 D_2，用乙醇稀释至 100mL，此溶液浓度为 2.5mg/mL（相当于 100 000IU/mL）。临用时，用乙醇配制成 0.1μg/mL（相当于 4IU/mL）的标准使用液。

【仪器】

（1）高效液相色谱仪，附紫外检测器。

（2）馏分收集器。

【测定方法】

（1）样品处理：样品溶液中加入 2%焦性没食子酸乙醇溶液，混匀，再加入 75%KOH 溶液加热回流皂化 30min，冷却后移入分液漏斗中，用石油醚反复萃取，萃取液浓缩，最后用 1mL 正己烷溶解备用。

（2）正相硅胶柱富集（参考条件）：

色谱柱：硅胶柱，4mm×30cm。

流动相：正己烷与环己烷按体积比 1∶1 混合，并按体积分数 0.8%加入异丙醇。

流速：1mL/min。

柱温：20℃。

检测波长：265nm。

注射 50μL 维生素 D 标样（1μg/mL）和 200μL 样品溶液，根据维生素 D 标样保留时间收集样品于试管中，将试管用氮气吹干，准确加入 0.2mL 甲醇溶解，供检测用。

（3）反相 C_{18} 柱检测（参考条件）：

色谱柱：4.6mm×25cm C_{18}或同等性能色谱柱。

流动相：甲醇。

流速：1mL/min。

柱温：20℃。

检测波长：265nm。

注射50μL维生素D标样和50μL样品溶液，得到标样和样品溶液中维生素D峰面积或峰高，根据峰面积或峰高的比值计算出样品中维生素D的含量。

【计算】

$$X=\frac{A_{sa}}{A_{st}}\times\frac{c}{m}\times100$$

式中：X为试样中维生素D的含量（IU/100g）；A_{sa}为样品色谱图中维生素D的峰高或面积；A_{st}为标准溶液色谱图中维生素D的峰高或面积；c为维生素D标准浓液的浓度（IU/mL）；m为样品质量（g）。

【说明】本法为国标GB 5413.9—1997，适用于食品或强化食品及饲料中维生素D含量的测定。本法对维生素D_2和维生素D_3不加区别，两者混合存在时，以总维生素D定量。

三、水溶性维生素的测定

（一）维生素B_1的测定

硫胺素在碱性铁氰化钾溶液中被氧化成噻嘧色素，在紫外线照射下，噻嘧色素发出荧光。在给定的条件下，以及没有其他荧光物质干扰时，此荧光强度与噻嘧色素量成正比，即与溶液中硫胺素量成正比。如试样中含杂质过多，应经过离子交换剂处理，使硫胺素与杂质分离，然后以所得溶液做测定。

【试剂】

（1）正丁醇：需经重蒸馏后使用。

（2）无水硫酸钠。

（3）淀粉酶和蛋白酶。

（4）0.1mol/L盐酸：8.5mL浓盐酸（相对密度1.19或1.20）用水稀释至1 000mL。

（5）0.3mol/L盐酸：25.5mL浓盐酸用水稀释至1 000mL。

（6）2mol/L乙酸钠溶液：164g无水乙酸钠溶于水中稀释至1 000mL。

（7）氯化钾溶液（250g/L）：250g氯化钾溶于水中稀释至1 000mL。

（8）酸性氯化钾溶液（250g/L）：8.5mL浓盐酸用25%氯化钾溶液稀释至1 000mL。

（9）氢氧化钠溶液（150g/L）：15g氢氧化钠溶于水中稀释至100mL。

（10）铁氰化钾溶液（10g/L）：1g铁氰化钾溶于水中稀释至100mL，放于棕色瓶内保存。

（11）碱性铁氰化钾溶液：取4mL 10g/L铁氰化钾溶液，用150g/L氢氧化钠溶液稀释至60mL。用时现配，避光使用。

（12）乙酸溶液：30mL冰乙酸用水稀释至1 000mL。

（13）活性人造浮石：称取200g 40～60目的人造浮石，以10倍于其体积的热乙酸溶液

(12）搅洗2次，每次10min；再用5倍于其容积的250g/L热氯化钾溶液（7）搅洗15min；然后再用稀乙酸溶液（12）搅洗10min；最后用热蒸馏水洗至没有氯离子。于蒸馏水中保存。

(14）硫胺素标准储备液（0.1mg/mL)：准确称取100mg经氯化钙干燥24h的硫胺素，溶于0.01mol/L盐酸中，并稀释至1 000mL。于冰箱中避光保存。

(15）硫胺素标准中间液（10μg/mL)：将硫胺素标准储备液用0.01mol/L盐酸稀释10倍，于冰箱避光保存。

(16）硫胺素标准使用液（0.1μg/mL)：将硫胺素标准中间液用水稀释100倍，用时现配。

(17）溴甲酚绿溶液（0.4g/L)：称取0.1g溴甲酚绿，置于小研钵中，加入1.4mL 0.1mol/L氢氧化钠溶液研磨片刻，再加入少许水继续研磨至完全溶解，用水稀释至250mL。

【仪器】

(1）电热恒温培养箱。

(2）荧光分光光度计。

(3）Maizel-Gerson反应瓶：如图2-7所示。

(4）盐基交换管：如图2-8所示。

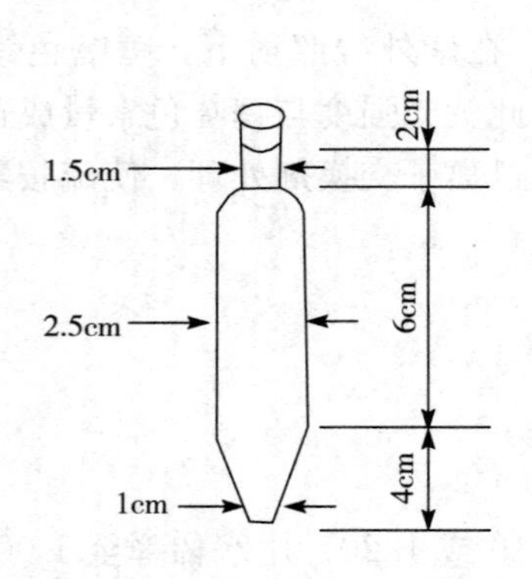

图2-7　Maizel-Gerson反应瓶

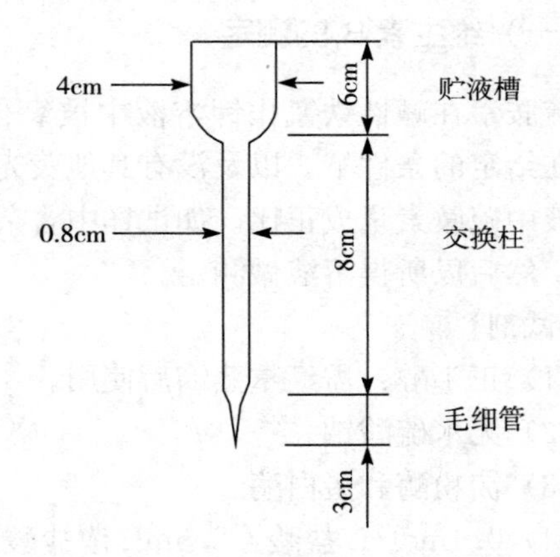

图2-8　盐基交换管

【测定方法】

(1）样品制备：

①样品准备：试样采集后用匀浆机打成匀浆于低温冰箱中冷冻保存，用时将其解冻后混匀使用。干燥试样要将其尽量粉碎后备用。

②提取：准备称取一定量试样（估计其硫胺素含量为10～30μg，一般称取2～10g试样)，置于100mL三角瓶中，加入50mL 0.1mol/L或0.3mol/L盐酸使其溶解，放入高压锅中加热水解，121℃ 30min，凉后取出。用2mol/L乙酸钠调其pH为4.5（以0.4g/L溴甲酚绿为外指示剂)。按每克试样加入20mg淀粉酶和40mg蛋白酶的比例加入淀粉酶和蛋白酶。于45～50℃恒温箱中过夜保温（约16h)。凉至室温，定容至100mL，然后混匀过滤，即为提取液。

③净化：用少许脱脂棉铺于盐基交换管的交换柱底部，加水将棉纤维中气泡排出，再加约1g活性人造浮石使之达到交换柱的1/3高度。保持盐基交换管中液面始终高于活性人造浮石。用移液管加入提取液20～60mL（使通过活性人造浮石的硫胺素总量为2～5μg）。加入约10mL热蒸馏水冲洗交换柱，弃去洗液，如此重复3次。加入20mL 50g/L酸性氯化钾（温度为90℃左右），收集此液于25mL刻度试管内，凉至室温，用250g/L酸性氯化钾定容至25mL，即为试样净化液。

重复上述操作，将20mL硫胺素标准使用液加入盐基交换管以代替试样提取液，即得到标准净化液。

④氧化：将5mL试样净化液分别加入A、B两个反应瓶。在避光条件下将3mL 150g/L氢氧化钠加入反应瓶A，将3mL碱性铁氰化钾溶液加入反应瓶B，振摇约15s，然后加入10mL正丁醇；将A、B两个反应瓶同时用力振摇1.5min。重复上述操作，用标准净化液代替试样净化液。静置分层后吸去下层碱性溶液，加入2～3g无水硫酸钠使溶液脱水。

（2）测定：

①荧光测定条件：激发波长365nm；发射波长425nm；激发波狭缝5nm；发射波狭缝5nm。

②依次测定下列荧光强度：试样空白荧光强度（试样反应瓶A）；标准空白荧光强度（标准反应瓶A）；试样荧光强度（试样反应瓶B）；标准荧光强度（标准反应瓶B）。

【计算】

$$X=(U-U_b)\times\frac{c\times V}{S-S_b}\times\frac{V_1}{V_2}\times\frac{1}{m}\times\frac{100}{1000}$$

式中：X为试样中硫胺素含量（mg/100g）；U为试样荧光强度；U_b为试样空白荧光强度；S为标准荧光强度；S_b为标准空白荧光强度；c为硫胺素标准使用液浓度（μg/mL）；V为用于净化的硫胺素标准使用液体积（mL）；V_1为试样水解后定容的体积（mL）；V_2为试样用于净化的提取液体积（mL）；m为试样质量（g）；100/1 000为试样含量由微克每克（μg/g）换算成毫克每百克（mg/100g）的系数。

计算结果保留两位有效数字。

【说明】本法为国标GB 5009.84—2003，检出限为0.05μg，线性范围为0.2～10μg，精密度为10%。

（二）维生素B_2的测定

维生素B_2在440～500nm波长光照射下发生黄绿色荧光。在稀溶液中其荧光强度与核黄素的浓度成正比。在波长525nm下测定其荧光强度。试液再加入低亚硫酸钠（$Na_2S_2O_4$），将核黄素还原为无荧光的物质，然后再测定试液中残余荧光杂质的荧光强度，两者之差即为食品中核黄素所产生的荧光强度。

【试剂】

（1）硅镁吸附剂：60～100目。

（2）5mol/L乙酸钠溶液。

（3）木瓜蛋白酶（100g/L）：用2.5mol/L乙酸钠溶液配制。使用时现配制。

（4）淀粉酶（100g/L）：用2.5mol/L乙酸钠溶液配制。使用时现配制。

（5）0.1mol/L 盐酸。

（6）1mol/L 氢氧化钠。

（7）0.1mol/L 氢氧化钠。

（8）低亚硫酸钠溶液（200g/L）：此液用时现配。保存在冰水浴中，4h 内有效。

（9）洗脱液：丙酮＋冰乙酸＋水（5＋2＋9）。

（10）溴甲酚绿指示剂（0.4g/L）。

（11）高锰酸钾溶液（30g/L）。

（12）过氧化氢溶液（3%）。

（13）核黄素标准液的配制（纯度 98%）：

①核黄素标准储备液（25μg/mL）：将标准品核黄素粉状结晶置于真空干燥器或盛有硫酸的干燥器中。经过 24h 后，准确称取 50mg，置于 2L 容量瓶中，加入 2.4mL 冰乙酸和 1.5L 水。将容量瓶置于温水中摇动，待其溶解，冷至室温，稀释至 2L，移至棕色瓶内，加少许甲苯盖于溶液表面，于冰箱中保存。

②核黄素标准使用液：吸取 2.00mL 核黄素标准储备液，置于 50mL 棕色容量瓶中，用水稀释至刻度。避光，贮于 4℃冰箱，可保存一周。此溶液每毫升相当于 1.00μg 核黄素。

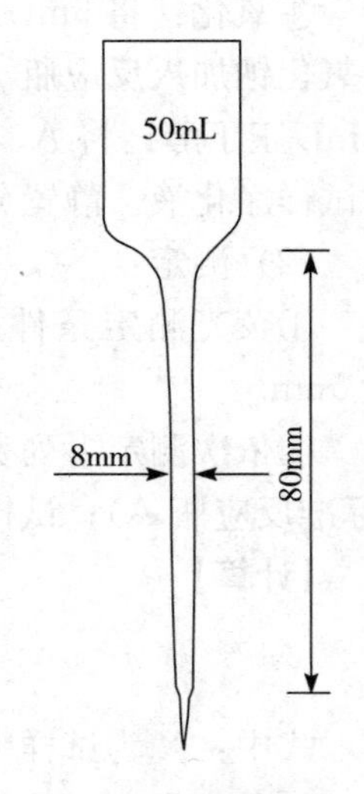

图 2-9　核黄素吸附柱

【仪器】

（1）高压消毒锅。

（2）电热恒温培养箱。

（3）核黄素吸附柱：见图 2-9。

（4）荧光分光光度计。

【测定方法】整个操作过程需避光进行。

（1）试样提取：

①试样的水解：准确称取 2～10g 样品（含 10～200μg 核黄素）于 100mL 三角瓶中，加 50mL 0.1mol/L 盐酸，搅拌直到颗粒物分散均匀。用 40mL 瓷坩埚为盖扣住瓶口，置于高压锅内，1.03×10^5Pa（121℃）高压水解 30min。水解液冷却后，滴加 1mol/L 氢氧化钠，取少许水解液，用 0.4g/L 溴甲酚绿检验呈草绿色，pH 为 4.5。

②试样的酶解：对含有淀粉的水解液，加入 3mL10 g/L 淀粉酶溶液，于 37～40℃保温约 16h。对含高蛋白的水解液，加 3mL 10g/L 木瓜蛋白酶溶液，于 37～40℃保温约 16h。

③过滤：上述酶解液定容至 100mL，用干滤纸过滤。此提取液在 4℃冰箱中可保存一周。

（2）氧化去杂质：视试样中核黄素的含量取一定体积的试样提取液及核黄素标准使用液（含 1～10μg 核黄素）分别于 20mL 的带盖刻度试管中，加水至 15mL。各管加 0.5mL 冰乙酸，混匀。加 30g/L 高锰酸钾溶液 0.5mL，混匀，放置 2min，使用氧化去杂质。滴加 3% 双氧水溶液数滴，直至高锰酸钾的颜色退掉。剧烈振摇此管，使多余的氧气逸出。

（3）核黄素的吸附和洗脱：

①核黄素吸附柱：硅镁吸附剂约 1g 用湿法装入柱，占柱长 1/2～2/3（约 5cm）为宜（吸附柱下端用一小团脱脂棉垫上），勿使柱内产生气泡，调节流速约为 60 滴/min。

②过柱与洗脱：将全部氧化后的样液及标准液通过吸附柱后，用约 20mL 热水洗去样液中的杂质。然后用 5mL 洗脱液将试样中核黄素洗脱并收集于一带盖 10mL 刻度试管中，再用水洗吸附柱，收集洗出的液体并定容至 10mL，混匀后待测荧光。

（4）标准曲线的制备：分别精确吸取核黄素标准使用液 0.3mL、0.6mL、0.9mL、1.25mL、2.5mL、5.0mL、10.0mL、20.0mL（相当于 0.3μg、0.6μg、0.9μg、1.25μg、2.5μg、5.0μg、10.0μg、20.0μg 核黄素）或取与试样含量相近的单点标准，按核黄素的吸附和洗脱（3）步骤操作。

（5）测定：

①于激发光波长 440nm，发射光波长 525nm，测量试样管及标准管的荧光值。

②待试样及标准的荧光值测量后，在各管的剩余液（5～7mL）中加 0.1mL 20%低亚硫酸钠溶液，立即混匀，在 20s 内测出各管的荧光值作各自的空白值。

【计算】

$$X=\frac{(A-B)\times S}{(C-D)\times m}\times f\times\frac{100}{1000}$$

式中：X 为试样中核黄素的含量（mg/100g）；A 为试样管荧光值；B 为试样管空白荧光值；C 为标准管荧光值；D 为标准管空白荧光值；f 为稀释倍数；m 为试样质量（g）；S 为标准管中核黄素质量（μg）；100/1 000 为将试样中核黄素含量由微克每克（μg/g）换算成毫克每百克（mg/100g）的系数。

计算结果表示到小数点后两位。

【说明】本法为国标 GB 5009.85—2003 中的第一法，检出限为 0.006μg，线性范围为 0.1～20μg，精密度为 10%。

第三章 动物性食品中有害元素的检测

第一节 概 述

一、动物性食品中有害元素的污染

在自然界的众多金属和非金属元素中，一些是人体内不可缺少的营养素，如铁、碘、铜、锌、锰、钴、钼、硒、铬、镍、锡、硅、氟和钒等，称为“必需元素”，另一些为对人体有毒性的元素，如汞、镉、砷、铅、铬、锕、锌、锡等，称为“有害元素”，还有一些元素，如铜、锌，既是人体的营养元素，同时如果过量摄入，又会对人体产生危害。这些元素一般以微量的形式存在，现代研究证明，微量元素与人体的关系密切且十分复杂。微量元素对人体的作用与其摄入的数量有密切关系，有些微量元素，摄入一定量时是机体所必需的，但是，当超过一定量时则会引起人体中毒，即使是必需微量元素，也有个维持机体正常生理功能的需要量范围，摄入量不足，可产生缺乏的症状，摄入量过多，可产生中毒。

动物性食品中的有害元素主要是在生产、加工、贮藏、运输和销售等过程中受到污染而形成的，并通过被污染的食品不断地被人体摄入，达到一定量时，即可对人体造成危害。造成污染的途径很多，但主要有以下几方面。

（一）工业“三废”的污染

工业生产中产生的废气、废水、固体废弃物统称“三废”，可以通过空气、水、土壤等途径污染环境，动物在被污染的环境中生长或长期饲喂被污染的饲料、水等，而受到污染，以这种动物的肉、蛋、奶生产的动物源性食品也就自然会有大量的有害元素存在。如在冶炼厂附近的海底污泥中砷含量高达 290～980mg/kg，在这些地区生长的作物和水生生物均可受到污染，我国渤海中的海带含砷 30～40mg/kg，我国有的矿石冶炼厂附近的稻谷，砷含量超过一般地区 2.4 倍。天然河水中铅浓度为 3μg/kg，海水中为 0.01～0.03μg/kg，被污染的河水含铅量最高可达 120μg/kg，与工业城市毗邻的海水含铅量可高达 13μg/kg；一辆汽车一年可向空气中排放 2.5kg 铅，使公路旁 30m 内的作物受到污染，公路附近的作物含铅量可高达 3 000mg/kg。使用汞为电极的制碱工业，估计每生产 1t 氢氧化钠将排出 0.11～0.23kg 汞。

（二）农药、化肥和药物的污染

一些农药、化肥和某些药物，其成分中含有有害元素，大量使用会造成污染。使用含汞或砷的农药可使作物中汞或砷含量显著增高，使用含铅的杀虫剂可引起食品受到铅的污染，因此，全世界已有不少国家包括中国已禁止生产和使用含汞、砷、铅的农药；农业生产上使用的磷肥含有镉，大量使用可造成动物源性食品镉污染；有机砷药物用于疾病防治（如附红细胞体病）、动物驱虫、动物促生长剂等，长期使用会造成动物源性食品污染。在现代农业生产中，化肥的使用量在不断增加，据估算，目前世界工业固氮量已达 100 万 t 以上。有机砷制剂是一种在畜牧业中被广泛应用的饲料添加剂，主要有阿散酸和洛克沙砷这两种形式，90％以上的养猪场（户）使用了含砷制剂的饲料，很多地方的饲料中总砷超过国家允许含量（2mg/kg），饲料中的砷不仅会残留在动物体内，还随畜禽排泄物进入周围环境中，它们富集在植物，特别是水生生物（鱼类、贝类）中，最后转移到人类食物链中，危害人类健康，砷及其化合物已被国际癌症研究机构（IARC）确认为致癌物。

（三）食物链生物富集作用的污染

环境中的有害元素可以通过食物链（food chain）污染动物源性食品，最终进入人体，危害人体健康。食物链主要有水生生物食物链和陆生生物食物链两条，水生生物食物链：水→浮游植物→浮游动物→鱼类→家畜（或人）→人，陆生生物食物链：土壤→农作物→家畜（或人）→人。食物链具有生物富集（bioconcentration）作用。两条食物链中的农作物、鱼类、家畜均为食品生产的原料，容易造成食品污染。如由于污染的海水含有较多的砷，通过水生生物的“食物链”富集，可将砷浓缩 3 300 倍；某些水生生物对海水中铅的浓缩系数可高达 1 400 倍以上。藻类可将水中的汞浓缩 2 000～17 000 倍，某些水生昆虫可达 11 700 倍，当水中汞含量为 0.001～0.01mg/L 时，通过小球藻→小软体动物→鱼的转移浓缩，35d 后鱼体中汞的含量可达水体的 800 倍，淡水浮游植物和水生植物为 1 007 倍，淡水无脊椎动物竟高达 10 万倍。

（四）动物性食品加工和流通过程的污染

在动物源性食品生产、加工、贮藏、运输及销售的过程中，接触各种机械、容器、工具、包装材料，各种消毒剂、工业酸碱和盐类，为改善食品的色、香、味或延长货架期而添加各种食品添加剂或辅料，都有可能使其受到某些有害元素的污染。

二、动物性食品中有害元素的危害

有害元素对人体的危害随着动物源性食品被污染的程度、含量及污染元素的种类而异，短时间内摄入大量有害元素，可引起急性中毒，多数情况下是长期摄入少量有害元素，而在体内发生蓄积，随着蓄积量的增加，对机体不断产生毒性作用，这种积蓄往往不易被人们所察觉，更加重了其危害性。结果是对肝脏、肾脏等实质器官及其他系统产生不同程度的损伤，发生急性中毒、慢性中毒，以及导致致癌、致畸、致突变等，严重危害人类健康。

（一）急性中毒

有些有害元素在动物源性食品中污染量较大，人体短时间内摄入量较多，或者有的有害元素的化合物的毒性较强，虽然摄入量不大，也可引起急性中毒。汞蒸气对人体有剧毒，可经呼吸道和皮肤进入体内；无机汞的毒性与肠道的吸收率有关，硝酸汞的毒性最大，其次为升汞，再次为甘汞，辰砂（HgS）的毒性最低，无机汞主要损害肾脏；甲基汞是毒性最强的有机汞，进入人体后不易降解，排泄很慢，特别是容易在脑中积累，造成脑神经中枢损伤。

砒霜（As_2O_3）有剧毒，可引起急性中毒，亚砷酸钠、砷化氢有剧毒，砷酸铅的毒性也较大，有机砷或五价砷在体内可还原成毒性大的三价砷，再经代谢转化为亚砷酸盐，与巯基结合而蓄积于组织中，引起中毒。氧化镉的毒性较大，经呼吸道吸收的氧化镉远比经消化道吸收的毒性大，大量吸入氧化镉蒸气，可引起急性中毒。四乙基铅可引起急性中毒，它能溶于类脂化合物，也能被皮肤吸收，主要作用于中枢神经，试验证明，在大鼠的背部涂上0.1mL 四乙基铅，8～24h 即死亡。

（二）慢性中毒

有害元素常见的危害是慢性中毒，通常情况下，动物源性食品中污染的有害元素含量较低，只有在长期持续摄入的情况下，在体内发生蓄积，使蓄积达到一定量时，才导致中毒。这种中毒发病比较缓慢，往往在初期症状不很明显，表现出慢性中毒。

（三）“三致”作用

长期微量摄入某些有害元素，虽然不引起急性中毒或慢性中毒，但这些元素可能引起遗传物质的变异，导致致癌、致畸、致突变等，使受害人群中发生肿瘤、癌症、胎儿畸形的比例大幅度增加。例如，甲基汞可引起染色体断裂及基因突变，还可通过胎盘引起胎儿先天性汞中毒，初生婴儿出现畸形、发育不良、智力减退，甚至发生脑麻痹而死亡；砷可引起肺癌和皮肤癌，在大鼠试验中，证明有致畸作用；镉可导致大、小鼠睾丸间质细胞癌和前列腺癌，可引起试验动物发生横纹肌瘤和皮下肉瘤，还可使胎盘、胎儿死亡，有致畸作用；铅盐可使大鼠发生肾脏肿瘤，四乙基铅可引起小鼠肝癌；肿瘤患者中，肺、肝、肾的含铬量均高于正常人，铬酸盐厂的工人和电镀铬的工人肺癌发生率较高，大鼠从呼吸道吸入铬酸盐可引起肺部肿瘤和肺鳞状上皮癌。

三、动物性食品中各种有害元素的允许残留量

有害元素一般在食品中均有一定含量，很难达到“0”检出，这些元素对人体的危害，与其含量多少有紧密的关系，有些元素在含量甚微时，对人体还有一定的益处，只有在短时间内大量摄入才可能引起急性中毒，长期少量摄入则可能形成生物富集，而出现慢性中毒或导致癌和致畸。因此，世界卫生组织（WHO）对各种有害元素提出了日允许摄入量（ADI）或者每周可耐受摄入量（PTWI）建议标准，各国还制定了不同食品中各种有害元素的最高残留限量（MRL）标准。我国食品卫生标准中规定的动物源性食品中有害元素的允许残留标准见表 3-1。随着世界贸易保护壁垒的不断加剧，一些发达国家对食品安全指数不断提高，其中也包括有害元素的最高残留限量指标的不断降低，有的甚至要求“0”检出，这也给动物源性食品生产带来了新的更大的挑战。

表 3-1　主要动物性食品中有害元素的允许残留标准（mg/kg）

元素名	标准号	肉类（≤）	鱼虾类（≤）	鲜蛋类*（≤）	鲜奶类（≤）
镉（以 Cd 计）	GB 15201—94	0.10	0.10	0.05	
汞（以 Hg 计）	GB 2762—81	0.05	0.30	0.05	0.01
铅（以 Pb 计）	GB 14935—94	0.50	0.50	0.20	0.05

（续）

元素名	标准号	肉类（≤）	鱼虾类（≤）	鲜蛋类*（≤）	鲜奶类（≤）
砷（以总砷计）	GB 4810—84	0.50	0.50	0.50	0.20
铬（以Cr计）	GB 14981—94	1.00（包括肝、肾）	2.00	1.00	0.50
氟		2.00	2.00（淡水鱼）	1.00	
铜		10（肉类罐头）			4**

注：*指去壳鲜蛋；**指全脂牛乳粉、淡炼乳、甜炼乳。

四、动物性食品中有害元素污染控制

食品是人类赖以生存和发展的物质基础，食品安全性直接关系到人类健康和生存质量，因此日益受到政府和人民的重视。为了保障食品的安全性，防止食品受到有害物的污染是其重要手段。控制动物源性食品中有害元素污染的措施很多，主要归纳为以下几个方面。

（一）依法控制环境污染

食用动物饲养的主要原料是饲料粮和饲草，生产粮食和饲草的环境如土壤、水、空气等如果受到污染，则用在这些环境中生产的饲料粮和饲草饲养的动物及其成品也同样会受到污染，因此，必须依法控制环境污染。为了保护环境，世界各国包括中国均制定了环境保护相关法律法规，对工业“三废”的排放制定了标准，对高污染行业和企业实行强制关停，对中低污染企业排放的“三废”，在进行无害化处理且达到标准后，才能向环境排放。对居住人口较多和较密集的城市的生活污水，养殖企业比较集中的乡镇和养殖规模较大的企业的动物粪便，都应进行集中处理并达标后，才能向环境排放。对已经受到污染的局部环境要集中治理，在达标之前，不能作为粮食、饲料粮、饲草生产基地。更重要的是要树立环境污染防治意识，不能再走“先污染后治理”的老路。

（二）控制食品生产和流通过程受到污染

严格控制动物性食品在生产、流通的各个环节，使其不受到有害元素的污染。动物饲料原料要经过卫生检验，确保有害元素含量不超标准，在饲料生产中不添加违禁有害元素添加剂，特别是砷制剂、铜制剂，由于其促生长和抗病作用，长被作为饲料添加剂使用，因此，在使用量上一定要遵照国家允许量标准，否则会造成动物产品中有害元素污染。养殖企业不能建在受到污染的场所，所用的饮水和饲料应符合国家标准，应严格按照《中华人民共和国农业行业标准——无公害食品》的规程进行养殖。在动物性食品加工过程中，也应严格控制有害元素的污染，特别是我国一些传统食品生产工艺，如松花蛋、五香牛肉等，容易受到铅、砷的污染。在生产和流通环节中要加强监控，防止人为因素造成污染。政府、食品行业、食品企业建立专门的监督、监测机构，加强食品原料、半成品、成品的检测和监督，实行食品质量、卫生准入制度和召回制度，凡是受到污染的食品不得进入流通领域。

（三）加强食品安全的立法、执法和宣传教育

各国政府应在环境保护、食品安全、动物卫生、农业生产等方面加强立法，做到有法可

依，通过法律来保护动物源性食品的安全和保障人类健康。要根据行业和科学技术的发展，不断制定、修订各种标准和规程，特别是食品中有害元素最大允许残留量标准和检验规程，使其与发达国家接轨，把可能存在的危害减小到最低，最大限度地保障人类健康。各级政府要设立专门机构，负责环境污染、食品安全的监督、监测、检测工作。要严格执法，严格按照法律法规进行食品安全检验，对食品生产、经营企业加强监督。加强食品安全知识、环境保护知识的宣传教育。

（四）加强科学研究和人才培养

政府、行业、企业要加强对食品安全的科学技术研究的投入，开展各种有害物的环境评价和生物学评价研究，搞清其作用机理，明确其危害性，研究其监测方法，为制定卫生标准、检测规程提供科学依据。要加强环境治理研究，掌握不同污染物的自净规律，研究人工治理的有效措施，为环境治理提供科学方法，达到有效快速治理的目的。要加强各种有害元素的检测技术研究，不断提高检测的灵敏度、准确性，不断缩短检测时间，建立和储备快速、简便、准确的检测方法，满足环境监测和食品安全检测的需要。要加强食品安全标准研究，不断优化有害元素的最大允许残留限量（MRL）标准和无公害食品中有害元素的限量标准。要加强各种有害元素引起的中毒、致癌、致畸的防治研究，寻找有效的防治措施，最大限度地保障人类健康。要加强环境科学、食品安全等方面的人才培养，在有条件的高等院校要举办相关专业，培养这方面的专门人才，为开展科学研究、政府执法部门、行业、企业提供人力支持和技术保障。

第二节　镉

镉是一种毒性很强的重金属元素，可造成细胞氧化损伤，引起 DNA 断裂，破坏细胞内含物，降低酶的活性。同时，镉在土壤中具有较强的代谢活性，极易被作物吸收而进入食物链，因而容易对人体健康造成威胁。

一、镉对食品的污染及危害

（一）镉的理化性质及存在

镉（cadmium，Cd）是相对的稀有元素，在自然界中的含量很少，地壳中的平均含量在 0.02mg/kg 左右，地表层含镉量约为 0.15mg/kg，主要存在于各种锌、铅和铜矿中。镉是一种带微蓝色的银白色有色金属，熔点 320.9℃，沸点 767℃。其化学性质活泼，在自然界中无单质存在，主要以硫化物的形式与锌、铅矿一同存在，锌矿石中含镉为 0.1%～0.3%。在土壤、大气及水域中都含有微量的镉，土壤含镉量为 0.01～2mg/kg，平均值为 0.5 mg/kg；大气中镉的浓度，郊区为 0.003$\mu g/m^3$、市区为 0.02$\mu g/m^3$、工业区为 0.6$\mu g/m^3$；镉在天然水中的含量甚低（0.1～10μg/kg），海水中含镉为 0.024～0.25μg/kg，平均为 0.11μg/kg，在工业城市附近水域和沿海地区可具有较高的镉含量。

（二）镉对食品的污染

自然界中原有的镉的化学循环处于生态平衡中，不会造成公害，但在人类活动参与下，将地下岩石圈中含镉的矿物开发利用，又将大量废弃物以废渣、废气、废水的形式向环境中排放，据资料介绍全世界平均每年排放镉为100万t，从而引起环境有害的变化，甚至威胁到人类健康，这种状况就称为镉污染。食品中镉的污染主要有以下几种途径。

1.“三废”污染　环境中的镉主要来自冶炼、农药及化肥制造和化学工业等所产生的废水、废气和废渣。世界土壤中镉的质量分数大致在0.01～0.7μg/g，平均为0.5μg/g，我国土壤镉的环境背景值为0.079μg/g。各种含镉工业“三废”的排放可直接污染土壤和水体，如日本“痛痛病”地区神通川流域水体中的镉含量高达100μg/kg，其土壤含镉超过50.0mg/kg。作物可从土壤中吸收镉并把它富集于体内，加拿大曾对燕麦进行过测定，生长在未被镉污染的土壤上的燕麦根部含镉量为1.11mg/kg，而生长在被镉污染的土壤上的燕麦根部含镉量高达237mg/kg；当土壤中镉含量为9.7mg/kg时，生长的稻米含镉0.12～1.91mg/kg，最高可达4.2mg/kg，食用这种高含量镉的稻米对人体可产生严重危害。含镉工业废水排入水体，可使水中镉的含量增高，水中生长的鱼、贝类等水生生物可将镉浓缩数千倍。如非污染区贝类含镉量为0.05mg/kg，而在污染区的贝类含镉量可高达420mg/kg。

2. 汽车尾气污染　汽车尾气是现代城市空气受到镉污染的主要原因之一，黄忠臣等（2008）对北京地区部分公路两侧土壤中镉的污染研究表明，公路两侧在2m处土壤中镉的含量比北京地区土壤中镉的背景值（0.119mg/kg）高16～18.8倍，在30m处最低土壤镉含量也超过了背景值6.7倍。

3. 含镉化肥的污染　主要是磷肥（磷肥含镉量：粗磷肥100.0mg/kg，过磷酸钙50.0～170.0mg/kg），磷肥的施用面广而量大，所以从长远来看，土壤、作物和食品中来自磷肥和某些农药的镉，可能会超过来自其他污染源。据农业部农业环境监测总站1996—1998年的监测结果，污灌区镉污染面积最大，达$3.85\times10^4km^2$，占重金属超标面积的56.9%。污灌区生产的农产品镉超标率达10.2%。农用塑料薄膜生产应用的热稳定剂中含有镉，在大量使用塑料大棚和地膜过程中都可以造成土壤镉的污染。污泥施肥是农业土壤中镉的主要来源之一，污泥中含有大量的有机质和氮、磷、钾等营养元素和镉，随着大量的市政污泥进入农田，使农田中镉的含量在不断增高。

4. 容器污染　因镉具有耐高热又有鲜艳颜色，因此常用硫化镉和硫酸镉作玻璃、搪瓷上色颜料和塑料稳定剂；另外，大多数金属容器都含有镉，例如不锈钢容器即含有微量镉。食品加工、贮存容器或食品包装材料等所含的镉，在与食品接触的过程中，可溶于食品中的乳酸、柠檬酸、醋酸中，而造成镉污染。

5. 动物受到镉污染　镉通过饲料、水、空气等进入动物体内，消化道的吸收率一般在10%以下，呼吸道的吸收率为10%～40%。环境中的镉主要通过植物进入动物体内，因此，镉在动物体内的含量与动物所食植物污染程度、种类、部位和年龄相关。矿物饲料添加剂含镉量高，锌矿含镉量为0.1%～0.5%，高者可达2%～5%，加工不完全的含锌矿物质饲料原料可能含有高浓度的镉，导致添加剂预混料和配合饲料中镉含量严重超标。在配合饲料生产过程中，使用表面镀镉处理的饲料加工设备、器皿时，因酸性饲料将镉溶出，也可造成饲料的镉污染。

（三）食品中的镉对人体的危害

镉是一种毒性很强的金属元素，对肾、肺、肝、睾丸、脑、骨骼及血液系统均可产生毒性，而且还有致癌、致畸、致突变作用，在肾脏的一般蓄积量与中毒阈值很接近，安全系数很低。进入体内的镉大部分蓄积于肾脏和肝脏中，大约有1/3在肾脏、1/6在肝脏，其次为皮肤、甲状腺、骨骼、睾丸和肌肉等组织，主要是与半胱氨酸结合成金属硫蛋白。镉在体内排泄很慢，其生物半衰期长达16～33年，所以会在体内积累。经由食品长期摄入低浓度的镉可呈现慢性蓄积性中毒，主要表现在骨骼和肾脏的变化：使肾脏严重受损，发生肾炎及肾功能不全；骨质软化、疏松和变形。镉可引起高血压、动脉粥样硬化、贫血及睾丸损害，破坏精原上皮细胞和间质，引起睾丸酮合成减少，生育率下降。镉能诱发大、小鼠的恶性肿瘤，可引起试验动物发生横纹肌肉瘤和皮下肉瘤，对各种动物都有致畸作用。

二、镉在动物性食品中的允许含量

（一）动物性食品中的镉含量

动物源性食品中含镉量受自然环境中镉含量的影响，更受动物饲料中镉量的影响。镉在生物体内容易发生富集作用，尤其是海洋生物，因此，海产品中如龙虾、牡蛎和鱼类含镉量稍高，鱼贝类的肝脏中镉浓度特别高，例如乌贼和贻贝中可达100.0mg/kg；其次为畜禽的内脏，达1.0mg/kg。在水源、土壤受镉污染严重的地区，动物源性食品中含镉量可显著增高。

（二）动物性食品中镉的允许量标准

对镉在食品中允许残留量的限制非常严格。世界卫生组织（WHO）1972年建议，镉的ADI（日许量）应为“无”，而暂时允许每周摄入量为每个成人0.4～0.5mg，或每千克体重0.008 3mg。WHO与粮农组织（FAO）第十六次食品添加剂联合委员会建议，每人每周可耐受摄入量（PTWI）为0.4～0.5mg。我国食品卫生标准（GB 15201—94）规定，食品中镉的最高残留限量（MRL）为（以Cd计，≤mg/kg）：肉类、鱼类0.1，蛋0.05。

三、动物性食品中镉的测定

（一）石墨炉原子吸收光谱法

试样经灰化或酸消解后，注入原子吸收分光光度计石墨炉中，电热原子化后吸收228.8nm共振线，在一定浓度范围，其吸收值与镉含量成正比，与标准系列比较定量。

【试剂】

（1）硝酸。

（2）硫酸。

（3）过氧化氢（30%）。

（4）高氯酸。

（5）硝酸（1+1）：取50mL硝酸慢慢加入50mL水中。

（6）硝酸（0.5mol/L）：取3.2mL硝酸加入50mL水中，稀释至100mL。

（7）盐酸（1+1）：取50mL盐酸慢慢加入50mL水中。

（8）磷酸铵溶液（20g/L）：称取2.0g磷酸铵，以水溶解稀释至100mL。

(9) 混合酸：硝酸+高氯酸（4+1），取4份硝酸与1份高氯酸混合。

(10) 镉标准储备液：准确称取1.000 0g金属镉（99.99%）分次加20mL盐酸（1+1）溶解，加2滴硝酸，移入1 000mL容量瓶，加水至刻度，混匀。此溶液镉含量为1.0mg/mL。

(11) 镉标准使用液：每次吸取镉标准储备液10.0mL于100mL容量瓶中，加硝酸（0.5mol/L）至刻度。如此经多次稀释成每毫升含100.0ng镉的标准使用液。

【仪器】 所用玻璃仪器均需以硝酸（1+5）浸泡过夜，用水反复冲洗，最后用去离子水冲洗干净。

(1) 原子吸收分光光度计（附石墨炉及铅空心阴极灯）。

(2) 马弗炉。

(3) 恒温干燥箱。

(4) 瓷坩埚。

(5) 压力消解器、压力消解罐或压力溶弹。

(6) 可调式电热板、可调式电炉。

【测定方法】

(1) 试样预处理：鱼类、肉类及蛋类等水分含量高的鲜样用食品加工机或匀浆机打成匀浆，储于塑料瓶中，保存备用。

(2) 试样消解：（可根据实验室条件选用以下任何一种方法消解）

①压力消解罐消解法：称取1.00～2.00g试样（干样、含脂肪高的试样<1.00g，鲜样<2.00g或按压力消解罐使用说明书称取试样）于聚四氟乙烯内罐，加硝酸2～4mL浸泡过夜。再加过氧化氢2～3mL（总量不能超过罐容积的1/3）。盖好内盖，旋紧不锈钢外套，放入恒温干燥箱，120～140℃保持3～4h，在箱内自然冷却至室温，用滴管将消化液洗入或过滤入（视消化液有无沉淀而定）10～25mL容量瓶中，用水少量多次洗涤罐，洗液合并于容量瓶中并定容至刻度，混匀备用；同时作试剂空白。

②灰化法：称取1.00～5.00g（根据镉含量而定）试样于瓷坩埚中，先小火在可调式电炉上炭化至无烟，移入马弗炉500℃灰化6～8h，冷却。若个别试样灰化不彻底，则加1mL混合酸在可调式电炉上小火加热，反复多次直到消化完全，放冷，用硝酸（0.5mol/L）将灰分溶解，从“用滴管将试样消化液洗入……”同①。

③过硫酸铵灰化法：称取1.00～5.00g试样于瓷坩埚中，加2～4mL硝酸浸泡1h以上，先小火炭化，冷却后加2.00～3.00g过硫酸铵盖于上面，继续炭化至不冒烟，转入马弗炉，500℃恒温2h，再升至800℃，保持20min，冷却，加2～3mL硝酸（1.0mol/L），从“用滴管将试样消化液洗入……”同①。

④湿式消解法：称取试样1.00～5.00g于三角瓶或高脚烧杯中，放数粒玻璃珠，加10mL混合酸，加盖浸泡过夜，加一小漏斗电炉上消解，若变棕黑色，再加混合酸，直至冒白烟，消化液呈无色透明或略带黄色，放冷，从“用滴管将试样消化液洗入……”同①。

(3) 测定：

①仪器条件：根据各自仪器性能调至最佳状态，参考条件为波长228.8nm，狭缝0.5～1.0nm，灯电流8～10mA，干燥温度120℃，20s；灰化温度350℃，15～20s，原子化温度1 700～2 300℃，4～5s，背景校正为氘灯或塞曼效应。

②标准曲线绘制：吸取镉标准使用液 0.0mL、1.0mL、2.0mL、3.0mL、5.0mL、7.0mL、10.0mL 于 100mL 容量瓶中，稀释至刻度，相当于 0.0ng/mL、1.0ng/mL、3.0ng/mL、5.0ng/mL、7.0ng/mL、10.0ng/mL，各吸取 10μL 注入石墨炉，测得其吸光值，求得吸光值与浓度关系的一元线性回归方程。

③试样测定：吸取样液和试剂空白液各 10μL，注入石墨炉，测得其吸光值，代入一元线性回归方程中，求得样液中镉含量。

④基体改进剂的使用：对有干扰试样，则注入适量的基体改进剂磷酸铁溶液（20g/L）（一般为<5μL），消除干扰。绘制镉标准曲线时也要加入与试样测定时等量的基体改进剂。

【计算】

$$X=\frac{(A_1-A_2)\times V}{m}$$

式中：X 为试样中镉含量（μg/kg 或 μg/L）；A_1 为测定试样消化液中镉含量（ng/mL）；A_2 为空白液中镉含量（ng/mL）；V 为试样消化液总体积（mL）；m 为试样质量或体积（g 或 mL）。

【说明】

（1）本法的检出限为 0.1pg/kg，计算结果保留两位有效数字。

（2）在重复性条件下获得的两次独立测定结果的绝对差值不得超过算术平均值的 20%。

（二）原子吸收分光光度法

样品经处理后，在酸性溶液中镉离子与碘离子形成络合物，经甲基异丁酮（MIBK）萃取分离，导入原子吸收仪中，在空气-乙炔火焰中原子化以后，吸收 228.8nm 波长的共振线，其吸光度与镉含量成正比，与标准系列比较定量。

【试剂】试剂要求优级纯或高纯试剂，使用去离子水配制。

（1）1∶10 磷酸。

（2）25%碘化钾溶液。

（3）1mol/L 盐酸：取 10mL 盐酸加水稀释至 120mL。

（4）5mol/L 盐酸：取 50mL 盐酸加水稀释至 120mL。

（5）混合酸：硝酸与高氯酸按 3∶1 混合。

（6）1∶1 硫酸。

（7）镉标准储备液（1.0mg/mL）：精密称取 1.000 0g 金属镉（99.99%），溶于 20mL 5mol/L 盐酸中，加入 2 滴硝酸后，移入 1 000mL 容量瓶中，以水稀释至刻度，混匀，贮存于聚乙烯瓶中。此溶液每毫升相当于 1.0mg 镉。

（8）镉标准使用液（0.2μg/mL）：吸取 10.0mL 镉标准溶液，置于 100mL 容量瓶中，以 1mol/L 盐酸稀释至刻度，混匀。如此多次稀释至每毫升相当于 0.2μg 镉。

（9）甲基异丁酮（MIBK，又名 4-甲基戊酮-2）。

【仪器】原子吸收分光光度计。

【测定方法】

（1）样品处理：取肉、蛋、水产及乳制品的可食部分，充分混匀，称取 5.0～10.0g 置于瓷坩埚中（乳类样品经混匀后，量取 50mL，置于瓷坩埚中，加 1mL1∶10 磷酸，在水浴上蒸干），小火炭化至无烟后移入马弗炉中，500℃以下灰化约8h后，取出坩埚，放冷后再加少量混合酸，小火加热，不使干涸，必要时再加少许混合酸，如此反复处理，直至残渣中无炭粒，待坩埚稍冷，加10mL 1mol/L盐酸溶解残渣并移入50mL容量瓶中，再用1mol/L盐酸反复洗涤坩埚，洗液并入容量瓶中，并稀释至刻度，混匀备用。同时做试剂空白试验。

（2）萃取分离：

①吸取25mL上述制备的样液及试剂空白液，分别置于125mL分液漏斗中，加10mL 1∶1硫酸，再加10mL水，混匀。

②吸取0.00mL、0.25mL、0.50mL、1.50mL、2.50mL、3.50mL、5.00mL镉标准使用液（相当0μg、0.05μg、0.1μg、0.3μg、0.5μg、0.7μg、1.0μg镉），分别置于125mL分液漏斗中，各加1mol/L盐酸至25mL，再加10mL 1∶1硫酸及10mL水，混匀。

③于样品溶液、试剂空白液及镉标准溶液中各加10mL 25%碘化钾溶液，混匀，静置5min，再各加10mL甲基异丁酮振摇2min，静置分层约30min，弃去下层水相，以少许脱脂棉塞入分液漏斗颈部，将有机相经脱脂棉滤入10mL具塞试管中，备用。

（3）测定：将有机相喷入空气-乙炔火焰进行原子吸收测定。

测定条件：灯电流6～7mA；波长228.8nm；狭缝宽度0.15～0.2nm；空气流量5L/min；乙炔流量0.4L/min；炉头高度1mm。

氘灯背景校正（也可根据仪器型号，调至最佳条件）。以镉标准溶液的浓度与对应的吸光度，绘制标准曲线比较。

【计算】

$$X=\frac{(A_1-A_2)\times V_1}{m\times V_2}$$

式中：X为样品中镉的含量（mg/kg或mg/L）；A_1为测定用样液中镉的含量（μg）；A_2为试剂空白液中镉的含量（μg）；m为样品质量或体积（g或mL）；V_1为样品处理液的总体积（mL）；V_2为测定用样液的体积（mL）。

【说明】

（1）不同的仪器，灵敏度有所不同，一次测定如在0.3μg以上，则测定误差只有3%～5%。

（2）本法可以将镉、铅、铜三种元素同时提取并进行测定。采用此法时，将三种元素混合制备成各种浓度的测定用标准溶液使用。其余测定操作与上述完全相同。

（三）镉试剂比色法

样品经消化后，在碱性溶液中Cd^{2+}离子与6-溴苯并噻唑偶氮萘酚形成红色络合物，溶于氯仿中，于波长585nm处进行比色测定，与标准系列比较定量。

【试剂】

（1）40%酒石酸钾钠溶液。

（2）20%氢氧化钠溶液。

（3）25%柠檬酸钠溶液。

（4）氯仿。

（5）混合酸：硝酸与高氯酸按3∶1混合。

(6) 镉标准使用液 ($1\mu g/mL$)：同"本节（二）原子吸收法中试剂（8）"，但稀释至每毫升相当于 $1\mu g$ 镉。

(7) 镉试剂：称取 38.4mg 6-溴苯并噻唑偶氮萘酚，溶于 50mL 二甲基甲酰胺中，贮于棕色瓶保存。

【仪器】 分光光度计。

【测定方法】

(1) 样品消化：称取 5.00～10.00g 样品，置于 150mL 锥形瓶中，加入 15～20mL 混合酸（如在室温放置过夜，则次日易于消化），小火加热，待泡沫消失后，再慢慢加大火力，必要时再加少量硝酸，直至溶液澄清无色或微带黄色，冷至室温。同时做试剂空白试验。

(2) 测定：

①将消化好的样液及试剂空白液用 20mL 水分次洗入 125mL 分液漏斗中，以 20% NaOH 溶液调节至 pH7 左右。

②吸取 0.0mL、0.5mL、1.0mL、3.0mL、5.0mL、7.0mL、10.0mL 镉标准使用液（相当于 $0.0\mu g$、$0.5\mu g$、$1.0\mu g$、$3.0\mu g$、$5.0\mu g$、$7.0\mu g$、$10.0\mu g$ 镉），分别置于 125mL 分液漏斗中，各加水至 20mL，以 20%NaOH 溶液调节至 pH7 左右。

③于样品消化液、试剂空白液及镉标准溶液中各依次加入 3mL 25%柠檬酸钠溶液、4mL 40%酒石酸钾钠溶液，1mL 20%NaOH 溶液，混匀。再各加 5.0mL 氯仿及 0.2mL 镉试剂，立即振摇 2min，静置分层后，将氯仿层经脱脂棉滤于 1cm 比色杯中，以零管调节零点，于波长 585nm 处测吸光度，绘制标准曲线比较。

【计算】

$$X=\frac{A_1-A_2}{m}$$

式中：X 为样品中镉的含量 (mg/kg)；A_1 为测定用样液中镉的含量 (μg)；A_2 为试剂空白液中镉的含量 (mg)；m 为样品质量 (g)。

第三节　汞

一、汞对食品的污染及危害

汞 (mercury) 又称水银 (hydrargyrum，Hg)，是一种对人体有害的元素。汞的挥发性及生物富集这两个特性使汞在环境污染中特别被重视。汞中毒已成为世界上严重公害之一。

（一）汞的理化性质及存在

金属汞是一种银白色的液体，也是唯一在常温下呈液态的金属元素，熔点－38.87℃，沸点 356.58℃，相对密度 13.6，几乎不溶于水，在 20℃时的溶解度为 $20\mu g/L$，常温下易蒸发，且随着温度的增高而增强，汞蒸气对人体具有剧毒。汞的化学性质不很活泼，不溶于稀硫酸、盐酸，易溶于硝酸及热的浓硫酸。汞在地球中的含量很少，其平均丰度仅为 0.08mg/kg。汞以金属汞、无机汞、有机汞 3 种形态分布于自然界。汞在人类环境中分布非常普遍。通过火山活动和岩石风化而进入环境中的汞，土壤中汞的本底浓度为 0.03～

0.3mg/kg，大气中为0.1～1.0ng/kg，水中汞的本底浓度：内陆地下水为0.1μg/kg，海水为0.03～2μg/kg，泉水在80μg/kg以上，湖水、河水不超过0.1μg/kg。无机汞常见的有用于外科消毒的升汞（$HgCl_2$），作为泻药的甘汞（Hg_2Cl_2），还有HgO、Hg（NO_3）$_2$、碘化汞、氰化汞等，都是具有剧毒的汞化物。有机汞常见的有甲基汞，普遍存在于一些被污染的鱼类中，使用后会引起中毒；醋酸苯汞，曾作为有机农药赛力散的主要成分；氯化乙基汞，曾作为有机汞农药西力生的主要成分。

（二）汞对食品的污染

环境中的汞污染，主要是工业生产和含汞农药的使用所造成的人为污染。金属汞及其化合物在仪表、化工、医药、冶金、印染、造纸、鞣革、涂料等工业部门广泛使用。它们所产生的"三废"物质，可以直接污染大气、水体及土壤，进而污染食品。例如，使用汞为电极的制碱工业，估计每生产1t氢氧化钠将排出0.11～0.23kg汞，生产氯乙烯和乙醛用汞盐作触媒，其废水污染水体。环境中的汞对食品的污染，主要有以下几种形式。

1. 汞在鱼体内的甲基化 食品中污染的汞可分为无机汞和有机汞，无机汞溶解度小，不易吸收，但经鱼体及微生物作用，便可转化成毒性更强的有机汞，特别是甲基汞。进入水体中的汞离子，被水中胶状颗粒、悬浮物、细粒泥土、浮游生物所吸附，以重力沉降于水底淤泥中，最后通过微生物作用转化为甲基汞而溶于水中，这是鱼体中甲基汞的主要来源。鱼体中的汞几乎都以甲基汞的形式存在（可达体内含汞总量的80%以上），故也是甲基汞进入人体的主要途径。甲基汞脂溶性大，它随食物进入人体后，排泄很慢，逐渐渗透进入细胞或脑中，进入脑中后，就不能再排出。鱼体中的甲基汞用冻干、油炸、烹调等办法均无法除去。无机汞在鱼体中也能转化成甲基汞，其肠道细菌有很微弱的甲基化作用；但体表黏液中的微生物却具有很强的甲基化作用，可吸收进入鱼体内。陆生脊椎动物不能将无机汞转化为甲基汞。

2. 汞的生物浓缩 环境中的汞均可通过自然界的生物链得到浓缩，并最终通过食物链进入人体。主要食物链有陆生生物食物链：土壤中汞→植物→动物（或人）→人，水生生物食物链：水中甲基汞→浮游生物→浮游植物→甲壳类和草食鱼类→杂食鱼类→人。其中水中生物的浓缩作用更强，试验证明，藻类可将水中的汞浓缩2 000～17 000倍，某些水生昆虫可达11 700倍，当水中汞含量为0.001～0.01mg/L时，通过小球藻→小软体动物→鱼的转移浓缩，35d后鱼体中汞的含量可达水的800倍，淡水浮游植物和水生植物达1 007倍，淡水无脊椎动物竟高达10万倍。由此可见，通过食物链可使生活在含汞环境中的鱼体汞含量显著增高。

3. 汞的植物内吸作用 无机汞和有机汞可以被植物的根、茎、叶所吸收，直接或经动物浓缩而进入人体。生长在土壤中的植物一般并不能将汞浓缩，故植物中汞含量很低。但如用含汞废水灌溉或含汞农药使用不当，往往可使农作物含汞量增高。用含汞废水灌溉农作物时，则可以从土壤和污水中吸收汞，蓄积在作物的籽实中。美国曾用一污水处理厂的含汞污泥作肥料，结果使大米含汞量高达0.5～1.4mg/kg。有机汞农药直接喷洒后引起作物表面吸附，再吸收到作物组织；散落在土壤和水中的有机汞农药，可经作物根部吸收。用含汞农药对种子进行消毒或杀菌，也可致使粮食中的汞污染严重。我国过去曾用有机汞农药及含汞废水灌溉农田，也发生过作物含汞量高并引起中毒的事故。

（三）食品中的汞对人体的危害

各种汞化合物都有毒，但其毒性差别很大，凡能溶于水和稀酸的汞化合物毒性都很大，一般有机汞的毒性比无机汞和金属汞为强。元素汞（金属汞）因不溶于胃肠液中，不易经消化道吸收，其吸收率低于0.01%，对人体基本无毒。对人体有剧毒的是汞蒸气，可经呼吸道及皮肤进入体内。无机汞的肠道吸收率也较低，一般均在15%以下，无机汞主要损害肾脏。其毒性大小取决于它们的溶解度。毒性最强的是易溶于水的硝酸汞，成人致死量为0.06～0.25g；升汞次之，其中毒量为0.1～0.2g，致死量为0.3～0.5g；甘汞的成人致死量为2～3g；辰砂（HgS）的溶解度很低，毒性最小。

有机汞化合物中，引起人中毒的主要是短链的烃基汞化合物。其中毒性较大的是有机汞农药，包括西力生、赛力散、富民隆、谷仁乐生。甲基汞是毒性最强的有机汞，这不仅是因为它的毒性强，还因为它在体内的吸收率高达90%以上。通过食品摄入体内的汞主要是甲基汞。甲基汞进入人体后不易降解，代谢很慢，体内的生物学半衰期平均为65d，脑中的生物学半衰期约为240d，因此，属于蓄积性毒物，特别是容易在脑中积累，造成脑神经中枢损伤。

人体长期食用含汞食品，尤其是含甲基汞的鱼类，由于汞的富集可致慢性汞中毒。动物性食品中所含的汞，主要是以甲基汞的形式而存在。因此，从动物性食品中摄入汞所引起的毒性主要为慢性甲基汞中毒。有报告表明，人体内甲基汞蓄积量达25mg时可出现感觉障碍，55mg时可出现运动失调，90mg时可出现语言障碍，170mg时可出现听力障碍，200mg时可致死亡。血汞在200μg/L以上，发汞在50μg/g以上，尿汞在2μg/L以上，即表明有汞中毒的可能。慢性甲基汞中毒初期缺乏特异性症状，主要为中枢神经机能障碍，表现为神经衰弱症。发展下去，逐渐产生汞中毒的典型症状，即汞中毒性“易兴奋症”、汞毒性震颤、汞毒性口腔炎等三大症状。

甲基汞对遗传的影响最近也引起注意，它可引起染色体断裂及基因突变，例如我国某江渔民，检查发现汞含量不断升高，淋巴球染色体发生断裂。甲基汞还可通过胎盘而损害胎儿。

二、汞在动物性食品中的允许含量

（一）动物性食品中汞的含量

动物源性食品中均含有微量的汞，其中以水产品最多。部分动物性食品中汞的含量见表3-2。

表3-2 汞在动物性食品中的含量（mg/kg）

（摘自：《食品毒理学》，中国医学科学院卫生研究所和上海第一医学院编）

种类	含量	种类	含量
火腿	0.005～0.048	牛肉	0.002～0.074
猪肾	0.041	牛肝	0.014～0.023
猪脑	0.026	鹿肉	0.005～0.023

（续）

种　类	含　量	种　类	含　量
鸡蛋白	0.091～0.099	鳟	0.022～0.130
鸡蛋黄	0.061～0.091	鲋	0.060
全　奶	0.003～0.010	蟹	0.060～0.150
鲤	0.011	海　虾	0.080～0.200
鳕	0.024～0.110	蛤	0.020～0.110
金枪鱼	0.033～0.860	牡　蛎	0.068
鲭	0.020～0.140	比目鱼	0.037～0.064
鲑	0.140～0.550		

（二）动物性食品中汞的允许量标准

1973 年 FAO/WHO 暂定成人每周可耐受摄入量（*PTWI*）为 0.3mg（以 60kg 体重计，0.005mg/kg），其中甲基汞不得超过 0.2mg（以 60kg 体重计，0.003 3mg/kg）。我国食品卫生标准（GB 2762—1994）规定汞的最大允许限量（MRL）为（≤mg/kg）：鱼及其他水产品 0.30（其中甲基汞 0.2），肉、去壳蛋 0.05，牛乳 0.01。

三、动物性食品中汞的测定

（一）总汞的测定（冷原子吸收法）

汞蒸气对波长 253.7nm 的共振线具有强烈的吸收作用。样品经过硝酸-硫酸或硝酸-硫酸-五氧化二钒消化，使汞转为离子状态，在强酸性中被氯化亚锡还原成元素汞，以氮气或干燥清洁空气作为载体，将汞吹出，进行冷原子吸收测定。

【试剂】

（1）浓硝酸。

（2）浓硫酸。

（3）5%高锰酸钾溶液：配好后煮沸 10min，静置过夜，过滤，贮于棕色瓶中。

（4）30%氯化亚锡溶液：称取氯化亚锡（$SnCl_2 \cdot 2H_2O$）30g，加少量水，再加硫酸 2mL，使其溶解后，加水至 100mL，置冰箱中保存。

（5）混合酸液：硫酸、硝酸各 10mL，慢慢倒入 50mL 水内，冷后再加水至 100mL。

（6）汞标准溶液（1.0mg/mL）：精密称取于干燥器干燥过的氯化汞 0.135 4g，加混合酸溶解后移入 100mL 容量瓶中，并稀释至刻度，混匀。

（7）汞标准使用液（0.1μg/mL）：吸取 1.0mL 汞标准溶液，置于 100mL 容量瓶中，加混合酸稀释至刻度，此溶液每毫升相当于 10μg 汞。再吸取此液 1.0mL 置于 100mL 容量瓶中，加混合酸稀释至刻度即可，临用时配制。

（8）20%盐酸羟胺溶液。

（9）五氧化二钒。

【仪器】

（1）消化装置：250 或 500mL 磨口锥形瓶，附磨口球形冷凝管。

（2）汞蒸气发生器（反应器或还原瓶）：见图 3-1。

（3）测汞仪：F732 型或其他。

【测定方法】

（1）样品消化：

①回流消化法：

a. 肉、蛋类：称取 10.00g 捣碎混匀的样品，置于消化装置锥形瓶中，加玻璃珠数粒及硝酸 30mL、硫酸 5mL，转动锥形瓶防止局部炭化。装上冷凝管后，小火加热，待开始发泡即停止加热。发泡停止后，加热回流 2h（如加热过程中溶液变棕，再加硝酸 5mL，继续回流 2h）。放冷后，从冷凝管上端小心加入水 20mL，继续加热回流 10min，放冷，用适量水冲洗冷凝管，洗液并入消化液中。将消化液经玻璃棉过滤至 100mL 容量瓶内，用少量水洗锥形瓶、滤器，洗液并入容量瓶内，加水至刻度，混匀。取与消化样品相同量的硝酸、硫酸，按同一方法做试剂空白试验。

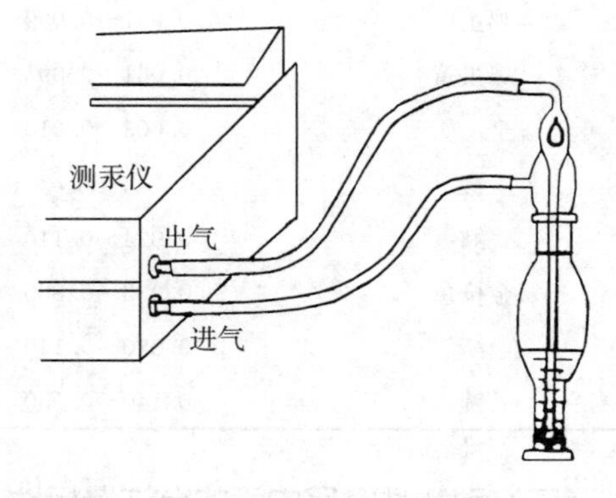

图 3-1　蒸气发生器（反应器，还原瓶）

b. 乳与乳制品：称取牛乳或酸牛乳 20.00g，或相当于 20.00g 牛乳的乳制品（全脂乳粉 2.40g、甜炼乳 8.00g、淡炼乳 5.00g），置于消化装置锥形瓶中，加玻璃珠数粒及硝酸 30mL；牛乳加硫酸 10mL，乳制品加硫酸 5mL，转动锥形瓶防止局部炭化。装上冷凝管后，自“小火加热”起，以下操作与“肉、蛋类”相同。

c. 动物油脂：称取样品 5.00g 于消化装置锥形瓶中，加玻璃珠数粒，加硫酸 7mL，小心混匀至溶液颜色变棕，然后加硝酸 40mL。装上冷凝管，自“小火加热”起，以下操作与“肉、蛋类”相同。

②水产品（五氧化二钒消化法）：取可食部分，洗净、晾干，切碎混匀。称取 2.50g 置于 50～100mL 锥形瓶中，加 50.0mg 五氧化二钒粉末，再加 8mL 硝酸，振摇，放置 4h，加 5mL 硫酸，混匀，然后移至 140℃砂浴上加热，开始作用较猛烈，以后逐渐缓慢，待瓶口上基本无棕色气体逸出时，用少量水冲洗瓶口，再加热 5min，放冷，加 5mL 5%高锰酸钾溶液，放置 4h（或过夜），滴加 20%盐酸羟胺溶液使紫色褪去，振摇，放置数分钟，移入 100mL 容量瓶中，并稀释至刻度。同时做试剂空白试验。

（2）标准曲线的绘制：

①用于肉、蛋、乳、油等食品的标准曲线：吸取 0.00mL、0.10mL、0.20mL、0.30mL、0.40mL、0.50mL 汞标准使用液（相当 0.00mg、0.01mg、0.02mg、0.03mg、0.04mg、0.05mg 汞），置于试管中，各加 10mL 混合酸，置于汞蒸气发生器还原瓶内，沿瓶壁迅速加入 2mL 30%氯化亚锡溶液，随即加塞，使汞蒸气进入测汞仪中，读取测汞仪上最大读数。绘制标准曲线。

②用于水产品的标准曲线：吸取 0.0mL、1.0mL、2.0mL、3.0mL、4.0mL、5.0mL 汞标准使用液（相当 0.0mg、0.1mg、0.2mg、0.3mg、0.4mg、0.5mg 汞），置于 6 个 50mL 容量瓶中，各加 1mL 1∶1 硫酸、1mL 5%高锰酸钾溶液，加 20mL 水，混匀，滴加 20%盐酸羟胺溶液使紫色褪去，加水至刻度，混匀。分别吸取 10.00mL（相当 0.00μg、

0.02μg、0.04μg、0.06μg、0.08μg、0.10μg 汞），以下按“①”中自“置于汞蒸气发生器还原瓶内”起依法操作。绘制标准曲线。

（3）样品测定：吸取 10.0mL 样品消化液，以下按“①”中自“置于汞蒸气发生器还原瓶内”起依法操作。同时做试剂空白试验。

【计算】

$$X=\frac{(A_1-A_2)\times V_1}{m\times V_2}$$

式中：X 为样品中汞的含量（mg/kg）；A_1 为测定用样品消化液中的汞含量（μg）；A_2 为试剂空白液中的汞含量（μg）；m 为样品质量（g）；V_1 为样品消化液总体积（mL）；V_2 为测定用样品消化液的体积（mL）。

（二）甲基汞的测定（气相色谱法）

样品中的甲基汞，用 NaCl 研磨后，加入含有 Cu^{2+} 的 1mol/L 盐酸（Cu^{2+} 与组织中结合的 CH_3Hg^+ 交换），完全萃取后，经离心或过滤，将上清液调至一定的酸度，用巯基棉吸附，再用 2mol/L 盐酸洗脱，最后以苯萃取甲基汞，用带有电子扑获检测器的气相色谱仪分析。

【试剂】

（1）2mol/L 盐酸：取优级纯盐酸，加等体积水，恒沸蒸馏，蒸出的盐酸为 6mol/L，稀释配制。

（2）苯：色谱上无杂峰，否则应重蒸馏。

（3）无水硫酸钠：用苯提取，浓缩液在色谱上无杂峰。

（4）氯化钠。

（5）4.25％氯化铜溶液。

（6）0.1％甲基橙指示液。

（7）1mol/L 氢氧化钠溶液：称取 40.00g NaOH，加水稀释至 1 000mL。

（8）1mol/L 盐酸：取 83.3mL 盐酸（优级纯），加水稀释至 1 000mL。

（9）淋洗液（pH3～3.5）：用 1mol/L 盐酸调节水的 pH 为 3～3.5。

（10）巯基棉：在 250mL 具塞锥形瓶中依次加入 35mL 乙酸酐、16mL 冰乙酸、50mL 硫代乙醇酸、0.15mL 硫酸、5mL 水，混匀冷却后，加入 14g 脱脂棉，不断翻压，使棉花完全浸透，盖好瓶塞，置于恒温培养箱中，在（37±0.5）℃保温 4d（注意切勿超过 40℃），取出后用水洗至近中性，除去水分后摊于瓷盘中，再于（37±0.5）℃恒温箱中烘干，成品放入棕色瓶中，置冰箱保存备用（使用前应先测定，巯基棉对甲基汞的吸附效率为 95％以上方可使用）。

【注：所有试剂用苯萃取后，不应在气相色谱上出现甲基汞的峰。】

（11）甲基汞标准溶液（1.0mg/mL）：精密称取 0.125 2g 氯化甲基汞，用苯溶解于 100mL 容量瓶中，加苯稀释至刻度，此溶液每毫升相当于 1.0mg 甲基汞，置于冰箱保存。

（12）甲基汞标准使用液（0.1μg/mL）：吸取 1.0mL 甲基汞标准溶液，置于 100mL 容量瓶中，用苯稀释至刻度，此溶液每毫升相当于 10μg 甲基汞。吸取此液 1.0mL，置于 100mL 容量瓶中，用 2mol/L 盐酸稀释至刻度，此溶液每毫升相当于 0.1μg 甲基汞，临用时现配。

【仪器】

(1) 气相色谱仪：附 Ni^{63} 电子扑获检测器或氚源电子扑获检测器。

(2) 酸度计。

(3) 离心机：带 50～80mL 离心管。

(4) 巯基棉管：用内径 6mm、长度 20cm，一端拉细（内径 2mm）的玻璃滴管，内装 0.1～0.15g 巯基棉，均匀填塞，临用现装。

(5) 玻璃仪器：均用 5%硝酸浸泡 24h，用水冲洗干净。

【测定方法】

1. 色谱条件

(1) Ni^{63} 电子扑获检测器：柱温 185℃，检测器温度为 260℃，汽化室温度 215℃。

(2) 氚源电子扑获检测器：柱温 185℃，检测器温度为 190℃，汽化室温度 185℃。

(3) 载气：高纯氮，流量为 70mL/min（选择仪器的最佳条件）。

(4) 色谱柱：内径 3mm、长 1.5m 的玻璃柱，担体为 60～80 目 Chromosorb WAW DMCS，涂有 7%丁二酸乙二醇聚酯（PEGS）或涂上 1.5%OV-17 和 1.95%QF-1 或 5%丁二酸二乙二醇酯（DEGS）固定液。

2. 测定

(1) 样品处理：称取 5.0～10.0g 样品的可食部分，剁碎混匀，加入等量氯化钠，在乳钵中研成糊状，加入 0.5mL 4.25% $CuCl_2$ 溶液，轻轻研匀，用 30mL 1 mol/L 盐酸分次完全转入 100mL 具塞锥形瓶中，剧烈振摇 5min，放置 30min 以上（也可用振荡器振摇 30min），样液全部转入 50mL 离心管中，用 5mL 1mol/L 盐酸淋洗锥形瓶，洗液与样液合并，离心 10min（2 000r/min），将上清液全部转入 100mL 分液漏斗中，于沉淀中再加 10mL 1mol/L 盐酸，用玻璃棒搅匀后再离心，合并两份离心液。

(2) 吸附和洗脱：加入与 1mol/L 盐酸等量的 1mol/L NaOH 溶液中和，加 1～2 滴甲基橙指示液，再调至溶液变黄色，然后滴加 1mol/L 盐酸至溶液从黄色变橙色，此溶液的 pH 在 3～3.5 范围内（可用 pH 计校正）。

将塞有巯基棉的玻璃滴管接在分液漏斗下面，控制流速为 4～5mL/min，然后用 pH 3～3.5 的淋洗液冲洗漏斗和玻璃管，取下玻璃管，用玻璃棒压紧巯基棉，用洗耳球将水尽量吹尽，然后加入 1mL 2mol/L 盐酸洗脱一次，再加 1mL 2mol/L 盐酸洗脱一次，用洗耳球将洗脱液吹尽，收集于 10mL 具塞比色管内。

(3) 萃取和测定：另取两支 10mL 比色管，各加 2.0mL 甲基汞标准使用液。于样品及甲基汞标准的比色管中各加 1.0mL 苯，提取振摇 2min，分层后吸出苯液，加少许无水硫酸钠，摇匀，静置，吸取一定量进行气相色谱测定，记录峰高，与标准峰高比较定量。

【计算】

$$X = \frac{A \times h_1 \times V_1}{V_2 \times h_2 \times m}$$

式中：X 为样品中甲基汞的含量（mg/kg）；A 为甲基汞标准量（μg）；h_1 为样品峰高（mm）；h_2 为甲基汞标准峰高（mm）；V_1 为样品苯萃取溶剂的总体积（μL）；V_2 为测定用样品的体积（μL）；m 为样品质量（g）。

第四节　铅

铅（lead）在自然界中分布很广，水、土壤、大气和各种食品中均含有微量的铅。铅及其化合物在工农业生产中广泛应用，造成的污染也很普遍，是常见的环境和食品污染物之一。

一、铅对食品的污染及危害

（一）铅的理化性质及存在

铅（lead，Pb）为银灰色软金属，相对密度 11.35，熔点 327℃，沸点 1 620℃，在 400～500℃可以铅烟的形式大量逸出，且随温度的升高而增多。铅以二价形式存在于各种化合物中，单质铅外层在空气中形成一层致密的碱式碳酸盐保护层。铅除可溶于热浓硝酸、沸浓盐酸和硫酸外，不易溶于其他酸和碱溶液。铅在自然界分布很广，自然界中的铅多数以硫化物存在，极少数为金属态，并常与锌、铜等元素共存。地壳中，铅的平均丰度为 14 mg/kg，煤中含铅为 2～370mg/kg。土壤、水、空气和各种食品中均含有微量的铅。全世界每年使用铅在 400 万 t 以上，主要用于蓄电池、汽油防爆剂、建筑材料、电缆外套、弹药、化工、燃料、陶瓷等。在自然条件下，大气中的铅浓度为 0.000 1～0.001$\mu g/m^3$，来自火山爆发的烟尘、地面粉尘、海洋的含盐雾等。

（二）铅对食品的污染

煤及含铅汽油的燃烧产生的废水、废气、废渣等是环境和食品中铅的主要来源。环境中的铅污染，是食品中铅的主要来源，工业“三废”可直接或间接地污染食品。例如，土壤中的铅可被作物吸收而转入食品当中，植物可通过根部吸收土壤中溶解状态的铅，当土壤中含铅量为 28.0mg/kg 时，用以种植的蔬菜含铅量达 1.72mg/kg。

通过水生生物的浓缩，是造成铅对食品污染的另一主要原因。某些水生生物对海水中铅的浓缩系数可高达 1 400 倍以上。据统计，近二十年来北半球沿海表层海水的含铅量增加了 10 倍。

在农业上使用含铅杀虫剂（如用砷酸铅防治害虫），能对作物造成污染。如我国目前果园使用该农药杀虫，在粮食和水果中铅的残留量可达 1.0mg/kg。

大气尘埃污染，主要是汽车尾气。自 1923 年用四乙基铅作为汽油防爆剂以来，汽车尾气已构成大气中铅的主要污染来源。一辆汽车一年可向空气中排放 2.5kg 铅，其中一半可飘落在公路两侧 30m 内的作物上，使作物受到污染，其余的多数沉降到土壤表面，北京地区三条车流量较大的公路两侧 2～30m 距离的土壤铅含量测定表明，在距公路 2m 处，铅含量比背景值（24.6mg/kg）高 3.94～6.69 倍，30m 处高 1.67～2.73 倍，沉降到土壤中的铅也可以被作物吸收。

食品加工、贮藏及运输过程中所使用的容器、包装材料中含铅，可直接进入食品之中，如铅合金、搪瓷、陶瓷、马口铁等。陶制容器的釉料中含有氧化铅，长时间存放酸性食品即可溶出，食具为达到防腐的目的而镀一层锡，也可带来铅污染，罐头食品的马口铁焊锡中含铅 40%～60%。此外，食品加工用的机械设备、管道等含铅，有些非金属如聚氯乙烯塑料管材用铅作稳定剂，在一定条件下铅均会逐渐迁移于食品中。

有些非食品用化工产品，含有铅和其他杂质，用作食品添加剂可造成食品的污染。某些食品加工时接触铅，会逐渐渗透到食品中，如加工皮蛋时要放黄丹粉（氧化铅），铅会迁移到蛋内，加入量过多，蛋白上出现黑斑，此时每千克食品中含铅量可高达数十毫克。

（三）食品中铅污染对人体的危害

铅及其化合物都具有一定毒性，铅化合物的毒性大小决定于在体液内溶解度的大小，如极难溶于水的硫化铅的毒性远较易溶于水的硫酸铅小。一般有机铅比无机铅的毒性大。铅对人的中毒量为0.04g，致死量大于20g。

有机铅化合物毒性较强，其中毒性最强的是作为汽油防爆剂的四乙基铅及其同系物。四乙基铅能溶于类脂化合物，也能被皮肤所吸收而迅速作用于中枢神经，对大鼠经口的最低致死量为10mg/kg，在大鼠的背部涂上0.1mL的四乙基铅，8～24h之内死亡。

铅在体内的生物半衰期为1 460d。摄入体内的铅主要分布在肝、肾中，其次为脾、肺、脑和肌肉等组织内，最后95%以上的铅转移到骨骼中，以不溶性的磷酸铅［$Pb_3(PO_4)_2$］形式沉积下来。

长期摄入较高量的铅，则可引起慢性中毒。每日经口摄入0.1g/kg的硫酸铅或碳酸铅即可引起慢性中毒。铅对人体很多系统都有损害，主要表现在神经系统、造血系统和消化系统。中毒性脑病是铅中毒的最重要表现，主要是呈现增生性脑膜炎或局部脑损害等综合症状。铅可导致肝硬化、动脉硬化，对心、肺、肾、生殖系统及内分泌系统甚至免疫系统均有损害。动物实验证明，铅可引起大鼠肾脏肿瘤，四乙基铅可引起小鼠肝癌的发生。铅能透过胎盘侵入胎儿体内，特别是侵入胎儿脑组织，危及后代。铅对儿童的危害很大，主要影响儿童的智力发育，严重的可造成高度的脑障碍。

二、铅在动物性食品中的允许含量

（一）动物性食品中铅的含量

很多食品中都不同程度的存在铅，部分动物性食品中铅的含量见表3-3。

表3-3　动物性食品中的铅含量（mg/kg）

（摘自：《食品毒理学》，中国医科院卫生研究所和上海第一医学院编）

食品名称	铅含量	食品名称	铅含量
牛颈肉	0.20	小虾	0.31～0.45
鲜牛肝	0.29～0.40	大红虾	2.50
牛肾	0.35	鲜鱼	0.54
牛骨髓	0.07	干鱼	1.31～1.64
猪排	0.16	牡蛎	0.51
羔羊排骨	0.15	贝类	3.00
羔羊骨髓	0.37	蛋	0.00～0.15
熟碎肉	0.15～0.18	乳	0.02～0.14
熟香肠	0.16～1.60	家禽	<0.30
		乳粉	0.41

（二）食品中铅的允许量标准

我国食品卫生标准（GB 14935—94）规定铅的 MRL 为（以 Pb 计）：肉类、鱼虾类≤0.5mg/kg，蛋类≤0.2mg/kg，皮蛋≤2.0mg/kg，鲜乳类≤0.05mg/kg，全脂乳粉、炼乳≤0.5mg/kg。

三、动物性食品中铅的测定

（一）原子吸收分光光度法

样品经消化后，导入原子吸收分光光度计中，经空气-乙炔火焰原子化后，吸收 283.3nm 波长的共振线，其吸光度与铅含量成正比，与标准系列比较定量。本法为国家标准检验方法，也可用“KI - MIBK 法”进行铅的原子吸收测定，参见本章第二节“镉”的测定。

【试剂】

（1）硝酸。

（2）石油醚。

（3）6mol/L 硝酸：量取 38mL 硝酸，加水稀释至 100mL。

（4）0.5%硝酸：取 1mL 硝酸，加水稀释至 200mL。

（5）10%硝酸：量取 10mL 硝酸，加汞稀释至 100mL。

（6）0.5%硫酸钠溶液。

（7）过硫酸铵。

（8）铅标准溶液（1.0mg/mL）：精密称取 1.000 0g 金属铅（99.99%以上），分次加入 6mol/L 硝酸溶解，总量不超过 37mL，移入 1 000mL 容量瓶中，加水稀释至刻度。此溶液每毫升相当于 1.0mg 铅。

（9）铅标准使用液（1μg/mL）：吸取 10mL 铅标准溶液，置于 100mL 容量瓶中，加 0.5%硝酸稀释至刻度。如此多次稀释至每毫升相当于 1.0μg 铅。

【仪器】

（1）原子吸收分光光度计。

（2）所用玻璃仪器均以 10%～20%硝酸浸泡 24h 以上（如等急用，可用 10%～20%硝酸煮沸 1h），用水反复冲洗，最后用去离子水冲洗晾干后，方可使用。

【测定方法】

（1）样品处理：

①肉类、水产类：取可食部分捣成匀浆，称取 1.00～5.00g，置于石英或瓷坩埚中，加 5mL 硝酸，放置 0.5h，小火蒸干，继续加热炭化，移入高炉温中，500℃灰化 1h，取出放冷，再加 1mL 硝酸浸湿灰分，小火蒸干。加 2.00g 过硫酸铵覆盖灰分，再移入马弗炉中，800℃灰化 20min，冷却后取出，以 0.5%硫酸钠溶液少量多次洗入 10mL 容量瓶中，并稀释至刻度，备用。同时做试剂空白试验。

②乳、炼乳、乳粉：称取 2.00g 混匀或磨碎样品，置于瓷坩埚中，加热炭化后，置马弗炉 420℃灰化 3h，放冷后加水少许，稍加热，然后加 1.0mL 1∶1 硝酸，加热溶解后移入

100mL 容量瓶中，加水稀释至刻度，备用。

③油脂类：称取 2.00g 混匀样品，固体油脂先加热熔化，置于 100mL 锥形瓶中，加 10mL 石油醚，用 10%硝酸提取 2 次，每次 5mL，振摇 1min，合并硝酸液于 50mL 容量瓶中，加水稀释至刻度，混匀备用。

（2）测定：

①吸取 0.0mL、0.5mL、1.0mL、2.0mL、3.0mL、4.0mL 铅标准使用液，分别置于 100mL 容量瓶中，加 0.5%硝酸稀释至刻度，混匀（容量瓶中每毫升分别相当于 0.0ng、5.0ng、10.0ng、20.0ng、30.0ng、40.0ng 铅）。

②将处理后的样液、试剂空白液和各个铅标准溶液分别导入空气-乙炔火焰进行测定。测定条件：灯电流 7.5mA，波长 283.3nm，狭缝 0.2nm，空气流量 7.5L/min，乙炔流量 1L/min，炉头高度 3mm，氘灯背景校正（也可根据仪器型号，选择最佳条件），以铅含量对应的浓度和吸光度，绘制标准曲线比较。

【计算】

$$X=\frac{(A_1-A_2)\times V}{m\times 1000}$$

式中：X 为样品中铅的含量（mg/kg）；A_1 为测定用样液中铅的含量（ng/mL）；A_2 为试剂空白液中铅的含量（ng/mL）；V 为样品处理后的总体积（mL）；m 为样品质量（体积）（g 或 mL）。

（二）极谱法（电化学分析法）

样品经消解后，铅以离子形式存在。在酸性介质中，Pb^{2+} 与 I^- 形成的 PbI_4^{2-} 络离子具有电活性，在滴汞电极上产生还原电流。峰电流与铅含量呈线性关系，可与标准比较定量。

【试剂】

（1）底液：称取 5.0g 碘化钾，8.0g 酒石酸钾钠，0.5g 抗坏血酸于 500mL 烧杯中，加 300mL 水溶解后，再加入 10mL 盐酸，移入 500mL 容量瓶中，加水至刻度（储藏冰箱，可保存 1 个月）。

（2）铅标准储备溶液：准确称取 0.100 0g 金属铅（含量 99.99%）于烧杯中加 2mL（1+1）硝酸溶液，微火加热溶解，冷后定量移入 100mL 容量瓶并加水至刻度，混匀（此溶液浓度为 1.0mg/mL）。

（3）铅标准使用溶液：临用时，吸取铅标准储备液 1.00mL 于 100mL 容量瓶中，加水至刻度，混匀（此溶液浓度为 10.0μg/mL）。

（4）混合酸：硝酸-高氯酸（4+1）。量取 80mL 硝酸，加入 20mL 高氯酸，混匀。

【仪器】

（1）所用玻璃仪器均需 10%硝酸溶液浸泡过夜，用水反复冲洗，最后用蒸馏水洗干净，干燥备用。

（2）微机极谱分析仪。

（3）带电子调节器万用电炉。

【测定方法】

（1）极谱分析参考条件：单扫描极谱法（SSP 法）。选择起始电位为−0.35mV，终止电位－0.95mV，扫描速度 300mV/s，三电极，二次导数，静置时间 5s 及适当量程。于峰电位（EP）－0.47mV（vs. SCE）处，记录铅的峰电流。

（2）标准曲线绘制：准确吸取铅标准使用溶液 0.00mL、0.05mL、0.10mL、0.20mL、0.30mL、0.40mL（相当于含 0.0μg、0.5μg、1.0μg、2.0μg、3.0μg、4.0μgPb）于 6 支 10mL 比色管中，加底液至 10mL，混匀。将各管依次移入电解池，置三电极系统。按上述极谱分析参考条件下测定，记录各管中铅的峰电流。以铅含量为横坐标，其对应的峰电流为纵坐标，绘制标准曲线。

（3）样品处理：称取 1.00～2.00g 样品于 50mL 烧杯中，加入 10～20mL 混合酸，加盖浸泡放置过夜后，置于电热板上，用低温加热消解，消解液颜色逐渐加深，呈现棕黑色时，移开冷却，补加适量混合酸或硝酸，继续加热消解，待溶液颜色呈无色透明或略带黄色并冒白烟，直至呈白色残渣湿盐状时，待测。同时做试剂空白试验。

（4）样品测定：于上述待测样品及试剂空白瓶中加入 10mL 底液，溶解残渣后转入电解池。以下按“标准曲线绘制”项下操作。分别记录样品及试剂空白的峰电流，用标准曲线法计算样品中铅含量。

【计算】

$$X=\frac{A_1-A_2}{m}$$

式中：X 为样品中铅含量（mg/kg 或 mg/L）；A_1 为由标准曲线上查得测定样液中铅含量（μg）；A_2 为由标准曲线上查得试剂空白液中铅含量（μg）；m 为样品的质量或体积（g 或 mL）。

【说明】本标准测定方法检出限为 0.17μg，若取样品 2.0g（或 mL），其检出浓度为 0.085mg/kg（或 L）。标准曲线的线性范围为 0.5～4.0μg；平均添加回收率为 96.0%，相对标准偏差≤5.0%。

第五节　砷

砷（arsenic）属于类金属。砷及砷化合物是常见的环境和食品的污染物之一。砷在自然界中分布很广，正常的食品中均具有砷的本底浓度。砷及其化合物在工农业生产中广泛应用，所造成的环境污染是食品中砷的重要来源。砷是人体的必需微量元素之一。

一、砷对食品的污染及危害

（一）砷的理化性质及存在

砷（arsenic，As）属于类金属元素，俗称砒，单质砷有灰、黄、黑色三种同分异构体，其中以灰色晶体具有金属特性。砷的相对密度 5.78（14℃），升华温度为 616℃，熔点 817℃。不溶于水和稀酸，但能溶于硝酸、浓硫酸和王水。单质砷和砷蒸气在空气中易氧化成剧毒的三氧化二砷（As_2O_3）。常见的砷化物还有亚砷酸钠、砷酸钙、亚砷酸钙、砷酸铅、砷化氢、甲基硫砷（苏化 911）、福美胂等都具有毒性，主要用于农业杀虫。在工业上主要用于有色玻璃、金属合金、制革、染料、医药等领域。砷化物的毒性随价态升高而降低，如

AsH_3、As_2O_3、As_2O_5毒性依次降低。砷在地壳中的丰度约为1.8mg/kg，主要存在于矿石中。自然界中含砷矿物主要是硫化物，有砷硫铁矿、雄黄（As_2S_2）和砷石等，但多伴生于铜、铅、锌等硫化物矿中。

（二）砷对食品的污染

“三废”污染。工农业生产中的各种含砷废气、废水和废渣污染环境，都将造成食品中含砷量的增加。据报道，海水含砷量为2～30μg/kg，而工业城市毗邻的沿海水域可达140～1 000μg/kg；在冶炼厂附近的海底污泥中高达290～980mg/kg。因此，在这些地区生长的作物和水生生物均可受到污染，如我国渤海中的海带含砷30～40mg/kg。我国有的矿石冶炼厂附近的稻谷，砷含量超过一般地区2.4倍。用含砷废水灌溉农田，砷可在农作物中残留，如灌溉水含砷1mg/L,大米中残留量1.77mg/kg,为对照区的2.1倍;灌溉水含砷100mg/L,大米中残留量为对照区的6倍。

农药、药物和饲料添加剂污染。使用含砷农药，例如防治水稻纹枯病的稻脚青、田间除草剂亚砷酸钠等。动物饲料中使用的有机砷，作为饲料添加剂用于抑制病原微生物，以促进生长及改善动物外观与畜产品颜色，而常用的有机砷制剂有氨苯胂酸（阿散酸）和硝基羟基苯胂酸（洛克沙生）。饲料中大剂量添加的阿散酸、洛克沙生等有机砷制剂，砷在动物肝、肾、脾、骨骼等组织中富集而发生高残留，动物粪便排入环境，使土壤和水源中砷的含量猛增。

食品加工过程中的污染。在食品加工中使用含砷过高的原料，如无机酸、葡萄糖、碱、食用色素和其他添加剂等，均可造成食品污染。例如，日本曾发生过酱油中毒事件，系因在生产酱油的过程中使用含砷量高的工业盐酸的结果，英国因啤酒发酵过程中使用含砷量高的葡萄糖，而引起7 000人中毒，1 000人死亡。

海水对水产品的污染。由于污染的海水含有较多的砷，通过水生生物的“食物链”富集，可将砷浓缩3 300倍。海生生物体内存在的砷是一种高度稳定的毒性较低的有机胂。鱿鱼中含砷最高，平均在16mg/kg左右，牡蛎、乌贼含量在2～4mg/kg左右。我国海产如海带、紫菜等含砷也较高，可达30～40mg/kg。

（三）食品中的砷对人体的危害

元素砷无毒，砷化合物如氧化物、盐类及有机胂化合物均有毒性，三价砷的毒性大于五价砷大于有机胂，可溶性砷的毒性大于不溶性砷，亚砷酸盐的毒性大于砷酸盐。溶解度小的单质砷和化合物如雄黄、雌黄等毒性很低，而砷的氢化物和盐类大多属于高毒物质。

砒霜（As_2O_3）是剧毒物，可引起急性中毒，也可因蓄积而致慢性中毒，其中毒量为0.005～0.05 g，敏感者1 mg即可中毒，致死量为0.1～0.2g。亚砷酸钠具有强烈毒性。砷化氢具有大蒜气味的剧毒气体。砷酸铅的毒性也较大。

有机胂或五价砷在体内均可还原成毒性大的三价砷，再经代谢作用转化为亚砷酸盐，与巯基结合而蓄积于组织中。进入人体的砷在富含胶质的毛发和指甲中高度浓集，骨和皮肤次之，在其他组织中则平均分布。

砷的急性中毒多因误食引起，长期少量摄入砷主要引起慢性中毒，慢性砷中毒主要表现为感觉异常，进行性虚弱、眩晕、气短、心悸、食欲不振、呕吐、皮膜黏膜病变和多发性神经炎，颜面、四肢色素异常称为砷源性黑皮症和白斑；心、肝、脾、肾等实质脏器发生退行性病及并发溶血性贫血、黄疸等，严重时可导致中毒性肝炎、心肌麻痹而死亡。砷还能通过胎盘影响胎儿。台湾西海岸台南与嘉义县曾发生的“黑足病（乌脚病）”地方病，原因是长期饮用砷浓度高的井水（达 1.2～2.0mg/L）所致慢性中毒。

二、砷在动物性食品中的允许含量

（一）动物性食品中的砷含量

正常动物源性食品中含有微量的砷，其含量随地区和品种而异，一般每千克约含十分之几至数毫克，其中又以海产品的含砷量较高。部分食品中砷含量见表 3-4。

表 3-4　各种食品中的砷含量（mg/kg）

（摘自：《食品毒理学》，中国医学科学院卫生研究所和上海第一医学院编）

种　类	含　量	种　类	含　量
牡　蛎	3.96	小鲨鱼	4.13
虾	1.50	乌　贼	2.67
蛤　蜊	2.52	鱿　鱼	16.58
螃　蟹	3.88	大海虾	174.00

（二）食品中砷的允许量标准

FAO/WHO 规定人无机砷的最大可耐受日摄入量（*PMTDE*）为 0.002mg/kg，人无机砷的可耐受每周摄入量（*PIWI*）为 0.015mg/kg。我国规定砷（均以 As 计）的 *MRL* 为：肉、蛋（去壳）、鱼类≤0.5mg/kg，鲜乳≤0.2mg/kg，乳制品按牛乳折算。WHO 暂定 *ADI* 为每千克体重≤0.05mg。

三、动物性食品中砷的测定

（一）总砷的测定

1. 银盐比色法　样品经消化后，以碘化钾和氯化亚锡将五价砷还原成三价砷，然后与锌粒和酸作用所产生的新生态氢生成砷化氢气体，用银盐溶液吸收，与二乙氨基二硫代甲酸银反应生成红色胶态物，进行比色测定。

【试剂】

（1）硝酸。

（2）盐酸（灰化法）。

（3）硫酸。

（4）氧化镁（灰化法）。

（5）20%氢氧化钠溶液。

（6）硝酸镁及 15%硝酸镁溶液（灰化法）。

（7）10%乙酸铅溶液。

（8）6mol/L 盐酸溶液（灰化法）。

（9）硝酸-高氯酸混合液（4∶1）：量取 80mL 硝酸，加 20mL 高氯酸，混匀。

（10）15%碘化钾溶液：贮于棕色瓶中，临用前配制。

（11）酸性氯化亚锡溶液：取氯化亚锡 4.00g 加盐酸溶解至 10mL，加两颗锡粒，贮存于棕色瓶中，放冰箱保存或临用前配制。

（12）无砷锌粒：15～20 粒/g。

（13）乙酸铅棉花：用 10%乙酸铅溶液浸透脱脂棉后，压除多余溶液，并使疏松，在 100℃下干燥后，贮于玻璃瓶中，塞紧瓶口。

（14）10%硫酸：量取 5.7mL 硫酸加于 80.0mL 水中，冷后再加水稀释至 100mL。

（15）银盐溶液：称取 0.250 0g 二乙氨基二硫代甲酸银［$(C_2H_5)_2NCS_2Ag$］置于乳钵中，加少量氯仿研磨，移入 100mL 量筒中，加入 1.8mL 三乙醇胺或加 0.100 0g 番木鳖碱，再用氯仿稀释至 100mL，放置过夜。滤入棕色瓶中，贮于冰箱保存。

（16）砷标准溶液（0.1mg/mL）：精密称取在硫酸干燥器中干燥过的或在 100℃干燥 2h 的三氧化二砷 0.132 0g，加 20%氢氧化钠溶液 5.0mL，溶解后加 25.0mL 10%硫酸，移入 1 000mL 容量瓶中，加新煮沸冷却后的水稀释至刻度，混匀，贮于棕色玻璃瓶中。此溶液每毫升相当于 0.1mg 砷。

（17）砷标准使用液（1μg/mL）：吸取 1.0mL 砷标准溶液，置于 100mL 容量瓶中，加 1.0mL 10%硫酸，加水稀释至刻度，混匀。此溶液每毫升相当于 1μg 砷。

【仪器】

（1）测砷装置：如图3-2，又称砷化氢发生器（玻璃弯管内径 5～6mm，一端通过插于橡皮塞的锥形瓶内，靠近塞的上部装入乙酸铅棉花，长约 4cm，另一端内径渐细至 1.0mm。橡皮塞应经碱处理后洗净）。

（2）凯氏定氮瓶。

（3）分光光度计。

（4）马弗炉（灰化法）。

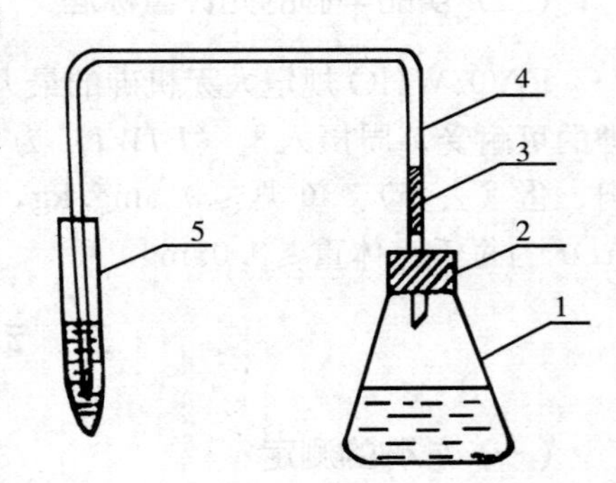

图 3-2　银盐法测砷装置

1. 150mL 锥形瓶　2. 橡皮塞　3. 乙酸铅棉花　4. 玻璃弯管　5. 10mL 刻度离心管

【测定方法】

（1）样品消化：

①硝酸-硫酸法：同本章第四节“食品中铅的测定方法”。

②硝酸-高氯酸-硫酸法：以硝酸-高氯酸混合液代替硝酸进行操作。

③灰化法：称取样品 5.000 0g 于坩埚中，加氧化镁 1.00g 及 15%硝酸镁溶液 10mL，混匀；浸泡 4h，于低温或置水浴锅上蒸干。先用小火炭化至无烟后，移入马弗炉中，加热至 550℃，灼烧 3～4h，冷却后取出。加水 5mL 湿润灰分后，用细玻璃棒搅拌，再用少量水洗玻璃棒上附着的灰分至坩埚内。放水浴上蒸干后移入马弗炉中 550℃灰化 2h，冷却后取出。加水 5mL 湿润灰分，慢慢加入 6mol/L 盐酸 10mL，将溶液移入 50mL 容量瓶中。坩埚先用 6mol/L 盐酸，后用水各洗涤 3 次，每次各 5mL，洗液并入容量瓶内，加水至刻度（混匀）。同时做试剂空白试验。

（2）测定：

①精密吸取硝酸-硫酸法制备的消化液25.0mL及同量试剂空白液，分别置于150mL锥形瓶中，加硫酸2.5mL，加水至总体积为50mL。

②另精密吸取砷标准溶液0.0mL、2.0mL、4.0mL、6.0mL、8.0mL、10.0mL（相当于砷0μg、2μg、4μg、6μg、8μg、10μg），分别置于150mL锥形瓶中，加水至40mL，再加1∶1硫酸10mL。

【如用灰化法消化样品，可取半量消化液25mL，加水至50mL，另取同量试剂空白液，分别移入150mL锥形瓶中，装样品的容量瓶用少量水冲洗后并入锥形瓶中，另精密吸取砷标准溶液与上述相同，分别置于150mL锥形瓶中，加水至43mL，加盐酸7.0mL。】

③于样品消化液、试剂空白液及砷标准溶液中各加15%碘化钾溶液3.0mL、酸性氯化亚锡溶液0.5mL，混匀，静置15min。各加锌粒3.00g，立即分别塞上装乙酸铅棉花的玻璃弯管，并使管尖端插入盛有银盐溶液4.0mL的离心管中的液面下（即连接砷化氢发生器），在常温下反应45min后，取下离心管，加氯仿补足至4.0mL，转入1cm比色杯中，以零管调节零点，于波长520nm处测吸光度，绘制标准曲线比较。

【计算】

$$X=\frac{(A_1-A_2)\times V_1}{m\times V_2}$$

式中：X为样品中砷的含量（mg/kg或mg/L）；A_1为测定用样品消化液中的砷含量（μg）；A_2为试剂空白液中的砷含量（μg）；m为样品质量或体积（g或mL）；V_1为样品消化液的总体积（mL）；V_2为测定用样品消化液的体积（mL）。

2. 原子吸收分光光度法　动物性食品中的微量砷经湿法消化为五价砷［As（Ⅴ）］，在酸性溶液中用碘化钾-抗坏血酸溶液将五价砷还原成三价砷［As（Ⅲ）］。加入硼氢化钾（KBH_4）为还原剂，使三价砷生成砷化氢，经载气导入原子吸收仪的石英吸收管（原子化器）中原子化。然后在光路中测定砷原子对砷灯发射的193.7nm谱线的吸收，用标准曲线法算出砷的含量。

【试剂】

（1）浓硫酸。

（2）浓硝酸。

（3）1∶1硫酸。

（4）10%NaOH溶液。

（5）1mol/L碘化钾-10%抗坏血酸溶液：碘化钾16.600 0g、抗坏血酸10.000 0g，用水溶解并定容至100mL。临用现配。

（6）0.5%硼氢化钾溶液：硼氢化钾0.500 0g，溶于100mL 0.01mol/L氢氧化钠溶液中。临用现配。

（7）五价砷标准储备液（100μg/mL）：精称预先干燥过的五氧化二砷0.153 4g，用10%NaOH溶液10.0mL溶解后，再用1.5mol/L硫酸稀释至1 000mL，此液含As^{5+} 100μg/mL。

（8）五价砷标准使用液（1μg/mL）：用1.5mol/L硫酸溶液稀释至1μg/mL。临用现配。

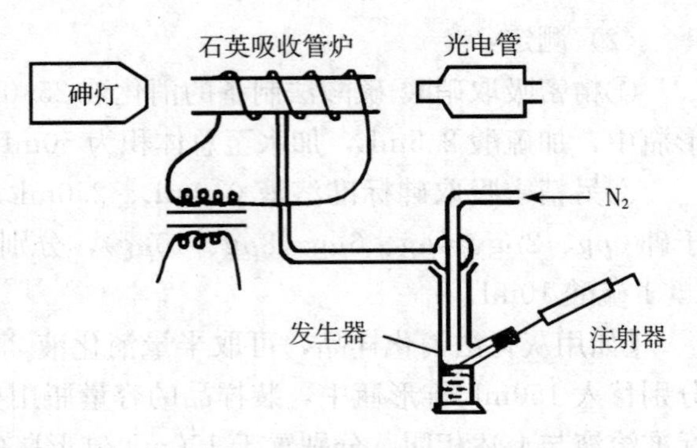

图 3-3　氢化物发生装置图

【仪器】

(1) 原子吸收分光光度计。

(2) 氢化物发生器（图 3-3）。

【测定方法】

(1) 样品处理：取样品 5.00～20.00g（视含砷量而定）于 250mL 凯氏烧瓶中，加玻璃珠数粒，加硝酸 10.0mL、硫酸 5.0～10.0mL，徐徐加热至发泡，停止加热，待反应平息后，再加热消化至有机质完全分解，溶液澄清无色或微黄色并产生大量白烟为止。冷却，定量地转移入 50mL 容量瓶中，用水定容。

(2) 预还原：准确吸取适量消化液 1.0mL 于 10mL 容量瓶中，加 1∶1 硫酸 3.0mL 和适量蒸馏水至总体积约为 8.0mL（使溶液酸度不大于 9mol/L）。冷却后，加 1mol/L 碘化钾-10%抗坏血酸溶液 1.0mL，用水稀释至刻度；放置 1h，待 As^{5+} 全部还原为 As^{3+}。

(3) 原子吸收测定：按表 3-5 所列条件将仪器调好并预热 1h。精确吸取上述还原好的样品消化液 1.0mL，放入氢化物发生器底部，插好导气管，待系统中的空气赶尽，检流计指针稳定在零点时，用注射器吸取 0.5%KBH_4溶液 2.0mL，通过发生器支臂上的橡皮塞注入样液中，此时溶液中 As^{3+} 被还原成砷化氢气体，并被氮气载入石墨炉中，在高温下转化为原子砷，进而吸收元素灯发射出来的 193.7nm 谱线，在检流计上读取最大吸光度值。继续通 N_2 直至指针回零（表示系统中砷蒸气已排净），取下发生瓶。氢化物发生装置见图 3-4。同时做试剂空白试验。

表 3-5　原子吸收分光光度法测砷最佳工作条件

项　目	条　件	项　目	条　件
波长/nm	193.7	管炉电压/V	140
狭缝宽度/nm	0.5	管炉温度/℃	850
灯功率/W	7.5（无极放电灯）	N_2流速/（L/min）	0.94
灯电流/mA	8（空心阴极灯）	N_2压力（kg/cm^2）	0.5

(4) 绘制标准曲线：准确吸取砷标准溶液（1μg/mL）0.0mL、0.5mL、1.0mL、1.5mL、2.0mL、2.5mL 于 6 支 50mL 容量瓶中，加入 16.0mL 硫酸（1∶1）和适量水至总体积为 40mL；冷却后加 1mol/L KI-10%抗坏血酸溶液 5.0mL，用水定容，放 1h 后，按上法测定其吸光度。以扣除空白的吸光度对砷量（μg）作图。

【计算】

$$X=\frac{500A}{m}$$

式中：X 为样品中砷的含量（mg/kg）；A 为测定用样液从标准曲线上查得的含砷量（μg）；m 为样品质量（g）。

（二）无机砷的测定（萃取法）

样品中五价砷经碘化钾还原为三价砷。在酸性介质中被乙酸丁酯、苯等有机溶剂所萃取，再将有机溶剂中三价砷反萃取于水中，用银盐法测定其砷含量。

【试剂】

（1）9mol/L 盐酸：量取 375.0mL 盐酸，加水稀释至 500mL。

（2）乙酸丁酯或苯。

（3）其余同银盐比色法。

【仪器】

（1）离心机：4 000r/min，50mL 离心管。

（2）抽滤装置：真空泵（或水泵），抽滤瓶，垂融漏斗或布氏漏斗上加 2 号滤纸。

（3）测砷装置：见银盐比色法。

【测定方法】

（1）样品处理：取样品 10.00g 于具塞三角瓶中，加 50%碘化钾溶液 1.0mL，9mol/L 盐酸 12.0mL，水 5.0mL 摇匀浸泡，放置过夜。离心后吸取上清液移入 250mL 分液漏斗中，用 9mol/L 盐酸 5.0mL 洗残渣，离心，一并收入分液漏斗中。

（2）分离：将上述样液加 30.0mL 乙酸丁酯，轻轻振摇 120 次，静置分层，分出盐酸置另一分液漏斗中，加 30.0mL 乙酸丁酯第二次萃取，合并乙酸丁酯萃取液。加 15.0mL 9mol/L 盐酸，振摇洗涤乙酸丁酯，静置分层，分出盐酸。在乙酸丁酯提取液中加 10.0mL 水，振摇 120 次，静置分层，分出水溶液于 100mL 锥形瓶中，再用 10.00mL、5.00mL 水重复萃取两次，合并 3 次水溶液，备用。同时做试剂空白试验。

（3）测定：于 25.0mL 提取水溶液与试剂空白水溶液中，分别加 6.5mL 盐酸、2.0mL 5%碘化钾溶液、2.5mL 酸性氯化亚锡溶液，混匀，放置 15min，以下按本节三（一）的银盐比色法中“【方法】（2）测定③”自“各加锌粒 3.00g”起依法操作。

【计算】

$$X=\frac{A_1-A_2}{m}$$

式中：X 为样品中无机砷的含量（mg/kg）；A_1 为测定用样品溶液中砷的含量（μg）；A_2 为试剂空白液中砷的含量（μg）；m 为样品质量（g）。

（三）有机砷的测定

从测定的样品总砷含量中减去无机砷含量，即为有机砷的含量。

第六节　氟

氟（fluorine）为气态的非金属元素，广泛存在于自然界中，但都是以氟化物的形式存在。人体许多组织中均含有氟，但主要存在于骨骼和牙齿中。

一、氟对食品的污染及危害

（一）氟的理化性质及存在

氟（fluorine，F）是淡黄色气体，沸点－187.98℃，熔点－219.5℃。氟的化学性质极活泼，能与多种物质发生反应，单质氟能把水分解成氧和氟化物，因此，自然界不存在单质氟。在地壳中的含量是0.065%～0.09%。在自然界中3个最普通的含氟化物的矿石是萤石（CaF_2）、冰晶石（Na_3A1F_6）和磷灰石［$3Ca_3(PO_4)_2\cdot CaF_2$］。氟化物存在于空气、水、土壤和一切有生命的物质中。氟及其化合物多用于炼钢、炼铝、化肥、玻璃、搪瓷、焊接、冷却、木材防腐、高能染料等领域。

（二）氟对食品的污染

造成氟污染食品的主要来源是工业废水、废气、废渣，如矿石开采、有色金属冶炼、煤炭燃烧、磷肥及磷酸盐生产等。通过三废污染大气、土壤、水源等，使牧草、饲料和农作物含氟量增高。据四川、云南等地调查，非污染区粮食中含氟量多在2mg/kg以下，而污染区玉米中含量为261.3mg/kg。牧草和饲料被氟化物污染后，不仅造成畜禽等动物食品的污染，严重时还可造成动物中毒、死亡，牧草中的氟含量超过30～70mg/kg，即会引起动物中毒。工业废水污染严重的水域所生产的鱼粉含氟量较高。

含氟肥料和杀虫剂的使用。磷肥中含氟量相当高，大量施用可引起农作物的污染。含氟杀虫药可造成食品污染，曾报道有人食用氟乙酰胺中毒致死的畜肉而引起急性中毒。

含氟饲料添加剂的使用。氟自然存在于各种岩石中，大多数磷矿石含较高水平的氟，用这些矿石提炼生产的添加剂如不经过脱氟工艺或脱氟不彻底，含氟量会很高。

食物链的富集作用。有毒的氟化物可通过水、陆食物链而得以富集，从而危害人体健康。饲草的富集作用最高可达20万倍，牲畜食用后体内（尤其是骨骼）含氟量显著增加。

（三）食品中的氟对人体的危害

各种氟化物均有一定的毒性，但毒性差别很大，一般在水中溶解度越大则毒性越大。高毒类的无机氟有氟化氢（HF）、氧化二氟（F_2O）、氟化钠，中毒类的有三氟化硼（BF_3）、四氟化硅（SiF_4）、氟硅酸（H_2SiF_6）、氟硅酸钠（Na_2SiF_6）等。而有机氟的毒性均比无机氟大，如有机氟醋酸盐的毒性比无机氟大550倍，氟乙酰胺为剧毒类。

吸收进入体内的氟主要分布和贮存于骨组织及牙齿中，约占95%。若食品和饮水中含氟量高，人体摄入量多，氟在体内蓄积，可引起慢性氟中毒（fluorine poisoning）。慢性中毒的主要症状是发生氟斑牙和氟骨症。

二、氟在动物性食品中的允许含量

（一）动物性食品中的氟含量

动物源性食品一般均含有微量的氟，部分动物源性食品中氟的含量见表3-6。

表3-6　部分动物源性食品氟的含量（mg/kg）

品　种	含　量	品　种	含　量
牛　肉	0.20～2.00	牛　肝	5.20～5.80
羊　肉	1.20	牛　心	2.30～2.70
猪　肉	0.20～3.30	牛　肾	6.90～10.10

（续）

品　种	含　量	品　种	含　量
猪　肝	0.29	鲫	0.92～6.08
沙丁鱼	5.00	鸡　蛋	0.48
草　鱼	0.32～2.20	鸭　蛋	0.19
鲤	0.58～2.90	牛　奶	0.18

（二）动物性食品中氟的允许含量标准

机体对氟化物的吸收量大于排泄量，可在体内蓄积。成人每日摄取氟化物的量大于7mg时，就会出现氟的蓄积。一些国家规定的每日从膳食中摄取氟的平均量（mg/kg）：英国0.2～0.5，加拿大0.18～0.3，美国0.2～0.3，日本0.47～2.66（包括茶叶）。我国规定食品中氟允许量标准（≤mg/kg）：肉类2.0，鱼类（淡水）2.0，蛋类1.0。

三、动物性食品中氟的测定

（一）氟试剂比色法（扩散法）

动物源性食品中氟化物在扩散盒内与酸作用，产生氟化氢气体，经扩散后被氢氧化钠吸收。氟离子与镧（Ⅲ）、氟试剂（茜素氨羧络合剂）在适宜pH下生成蓝色三元络合物，其颜色深浅与样品中氟离子浓度成正比，用含胺类有机溶剂提取，与标准比较定量（扩散单色法）；或不用含胺类有机溶剂提取，直接与标准系列比较定量（扩散复色法）。

【试剂】所用水均为不含氟的去离子水，全部试剂贮于聚乙烯塑料瓶中。

（1）丙酮。

（2）25%乙酸钠溶液。

（3）10%硝酸镁溶液。

（4）1mol/L乙酸：取3mL冰乙酸，加水稀释至50mL。

（5）2%硫酸银-硫酸溶液：称取2.0g硫酸银，溶于100mL硫酸（3∶1）中。

（6）1mol/L氧氧化钠乙醇溶液：取4.000 0g氧氧化钠，溶于乙醇并稀释至100mL。

（7）氟试剂（茜素氨羧络合剂溶液）：称取0.190 0g茜素氨羧络合剂，加少量水及1mol/L氢氧化钠溶液使其溶解，加0.125 0g乙酸钠，用1mol/L乙酸调节至红色（pH5.0），加水稀释至500mL，置冰箱内保存。

（8）硝酸镧溶液：称取0.220 0g硝酸镧，用少量1mol/L乙酸溶解，加水至约450mL，用25%乙酸钠溶液调节pH为5.0，再加水稀释至500mL，置冰箱内保存。

（9）缓冲液（pH4.7）：称取30.00g无水乙酸钠，溶于400mL水中，加22mL冰乙酸，再缓缓加冰乙酸调节pH为4.7，然后加水稀释至500mL。

（10）二乙基苯胺-异戊醇溶液（5∶100）：取25mL二乙基苯胺，溶于500mL异戊醇中。

（11）1mol/L氢氧化钠溶液：取4.000 0g氢氧化钠，溶于水并稀释至100mL。

（12）氟标准溶液（1.0mg/mL）：精密称取0.221 0g经100℃干燥4h冷却的氟化钠，溶于水，移入100mL容量瓶中，加水至刻度，混匀，置冰箱中保存。

（13）氟标准使用液（5μg/mL）：吸取 1.0mL 氟标准溶液，置于 200mL 容量瓶中，加水至刻度，混匀。

【仪器】

（1）塑料扩散盒：内径 4.5cm，深 2cm，盖内壁顶部光滑，并带有凸起的圈（盛放氢氧化钠吸收液用），盖紧后不漏气。其他类型塑料盒亦可使用。

（2）恒温箱：(55±1)℃。

（3）分光光度计。

（4）酸度计。

（5）高温电炉。

【测定方法】

1. 扩散单色法

（1）样品处理：取样品 1.00g 于坩埚（镍、银、瓷等）内，加 4mL 10%硝酸镁溶液，加 10%NaOH 溶液使呈碱性，混匀后浸泡 30min，将样品中的氟固定。然后在水浴上挥干，再加热炭化至不冒烟，再于 600℃马弗炉内灰化 6h，待灰化完全，取出放冷，备用。

（2）测定：

①取塑料盒若干个，分别于盒盖中央加 0.2mL 1mol/L 氢氧化钠乙醇溶液，在圈内均匀涂布，于 55℃恒温箱中烘干，形成一层薄膜，取出备用。

②将样品经灰化处理后的灰分全部移入塑料盒内，用 4mL 水分数次将坩埚洗净，洗液均倒入塑料盒内，并使灰分均匀分散，如坩埚还未完全洗净，可加 4mL 2%硫酸银-硫酸溶液于坩埚内继续洗涤，将洗液倒入塑料盒内，立即盖紧，轻轻摇匀，然后置（55±1)℃恒温箱内保温 20h。

③分别于 6 个塑料盒内加 0.00mL、0.40mL、0.80mL、1.20mL、1.60mL、2.00mL 氟标准使用液（相当 0μg、2μg、4μg、6μg、8μg、10μg 氟），补加水至 4mL，各加 2%硫酸银-硫酸溶液 4mL，立即盖紧，轻轻摇匀（切勿将酸溅在盖上），置恒温箱内保温 20h。

④将盒（样品盒与标准氟溶液盒）取出，取下盒盖，分别用 20mL 水少量多次地将盒盖内氢氧化钠薄膜溶解，用滴管小心完全地移入 100mL 分液漏斗中。

⑤分别于分液漏斗中加 3mL 茜素氨羧络合剂溶液、3mL 缓冲液、8mL 丙酮、3mL 硝酸镧溶液、13mL 水，混匀，放置 10min。各加入 10mL5%二乙基苯胺-异戊醇溶液，振摇 2min，待分层后，弃去水层，分出有机层，并用滤纸过滤于 10mL 具塞比色管中。

⑥用 1cm 比色杯于 580nm 波长处以零管调节零点，测吸光度并绘制标准曲线比较。

2. 扩散复色法

（1）样品处理：同扩散单色法。

（2）测定：

①～③同扩散单色法①～③。

④将盒取出，取下盒盖，分别用 10mL 水分次将盒盖内的氢氧化钠薄膜溶解，用滴管小心完全地移入 25mL 具塞比色管中。

⑤分别于比色管中加 2mL 茜素氨羧络合剂溶液、3mL 缓冲液、6mL 丙酮、2mL 硝酸镧溶液，再加水至刻度，混匀，放置 20min，以 3cm 比色杯，用零管调节零点，于波长 580nm 处测各管吸光度，绘制氟标准曲线比较。

【计算】

$$X=\frac{A}{m}$$

式中：X 为样品中氟的含量（mg/kg）；A 为测定用样品中氟的含量（μg）；m 为样品质量（g）。

（二）氟试剂比色法（灰化蒸馏法）

样品加硝酸镁固定氟，经高温灰化后，在酸性条件下蒸馏分离氟，蒸出的氟被氢氧化钠溶液吸收，再与氟试剂、硝酸镧作用，生成蓝色三元络合物，与标准比较定量。

【试剂】

（1）1mol/L 盐酸：取 10mL 盐酸，加水稀释至 120mL。

（2）丙酮。

（3）25%乙酸钠溶液。

（4）10%硝酸镁溶液。

（5）10%氢氧化钠溶液。

（6）硫酸（2∶1）。

（7）1mol/L 乙酸：同扩散法。

（8）氟试剂：同扩散法。

（9）硝酸镧溶液：同扩散法。

（10）缓冲液（pH4.7）：同扩散法。

（11）酚酞指示液：1%乙酸溶液。

（12）1mol/L 氢氧化钠溶液：同扩散法。

（13）氟标准使用液：同扩散法。

【仪器】

（1）电热恒温水浴锅。

（2）酸度计。

（3）马弗炉。

（4）分光光度计。

（5）蒸馏装置。

【测定方法】

（1）样品处理：同扩散法样品处理。

（2）蒸馏：

①于坩埚中加 10mL 水，将数滴 2∶1 硫酸慢慢加入坩埚中，中和至不产生气泡为止。将此液移入 500mL 蒸馏瓶中，用 20mL 水分数次洗涤坩埚，并入蒸馏瓶中。

②于蒸馏瓶中加 60mL 2∶1 硫酸和数粒无氟小玻珠，连接蒸馏装置，加热蒸馏。馏出液用事先盛有 5mL 水、7～20 滴 10%NaOH 溶液和 1 滴酚酞指示液的 50mL 烧杯吸收，当蒸馏瓶内溶液温度上升至 190℃时停止蒸馏（整个蒸馏时间为 15～20min）。

③取下冷凝管，用滴管加水洗涤冷凝管 3～4 次，洗液合并于烧杯中。再将烧杯中的吸收液移入 50mL 容量瓶中，并用少量水洗涤烧杯 2～3 次，合并于容量瓶中。用 1mol/L 盐

酸中和至红色刚好消失，用水稀释至刻度，混匀。

④分别吸取 0.0mL、1.0mL、3.0mL、5.0mL、7.0mL、9.0mL 氟标准使用液置于蒸馏瓶中，补加水至 30mL，以下按②和③操作。此蒸馏标准液每 10.00mL 分别相当于 0.0μg、1.0μg、3.0μg、5.0μg、7.0μg、9.0μg 氟。

（3）比色：分别吸取标准蒸馏液和样品蒸馏液 10mL 于 25mL 具塞比色管中，分别加 2mL 茜素氨羧络合剂溶液、3mL 缓冲液、6mL 丙酮、2mL 硝酸镧溶液，再加水至刻度，混匀，放置 20min，以 3cm 比色杯，用零管调节零点，测各管吸光度，绘制标准曲线比较。

【计算】

$$X=\frac{A\times V_2}{m\times V_1}$$

式中：X 为样品中氟的含量（mg/kg）；A 为测定用样液中氟的含量（μg）；V_1 为比色时吸取蒸馏液的体积（mL）；V_2 为蒸馏液总体积（mL）；m 为样品质量（g）。

（三）氟离子选择电极法

氟离子选择电极的氟化镧单晶膜对氟离子产生选择性的对数响应，氟电极和饱和甘汞电极在被测试液中产生的电位差可随溶液中氟离子的活度的变化而改变，电位变化规律符合能斯特方程式。在稀溶液中，溶液活度和浓度基本相等，可通过氟标准溶液的电极电位测定，相应地求出样液中氟的含量。

$$E=E^0-\frac{2.303RT}{F}\times \lg C_{F^-}$$

E 与 $\lg C_{F^-}$ 呈线性关系。$2.303RT/F$ 为该直线的斜率，于 25℃时斜率为 59.16。E 为测定电池的电动势。

测量溶液的 pH 为 5～6。与氟离子形成络合物的 Fe^{3+}、Al^{3+} 及 SiO_3^{2-} 等离子干扰测定，其他常见离子无影响。用总离子强度调节缓冲液来保证氟离子活度及维持酸度，以消除干扰离子的影响。

【试剂】 本法所用水均为去离子水，全部试剂贮于聚乙烯塑料瓶中。

（1）3mol/L 乙酸钠溶液：称取 204.000 0g 乙酸钠（$CH_3COONa\cdot 3H_2O$），溶于 300mL 水中，加 1mol/L 乙酸调节 pH 至 7.0，加水稀释至 500mL。

（2）0.75mol/L 柠檬酸钠溶液：称取 110.000 0g 柠檬酸钠（$Na_3C_6H_5O_7\cdot 2H_2O$）溶于 300mL 水中，加 14mL 高氯酸，再加水稀释至 500mL。

（3）总离子强度调节缓冲液：3mol/L 乙酸钠溶液与 0.75mol/L 柠檬酸钠溶液等量混合，临用时配制。

（4）1mol/L 盐酸溶液：同比色法。

（5）氟标准溶液：同比色法。

（6）氟标准使用液（1μg/mL）：吸取 10.0mL 氟标准溶液置于 100mL 容量瓶中，加水稀释至刻度；如此反复稀释至每毫升相当于 1μg 氟的溶液。

【仪器】

（1）氟电极：CSB-F-1 型或其他型号。

（2）酸度计或离子计。

（3）磁力搅拌器。

（4）237 型甘汞电极。

【测定方法】

（1）样品处理：同“比色法”中的样品处理。

（2）测定：

①样品经灰化处理后用 10.0mL 1mol/L 盐酸分次溶解灰分并洗涤坩埚，全部转入 50mL 容量瓶中，密闭浸泡 1h，提取后加 25mL 总离子强度调节缓冲液，加水至刻度，混匀，备用。

②吸取 0.0mL、1.0mL、2.0mL、5.0mL、10.0mL 氟标准使用液（相当 0μg、1μg、2μg、5μg、10μg 氟），分别置于 50mL 容量瓶中，于各容量瓶中分别加入 25.00mL 总离子强度调节缓冲液和 10mL 1mol/L 盐酸，加水至刻度，混匀。

③将氟电极和甘汞电极与测量仪器的负端与正端相连接，电极插入盛有水的 25mL 塑料杯中，杯中放有套聚乙烯管的铁棒，在电磁搅拌下，读取平衡电位值，更换 2～3 次水后，待电位值平衡后，即可进行样液与标准液的电位测定。

④以电极电位为纵坐标，氟离子浓度为横坐标，在半对数坐标纸上绘制标准曲线比较。

【计算】

$$X=\frac{50A}{m}$$

式中：X 为样品中氟的含量（mg/kg）；A 为测定用样液中氟的浓度（μg/mL）；m 为样品质量（g）；50 为样液总体积（mL）。

第七节　铬

铬（chromium，Cr）是人体营养元素之一，Cr^{3+} 具为糖和胆固醇代谢所必需，对维持正常的糖耐量、发育及寿命都有不可缺少的作用。人体缺铬可使胆固醇增高，是动脉粥样硬化及心脏病的原因之一；铬是葡萄糖耐量因子的一个有效成分，缺铬可使糖的利用能力降低，引起血糖上升，严重时会发生高血糖及糖尿病。

一、铬对食品的污染及危害

（一）铬的理化性质及存在

铬是人体的必需微量元素之一，在自然界分布很广。单质铬为银白色有光泽的硬金属，质坚且耐腐蚀，易在空气中形成氧化膜而呈钝态，对空气及湿气极稳定，因此常作为其他金属的电镀保护层。铬的相对密度为 7.20，熔点 1 890℃，沸点 2 482℃。在热的盐酸和热浓硫酸中能迅速溶解，不溶于硝酸。铬的价态有 Cr^{2+}、Cr^{3+}、Cr^{6+}，Cr^{2+} 极不稳定，易氧化成高价铬，在酸性条件下，Cr^{6+} 易还原成 Cr^{3+}，在碱性环境中，Cr^{3+} 可氧化成重铬酸盐（Cr^{6+}）。铬及其盐类不溶或微溶于水，但三氧化铬的溶解度较大。天然存在的铬矿有铬铁矿（$FeO \cdot Cr_2O_3$）及铬铅矿（$PbCrO_4$）等。铬及其化合物广泛用于冶金、电镀、金属加工、化工、制革、油漆、颜料、照相制版等工业，也常作为金属的防腐剂使用，如制造不锈钢。

（二）铬对食品的污染

所有应用铬及其化合物的工业，均可产生含铬“三废”，而对环境造成污染。如制革工业排出的废水含铬量约410mg/L，处理1t原皮可排出废水50～60t；石油化工和镀铬等工业废水中也含有大量的六价铬，这些含铬废水如不经处理排入江河，不仅污染水源，还可使海水及其底质含铬量增加。用含铬工业废水灌溉，可使作物含铬量增加。据国内资料，用含铬浓度为0.01～15mg/L的废水灌溉蔬菜，可使蔬菜含铬量增加。

铬与其他重金属一样，可由土壤、水、空气进入生物体，再通过食物链而进入食品动物或人类体内。海水中的微量铬可经水生生物浓缩，使海产品体内含铬量显著增高。各种海洋生物中的铬含量通常为50～500μg/kg，它们对铬的浓缩系数是：海藻60～120 000，无脊椎动物2～9 000，鱼类2 000。畜、禽对铬也有浓缩作用，但浓缩作用较海洋生物为小，一般畜禽肉含铬不超过0.5mg/kg。

容器对食品的直接污染。酸性食品与金属容器接触，该容器所含的铬可被释出而污染食品，如番茄含铬量仅为0.01mg/kg，当用不锈钢锅烹调后可增至0.14mg/kg。

（三）食品中铬对人体的危害

铬虽为人体必需的微量元素之一，但只有三价铬对机体才有益，三价铬人体日需要量为0.06～0.36mg。当铬进入体内过多，则对健康带来危害。在铬化物中，六价铬毒性最强，比三价铬大100倍，三价铬次之，二价铬和金属铬毒性很小或无毒。铬的毒性主要是由六价铬及铬酸盐、重铬酸盐引起，重铬酸盐比铬酸盐更有毒，有人报道六价铬对人的致死量为5g。

摄入人体中的铬主要来自食品，而从饮水或空气中摄入的铬少到几乎可忽略不计。摄入体内的铬，主要分布于肝、肾、心和肺内，从组织内清除较慢，其生物半衰期为27d，故在体内有一定的蓄积作用。铬化物的致癌作用也引起了人们的关注，肿瘤患者的肺、肝、肾中的铬含量均较正常人高；当从呼吸道吸入铬酸钙时，确可引起大鼠产生肺部肿瘤或肺鳞状上皮癌；人们很早就发现铬酸盐工厂工人呼吸道癌发病率高，死亡率也高，并认为这与吸入铬有关；电镀铬的工人肺癌发病率也较高。

二、铬在动物性食品中的允许含量

（一）动物性食品中铬的含量

正常食品中含有微量铬，一般动物性食品中含铬量较植物性食品高。如鱼、肉、蛋多在0.1～0.5mg/kg，而蔬菜、水果等多在0.1mg/kg以下，最高的是海藻类，为1.1～3.4mg/kg。

（二）动物性食品中铬的允许量标准

关于食品中铬的限量标准，世界卫生组织、日本、美国和我国均在水质标准中制定了六价铬不得超过0.05mg/L的规定，法国规定不得含有。对于食品中铬的允许限量标准，欧洲容许量委员会规定三价铬应小于 1mg/kg，六价铬应小于 0.05mg/kg。世界卫生组织（WHO）推荐每人每周可耐受摄取量（*PTWI*）为 0.14～3.5mg，每人每日为 0.2～0.5mg。我国食品卫生标准（GB 14961—94）规定（以 Cr 计，mg/kg，≤）：肉类（包括肝、肾）1.0，鱼贝类 2.0，蛋类 1.0，鲜乳类 0.5。

三、动物性食品中铬的测定

（一）石墨炉原子吸收法

样品经高压消解后，用去离子水定容到一定体积，吸取一定量的消解液于石墨炉原子化器中原子化，铬吸收 357.9nm 的共振线，其吸光度与铬含量成正比。

【试剂】 要求使用去离子水，优级纯或高级纯试剂。

（1）硝酸（必要时可重新蒸馏）。

（2）过氧化氢。

（3）1.0mol/L 硝酸溶液。

（4）铬标准溶液：称取优级纯重铬酸钾（110℃烘干 2h）1.413 5g，溶于去离子水中并稀释至 500mL 容量瓶中，此溶液为 1.0mg/mL 的铬标准储备液。

临用时，将标准储备液用 1.0mol/L 硝酸稀释，配制成含铬 100ng/mL 的标准使用液。

【仪器】

（1）石墨炉原子吸收分光光度计。

（2）聚四氟乙烯内罐的高压消解罐。

（3）恒温电烤箱。

【测定方法】

（1）样品消解：禽蛋、肉类、水产等洗净、晾干，取可食部分，混匀，均匀称取样品 0.300～0.500g 于具有聚四氟乙烯内罐的高压消解罐中，加入 1.0mL 优级纯硝酸、4.0mL 过氧化氢溶液，轻轻摇匀，盖紧消解罐上盖，放入恒温箱中，从温度升到 140℃时开始计时，保持恒温 1h，同时做试剂空白，取出消解罐待自然冷却后，打开上盖，将消解液移入 10mL 容量瓶中，将消解罐用水洗净，合并洗液于容量瓶中，用水稀释至刻度，混匀、待测。

（2）标准系列的制备：分别吸取铬标准使用液（1mL 含 100ng 铬）0.00mL、0.10mL、0.30mL、0.50mL、0.70mL、1.00mL、1.50mL 于 10mL 容量瓶中，用 1.0mol/L 硝酸稀释至刻度，混匀。

（3）测定：将原子吸收分光光度计调试到最佳状态后，将标准系列及样液进行测定，进样量 20μL。

【计算】

$$X=\frac{(A_1-A_2)\times 1000}{\frac{m}{V}\times 1000\times 1000}$$

式中：X 为样品中铬的含量（mg/kg）；A_1 为样品溶液中铬的浓度（ng/mL）；A_2 为试剂空白液中铬的浓度（ng/mL）；V 为样品消化液定容体积（mL）；m 为取试样质量（g）。

【说明】

(1) 所用玻璃仪器及高压消解罐均需在使用前用热的盐酸(1+1)浸泡 1h,用热的硝酸(1+1)浸泡 1h,再用去离子水冲洗干净后使用。

(2) 本方法采用氘灯扣除背景测得回收率在 84%~110%。

(3) 如果样品中铬含量太少,可在样品消解完后,将消解液在低温下挥干,用 1.0mol/L 盐酸定容至 3mL 或 5mL。

(二) 示波极谱法

样品经硫酸-过氧化氢处理后,六价铬在氨-氯化铵缓冲液中,含有 α,α′-联吡啶和亚硝酸钠,于 1.4V 左右产生灵敏的极谱波,极谱波峰电流大小与铬含量成正比,与标准系列比较定量。

【试剂】实验中所用水为去离子水,除另有规定外,所用试剂为分析纯。

(1) 铬标准溶液:

①储备液:精确称取 1.414 5g 于 110℃干燥的优级纯重铬酸钾($K_2Cr_2O_7$),溶于水中,稀释至 500mL,混匀,此液每毫升相当于 1.0mg 六价铬。

②使用液:吸取储备液逐级稀释成每毫升相当于 0.1μg 六价铬。

(2) 硫酸(优级纯)。

(3) 5.4mol/L 硫酸:量取 302mL 硫酸,倒入水中并稀释至 1L。

(4) 过氧化氢。

(5) 1g/L 百里酚蓝指示剂:称取 0.1g 百里酚蓝,用 20%乙醇溶解并稀释至 100mL,混匀。

(6) 1mol/L 氢氧化钠溶液。

(7) 氨-氯化铵缓冲液:称取 53.5g 氯化铵,溶于水中,加入 7.2mL 氨水,加水稀释至 250mL,混匀。

(8) α,α′-联吡啶溶液:

①$1\times10^{-2}$mol/L α,α′-联吡啶溶液:称取 0.157g α,α′-联吡啶溶于水中,稀释至 100mL,放冰箱中可长期保存。

②$1\times10^{-3}$mol/L α,α′-联吡啶溶液:吸取 10.0mL 1×10^{-2}mol/L α,α′-联吡啶溶液,加水稀释至 100mL,混匀。

(9) 6mol/L 亚硝酸钠溶液:称取 41.1g 亚硝酸钠溶于水中,加水稀释至 100mL,混匀,冰箱中保存。

【仪器】

(1) JP-2 示波极谱仪或类似仪器。

(2) KT-1 调压控温电热板。

【测定方法】

(1) 样品处理:准确称取 1~2g 代表性样品于 150mL 三角瓶中,加入 3.0mL 硫酸、20~30mL 过氧化氢,放电热板上于 160~200℃加热消化,至得到无色透明溶液(必要时,可补加过氧化氢)。继续加热至过氧化氢完全分解,瓶内出现三氧化硫烟雾,取下放冷。加 10mL 水、2 滴百里酚蓝指示剂,以 10mL 1mol/L 氢氧化钠中和,至溶液刚变蓝色,再加

20滴，加2mL过氧化氢，于电热板上在160～200℃下加热溶液，待大部分过氧化氢分解后，滴加10滴5g/L碘化钾溶液，继续加热至过氧化氢完全分解，取下放冷。以水转入50mL容量瓶中，定容至刻度，取此液5.0mL于25mL比色管中供分析用。同时做试剂空白。

（2）标准系列：于25mL比色管中，分别加入0.00mL、0.20mL、0.50mL、1.00mL、2.00mL、3.00mL和4.00mL标准使用液（相当于0.00μg、0.02μg、0.05μg、0.10μg、0.20μg、0.30μg和0.40μg铬），各加1.0mL 5.4mol/L硫酸，1滴百里酚蓝指示剂，以1mol/L氢氧化钠溶液中和，至溶液刚变蓝色，再加2滴，混匀。

（3）测定：于样品和标准系列管中，各加2.5mL氨-氯化铵缓冲液，1.0mL 1×10^{-3} mol/L α,α′-联吡啶溶液，1.0mL 6mol/L亚硝酸钠溶液，稀释至25mL，混匀。在JP-2示波极谱仪上，用三电极，阴极化，原点电位−1.2V，读取铬极谱峰的二阶导数峰峰高。

【计算】

$$X=\frac{A\times1000}{m\times V_2/V_1\times1000}$$

式中：X为样品中铬的含量（mg/kg或mg/L）；A为测定用样品消化液中铬的质量（μg）；V_1为样品消化液的总体积（mL）；V_2为测定用消化液的体积（mL）；m为样品质量或体积（g或mL）。

【说明】

（1）示波极谱法的最低检出限为：0.02μg。

（2）三价铬在所给底液中产生的极谱波峰电流大小只有同量六价铬的60%。因此，在测定前要在碱性条件下，用过氧化氢将三价铬氧化成六价铬。过氧化氢必须完全除尽，否则会影响极谱测定，加入碘化钾可以加快过氧化氢的分解。

（3）测定时溶液的pH控制在8.3～9.2，用2.5～3.0mL氨-氯化铵缓冲液，0.2～1.5mL 0.001mol/L α,α′-联吡啶溶液、1.0～2.0mL 6mol/L亚硝酸钠溶液调试测定液的pH，此时铬峰的峰电流达到最大且随试剂用量变化小。

（三）恒温平台石墨炉原子吸收光谱法

采用100g/L四甲基氢氧化铵（TMAH）于60℃超声波振荡水浴中溶解样品，使铬离子完全溶提出来并不改变其原价态。取一部分样液直接利用石墨炉原子吸收光谱法测定总铬，取另一部分样液，加稀硫酸将溶液调至pH为3左右，定容过滤除去大分子沉淀物，然后在pH4.8～5.0下，用EDTA掩蔽三价铬，用DDTC-MIBK螯合萃取分离浓缩六价铬。用石墨炉原子吸收光谱测定有机相中的六价铬含量，从而达到分别测定六价及三价铬的目的。

【试剂】

（1）100g/L四甲基氢氧化铵（TMAH）溶液：当试剂纯度不高时，须按常规再生处理。纯化方法：国产717强碱性阴离子树脂（CI型）先活化处理后，装入15cm×0.5cm玻璃柱，高度为10cm，而后让100g/L TMAH溶液以2mL/min的速度过柱，收集柱下流出液备用，当溶液中铬含量高时，再进行再生处理。

（2）100g/L乙胺硫代甲酸钠（DDTC）水溶液：称取10g DDTC（分析纯），溶解并稀释至 100mL 去离子水中（注意应临用现配，防止氧化）。

(3) 水饱和甲基异丁基甲酮（MIBK）：将分析纯 MIBK 溶液倒入分液漏斗中，加适量去离子水激烈振摇数分钟，使 MIBK 被水饱和后分去水层，贮存备用。

(4) 1mol/L pH5.0 的乙酸钠缓冲液：称取无水乙酸钠 41g，溶解在约 400mL 去离子水中，用乙酸调至 pH5.0，用去离子水定容至 500mL，备用。

(5) 0.2mol/L 乙二胺四乙酸钠（EDTA）溶液：称取 EDTA 二钠盐 7.4g，用去离子水溶解并定容至 100mL，备用。

(6) 三价铬标准溶液：精确称取优级纯硫酸铬 [$Cr_2(SO_4)_3$] 0.376 9g，用去离子水溶解，并准确定容至 100mL，配成 1mg/mL 三价铬标准储备液，逐级稀释至分析要求。

(7) 六价铬标准溶液：称取优级纯重铬酸钾（110℃，烘干 2h）1.413 5g，溶于去离子水中并稀释至 500mL 容量瓶中，此溶液为 1.0mg/mL 的六价铬储备液，临用时逐步稀释至分析要求。

【仪器】

(1) 石墨炉原子吸收分光光度计，附平台石墨管。

(2) 超声波振荡水浴。

【测定方法】

(1) 石墨管平台预处理：将石墨管和平台浸泡在 10g/L 氧氯化锆乙醇溶液中过夜，取出，在常温下真空干燥或常压自然干燥后，再浸泡、干燥。重复两次，然后在 105℃干燥箱内烘干 2.5h，置干燥器内备用。使用时装在石墨炉中，按照测定元素的加热程序处理 2～3 次，至不产生吸收信号为止。

(2) 样品处理：准确称取预先打碎混匀样品 0.5～2.0g，置于 25mL 三角烧瓶中，加入 5.0mL 经除铬提纯的 100g/L 甲基氢氧化铵溶液，用盖将瓶口盖好（不用玻璃磨口塞），并置于超声波振荡水浴中，保持水温（60±2）℃，振荡至样品充分溶解（为了加快溶解，可提前称样加入四甲基氢氧化铵，在室温下放置过夜），同时做空白试验。

(3) 总铬的测定——标准加入法：

在上述样品处理液中加入 1.0mL 稀硫酸（1+9）（使溶液 pH 调整在 11 左右），用去离子水将其定容至 25mL。准确吸取此溶液 5.0mL 两份于两支干燥试管中，用微量移液管分别准确加入 25μL 去离子水和 25μL 2.0μg/mL 标准铬溶液（三价和六价铬标准溶液都可以用，加入量由样品中铬含量而定）混匀，而后以去离子水为空白，在仪器中输入加标液中的标准浓度（S=0.01μg/mL），采用自动进样器自动进样，石墨炉原子吸收测定。试剂空白同样操作。

从仪器上读取直接给出的浓度值，或根据仪器给出的吸收值由下式计算所测样液和试剂空白的铬浓度。

$$c=\frac{(A-B)\times S}{A_1-A}$$

式中：c 为待测样液和试剂空白液中铬浓度（μg/mL）；A 为样液和试剂空白液的吸收值；A_1 为加标样液和加标试剂空白液的吸收值；B 为去离子水的吸收值；S 为样液和试剂空白液中加铬标准液后的标准浓度（0.01μg/mL）。

然后，按下式计算样品中总铬含量。

$$X=\frac{(c_1-c_2)\times 25}{W}$$

式中：X 为样品中总铬含量（μg/g）；c_1为样液中铬的浓度（μg/mL）；c_2为试剂空白液中铬的浓度（μg/mL）；W 为样品质量（g）。

（4）六价铬的分离与测定——标准加入法：

按前面【操作】（2）处理的样品液中，逐滴加入稀硫酸（1+9）直至出现的沉淀不消失为止，用去离子水定容至 25mL 后，离心或过滤除去沉淀，清液备用。

准确吸取清液 10.0mL 两份于两只小烧杯中，然后各加入 1.0mol/L pH3.0 的乙酸钠缓冲液 5.0mL，用稀硫酸或稀氨水调 pH 至 4.8～5.0，定量转移到两只 100mL 容量瓶中，其中一份加入标准六价铬，各加入 10mL 0.2mol/L EDTA 溶液，再加入去离子水至约 60mL，而后依次加入 5.0mL 100g/L DDTC 溶液和 5.0mL MIBK（MIBK 体积可减少，以增加浓缩倍数，但要准确），激烈振摇 2min，静置分层，慢慢滴加 5.0mL 无水乙醇到有机层中，使产生的乳状混浊澄清，随即用去离子水将有机层顶至颈部。

以 MIBK 为空白，采用同总铬测定同样的仪器操作与条件测定有机相中六价铬的浓度，同时做试剂空白测定。读取仪器直接给出的六价铬浓度（μg/g）。或以 MIBK 为空白，样液和加标样液的吸收值计算其浓度，然后按下式计算样品中的六价铬含量。

$$X=\frac{(c_3-c_4)\times5\times25\times10}{W}$$

式中：c_3为样液萃取液中六价铬的浓度（μg/mL）；c_4为试剂空白液中六价铬的浓度（μg/mL）；W 为样品的质量（g）。

【说明】

（1）本法适用于食品中总铬及六价铬的分别测定。

（2）石墨炉原子吸收法测定总铬及六价铬的最佳仪器工作条件：

主机工作条件：

波长：357.9nm。

灯电流：25A。

狭缝：0.7nm。

能量：62％。

信号方式：pA。

积分时间：7.0s。

滞后时间：0.0s，氚灯，扣背景。

其他工作条件见表 3-7。

表 3-7　石墨炉工作条件

原子化条件	总　铬	六　价　铬
石墨管类型	涂锆热解石墨管加平台	涂锆热解石墨管加平台
干燥温度/℃	100/160	80/120
升温时间/s	5/10	2/10
保持时间/s	15/25	15/20
灰化温度/℃	600/1 600	1 600
升温时间/s	5/10	15

（续）

原子化条件	总 铬	六 价 铬
保持时间/s	15/5	15
原子化温度/℃	2 650	2 650
升温时间/s	1	1
保持时间/s	7	7
净化温度/℃	2 700/20	2 700/20
升温时间/s	1/1	1/1
保持时间/s	4/10	4/10
进样量/μL	20	30

第八节 铜

铜（copper，Cu）是人体的必需微量元素之一，具有参与酶催化的功能，成年人对铜的需要量约为 2mg/d，婴儿每天为每千克体重 42～135μg。若铜缺乏，同样会引起铁吸收减少和血红蛋白合成的障碍，产生贫血。人体内积累过量的铜也会引起中毒。

一、铜对食品的污染及危害

（一）铜的理化性质及存在

单质铜为黄色或紫红色金属，具有密度较大、熔沸点较高的特点。其相对密度 8.94，熔点 1 083℃，沸点 2 595℃。易溶于硝酸和热浓硫酸中，与空气接触可生成棕红色的氧化铜，再逐渐变为碱式碳酸铜，能溶于热水。铜在自然界分布很广，地壳中含铜量的平均值为 38mg/kg。已知大约有 150 种含铜的矿石，其中主要有黄铜矿（$CuFeS_2$）、辉铜矿（CuS）、赤铜矿（Cu_2O）、孔雀石［$Cu(OH)_2CO_3$］及天然铜等。海水中的铜浓度通常在 1μg/kg 以下；在深海底泥中为 100～200mg/kg；河水中为 1.4μg/kg，与海水中铜浓度大致在同一水平。城市大气飘尘中铜的浓度为 0.01～0.05μg/m^3。土壤中的铜含量在 2～100mg/kg，平均值为 20mg/kg。我国土壤铜背景值范围普遍在 0.3～70mg/kg，大部分土壤含铜量分布在 5～50mg/kg。铜及化合物也用于合金、电镀、颜料、印染、医药和杀虫剂等工业。这些工业的生产及铜的开采、冶炼，均给环境带来污染，也会污染食品。

（二）铜对动物源性食品的污染

1. 动物饲料原料受到铜污染 含铜工业污水灌溉农田或土壤中含铜量过高，均可在农作物中蓄积，并使畜、禽体内含铜量过高。如沈阳西郊污灌区土壤中铜的含量均超标，最高的宁官村 0～10cm 土层中铜含量达到 69.74mg/kg。刘洪涛等（2008）研究表明，北京市凉水河-凤港河灌区用再生水灌溉，污水灌区农田土壤的铜含量增加约 25%，这些被污染土壤中生长的作物也相应地受到污染。

在各种农业肥料中，化肥应用最为普遍，部分复合肥和磷肥中铜的平均含量相对较高，分别达到 10.8mg/kg 和 7.4mg/kg。畜禽粪便作为有机肥也是重要的污染源，占到农田总污染量的 40%，最为突出的是猪粪，猪粪平均铜含量高出牛粪近 10 倍。铜作为有效促进猪生长和防止猪下痢的措施被大量使用，猪配合饲料特别是仔猪配合饲料中铜的添加量是正常量的 20～40 倍，猪日粮中铜的添加剂量最高可达 400mg/kg。高浓度铜在猪消化道内的吸收利用率仅 5%左右，大部分铜随猪粪排出体外造成污染。用这些肥料的作物也就受到了污染。

农药的使用也可造成污染。波尔多液由硫酸铜水溶液和石灰乳混合配制而成，具有广谱性和药效长的特点，是农业生产上最常用的保护性杀真菌剂，同时也是最典型的高铜农药，氢氧化铜、噻菌铜、松脂酸铜等含铜杀菌剂应用也较广泛，使粮食作物受到污染。

环境受到铜的污染，使其水质铜含量也较高，水生生物对铜还有不同程度的蓄积、浓缩能力。美国贝壳类含铜量高达 1 500mg/kg，日本牡蛎也有 16.64mg/kg。这些海洋动物本身就是动物源性食品，此外，一些海产品作为动物饲料的原料，如鱼粉、虾粉等。

2. 高铜饲料对动物性食品的污染　高铜饲料可以直接对动物产品造成污染。单振芬（2006）报道，动物的肝脏、牛肉、鹅肉中铜含量较高。正常成年猪、狗、猫、家禽肝脏中铜的含量为 10～15mg/kg（脱脂干重）。猪肝中的铜随着饲料中铜添加量增加而呈急剧增加趋势。据报道，发生铜中毒的猪肝中铜含量可达 750～6 000mg/kg（干重），一个人 1d 食入这样的猪肝 250g，将摄入 56.7～454.5mg 铜，已达到人的铜中毒量 250～500mg/（人・d）的水平。

3. 容器和器具的污染　容器污染为食品中铜来源的主要原因之一。使用铜锅炒菜、熬糖，盛装酸性食物，能产生铜的溶蚀现象，而使铜进入到食品之中。

（三）食品中的铜对人体的危害

铜是具有中等毒性的重金属。可溶性的铜盐［尤其是 $CuSO_4$ 和 $Cu(CH_3COO)_2$］的毒性较大，口服 10～15mg 即可引起呕吐等中毒反应，严重的可引起肝、肾功能障碍，甚至死亡。硫酸铜（胆矾）对成人一次口服的致呕吐剂量为 500mg，致死量为 10g，碱性醋酸铜为 15～20g。由食物和饮水中摄取过量的铜可造成慢性中毒，目前尚未发现人慢性铜中毒的例子。但澳大利亚等地的牛、羊等家畜曾因饲料而引起慢性铜中毒。铜盐直接作用于组织时，能与组织蛋白质结合而形成蛋白盐，可出现收敛、刺激或腐蚀作用；在体内吸收后有抑制甲状腺素和肾上腺素的特异作用、抑制酶的作用及溶血作用。一般最初是简单的刺激作用，其次则是对神经组织、肝脏、肾脏的影响。

医学研究证实，人摄食过量铜会导致机体锌含量的减少，从而造成失眠、忧郁和脱发。细胞内过量铜可使自由基增多，改变脂类代谢，引起生物损伤，导致动脉粥样硬化并加速细胞的老化和死亡，促进细胞癌变。当机体蓄积铜到一定程度时，人体易发生血铜蓝蛋白缺乏病，并干扰孕酮效应的发挥，影响排卵和生育。

二、铜在动物性食品中的允许含量

（一）动物性食品中铜的含量

一般食品中都含有铜，铜含量最少的食品有牛奶、乳制品、奶油、干酪等，都在

0.5mg/kg 以下。蔬菜和谷类中铜含量为 1.0～2.0mg/kg，谷类由于精制而失去铜。铜含量较高的食品有肉类（尤其是内脏肝、肾等），坚果以及甲壳类。

（二）动物性食品中铜的允许含量标准

我国食品卫生标准规定（均以 Cu 计，mg/kg 或 mg/L，≤）：全脂牛乳粉、脱脂乳粉、全脂加糖炼乳、淡炼乳、甜炼乳、稀奶油为 4.0；肉类为 10.0；水产类为 50.0；蛋类为 5.0；冷饮食品为 5.0。1996 年 WHO 规定的铜每日允许摄入量为每千克体重 0.2mg，比以前的标准有明显降低。我国对铜的成人推荐摄入量规定为 2.0mg/d，铜的口服剂量超过每千克体重 200mg 会使人致死。

三、动物性食品中铜的测定

（一）二乙基二硫代氨基甲酸钠比色法

样品经消化后，在碱性溶液（pH9.0～9.2）中，Cu^{2+} 与二乙基二硫代氨基甲酸钠（铜试剂）生成黄色络合物，溶于四氯化碳中，于 440nm 波长进行比色测定，与标准比较定量。

【试剂】

（1）硝酸。

（2）硫酸。

（3）1∶1 氨水。

（4）四氯化碳。

（5）1mol/L 硫酸：取硫酸 20.0mL 缓缓倒入 300.0mL 水中，冷后再加水至 360.0mL。

（6）6mol/L 硝酸：量取 60.0mL 硝酸，加水稀释至 160.0mL。

（7）柠檬酸铵-EDTA 溶液：柠檬酸铵［$(NH_4)_2HC_6H_5O_7$］20.00g 及乙二胺四乙酸二钠 5.00g 溶于水中，加水稀释至 100.0mL（必要时纯化：以 0.1％铜试剂溶液及 10.0mL CCl_4 提取除去可能存在的铜，直至 CCl_4 层无色）。

（8）铜试剂溶液：0.1％二乙基二硫代氨基甲酸钠［$(C_2H_5)_2NCS_2Na \cdot 3H_2O$］溶液，必要时可过滤，贮存于棕色瓶置冰箱保存，一周内可用。

（9）酚红指示剂：0.1％酚红乙醇溶液。

（10）铜标准溶液（1.0mg/mL）：精密称取 1.000 0g 金属铜（99.99％以上），分次加入 6mol/L 硝酸溶解，总量不超过 37.0mL，移入 1 000mL 容量瓶中，用水稀释至刻度。此溶液每毫升相当于 1.0mg 铜。

（11）铜标准使用液（10μg/mg）：吸取 10.0mL 铜标准溶液，置于 100mL 容量瓶中，加 1mol/L 硫酸稀释至刻度。如此再稀释一次，至每毫升相当于 10μg 铜。

【仪器】分光光度计。

【测定方法】

（1）样品消化：同本章第四节三（一）“样品消化法”。

（2）测定：

①精密吸取样品消化液和试剂空白液各 10.0mL，分别置于 125mL 分液漏斗中，加水稀释至 20.0mL。

②吸取铜标准使用液 0.0mL、0.5mL、1.0mL、1.5mL、2.0mL、2.5mL（相当于铜 0.0μg、5.0μg、10.0μg、15.0μg、20.0μg、25.0μg），分别置于 125mL 分液漏斗中，各加 1mol/L 硫酸至 20.0mL。

③于样品消化液、试剂空白液及铜标准液中各加柠檬酸铵-EDTA 溶液 5.0mL 及酚红指示液 3 滴，混匀，用 1∶1 氨水调至红色（此时 pH 约为 9）。各加铜试剂 2.0mL 和 10.0mL 四氯化碳，剧烈振荡 2min，静置分层后，于分液漏斗颈部堵一脱脂棉塞，使四氯化碳层通过棉花，弃去最初的 1.0～2.0mL 后，滤入 2cm 比色杯中，以零管调节零点，于波长 440nm 处测吸光度，绘制标准曲线比较。

【计算】

$$X=\frac{(A_1-A_2)\times V_1}{m\times V_2}$$

式中：X 为样品中铜的含量（mg/kg）；A_1 为测定用样品消化液中的铜含量（μg）；A_2 为试剂空白液中的铜含量（μg）；m 为样品质量（g）；V_1 为样品消化液总体积（mL）；V_2 为测定用样品消化液的体积（mL）。

（二）原子吸收分光光度法

样品处理后，导入原子吸收分光光度计中，原子化以后，吸收 324.8nm 共振线，其吸收量与铜含量成正比，与标准系列比较定量。

【试剂】 要求使用去离子水，优级纯或分析纯试剂。

（1）铜标准溶液：同“二乙基二硫代氨基甲酸钠比色法”。

（2）铜标准使用液（1μg/mL）：吸取 10.0mL 铜标准溶液，置于 100mL 容量瓶中，加 0.5%硝酸稀释至刻度。如此多次稀释至每毫升相当于 1μg 铜。

（3）其他试剂同本章第四节三（一）“原子吸收分光光度法”试剂（1）～（7）。

【仪器】 原子吸收分光光度计。

【测定方法】

（1）样品处理：同本章第四节三（一）“原子吸收分光光度法”。

（2）测定：

①吸取 0.0mL、1.0mL、2.0mL、4.0mL、6.0mL、8.0mL 铜标准使用液，分别置于 100mL 容量瓶中，加 0.5%硝酸稀释至刻度，混匀。容量瓶中每毫升分别相当于 0ng、10ng、20ng、40ng、60ng、80ng 铜。

②将样品消化液、试剂空白液和各个铜标准液分别导入空气-乙炔火焰进行原子吸收测定。测定条件：灯电流 6mA，波长 324.8nm，狭缝 0.19nm，空气流量 9L/min，乙炔流量 2L/min，炉头高度 3mm，氘灯背景校正（也可根据仪器型号，调至最佳条件）。以铜含量对应浓度、吸光度，绘制标准曲线比较。

【计算】

$$X=\frac{(A_1-A_2)\times V}{1000\times m}$$

式中：X 为样品中铜的含量（mg/kg）；A_1 为测定用样品中铜的含量（ng/mL）；A_2 为试剂空白液中铜的含量（ng/mL）；V 为样品消化液的总体积（mL）；m 为样品质量（g）。

第九节　锌

锌（zinc，Zn）在人体及动物体内均有重要作用，是人体14种必需微量元素中较重要的一种，也是人体中含量最多的微量元素。现已确认，锌有多方面的生理功能，参与体内多种重要酶的合成，现知的有80种酶的活性与锌有关，缺锌后可引起一系列的生化紊乱，很多器官和组织的生理功能异常，生长发育、免疫过程、细胞分裂、智力发育等均受到干扰，出现很多病理变化及各种各样的疾病。

一、锌对食品的污染及危害

（一）锌的理化性质及存在

锌为青白色的软金属，相对密度为7.14，熔点419.4℃，沸点907℃。锌不溶于水，但能溶于酸类和碱类，在弱酸及果酸中均能溶解，纯锌与稀硫酸或盐酸作用缓慢，若不纯则作用迅速，锌在高温时能燃烧而生成氧化锌（即锌白）。锌矿物中最普通的是闪锌矿（ZnS），还有菱锌矿（$ZnCO_3$）、红锌矿（ZnO）等。锌在风化过程中，易于以硫化物及氯化物的形式进入溶液中，可在地表水及地下水中迁移。普通土壤中含锌量在10～300mg/kg，平均80mg/kg。城市地区大气飘尘中锌含量达1.1～5.8$\mu g/m^3$，多于一般金属的含量。锌和锌合金在工业上应用很广，主要用于制造镀锌铁皮，制作青铜、电池等，并在各种橡胶制品、油漆、陶瓷釉料、染料、玻璃、木材防腐、造纸、农药及有机合成等方面有广泛用途，锌还可作为无机药物而用于医疗上（如ZnO、$ZnCl_2$及$ZnSO_4$等）。

（二）锌对食品的污染

污染到环境中的锌经河流、海洋被进一步富集，海洋生物对锌的富集能力很强，被锌污染的水域鱼贝类含锌量特别高，如牡蛎肉中锌含量可高达每千克体重2 500～3 000mg。

使用镀锌容器盛放酸性食品或饮料，可使被酸溶解的锌混入食品，以有机酸盐的形式存在，食用后可引起中毒。如用镀锌铁桶盛放酸梅汤等清凉饮料，饮用后即可引起中毒，也有因食用镀锌白铁容器盛装的醋而引起中毒者。

（三）食品中的锌对人体的危害

锌为中等毒性的重金属。锌及其化合物可使蛋白质沉淀，对皮肤及黏膜有较强的刺激和腐蚀性，一次摄入80～100mg以上的锌盐即可引起急性中毒。锌的中毒量为0.2～0.4g，氯化锌的致死量为3～5g，硫酸锌的成人呕吐剂量为450mg，致死量为5～15g。

锌过多时，可引起急性中毒，出现一系列病变。锌中毒呈急性发作，潜伏期很短，由数分钟至1h，主要是胃肠道刺激症状，如恶心、持续性呕吐、腹绞痛、腹泻、眩晕、口中烧灼感，并能引起中枢神经系统的抑制、四肢发生震颤与麻痹等。严重中毒者，可因剧烈呕吐，腹泻虚脱而死亡。

慢性锌中毒多表现为顽固性贫血、食欲不振、血红蛋白含量降低、血清铁及体内铁贮存量减少等。

为了预防儿童缺锌，卫生部批准锌可作为营养强化剂使用，但过度强化锌的食品，易引起与锌拮抗的其他营养素如钙、磷、铁的缺乏，也可导致慢性中毒。进一步研究表明，锌有强的致畸作用。

二、锌在动物性食品中的允许含量

（一）动物性食品中的锌含量

人类食品中，不论来自动物或植物的，几乎都含有锌。一般动物源性食品中锌的含量高，且锌的生物活性大，较易被吸收和利用，植物性食品含锌量少，并较难吸收。在动物性食品中，以鱼、肉（尤其是瘦肉）、肝、肾和水产品蛤、蚌、牡蛎等含锌量较高。在水产品中，鱼类以鲭和鳗含锌高，但多数在10mg/kg以下；甲壳类、头足类和贝类为10～20mg/kg，其中牡蛎的含锌量最高，为14～270mg/kg。蛋、奶及其制品中含锌量平均为23mg/kg。肉类食品以肝脏和瘦肉含锌最高。部分动物性食品中锌含量见表3-8。

表3-8　部分动物性食品中含锌量（mg/kg）

食品种类	含　量	食品种类	含　量
猪　肉	148.0	鸡蛋白	0.0
牛　肉	148.0	鸡蛋黄	99.0
羊　肉	148.0	鱼　肉	33.0～41.0
兔　肉	73.0	比目鱼	101.0
鸡　肉	29.0～141.0	牡　蛎	140.0～270.0
牛　肝	283.0	牛　奶	23.0

（二）食品中锌的允许含量标准

FAO/WHO暂定人对锌的每日膳食需要量为每千克体重0.3mg，最大可耐受日摄入量为每千克体重1mg。我国食品卫生标准规定了食品中锌的允许量，其中动物源性食品的允许量标准是（以Zn计，mg/kg，≤）：肉类（畜、禽）为100，鱼类为50，蛋类为50，鲜奶类为10，奶粉为50，蜂蜜为25.0。国外标准（mg/kg），加拿大：水产品≤100.0，动物肝脏≤100.0；捷克和波兰：肉≤50.0；匈牙利：肉≤70.0，肝、肾≤100.0。

三、动物性食品中锌的测定

食品中锌的测定方法，多采用原子吸收分光度法。样品经处理后，导入原子吸收分光光度计中，经空气-乙炔火焰原子化后，吸收213.8nm共振线，其吸光度与锌浓度成正比，与标准系列比较定量。

【试剂】试剂要求GR或高纯试剂，使用去离子水配制。

（1）1∶10磷酸。

（2）1mol/L盐酸：取10.0mL盐酸加水稀释至120mL。

（3）混合酸：硝酸与高氯酸按3∶1混合。

（4）锌标准溶液：精密称取0.500 0g金属锌（99.99%），溶于10.0mL盐酸中，在水浴上蒸发至近干，用少量水溶解后移入 1 000mL 容量瓶中，以水稀释至刻度，贮于聚乙烯瓶中。此溶液每毫升相当于 0.5mg 锌。

（5）锌标准使用液（100μg/mL）：吸取 10.0mL 锌标准溶液置于 50mL 容量瓶中，以 0.1mol/L 盐酸稀释至刻度。

【仪器】 原子吸收分光光度计。

【测定方法】

（1）样品处理：同第二节镉“KI-MIBK 法”的样品处理。

（2）测定：

①吸取 0.0mL、0.1mL、0.2mL、0.4mL、0.8mL 锌标准使用液，分别置于 50mL 容量瓶中，以 1mol/L 盐酸稀释至刻度，混匀（各容量瓶中每毫升相当于 0μg、0.2μg、0.4μg、0.8μg、1.6μg 锌）。

②将样品消化液、试剂空白液和各锌标准液分别导入空气-乙炔火焰中进行原子吸收测定。测定条件：灯电流 6mA，波长 213.8nm，狭缝 0.38nm，空气流量 10L/min，乙炔流量 2.3L/min，炉头高度 3mm，氘灯背景校正（也可根据仪器型号，调至最佳条件），以锌含量对应吸光度绘制标准曲线比较。

【计算】

$$X=\frac{(A_1-A_2)\times V}{m}$$

式中：X 为样品中锌的含量（mg/kg 或 mg/L）；A_1 为测定用样液中锌的含量（μg/mL）；A_2 为试剂空白液中锌的含量（μg/mL）；m 为样品质量（体积）（g 或 mL）；V 为样品消化液的总体积（mL）。

第四章

动物性食品中农药残留的检测

第一节　概　　述

一、农药及污染

农药主要指在农、林、牧业生产中防治害虫、害螨、线虫、病原菌、杂草及鼠类等有害生物，调节植物生长的化学药品或生物制品，是现代农业生产中必不可少的重要生产资料。现代农业主要依靠化肥和农药来解决农田营养问题和病虫及杂草控制问题，化肥和农药的施用极大地提高了农作物的产量，缓解了全球的粮食紧张局面，为世界经济的稳步发展创造了条件。

农药的种类繁多，并且发展变化很快。根据功能，农药可分为杀虫剂、杀菌剂、杀线虫剂、杀真菌剂、灭螺剂、杀鼠剂、除草剂和植物生长调节剂等。根据世界卫生组织（WHO）推荐，依据 LD_{50} 值将农药分为剧毒类（Ⅰa)、强毒性类（Ⅰb)、中等毒性（Ⅱ)、轻微毒性（Ⅲ）和正常使用不存在毒性（Ⅲ＋）五类。杀虫剂和灭鼠剂属于Ⅰa、Ⅰb 和Ⅱ类；而大多数杀真菌剂划在Ⅱ、Ⅲ、Ⅲ＋类；大多数除草剂属于Ⅲ＋类。另外，按照农药来源，可分为矿物源农药、有机合成农药和生物源农药。矿物源农药是指有效成分起源于无机化合物和石油的农药总称，包括砷化合物、硫化物、氟化物、磷化物和石油乳剂等；有机合成农药按其化学结构，又可分为有机氯类、有机磷类、氨基甲酸酯类、拟除虫菊酯类农药和三嗪类除草剂等；生物源农药是指直接利用生物产生的天然活性物质或生物活体开发的农药。有机农药种类繁多，结构复杂，应用广泛，药效高，是现代农药的主体。生物源农药一般具有靶标专一的特性，使用后对人畜和非靶标生物相对安全，且较易在环境中降解消除，对环境和生态的影响较小，是农药研究发展的方向。

我国是农业大国，随着农业生产规模的不断扩大，农药的使用品种和数量不断增加，对我国粮食生产的丰收、缓解粮食压力作出了贡献。但由于农药的长期大量使用，导致农业生态系统失衡，空气、水源、土壤和食物受到污染，导致农产品中农药残留，并通过食物链影响牲畜和人类，形成农药公害问题。

二、农药残留及危害

（一）农药残留

农药残留是指农药使用后残存于生物体、农副产品和环境中的微量农药单体、有机代谢物、降解物和杂质。施用于作物上的农药，其中一部分附着于作物上，一部分散落在土壤、大气和水等环境中，环境残存的农药中的一部分又会被植物吸收。残留农药直接通过植物、果实或水、大气到达人、畜体内，或通过环境、食物链最终传递给人、畜。

导致和影响农药残留的原因有很多，其中农药本身的性质、环境因素以及农药的使用方法是影响农药残留的主要因素。

1. 农药性质与农药残留 现已被禁用的有机砷、汞等农药，由于其代谢产物砷、汞最终无法降解而残存于环境和植物体中。

六六六、滴滴涕等有机氯农药和它们的代谢产物化学性质稳定，在农作物及环境中消解缓慢，同时容易在人和动物体脂肪中积累。因而虽然有机氯农药及其代谢物毒性并不高，但它们的残毒问题仍然存在。有机磷、氨基甲酸酯类农药化学性质不稳定，在施用后，容易受外界条件影响而分解。但有机磷和氨基甲酸酯类农药中存在着部分高毒和剧毒品种，如甲胺磷、对硫磷、涕灭威、呋喃丹、水胺硫磷等，如果被施用于生长期较短、连续采收的蔬菜或牧草，则很难避免因残留量超标而导致人畜中毒。

另外，一部分农药虽然本身毒性较低，但其生产过程中产生的杂质或代谢物毒性较高，如二硫代氨基甲酸酯类杀菌剂生产过程中产生的杂质及其代谢物乙撑硫脲属致癌物，三氯杀螨醇中的杂质滴滴涕，丁硫克百威、丙硫克百威的主要代谢物克百威和3-羟基克百威等。

农药的内吸性、挥发性、水溶性、吸附性直接影响其在植物、大气、水、土壤等周围环境中的残留。温度、光照、降雨量、土壤酸碱度及有机质含量、植被情况、微生物等环境因素也在不同程度上影响着农药的降解速度，影响农药残留。

2. 使用方法与农药残留 一般来讲，乳油、悬浮剂等用于直接喷洒的剂型对农作物的污染相对要大一些。而粉剂由于其容易飘散而对环境和施药者的危害更大。

任何一个农药品种都有其适合的防治对象、防治作物，有其合理的施药时间、使用次数、施药量和安全间隔期（最后一次施药距采收的安全间隔时间）。合理施用农药能在有效防治病虫草害的同时，减少不必要的浪费，降低农药对农副产品和环境的污染，而不加节制地滥用农药，必然导致对农产品的污染和对环境的破坏。

（二）农药残留的危害

世界各国都存在着程度不同的农药残留问题，农药残留的危害主要有以下几方面：

1. 农药残留对人类健康的影响 农药使用后，除了杀虫、防病、除草等作用外，还可以通过内吸、传导等作用进入作物体内，进而传递到作物的可食部分，最终进入人体。农药进入人体的途径归结起来主要有如下几种：

（1）直接作用：农药施于作物后残留在果实和植物茎叶上，在不合理采收期采收食用，或直接食用在贮藏期使用过农药（防止虫害和变质）的农副产品。

（2）土壤中农药残留：农药施于土壤或作物后残留在土壤表面，进而通过不同方式迁移到本茬或下茬作物的可食部分。

（3）水中的农药残留：农药使用后，通过雨水或灌溉水等的冲刷、淋溶、迁移，使地表水或地下水受到污染；同时，经浮游生物或底泥的蓄积可能使食用水生生物受到污染。

（4）空气中的农药残留：部分农药在施用后，由于蒸发或挥发作用进入大气中，污染空气，并随空气中的尘埃落至各种食物上。

（5）通过食物链：残留在土壤、水体和空气中的农药，通过各种途径进入可食性动植物体内，进而通过食物链影响到人。

农药进入人体后，除了对人体内各种活性酶有影响外，还对人的神经系统、内分泌系统、免疫系统和生殖系统等有潜在危害，甚至有致突变、致癌和致畸的危险。有机氯农药对许多动物的肝功能和再生过程有不良影响，有的可能是直接或间接的致癌剂。有机磷农药虽然毒性比有机氯类农药小，但在哺乳动物体内有对核酸的烷化作用，可损伤DNA，具有诱变作用。

2. 农药残留对农业生产的影响　由于不合理使用农药，特别是除草剂，导致药害事故频繁，经常引起大面积减产甚至绝产，严重影响了农业生产。土壤中残留的长效除草剂是其中的一个重要原因。

当土壤中有害物质过多，超过土壤的自净能力，就会引起土壤的组成、结构和功能发生变化，微生物活动受到抑制，造成土壤有机质含量下降、土壤板结等，导致土壤质量下降、农作物产量和品质下降外，更为严重的是土壤对污染物具有富集作用，有害物质或其分解产物在土壤中逐渐积累，通过“土壤→植物→人体”，或通过“土壤→水→人体”间接被人体吸收，达到危害人体健康的程度。

3. 农药残留影响进出口贸易　世界各国，特别是发达国家对农药残留问题高度重视，对各种农副产品、畜产品中农药残留都规定了越来越严格的限量标准。近年来，许多国家还以农药残留限量为技术壁垒，限制农副产品、畜产品进口，保护本国农牧业生产。

长期以来有机氯农药（如六六六、滴滴涕）残留对农产品、畜产品和其他出口商品的污染，一直困扰着多国食品出口贸易。特别是出口冻兔肉、猪肉及其他动物性出口食品。因为六六六和滴滴涕是脂溶性农药，半衰期长，在土壤中消除很慢，通过土壤、水、农产品等进入动物体内，特别容易富集在动物性脂肪中，导致肉中有机氯农药残留量经常超过最高残留限量规定而不能出口或被退回及索赔。

2000年，欧共体将氰戊菊酯在茶叶中的残留限量从10mg/kg提高到0.1mg/kg，使我国茶叶出口面临严峻的挑战。日本于2006年5月29日起实施食品中农业化学品（农药、兽药及饲料添加剂等）残留“肯定列表制度”，并执行新的残留限量标准。该制度要求：食品中农业化学品含量不得超过最大残留限量标准；对于未制订最大残留限量标准的农业化学品，其在食品中的含量不得超过“一律标准”，即0.01mg/kg。日本针对具体农业化学品在具体食品中的残留制订的“暂定标准”有50 000多项，涉及农药500余种，兽药和饲料添加剂200余种。日本的“肯定列表制度”直接影响到我国对日本的蔬菜、水果和动物性食品的出口贸易。

三、动物性食品中常见农药的允许残留量

农药最高残留限量（maximum residue limit，MRL）是联合国食品法典委员会（Codex Alimentarius Commission，CAC）以法规形式规定，按照良好农业生产规范（good agricultural practices，GAP），直接或间接使用农药后，允许存在于食品和饲料中的最高农药残留浓度。MRL的制定要根据农药及其残留物的毒性评价，按照国家颁布的良好农业规范和安全合理使用农药规范，适应本国各种病虫害的防治需要，在严密的技术监督下，在有效防治病虫害的前提下，遵循人类消费食物安全性原则，通过食物摄入的农药残留量和国际规定的每日允许摄入量相一致。它的直接作用是限制农产品中农药残留量，保障公民身体健康。在世界贸易一体化的今天，农药最高残留限量也成为各贸易国之间重要的技术壁垒。

2002 年，我国农业部发布的第 235 号公告《动物性食品中兽药最高残留限量》中，关于农药的 *MRL* 见表 4-1。在动物性食品中禁止使用、不得检出的农药品种见表 4-2。

表 4-1 动物性食品中农药最高残留限量

药物名称	标志残留物	动物种类	靶组织	*MRL*/（μg/kg）
敌敌畏 (dichlorvos)	dichlorvos	牛、羊、马	M、F、BP	20
		猪	M、F	100
			BP	200
		鸡	M、F、BP	50
敌百虫 (trichlorfon)	trichlorfon	牛	M、F、L、K、MK	50
倍硫磷 (fenthion)	fenthion & metabolites	牛、猪、禽	M、F、BP	100
马拉硫磷 (malathion)	malathion	牛、羊、猪、禽、马	M、F、BP	4 000
辛硫磷 (phoxim)	phoxim	牛、羊、猪	M、L、K	50
			F	400
巴胺磷 (propetamphos)	propetamphos	牛	MK	10
		羊	F、K	90
蝇毒磷 (coumaphos)	coumaphos 和其氧化物	蜜蜂	蜂蜜	100
氰戊菊酯 (fenvalerate)	fenvalerate	牛、羊、猪	M、F	1 000
			BP	20
		牛	MK	100
二嗪农 (diazinon)	diazinon	牛、羊	MK	20
		牛、羊、猪	M、L、K	20
			F	700
三氮脒 (diminazine)	diminazine	牛	M	500
			L	12 000
			K	6 000
			MK	150
溴氰菊酯 (deltamethrin)	deltamethrin	牛、羊	M	30
			L、K	50
			F	500
		牛	MK	30
		鸡	M、E	30
			SF	500
			L、K	50
		鱼	M	30

（续）

药物名称	标志残留物	动物种类	靶组织	MRL/（μg/kg）
氟氯苯氰菊酯（flumethrin）	flumethrin（sum of trans-Z-isomers）	牛	M、K	10
			F	150
			L	20
			MK	30
		羊（产奶期禁用）	M、K	10
			F	150
			L	20
氟胺氰菊酯（fluvalinate）	fluvalinate	所有动物	M、F、BP	10
		蜜蜂	蜂蜜	50

注：M，muscle；F，fat；L，liver；K，kidney；MK，milk；BP，byproduct；SF，skin with fat；E，egg。

表 4-2　禁止使用、在动物性食品中不得检出的农药

药物名称	禁用动物种类	靶组织
林丹（lindane）	所有食品动物	所有可食组织
呋喃丹（克百威）（carbofuran）	所有食品动物	所有可食组织
毒杀芬（氯化烯）（camahechlor）	所有食品动物	所有可食组织
杀虫脒（克死螨）（chlordimeform）	所有食品动物	所有可食组织
双甲脒（amitraz）	水生食品动物	所有可食组织

四、动物性食品中农药污染及农药残留的控制

（一）动物性食品中的农药污染

动物性食品中农药的污染与环境污染有密切关系，其主要途径有：①残留在农产品上，作为饲料随之被直接饲用或制成配合饲料应用；②土壤或水体被污染，通过接触或饮水进入动物体内；③作为圈舍消毒剂或体外杀虫剂进入动物体内。

（二）农药残留控制

1. 合理使用农药　解决农药残留问题，必须从根源上杜绝农药残留污染。我国已经制定并发布了七批《农药合理使用准则》国家标准。准则中详细规定了各种农药在不同作物上的使用时期、使用方法、使用次数、安全间隔期等技术指标。合理使用农药，不但可以有效地控制病虫草害，而且可以减少农药的使用，减少浪费，最重要的是可以避免农药残留超标。加大宣传力度，加强技术指导，使《农药合理使用准则》真正发挥其应有的作用。

2. 加强农药残留监测　开展全面、系统的农药残留监测工作能够及时掌握农产品中农药残留的状况和规律，查找农药残留形成的原因，为政府部门提供及时有效的数据，为政府职能部门制定相应的规章制度和法律法规提供依据。

3. 加强法制管理　加强《农药管理条例》、《农药合理使用准则》、《食品中农药残留限

量》等有关法律法规的贯彻执行，加强对违反有关法律法规行为的处罚，是防止农药残留超标的有力保障。

第二节　动物性食品中有机磷农药的检测

一、动物性食品中有机磷农药的污染与危害

早在1937年德国开发了第一种有机磷杀虫剂焦磷酸四乙酯，因具有高毒性，在第二次世界大战中被作为化学武器用于战争。尽管有很好的防治蚜虫作用，但因其对哺乳动物有很强的毒性且极易降解，并不适宜农业产生使用。1944年，出现了第一种商品化的有机磷农药对硫磷。此后此类农药因具有高效、高毒性、降解快、适用范围广等特性得到迅速发展，有机磷农药（organophosphorous pesticides，OPs）是目前应用最广的农用杀虫剂。

（一）有机磷农药的分类

有机磷农药是五价磷、膦酸、硫代磷酸或相关酸的酯。有机磷农药主要有六种：磷酸酯类、硫代磷酸酯类、二硫代磷酸酯类、膦酸酯类和氨基磷酸酯类（磷酰胺类）。

OPs主要作用机理是抑制昆虫体内神经组织中胆碱酯酶的活性，破坏神经系统，导致死亡。这类杀虫剂历史悠久，品种繁多，使用广泛。有机磷杀虫剂的主要品种有：敌敌畏、敌百虫、对硫磷、倍硫磷、久效磷、杀螟硫磷、苯腈磷、甲拌磷、马拉硫磷、辛硫磷、甲胺磷、双硫磷、皮蝇磷、丙溴磷、毒死蜱、二嗪农、乐果等。

（二）有机磷农药的性质及毒性

（1）性质不稳定，易于分解，容易氧化、水解或重新排列，即使在纯品条件下也是如此。故检验用标准贮存液应放冰箱保存，6个月配一次，稀释液每2～3个月配一次。

（2）有机磷农药在生物体内往往氧化成比原来农药毒性更大的化合物。故在残毒分析中，除分析其原始化合物外，还应同时分析有毒理学意义的主要代谢物。

（3）有机磷化合物有极性，不同有机磷农药极性大小不一，磷酰胺型、磷酸酯型极性比较大，甲基同系物大于乙基同系物。在进行有机磷农药残留提取时，极性小的农药要用极性弱的溶剂提取、展层、净化。

（4）对胆碱酯酶有抑制力，各种有机磷农药对胆碱酯酶都有不同程度的抑制力，因此可用薄层-酶抑制技术检测。

绝大多数有机磷农药能与酯酶反应产生二甲基磷酰酶或二乙基磷酰酶，并造成胆碱酯酶钝化。有机磷农药通过抑制胆碱酯酶的活性，尤其是抑制乙酰胆碱酯酶的活性，引起神经递质乙酰胆碱的积累，造成神经功能紊乱，导致呼吸困难、心律不齐、惊厥等。还可以抑制其他酯酶的活性，如脑部神经酯酶，从而导致各种神经性疾病。有机磷农药还具有致突变作用和致癌作用。食物中残留的高含量有机磷农药可导致群体性急性中毒，低含量的有机磷农药亦可经长期慢性毒性导致心脏、肝脏、肾和其他器官的损害。

（三）有机磷农药对食品的污染

OPs是目前应用最广的杀虫剂，目前该类农药的数量已超过250种，约占杀虫剂类农药

的37%，也是兽医临床主要应用的杀虫剂之一。由于有机磷农药的广泛使用，不管是有目的使用还是无意间污染，它们极易与环境、人类、动物接触，其危害可能是急性的也可能是慢性的。因此有机磷农药造成的中毒事件比其他农药都频繁、严重。一方面是由于其所具有的急性毒性，任何对食品的污染均可能造成程度不一的中毒事件；另一方面，由于那些对人类和环境产生不良影响的有机氯农药在发达国家已被禁止使用，而在环境中有较小持久性的有机磷农药代替有机氯农药被广泛使用造成的。由于有机磷农药的使用量大及范围广，它们的持久性及在环境中的迁移特性决定了它们对人类有较大的影响和危害。

二、动物性食品中有机磷农药残留的检测

对有机磷农药残留的检测方法主要有酶抑制法、气相色谱法、液相色谱法、薄层色谱法、免疫分析法及生物传感器法等。

（一）酶抑制法

1. 检测原理　酶抑制法检测OPs的原理是根据有机磷和氨基甲酸酯类农药可特异性地抑制动物的胆碱酯酶（ChE），将ChE与样品提取液反应，如果样品中不含有机磷或氨基甲酸酯类农药，酶的活性不受影响，加入可被胆碱酯酶水解的酯类（基质）就会被酶水解，水解产物与加入的显色剂反应会产生颜色；反之，若样品提取液中含有有机磷或氨基甲酸酯类农药，ChE受到抑制，基质不能被酶水解，溶液不能变色。目测颜色的变化或用分光光度计测定吸光度值，根据酶活性的抑制率，就可以判断出样品中农药残留的情况。

2. 酶源种类和酶液制备　酶源选择是生物酶技术应用的基础，其性质、特异性、稳定性与否直接关系到检测结果。各种农药对一些酶的活性均有不同程度的抑制作用。常用的酯酶主要有下列几类：①动物（猪、牛、绵羊、鼠、兔或鸡）的肝脏酯酶；②人的血浆或血清酯酶；③马血清或黄鳝血中的胆碱酯酶；④家蝇或蜜蜂头部的脑酯酶等，其中常用的为脑酯酶和血清酯酶。

（1）动物血清酯酶的制备：将刚抽取的动物（马、鸡）血清注入无抗凝剂的试管中，封口后在37℃温箱中放置一定时间，使血液凝固，血清析出，将血清以3 000r/min离心5min后，−20℃保存，使用时以蒸馏水稀释。

（2）家蝇或蜜蜂脑酯酶液的制备：采用3日龄敏感家蝇或蜜蜂在−20℃冷冻致死后，使其头部与胸部断裂分开，收集头部，按0.24g/mL加入0.1mol/L磷酸缓冲液匀浆30s，匀浆液在4℃以3 500r/min离心5min，上清液经双层纱布过滤后，再经布氏漏斗抽滤，滤液分装后−20℃保存备用。应用时以0.02mol/L磷酸缓冲液（pH7.5）稀释15倍后使用。该酶液保存3个月酶活力不受影响。也可以经纯化、冷冻干燥后制成纯度更高、稳定性更好的酶粉。

3. 酶的基质及显色类型　酶抑制剂显色反应可使用的基质和显色剂很多，乙酰胆碱、乙酸萘酯及其他羧酸酯、乙酸羟基吲哚及其衍生物均可作为酶的基质。

根据酶的底物和显色机理不同，酶抑制显色反应大致可分为以下几类：

（1）乙酰胆碱-溴麝香草酚蓝（溴百里酚蓝）显色：利用底物水解产物的酸碱性变化，借pH指示剂显色发生颜色变化。溴麝香草酚蓝变色范围pH6.0（黄）～7.6（蓝）。当有农药存在时，乙酰胆碱不能被酶水解，无乙酸产生，pH＞7.6，呈现蓝色；反之，无农药存在

时，乙酰胆碱被酶水解产生乙酸，pH<6.0，呈黄色。

$$乙酰胆碱+水\xrightarrow{酶}胆碱+乙酸$$

（2）乙酸-β-萘酯-固蓝B盐显色：

$$乙酸\text{-}β\text{-}萘酯+水\xrightarrow{酶}β\text{-}萘酯+乙酸$$

$$β\text{-}萘酯+固蓝B盐\longrightarrow偶氮化合物（紫红色）$$

（3）乙酸靛酯显色：

$$乙酸靛酯+水\xrightarrow{酶}靛酚蓝（蓝色）+乙酸$$

（4）乙酸羟基吲哚显色：

$$乙酸羟基吲哚+水\xrightarrow{酶}吲哚酚+乙酸$$

$$吲哚酚+O_2\longrightarrow靛蓝（蓝色）$$

4. 主要检测方法

（1）溴麝香草酚蓝（BTB）试纸法：是较早用于有机磷农药中毒病人血液中有机磷农药检测的一种快速检测方法。所用纸片是将指示剂BTB与乙酰胆碱等成分吸附在纸片上而制成。临床上有机磷农药中毒时，胆碱酯酶活性的测定多用BTB试纸快速测定法，将试纸与标准色斑比较，便可测知酶的活力，以此来判断是否为有机磷农药中毒或中毒程度。BTB试纸法中酶活力判定见表4-3。动物性食品中有机磷农药的快速检测可借鉴此方法。

表4-3 酶活力判定表

BTB试纸颜色	酶活力/%	中毒程度
红 色	80～100	正 常
紫红色	60	轻度中毒
深紫色	40	中度中毒
蓝 色	20	严重中毒

BTB试纸可以自制：称取溴麝香草酚蓝0.14g，溴化乙酰胆碱0.23g，加20mL无水乙醇溶解，以0.4mol/L氢氧化钠调节pH7.4～7.6（呈灰褐色）。将滤纸浸入该液中，取出晾干（应变橘黄色），贮于棕色瓶中。或剪成1cm×1.2cm的纸片，用锡纸包好，再用塑料薄膜密封。检测时具体操作：取BTB试纸两片分置于玻片两端，一端纸片中央加中毒者末梢血一滴，另一端加正常末梢血一滴，标记后，立即加盖另一玻片，用橡皮筋扎紧后，迅速放恒温箱中37℃保持20min，取出与标准色片比较。

BTB试纸检测时应注意如下影响因素：①检液的酸碱度以近中性或弱碱性为好，应注意防止周围酸蒸气的干扰；②玻片要洁净而又干燥，防止酸碱污染，影响测定效果；③血液要滴在纸片中央，血滴不可过大或过小，血斑直径以0.6～0.8cm为宜；④应做对照试验，以正常血（空白）和已知有机磷农药分别做空白试验与已知对照试验。

（2）薄层色谱酶抑制法：是将薄层层析与酶化学相结合的方法，这种方法可使薄层色谱的灵敏度提高数百倍至数千倍。在胆碱酯酶正常活动的情况下，不仅乙酰胆碱被水解为胆碱和乙酸，其他酯类也同样会被分解为某些酚类化合物及有机酸。这些分解产物遇到特定的染色剂时就会显色或变色，甚至某些分解产物本身也会有显色反应。利用这一反应原理在展开的薄层板上喷以含胆碱酯酶的溶液（酶源）和能被胆碱酯酶分解的酯类（基质），酯类被分解生成能与特定显色剂起显色反应或本身就具有显色反应的酚类或有机酸。而在有机磷类杀虫剂所在之处，由于酶活性受到抑制，基质不能分解，显色物质难以生成，所以形成白色的有机磷类杀虫剂斑点。

常用的酶源有马或人血清、牛肝、鼠肝或猪肝。基质有醋酸萘酯、醋酸吲哚或醋酸靛酯等。在实际工作中常用鼠肝作酶源，用醋酸萘酯为基质，重氮盐为显色剂。

（3）比色法：利用酶抑制产生的显色反应，通过分光光度计比色测定酶的抑制率，以测定有机磷或氨基甲酸酯类农药的残留量。蔬菜中有机磷和氨基甲酸酯类农药残留量快速检测（GB/T 5009.199—2003）标准中，酶抑制法测定方法即比色测定法。该法只能检测对乙酰胆碱酯酶（AChE）具有抑制作用的有机磷或氨基甲酸酯类农药，对其他类型农药残留则无法检出。

（4）速测卡法：速测卡以滤纸为载体，白纸片上载有 AChE 和基质，红纸片上载有显色剂。使用时，将样品提取液滴加至白色药片区，放置 10min 以上进行预反应，有条件时可在 37℃恒温装置中放置 10min。预反应后的药片区表面必须保持湿润，将速测卡对折，用手捏紧或在 37℃恒温 3min，使测卡上的白色区域和红色区域叠合发生反应。每批测定应设立纯水或缓冲液的空白对照。阳性及阴性判定见图 4-1。

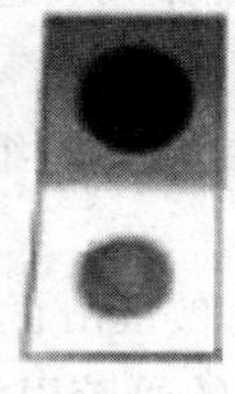
阴性
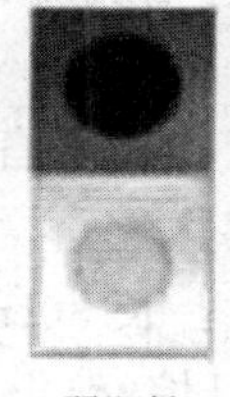
弱阳性
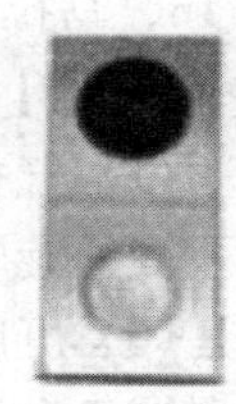
强阳性

图 4-1　速测卡及阴阳性判断

当空白样品加于白纸片上时，在酶作用下乙酰胆碱与水发生水解，水解产物与显色剂反应产生蓝色。当含有机磷或氨基甲酸酯类农药的样品加于白纸片时，AChE 的活性被抑制，从而颜色无变化。因此，白纸片上上样区呈蓝色时，说明样品中无农药残留或农药残留水平低于检测限；若加样后无颜色变化，则说明样品中有超出检测限的农药残留。

（5）固相酶速测技术：固相酶速测技术是将乙酰胆碱酯酶固定在一种特殊的、不与其活性部位发生反应的载体上，对农药进行快速测定的技术。该技术不仅可以排除杂质对酶活性的影响，使灵敏度提高 100 倍以上，还可以增加酶的稳定性，便于贮存和运输。乙酰胆碱酯酶常通过蛋白质（如明胶、血清蛋白、血红蛋白等）作为中间体固定在惰性材料上（如玻璃或塑料），选择适当的显色剂即可用于农药残留的快速检测。

（二）气相色谱法（GC）

试样经提取、净化、浓缩、定容，用毛细管柱气相色谱分离，火焰光度检测器检测，以保留时间定性，外标法定量。出峰顺序：甲胺磷、敌敌畏、乙酰甲胺磷、久效磷、乐果、乙拌磷、甲基对硫磷、杀螟硫磷、甲基嘧啶磷、马拉硫磷、倍硫磷、对硫磷、乙硫磷。

【试剂】

（1）丙酮：重蒸。

（2）二氯甲烷：重蒸。

（3）乙酸乙酯：重蒸。

（4）环己烷：重蒸。

（5）氯化钠。

（6）无水硫酸钠。

（7）凝胶：Bio - Beads S - X_3，200～400目。

（8）有机磷农药标准品：甲胺磷等有机磷农药标准品，要求纯度在99%以上。

（9）有机磷农药标准溶液的配制：

①单体有机磷农药标准储备液：准确称取各有机磷农药标准品0.010 0g，分别置于25mL容量瓶中，用乙酸乙酯溶解、定容（浓度各为400μg/mL）。

②混合有机磷农药标准应用液：测定前，量取不同体积的各单体有机磷农药储备液①于10mL容量瓶中，用氮气吹尽溶剂，经【方法】中（2）①“加水5mL”起提取及（3）净化处理、定容。此混合标准应用液中各有机磷农药浓度（μg/mL）为：甲胺磷16、敌敌畏80、乙酰甲胺磷24、久效磷80、乐果16、乙拌磷24、甲基对硫磷16、杀螟硫磷16、甲基嘧啶磷16、马拉硫磷16、倍硫磷24、对硫磷16、乙硫磷8。

【仪器】

（1）气相色谱仪：具火焰光度检测器，毛细管色谱柱。

（2）旋转蒸发仪。

（3）凝胶净化柱：长30cm、内径2.5cm的具活塞玻璃层析柱，柱底垫少许玻璃棉。用洗脱液乙酸乙酯-环己烷（1+1）浸泡的凝胶以湿法装入柱中，柱床高约26cm，胶床始终保持在洗脱液中。

【测定方法】

（1）试样制备：蛋品去壳，制成匀浆；肉品去筋后，切成小块，制成肉糜；乳品混匀待用。

（2）提取与分配：

①称取蛋类试样20g（精确到0.01g）于100mL具塞三角瓶中，加水5mL（视试样水分含量加水，使总量约20g），加40mL丙酮，振摇30min，加氯化钠6g，充分摇匀，再加30mL二氯甲烷，振摇30min。取35mL上清液，经无水硫酸钠滤于旋转蒸发瓶中，浓缩至约1mL，加2mL乙酸乙酯-环己烷（1+1）溶液再浓缩，如此重复3次，浓缩至约1mL。

②称取肉类试样20g（精确到0.01g），加水6mL（视试样水分含量加水，使总水量约20g），以下按照①蛋类试样的提取、分配步骤处理。

③称取乳类试样20g（精确到0.01g），以下按照①蛋类试样的提取与分配步骤处理。

（3）净化：将此浓缩液经凝胶柱，以乙酸乙酯-环己烷（1+1）溶液洗脱，弃去0～35mL流分，收集35～70mL流分。将其旋转蒸发浓缩至约1mL，再经凝胶柱净化收集35～70mL流分，旋转蒸发浓缩，用氮气吹至约1mL，以乙酸乙酯定容至1mL，留待GC分析。

（4）气相色谱测定：

①色谱条件：

色谱柱：涂以SE - 54，0.25μm，30m×0.32mm（内径）石英弹性毛细管柱。

柱温：程序升温，

$$60℃，1min \xrightarrow{40℃/min} 110℃ \xrightarrow{5℃/min} 235℃ \xrightarrow{40℃/min} 265℃$$

进样口温度：270℃。

检测器：火焰光度检测器（FPD-P）。

气体流速：氮气（载气）为 1mL/min；尾吹为 50mL/min；氢气为 50mL/min；空气为 500mL/min。

②色谱分析：分别量取 1μL 混合标准液及试样净化液注入色谱仪中，以保留时间定性，以试样和标准的峰高或峰面积比较定量。

【计算】

$$X = \frac{m_1 \times V_2 \times 1000}{m \times V_1 \times 1000}$$

式中：X 为试样中各农药的含量（mg/kg）；m_1为被测样液中各农药的含量（ng）；m 为试样质量（g）；V_1为样液进样体积（μL）；V_2为试样最后定容体积（mL）。

计算结果保留两位有效数字。

【说明】

(1) 精密度：在重复性条件下获得的两次独立测定结果的绝对差值不得超过算术平均值的 15%。

(2) 本法为国标 GB/T 5009.161—2003，本方法各种农药检出限（μg/kg）为：甲胺磷 5.7、敌敌畏 3.5、乙酰甲胺磷 10.0、久效磷 12.0、乐果 2.6、乙拌磷 1.2、甲基对硫磷 2.6、杀螟硫磷 2.9、甲基嘧啶磷 2.5、马拉硫磷 2.8、倍硫磷 2.1、对硫磷 2.6、乙硫磷 1.7。

(三) 高效液相色谱-质谱法

对于 GC 难以分析的有机磷，如甲胺磷、乙酰甲胺磷、久效磷等，多采用高效液相色谱分析。对复杂样品中的多残留分析，采用液相色谱法的较少。大多数 OPs 缺乏 UV 吸收特性和荧光特性，因此，液相色谱法中常用的 UV、光二极管阵列检测及荧光检测受到限制，只有将其进行衍生化后才可以正常检测。液相色谱质谱（LC-MS）联用技术，克服了液相色谱常规检测器对 OPs 检测的不足，为农药残留提供了强有力的分析手段。那些极性强或热不稳定的 GC 方法难以检测的农药，可采用 HPLC-MS 分析。

【试剂】

(1) 有机磷农药标准储备液：称取有机磷农药标准品 5～10mg（准确至 0.1mg），分别放入 10mL 容量瓶中，用甲醇溶解并定容至刻度。

(2) 混合标准溶液：根据表 4-4 中混合标准溶液中各有机磷农药的浓度，分别准确吸取各农药标准储备液适量于 100mL 容量瓶中，用甲醇稀释并定容至刻度。混合标准溶液避光 4℃保存，可使用一个月。

表 4-4　有机磷农药混合标准溶液及检测限

名　称	混合标准溶液浓度/（mg/L）	检测限/（μg/kg）
甲胺磷	5.00	10.00
乙酰甲胺磷	2.00	4.00
敌百虫	3.00	6.00
乐　果	0.40	0.80

（续）

名　称	混合标准溶液浓度/（mg/L）	检测限/（μg/kg）
对氧磷	0.50	1.00
敌敌畏	3.00	6.00
甲基对硫磷	10.00	20.00
马拉硫磷	0.30	0.60
对硫磷	60.00	120.00
蝇毒磷	0.10	0.20
辛硫磷	2.00	4.00

（3）基质混合标准工作溶液：用空白样品提取液配成不同浓度的基质混合标准工作溶液，用于绘制标准工作曲线。基质标准混合工作溶液应现用现配。

（4）无水硫酸钠。

（5）环己烷。

（6）乙酸乙酯。

（7）乙腈。

【仪器】

（1）匀浆机。

（2）凝胶渗透色谱仪，具 Bio - Beads S - X3 柱或相当者。

（3）液相色谱-串联质谱仪。

【测定方法】

（1）样品提取和净化：

①称取绞碎的肌肉样品 10.0g（精确至 0.01g），放入盛有 20g 无水硫酸钠的 50mL 离心管中，加入 35mL 环己烷-乙酸乙酯混合溶剂（1＋1）。用均质器 15 000r/min 均质提取 1.5min 后，3 000r/min 离心 3min。上清液通过装有无水硫酸钠的漏斗，流出液收集于 100mL 鸡心瓶中。残渣用 35mL 环己烷-乙酸乙酯混合溶剂（1＋1）重复提取一次，经离心过滤后，合并两次提取液。将提取液于 40℃旋转蒸发至约 1.5mL，待净化。

②将浓缩的提取液用环己烷-乙酸乙酯混合溶剂（1＋1）溶解并转移至 10mL 容量瓶中，用 5mL 环己烷-乙酸乙酯混合溶剂（1＋1）分两次洗涤鸡心瓶，并转移至 10mL 容量瓶中，供凝胶渗透色谱仪净化。

凝胶渗透色谱仪条件：Bio - Beads　S - X3 柱，400mm×25mm 或相当者。

流动相：环己烷-乙酸乙酯混合溶剂（1＋1）。

流速：5mL/min。

检测波长：254nm。

进样量：5mL。

收集 22～40min 的馏分于 100mL 鸡心瓶中，40℃旋转蒸发至 0.5mL，用氮气吹干，用 1.0mL 乙腈-水（3＋2）溶解残渣，0.2μm 滤膜过滤后，供液相色谱-串联质谱进行检测。

③同时取不含农药的肌肉样品，按以上步骤制备空白样品提取液，用于配制基质混合标准工作溶液。

(2) 液相色谱-串联质谱检测:

①测定条件:

色谱柱:Atlantisd C18,3μm,150mm×2.1mm 或相当者。

流动相及流速见表 4-5。

表 4-5 LC-MS-MS 检测的流动相及流速

步骤	时间/min	流速/(μL/min)	水/%	乙腈/%
0	0.00	200	90	10
1	4.00	200	50	50
2	15.00	200	40	60
3	20.00	200	20	80
4	25.00	200	5	95
5	32.00	200	5	95
6	32.01	200	90	5
7	40.00	200	90	10

柱温:40℃。

进样量:20μL。

扫描方式:正离子方式。

检测方式:多反应监测。

电喷雾电压:5 500V。

雾化气压力:0.483MPa。

气帘气压力:0.138MPa。

辅助加热气压力:0.379MPa。

离子源温度:725℃。

监测离子对、碰撞气能量和去簇电压见表 4-6。

表 4-6 有机磷农药 LC-MS-MS 检测部分参数

品名	保留时间/min	定性离子对	定量离子对	去簇电压/V	碰撞气能量/V	碰撞室出口电压/V
甲胺磷	2.30	142.1/94.0,142.1/112.0	142.1/94.0	25	19:19	2:4
乙酰甲胺磷	2.30	184.1/143.0,184.1/113.0	184.1/143.0	15	11:30	2:2
敌百虫	9.78	257.0/127.1,257.0/109.0	257.0/127.1	28	23:25	2:2
乐果	10.55	230.0/199.0,230.0/125.0	230.0/199.0	19	11:28	3:1.5
对氧磷	12.04	248.0/202.1,248.0/90.0	248.0/202.1	37	25:35	2:2
敌敌畏	12.24	221.0/127.0,221.0/109.0	221.0/127.0	31	24:24	2:2
甲基对硫磷	18.67	264.1/232.1,264.1/250.1	264.1/232.1	33	20:18	3:5
马拉硫磷	19.93	331.0/127.1,331.0/99.0	331.0/127.1	30	18:35	2:2
对硫磷	23.41	292.1/236.2,292.1/94.0	292.1/236.2	50	23:30	8:2
蝇毒磷	24.39	363.1/227.2,363.1/307.1	363.1/227.2	63	34:25	4:4
辛硫磷	24.95	299.0/97.0,299.0/129.0	299.0/97.0	36	35:18	2:3

②定性测定：在相同实验条件下进行样品测定时，如果样品中检出的色谱峰保留时间与基质标准混合工作溶液中某种农药色谱峰保留时间一致，并且在扣除背景后选择的两对离子对及丰度比也一致，则可判定该样品中存在这种农药。

③定量测定：本方法中采用外标校准曲线法定量测定。为减少基质对定量测定的影响，需用空白样品提取液来配制所用的系列基质标准工作液，用基质标准工作溶液来绘制标准曲线，并且保证所测样品中农药的响应值均在仪器的线性范围内。每一样品均做平行试验。

【计算】

$$X = c \times \frac{V}{m} \times \frac{1000}{1000}$$

式中：X 为试样中被测组分残留量（μg/kg）；c 为从标准曲线上测得的被测组分溶液浓度（ng/mL）；V 为样品溶液定容体积（mL）；m 为样品溶液所代表试样的质量（g）。

【说明】本法为国标 GB/T 20772—2006。

第三节　动物性食品中有机氯农药的检测

有机氯农药是一种杀虫谱广、毒性较低、残效期长的化学杀虫剂。滴滴涕（dichlorodiphenyltrichloroethane，DDT）是第一个合成的有机氯农药，其后，各种有机氯农药相继问世。在20世纪中期，该类农药得到了迅速发展，并在农业生产中被广泛应用。但这类农药进入环境后很难降解，可长期存在并且在生物链中积累。因此，至20世纪80年代后，几乎所有有机氯农药都被世界上所有国家禁止使用。

一、动物性食品中有机氯农药的污染与危害

（一）有机氯农药的分类

有机氯农药主要有三类：二苯乙烷类、环戊二烯类和环已烷类。

六六六（benzenehexachloride，BHC），又称为六氯环已烷、六氯化苯，灰白色到褐色粉末，有难闻的霉臭味。主要有四种异构体（α、β、γ、δ），γ异构体称为林丹，是六氯环已烷的活性成分，可用作兽医临床的杀虫剂，也是有机氯农药中持久性最小的化合物。

二苯乙烷类主要有滴滴涕、三氯杀螨醇、甲氧滴滴涕等。DDT是一种混合物，含氯量为48%～80%，主要异构体及同系物有：o,p′-DDT；p,p′-DDE；p,p′-DDD。

环戊二烯类主要有艾氏剂、狄氏剂、异狄氏剂、毒杀芬、氯丹、硫丹等。

（二）有机氯农药的性质

六六六在高温和日光下不易分解，对酸稳定而极易被碱破坏。六六六在植物、昆虫、微生物及动物体内可代谢生成多种产物，这些都作为硫和葡萄糖醛酸的共轭物而被排泄。在所有情况下，六六六代谢的最初产物都是五氯环乙烯，它以几种异构体的形式被分离出来。在温血动物体内生成的酚类以酸式硫酸盐或葡萄糖苷酸的形式随尿及粪便排出体外。在微生物影响下也能生成酚类，但它们在土壤中还要进一步分解而使整个分子被破坏。在动物（大鼠）体内，可生成二氯、三氯和四氯苯酚等各种异构体。

环境中的六六六在微生物的作用下会发生降解，一般认为六六六生物降解在厌氧条件下比有氧条件下进行更快。不少微生物可分解六六六，如梭状芽胞杆菌、假单胞菌等。有机氯农药的化学性分解是在各种理化因素作用下进行的，这些理化因素包括阳光、碱性环境、空气、湿度等，其中阳光对有机氯农药的分解有重要作用。一般情况下有机氯农药中的六六六在土壤中消失时间需 6 年半。

DDT 化合物所有异构体都是白色结晶状固体或淡黄色粉末，无味，几乎无臭。DDT 化学性质稳定，在常温下不分解。对酸稳定，强碱及含铁溶液易促进其分解。当温度高于熔点时，特别是有催化剂或光的情况下，p,p′-DDT 经脱氯化氢可形成 2，2-双（4-氯苯基）-1，1，1-二氯乙烯（DDE）。

（三）有机氯农药对食品的污染

由于有机氯农药的挥发性、大气的扩散作用及在环境中的持久性，有机氯农药对食品的污染主要在于农药使用后对土壤、水系和空气的长时间污染造成的。

DDT 有较高的稳定性和持久性，用药 6 个月后的农田里，仍可检测到 DDT 的蒸发。DDT 污染遍及世界各地，从漂移 1 000km 以外的灰尘到从南极融化的雪水中仍可检测到微量的 DDT。

在农业区和边远的非农业区内，雨水中 DDT 的浓度往往都在同一数量级内（$1.8\times10^{-5}\sim6.6\times10^{-5}$mg/L），这表明该种化合物在空气中的分布是相当均匀的。地表水中 DDT 的浓度与雨水和土壤中 DDT 含量水平有关。美国 1960 年在饮用水中检测出的最高浓度达 0.02mg/L。

在未施撒 DDT 的土壤中发现的 DDT 浓度为 0.10～0.90mg/kg，只比施撒 DDT10 年或 10 年以上的耕地土壤中的浓度（0.75～2.03mg/kg）稍低。大部分 DDT 存在于地表层 2.5cm 深的土壤内。

进入水环境中的农药，可被水中的悬浮物（包括泥土、有机颗粒及浮游生物等）吸附；进入水体和土壤表面的农药也可通过挥发而进入到地面表层的大气中，而空气中的颗粒物或呈气态的农药又可随气流中的尘埃飘流携带到一定距离，沉降于底质环境中；土壤中的农药也可通过渗透的形式从土壤上层渗透到土壤下层，进而污染地下水。

（四）有机氯农药对人体的危害

氯丹可能影响人类免疫系统，被归为一种可能的致癌物质。氯丹对于人类的影响主要通过空气传播，在美国和日本，氯丹也在居民的室内空气中被发现。目前，氯丹已在许多国家被禁止或严格控制使用。

艾氏剂对于成年人来说，致命剂量为 5g，通过食用奶制品与肉类，人类是艾氏剂最为严重的受害者。

DDT 杀虫剂具有肝毒性，会引起肝肿大，肝中心小叶坏死，同时活化微粒体单氧酶，亦会改变免疫功能，降低抗体的产生，可抑制脾、胸腺、淋巴结中胚胎生发中心。DDT 是脂溶性很强的有机化合物，比较一致的认识是，人体各器官内 DDT 的残留量与该器官的脂肪含量呈正相关。DDT 极易在人体和动物体的脂肪中蓄积，反复给药后，DDT 在脂肪组织中的蓄积最初很快，以后逐渐有所减慢，一直达到一种稳定的浓度。像大多数动物一样，人可以将 DDT 转变成 DDE，DDE 比其母体化合物更易蓄积。

二、动物性食品中有机氯农药残留的检测

（一）气相色谱检测法

试样经与无水硫酸钠一起研磨干燥后，用丙酮-石油醚提取残留农药，提取液经氟罗里硅土柱净化，净化后样液用配有电子俘获检测器的气相色谱仪测定，外标法定量。

【试剂】

（1）丙酮：重蒸馏。

（2）石油醚：沸程 60～90℃。经氧化铝柱净化后用全玻璃蒸馏器蒸馏，收集 60～90℃馏分。

（3）乙醚：重蒸馏。

（4）乙醚-石油醚淋洗溶液：15＋85。

（5）无水硫酸钠：650℃灼烧 4h，冷却后，储于密闭容器中。

（6）氧化铝：层析用，中性，100～200 目，800℃灼烧 4h，冷却至室温储于密闭容器中备用。使用前，应在 130℃干燥 2h。

（7）氟罗里硅土：60～100 目，650℃灼烧 4h，冷却后储于密闭容器内备用。使用前于 130℃烘 1h（注：每批氟罗里硅土用前应做淋洗曲线）。

（8）有机氯农药标准品：α-BHC、β-BHC、γ-BHC、δ-BHC、六氯苯、七氯、环氧七氯、艾氏剂、狄氏剂、异狄氏剂、o,p′-DDT、p,p′-DDT、p,p′-DDD、p,p′-DDE 标准品，纯度均≥99%。

（9）14 种有机氯农药标准溶液：准确称取适量的每种农药标准品，分别用少量苯溶解，然后用石油醚配成浓度各为 100mg/mL 的标准储备溶液。根据需要再以石油醚配制成适用浓度的混合标准工作溶液。

【仪器】

（1）气相色谱仪：配有电子俘获检测器。

（2）氧化铝净化柱：300mm×20mm（内径）玻璃柱，装入氧化铝 40g，上端装入 10g 无水硫酸钠，干法装柱，流量为 2mL/min（注：该柱可连续净化处理石油醚 1 000mL）。

（3）氟罗里硅土净化柱：200mm×20mm（内径）玻璃柱，装入氟罗里硅土 13g，上端装入 5g 无水硫酸钠，干法装柱，使用前用 40mL 石油醚淋洗。

（4）索氏提取器：250mL。

（5）绞肉机。

（6）全玻璃重蒸馏装置。

（7）玻璃研钵：口径 11.5cm。

（8）旋转蒸发器或氮气流浓缩装置：配有 250mL 蒸发瓶。

（9）微量注射器：10μL。

（10）脱脂棉：经过丙酮-石油醚（2＋8）混合液抽提 6h 处理过。

【测定方法】

1. 提取 称取试样 10.0g（精确至 0.1g）于研钵中，加 15g 无水硫酸钠研磨几分钟，

将试样制成干松粉末。装入滤纸筒内，放入索氏提取器中。在提取器的瓶中加入100mL丙酮-石油醚（2+8）混合液，水浴提取6h（回流速度每小时10～12次）。将提取液减压浓缩至约5mL。

2. 净化　将提取液全部移入氟罗里硅土净化柱中，弃去流出液，注入200mL乙醚-石油醚淋洗液进行洗脱。开始时，取部分乙醚-石油醚混合液反复清洗提取瓶，并把洗液注入净化柱中。洗脱流速为2～3mL/min，收集流出液于250mL蒸发瓶中。在减压或氮气流中浓缩并定容至10mL，供气相色谱测定。

3. 测定

（1）色谱条件：

①色谱柱：SGE毛细管柱（或等效的色谱柱），25m×0.53mm（内径），膜厚0.15μm。固定相为HT5（非极性）键合相。

②载气：氮气（纯度≥99.99%），10mL/min。

③助气：氮气（纯度≥99.99%），40mL/min。

④柱温：程序升温如下。

$$100℃，2min \xrightarrow{4℃/min} 140℃ \xrightarrow{10℃/min} 200℃ \xrightarrow{15℃/min} 230℃，5min$$

⑤进样口温度：200℃。

⑥检测器温度：300℃。

⑦进样方式：柱头进样方式。

（2）色谱测定：根据样液中有机氯农药种类和含量情况，选定峰高相近的相应标准工作混合液。标准工作混合液和样液中各有机氯农药响应值均应在仪器检测线性范围内。对标准工作混合液和样液等体积掺插进样测定。在上述色谱条件下，各有机氯农药出峰顺序和保留时间见表4-7。

表4-7　14种有机氯农药出峰顺序和保留时间

农药名称	保留时间/min
α-BHC	10.55
HCB	10.76
β-BHC	11.75
γ-BHC	12.10
δ-BHC	12.90
七氯	13.08
艾氏剂	13.97
环氧七氯	15.04
狄氏剂	16.28
p,p′-DDE	16.44
异狄剂	16.75
o,p′-DDT	17.12
p,p′-DDD	17.44
p,p′-DDT	17.92

（3）空白试验：除不加试样外，均按上述测定步骤进行。

【计算】

$$X_i = \frac{h_i \times c \times V}{h_{is} \times m}$$

式中：X_i为试样中各有机氯农药残留量（mg/kg）；h_i为样液中各有机氯农药的峰高（mm）；h_{is}为标准工作溶液中各有机氯农药的峰高（mm）；c为标准工作溶液中各有机氯农药的浓度（μg/mL）；V为最终样液的体积（mL）；m为称取试样量（g）。

注：计算结果需扣除空白值。

【说明】

（1）测定低限：本方法的最低检测限见表4-8。

表4-8　14种有机氯农药GC检测的最低检测限（LOD）

农　药　名　称	LOD/（mg/kg）
α-BHC	0.05
HCB	0.05
β-BHC	0.05
γ-BHC	0.05
δ-BHC	0.05
七氯	0.01
艾氏剂	0.01
环氧七氯	0.02
狄氏剂	0.01
p,p′-DDE	0.02
异狄氏剂	0.02
o,p′-DDT	0.025
p,p′-DDD	0.025
p,p′-DDT	0.025

（2）回收率：本方法的回收率试验数据见表4-9。

表4-9　14种有机氯农药GC检测的回收率

农药名称	添加浓度/（mg/kg）	回收率/%
α-BHC	0.005	89.28
	0.01	91.15
	0.05	98.16
HCB	0.005	86.24
	0.01	89.84
	0.05	89.93
β-BHC	0.005	89.50

（续）

农药名称	添加浓度/（mg/kg）	回收率/%
β-BHC	0.01	88.94
	0.05	90.28
γ-BHC	0.005	92.86
	0.01	93.06
	0.05	91.26
δ-BHC	0.005	86.14
	0.01	89.99
	0.05	90.44
七氯	0.01	91.88
	0.02	92.00
	0.1	91.91
艾氏剂	0.01	91.91
	0.02	91.92
	0.1	92.67
环氧七氯	0.02	94.57
	0.04	92.80
	0.2	93.00
狄氏剂	0.01	90.04
	0.02	93.11
	0.1	93.57
p,p′-DDE	0.02	94.71
	0.04	94.73
	0.2	95.65
异狄氏剂	0.02	92.15
	0.04	91.91
	0.2	93.45
o,p′-DDT	0.025	93.64
	0.05	92.54
	0.25	94.22
p,p′-DDD	0.025	92.00
	0.05	94.80
	0.25	96.29
p,p′-DDT	0.025	92.89
	0.05	94.27
	0.25	94.08

（3）本标准是由国家质量监督检验检疫总局发布的检验标准，SN 0598—1996。

第四节　动物性食品中氨基甲酸酯类农药的检测

一、动物性食品中氨基甲酸酯类农药的污染与危害

（一）氨基甲酸酯类农药的性质

氨基甲酸酯类农药（carbamates）用作农药的杀虫剂、除草剂、杀菌剂等。这类杀虫剂分为五大类：①萘基氨基甲酸酯类，如西维因；②苯基氨基甲酸酯类，如叶蝉散；③肟氨基甲酸酯类，如涕灭威；④杂环*N*-甲基氨基甲酸酯类，如呋喃丹；⑤杂环*N*，*N*-二甲基氨基甲酸酯类，如异索威；⑥硫代氨基甲酸酯类，如草克死；二硫代氨基甲酸酯类又称为代森类杀菌剂，如代森锰、代森锰锌等。除少数品种如呋喃丹等毒性较高外，大多数属中、低毒性。如用于杀虫的西维因、速灭威、叶蝉散、呋喃丹等，用于杀菌的多菌灵（carbendazim），用于除草的灭草灵等均是。这类农药中多数品种是高效、低毒、低残留的，对环境的危害较小，被认为是取代六六六、滴滴涕的优良药剂品种。苯基氨基甲酸酯类农药主要是除莠剂，如苯胺灵、氯苯胺灵、燕麦灵等。硫代氨基甲酸酯类农药主要是除莠剂，如燕麦敌、草克死、草达灭等。

氨基甲酸酯类农药多为无味、白色的晶状固体，熔点高、挥发性小、水溶性差。大多数氨基甲酸酯类易溶于极性有机溶剂，如甲醇、丙酮、乙醇等；也可溶于中等极性有机溶剂，如苯、甲苯、二甲苯、氯仿等；在非极性溶剂如石油醚、正己烷等中溶解度较小。

（二）氨基甲酸酯类农药对食品的污染

氨基甲酸类农药在使用后易分解，排泄较快。一部分经水解、氧化或与葡萄糖醛结合而解毒，一部分以还原或代谢物形式迅速排出。代谢产物的毒性一般较母体化合物小。由于氨基甲酸酯类农药与胆碱酯酶结合是可逆的，且在机体内很快被水解，胆碱酯酶活性较易恢复，过去认为氨基甲酸酯类杀虫剂的残留毒性较小。但近年来的研究资料对它是否存在严重的残毒问题还有待探索。氨基甲酸酯类因含氨基，残留的氨基甲酸酯类随饲料进入哺乳动物胃内，在酸性条件下易与饲料中亚硝酸盐类反应生成*N*-亚硝基化合物。*N*-亚硝基化合物类似于亚硝胺，具有极强诱变性。例如，西维因在胃内酸性条件下与饲料中亚硝酸基团起反应而形成*N*-亚硝基西维因，它是一种碱基取代性诱变物，在某些诱变实验中呈阳性反应，它也是一个弱致畸物。

（三）氨基甲酸酯类农药对人体的危害

氨基甲酸酯类农药可经呼吸道、消化道侵入机体，也可经皮肤黏膜缓慢吸收，主要分布在肝、肾、脂肪和肌肉组织中。在体内代谢迅速，经水解、氧化和结合等得到的代谢产物随尿排出，24h一般可排出摄入量的70％～80％。

氨基甲酸酯类农药毒作用机理与有机磷农药相似，主要是抑制胆碱酯酶活性，使酶活性中心丝氨酸的羟基被氨基甲酰化，因而失去酶对乙酰胆碱的水解能力。氨基甲酸酯类农药不需经代谢活化，即可直接与胆碱酯酶形成疏松的复合体。由于氨基甲酸酯类农药与胆碱酯酶

的结合是可逆的，且在机体内很快被水解，胆碱酯酶活性较易恢复，故其毒性作用较有机磷农药中毒为轻。

代森锰锌、代森锰、代森锌等乙撑双二硫代氨基甲酸酯（EBDCs）类杀菌剂，因成本低、用途广、对人畜比较安全，至今仍广泛用于谷物、蔬菜、果树、森林等植物的病害防治。氨基甲酸酯类经酶系代谢产生的 *N*-羟基氨基甲酸酯化合物能抑制脱氧核糖核酸（DNA）碱基对的交换，有致畸和致癌的潜在危险性。部分试验结果表明，EBDCs 是小鼠皮肤肿瘤和大鼠胰腺肿瘤的促进物。

二、动物性食品中氨基甲酸酯类农药残留的检测

（一）气相色谱检测法

对氨基甲酸酯类农药残留的 GC 检测方法中，较多以毛细管气相色谱及选择性检测器为主要选择。常用的色谱柱有：固定液为 50%苯基-50%甲基聚硅氧烷的 HP-17、OV-17、DB-17 等；5%苯基-95%甲基聚硅氧烷的 HP-5、BP-5、DB-5、SE-52 等；100%甲基聚硅氧烷的 OV-101、SE-30、HP-1 等。检测器多采用电子捕获检测器（ECD）和氮磷检测器（NPD）。对于热稳定性较差的氨基甲酸酯类检测，常需要对样品进行衍生化或采取如冷柱头进样的其他技术改进。常用的衍生化试剂有七氟丁酸酐（HFBA）、氢氧化四甲铵（TMAH）、甲基碘/乙基碘或三甲基氢氧化硫（TMSH）等。

【试剂】

（1）标准储备液：准确称取 5～10mg（精确至 0.1mg）各农药标准品分别放入 10mL 容量瓶中，根据标准物的溶解性和测定需要选甲苯、甲苯+丙酮混合液、二氯甲烷等溶剂溶解并定容至刻度。

（2）混合标准溶液：根据各农药标准储备液的浓度，吸取一定量的单个农药标准储备液于 100mL 容量瓶中，用甲苯定容至刻度。混合标准液中各农药浓度见表 4-17。

（3）内标液：准确称取 3.5mg 环氧七氯于 100mL 容量瓶中，用甲苯定容至刻度。

（4）基质混合标准工作液：准确吸取内标液 40μL 和一定体积的混合标准溶液，分别加入到 1.0mL 的样品空白提取液中，混匀，配成基质混合标准工作液。基质混合标准工作液应现用现配。

（5）无水硫酸钠。

（6）环己烷。

（7）乙酸乙酯。

【仪器】

（1）均质器。

（2）旋转蒸发器。

（3）凝胶渗透色谱仪。

（4）GC-MS 仪。

【测定方法】

（1）试样制备：抽取的样品用绞肉机绞碎，充分混匀，用四分法缩分至不少于 500g，作为试样，装入清洁容器内，密封后标明标记。将试样于-18℃冷冻保存。

（2）提取：称取10g试样（精确至0.01g），放入盛有20g无水硫酸钠的50mL离心管中，加入35mL环己烷-乙酸乙酯（1＋1）溶剂。用均质器在15 000r/min均质提取1.5min，把离心管放入在离心机中，3 000r/min离心3min。上清液通过装有无水硫酸钠的筒型漏斗，收集于100mL鸡心瓶中，残留用35mL环己烷-乙酸乙酯（1＋1）溶剂重复提取一次，经离心过滤后，合并两次提取液，将提取液于40℃水浴用旋转蒸发器旋转蒸发至约5mL，待净化。若以脂肪计，将提取液收集于已称量的鸡心瓶中，用旋转蒸发器在40℃水浴蒸发至5mL，然后再用氮气吹干仪吹干残存的溶剂，鸡心瓶称量后，记下脂肪质量，待净化。

（3）凝胶渗透色谱净化：

①条件：

净化柱：400mm×25mm，内装Bio－Beads S－X3填料或相当者。

检测波长：254nm。

流动相：乙酸乙酯-环己烷（1＋1）。

流速：5mL/min。

进样量：5mL。

开始收集时间为22min；结束收集时间为40min。

②净化：将浓缩的提取液或脂肪用乙酸乙酯-环己烷（1＋1）混合溶剂溶解转移至10mL容量瓶中，用5mL环己烷-乙酸乙酯（1＋1）混合溶剂分两次洗涤鸡心瓶，并瓶转移至上述10mL容量瓶中，再用环己烷-乙酸乙酯（1＋1）混合溶剂定容至刻度，摇匀。用0.45μm滤膜，将样液过滤入10mL试管中，用凝胶色谱仪净化，收集22～40min的馏分于100mL鸡心瓶中，并在40℃水浴旋转蒸发至约0.5mL。加入2×5mL正己烷在40℃水浴用旋转蒸发仪进行溶剂交换两次，使最终样液体积为1.0mL，加入40μL内标溶液，混匀，供气相色谱-质谱仪测定。

同时取不含农药的肌肉样品，按上述步骤制备样品空白提取液，用于配制基质混合标准工作液。

③气相色谱-质谱测定：

色谱条件：

色谱柱：DB－1701（30m×0.25mm×0.25μm）石英毛细管柱或相当者。

柱温：40℃保持1min，然后以30℃/min程序升温至130℃，再以5℃/min升温至250℃，再以10℃/min升温至300℃，保持5min。

载气：氮气，纯度≥99.999％。

流速：1.2mL/min。

进样口温度：290℃。

进样量：1μL。

进样方式：无分流进样，1.5min后打开分流阀和隔垫吹扫阀。

电子轰击源：70eV。

离子源温度：230℃。

GC－MS接口温度：280℃。

选择离子监测：每种化合物分别选择一个定量离子，2～3个定性离子。按照出峰顺序，分时段分别检测。

定性测定：进行样品测定时，如果检出的色谱峰保留时间与标准品相一致，并且在扣除背景后的样品质谱图中，所选择的离子（表 4-10）均出现，且所选择的离子丰度比与标准离子丰度比相一致（相对丰度＞50%，允许±10%偏差；相对丰度＞20%～50%，允许±15%偏差；相对丰度＞10%～20%，允许±20%偏差；相对丰度≤10%，允许±50%偏差），则可判断样品中存在这种农药。如果不能确证，应重新进样，以扫描方式（有足够灵敏度）或采用增加其他确证离子的方式，或用其他灵敏度更高的分析仪器来确证。

表 4-10　部分氨基甲酸酯类农药 GC-MS 检测参数

名　称	定量离子（m/z）	定性离子（m/z）	*LOD*/（μg/kg）	混合标准溶液浓度/（mg/L）
仲丁威（fenobucarb）	121	150，107	25	5.0
抗蚜威（pirimicarb）	166	72，238	0.8	1.5
禾草丹（thiobencarb）	100	257，259	50	5.0
仲丁威（fenobucarb）	121	150，107	25	5.0
乙霉威（diethofencarb）	267	225，151	150	15.0
苯氧威（fenoxycarb）	255	186，116	75	15.0
苄草丹（prosulfocarb）	251	252，162	25	2.5

定量测定：本方法采用内标法单离子定量测定。内标物为环氧七氯。为减少基质的影响，定量用标准应采用空白样品液配制混合标准工作溶液。标准溶液的浓度应与待测化合物的浓度相近。

按以上步骤对同一试样进行平行实验测定。

空白实验除不称取试样外，均按上述步骤进行。

【计算】

$$X = c_S \times \frac{A}{A_S} \times \frac{c_i}{c_{Si}} \times \frac{A_{Si}}{A_i} \times \frac{V}{m}$$

式中：X 为试样中被测物残留量（mg/kg）；c_S为基质标准工作液中被测物的浓度（μg/mL）；A 为试样溶液中被测物的色谱峰面积；A_S为基质标准工作液中被测物的色谱峰面积；c_i为试样溶液中内标物的浓度（μg/mL）；c_{Si} 为基质标准工作液中内标物的浓度（μg/mL）；A_{Si}为基质标准工作液中内标物的峰面积；V 为样液最终定容体积（mL）；m 为试样溶液所代表试样的质量（g）。

注：计算结果应扣除空白值。

【说明】

（1）本标准为国标 GB/T 19650—2006，该方法对大多数氨基酯类农药及代谢物的回收率均大于 70%，*LOD* 在 0.4～150μg/kg，显示出较好的检测灵敏度。

（2）表 4-11 归纳了氨基甲酸酯类农药残留检测的最低检测限及回收率。

表 4-11　GC-MS 检测猪、牛、羊、兔、鸡肉和蜜蜂中氨基甲酸酯类残留的回收率和检测限

名　称	LOD/（μg/kg）	LOD 回收率/%
呋喃丹（carbofuran）	2	88±15
抗蚜威（pirimicarb）	3	82±15
涕灭威亚砜（aldicarb-sulfoxide）	1	76±14
异丙威（isoprocarb）	50	86±8
灭害威（aminocarb）	4	81±12
仲丁威（fenobucarb）	50	89±8
苯硫威（fenothiocarb）	50	103±11
禾草丹（thiobencarb）	50	80±13
杀虫丹（ethiofencarb）	8	63±5
杀虫丹亚砜（ethiofencarb-sulfoxide）	4	105±3
杀虫丹砜（ethiofencarb-sulfone）	80	94±10
乙霉威（diethofencarb）	150	86±7
呋线威（furathiocarb）	4	79±8
二氧威（dioxacarb）	0.4	74±3
灭虫威（methiocarb）	12	92±15
猛杀威（promecarb）	10	81±7
恶虫威（bendiocarb）	20	82±10
丙森锌（iprovalicarb）	2	53±5

（二）液相色谱法

高效液相色谱（HPLC）可用于分析高沸点、热不稳定、非挥发性的农药残留。试样经提取、净化、浓缩、定容，微孔滤膜过滤后进样，用反相高效液相色谱分离，紫外检测器检测，根据色谱峰的保留时间定性，外标法定量。由于氨基甲酸酯农药在高温下不稳定，使得液相色谱在其残留检测方面已成为不可缺少的重要方法。

【试剂】

（1）甲醇：重蒸。

（2）丙酮：重蒸。

（3）乙酸乙酯：重蒸。

（4）环己烷：重蒸。

（5）氯化钠。

（6）无水硫酸钠。

（7）蒸馏水：重蒸。

（8）凝胶：Bio-Beads S-X；200～400 目。

（9）氨基甲酸酯类农药（NMCs）标准品：涕灭威、甲萘威、呋喃丹、速灭威、异丙威，纯度均大于 99%。

（10）NMCs 标准溶液配制：将 5 种 NMCs 分别以甲醇配成一定浓度的标准储备液，冰

箱保存。使用前取标准储备液一定量，用甲醇稀释配成混合标准应用液。5 种 NMCs 的浓度分别为涕灭威 6.0mg/L、甲萘威 5.0mg/L、呋喃丹 5.0mg/L、速灭威 10.0mg/L、异丙威 10.0mg/L。

【仪器】

（1）高效液相色谱仪：附紫外检测器及数据处理器。

（2）旋转蒸发仪。

（3）凝胶净化柱：长 50cm，内径 2.5cm 带活塞玻璃层析柱，柱底垫少量玻璃棉，用洗脱剂乙酸乙酯+环己烷（1+1）浸泡过夜的凝胶以湿法装入柱中，柱床高约 40cm，柱床始终保持在洗脱剂中。

【测定方法】

（1）试样制备：蛋品去壳，制成匀浆；肉品切块后，制成肉糜；乳品混匀后待用。

（2）提取与分配：

①称取蛋类试样 20g（精确到 0.01g），于 100mL 具塞三角瓶中，加水 5mL（视试样水分含量加水，使总水量约 20g。通常鲜蛋水分含量约 75%，加水 5mL 即可），加 40mL 丙酮，振摇 30min，加氯化钠 6g，充分摇匀，再加 30mL 二氯甲烷，振摇 30min。取 35mL 上清液，经无水硫酸钠滤于旋转蒸发瓶中，浓缩至约 1mL，加 2mL 乙酸乙酯-环己烷（1+1）溶液再浓缩，如此重复 3 次，浓缩至约 1mL。

②称取肉类试样 20g（精确到 0.01g），加水 6mL（视试样水分含量加水，使总水量约 20g。通常鲜肉水分含量约 70%，加水 6mL 即可），以下按照①蛋类试样的提取、分配步骤处理。

③称取乳类试样 20g（精确到 0.01g。鲜乳不需加水，直接加丙酮提取），以下按照①蛋类试样的提取、分配步骤处理。

（3）净化：将此浓缩液经凝胶柱以乙酸乙酯-环己烷（1+1）溶液洗脱，弃去 0～35mL 流分，收集 35～70mL 流分。将其旋转蒸发浓缩至约 1mL，再经凝胶柱净化收集 35～70mL 流分，旋转蒸发浓缩。用氮气吹至约 1mL，以乙酸乙酯定容至 1.0mL，留待 HPLC 分析。

（4）高效液相色谱测定：

①色谱条件：色谱柱为 Altima C184.6mm×25cm；流动相为甲醇+水（60+40）；流速 0.5mL/min；柱温：30℃；紫外检测波长为 210nm。

②测定：将仪器调至最佳状态后，分别将 5μL 混合标准溶液及试样净化液注入色谱仪中，以保留时间定性，以试样峰高或峰面积与标准比较定量。

【计算】

$$X = \frac{m_1 \times V_2 \times 1000}{m \times V_1 \times 1000}$$

式中：X 为试样中各农药的含量（mg/kg）；m_1 为被测样液中各农药的含量（ng）；m 为试样质量（g）；V_1 为样液进样体积（μL）；V 为试样最后定容体积（mL）。

计算结果保留两位有效数字。

【说明】

（1）本标准为国标 GB/T 5009.163—2003。

（2）本方法检出限分别为涕灭威 9.8μg/kg，速灭威 7.8μg/kg，呋喃丹 7.3μg/kg，甲萘威 3.2μg/kg，异丙威 13.3μg/kg。

(3) 在重复性条件下获得的两次测定结果的绝对差值不得超过算术平均值的 15%。

第五节 动物性食品中拟除虫菊酯类农药的检测

一、拟除虫菊酯类农药

拟除虫菊酯类（synthetic pyrethroids），一类仿生合成的杀虫剂，是改变天然除虫菊酯的化学结构衍生而得的合成酯类。

拟除虫菊酯类化学杀虫剂特性主要有如下几方面：

(1) 高效、广谱：拟除虫菊酯杀虫剂对昆虫的毒力比其他常用杀虫剂高 1～2 个数量级，且速效性好，具有驱避、击倒力快的特点。此类杀虫剂对农林、园艺、仓库、畜牧、卫生等方面的大多数害虫均有良好防治效果，但对螨类效果差。

(2) 毒性低：此类杀虫剂对人、畜毒性一般比有机磷和氨基甲酸酯杀虫剂毒性低，同时由于其用量少，使用比较安全。但个别品种毒性也较高，特别是一些品种对呼吸道及眼睛有刺激作用，使用时仍需注意安全。拟除虫菊酯杀虫剂对鸟类也较安全，但对蜜蜂有忌避作用，尤其对家蚕及天敌昆虫毒性较大，多数品种对鱼、虾、蟹、贝等水生生物毒性高，故不能在家蚕养殖及其周围地区、水稻田、河流池塘及其周围地区使用此类杀虫剂。

(3) 大多数品种只有触杀和胃毒作用，无内吸和熏蒸作用，故使用时要求喷药要均匀。

(4) 害虫易产生抗药性：多年实际应用表明，此类杀虫剂比较容易产生抗性，如连续不断地在同一地区使用，其抗性会发展很快，不同品种间也较易产生交互抗性，即害虫对某一种拟除虫菊酯杀虫剂产生抗性，也可对其他同类产品表现抗药性。

(5) 残留较低，对食品及环境污染较小：由于拟除虫菊酯杀虫剂是模拟天然物质合成的，在自然界易分解，同时因其用量少，且无内吸及渗透作用，在农产品中残留较低，故对食品及环境污染轻。

(6) 多数品种在碱性条件下易分解，使用时注意不能与碱性物质混用。

二、动物性食品中拟除虫菊酯类农药残留的检测

在农药残留分析中，GC 方法是首先考虑采用的分析方法，除虫菊酯类农药的分析也是如此。含有卤素元素的除虫菊酯类，GC-ECD 可以很灵敏地检测这些农药的残留，检测限可以达到纳克甚至皮克级。对于分子结构中不含卤素原子的胺菊酯、苄呋菊酯等，也可以通过衍生化反应，然后采用 GC-ECD 检测。氰戊菊酯、氯氰菊酯等分子结构中有氮原子的，可以用 GC-NPD 检测。质谱检测器提供化合物的结构信息，是目前主要的确证分析方法。电子轰击（EI）和化学电离（EI）是质谱检测常用的离子化方式。对于未知物检测，可以用质谱图与标准 NIST 质谱图库检索对比，也可以利用碎片离子确定分子结构。GC-MS 联用尤其适合多残留分析。现行的国家标准（GB/T 19650—2006）中，GC-MS 方法可同时检测有机磷类和拟除虫菊酯类农药残留。

GB/T 19650—2006 中动物性食品中拟除虫菊酯类农药的 GC-MS 检测方法中，有关试样的制备、标准溶液配制、样品提取及净化方法同第四节氨基甲酸酯类农药 GC-MS 检测方法，不同点主要在于质谱的检测参数。表 4-12 归纳了 GB/T 19650—2006 中，动物组织

中拟除虫菊酯类农药残留测定的 GC - MS 检测主要参数。

表 4 - 12　GB/T 19650—2006 动物组织中拟除虫菊酯类农药残留检测的 GC - MS 参数

名　　称	*LOD*/（mg/kg）	定量离子	定性离子 1	定性离子 2
胺菊酯（tetramethrin）	0.025	164	135	232
氯菊酯（permethrin）	0.012 5	183	184	255
甲氰菊酯（fenpropothrin）	0.025	265	181	349
氯氰菊酯（cypermethrin）	0.037 5	181	152	180
氰戊菊酯（fenvalerate）	0.050	167	225	419
溴氰菊酯（deltamethrin）	0.075	181	172	174
氟氯氰菊酯（cyfluthrin）	0.150	206	199	226
生物烯丙菊酯（bioallethrin）	0.050	123	134	127
苄呋菊酯（resmethrin）	0.025	171	143	338
苯醚菊酯（phenothrin）	0.012 5	123	183	350
四氟菊酯（transfluthrin）	0.012 5	163	165	335
醚菊酯（etofenprox）	0.037 5	163	376	183
右旋炔丙菊酯（prallethrin）	0.037 5	123	205	234

HPLC 方法在农药残留分析中已十分普遍，大多数采用 C_{18}、C_8 键合相的反相液相色谱。HPLC 在拟除虫菊酯类农药残留分析中，常用紫外 200～350nm 检测，也可用荧光检测器及 LC - MS 联用。此外，HPLC 在除虫菊酯立体异构体分析中有着重要应用。拟除虫菊酯类多存在着手性碳原子、烯键、三烯环、顺反异构体，其立体构型与生物活性密切联系，对用药剂量、对作物和生态环境安全性有着很大影响。现行国家标准测定动物性食品中除虫菊酯的 LC - MS - MS 主要技术参数见表 4 - 13。

表 4 - 13　GB/T 20772—2006 中测定动物性食品中拟除虫菊酯类残留的 LC - MS - MS 参数

名　　称	选择离子（m/z）	*LOD*/（μg/kg）	去簇电压/V	碰撞气能量/V	碰撞室出口电压/V
胺菊酯（tetramethrin）	332.2/164.1，332.2/135.1	1.20	18	3：23	2：2
除虫菊素（pyrethrin）	329.1/133.1，329.1/143.1	40.0	59	25：26	2：5
甲氰菊酯（fenpropothrin）	350.2/125.1，350.2/97.1	20.0	35	23：42	2：2
烯丙菊酯（allethrin）	303.2/135.1，303.2/123.2	3.0	40	19：15	2：2
生物烯丙菊酯（bioallethrin）	303.1/135.1，303.1/123.1	2.0	35	20：25	2：2
生物苄呋菊酯（bioresmethrin）	339.2/171.1，339.2/143.1	2.0	33	21：35	2：2
苯醚菊酯（phenothrin）	351.1/183.2，351.1/333.2	20.0	45	30：14	3：5
噻恩菊酯（kadethrin）	397.1/171.1，397.1/143.1	0.10	33	19：35	3：1.5
吡唑醚菊酯（pyraclostrobin）	388.0/194.0，388.0/163.0	0.40	6	19：29	7：7
醚菊酯（etofenprox）	394.2/135.2，394.2/359.2	20.0	11	35：14	2：6
炔丙菊酯（prallethrin）	301.1/195.1，301.1/133.1	0.80	27	29：17	2：2
甲醚菊酯（methothrin）	320.2/123.1，320.2/135.1	400.0	23	20：25	2：2

第六节　食品中百菌清残留量的检测

百菌清，化学名称：2，4，5，6-四氯-1，3-二氰基苯（chlorothalonil），百菌清是一种非内吸性广谱杀菌剂，对多种作物的真菌病害具有预防作用。它主要作用于真菌细胞中的3-磷酸甘油醛脱氢酶，与该酶中含有半胱氨酸的蛋白质结合，破坏酶的活力，使真菌细胞的新陈代谢受到破坏而丧失生命力。百菌清没有内吸传导作用，不会从喷药部位及植物的根部被吸收。百菌清在植物表面有良好的黏着性，不易受雨水等冲刷，因此具有较长的药效期，在常规用药量下，一般药效期7～10d。

食品中百菌清残留的检测多采用GC-ECD方法，有用填充柱的，也有用毛细管柱的；定性分析可用GC-EIMS。美国环保署（EPA）关于肌肉、牛奶及脂肪中百菌清残留的检测采用GC-ECD方法，残留标志物为其百菌清4-羟基代谢物（SDS-3701），现介绍如下。

【试剂】

（1）5mol/L H_2SO_4溶液：于720mL去离子水中徐徐加入280mL浓硫酸。

（2）酸化丙酮：含95%丙酮和5%5mol/L H_2SO_4（V/V），作为提取液。

（3）酸性氧化铝：使用前（120±5）℃活化至少24h。

（4）Keeper溶液：2%石蜡石油醚溶液。

（5）0.8mol/L $NaHCO_3$溶液：67.2g $NaHCO_3$溶解于2L去离子水中。

（6）4mol/L NaOH溶液：4g NaOH溶于100mL水中。

（7）SDS-3701标准溶液：称取SDS-3701 0.1g（准确至0.1mg），置100mL容量瓶中，丙酮溶解并定容至刻度，即为1 000μg/mL的储备液，再用丙酮稀释成100μg/mL、10μg/mL、1μg/mL和0.1μg/mL的标准溶液。

【仪器】

（1）食品搅碎机。

（2）重氮甲烷发生器。

（3）离心机。

（4）pH计。

（5）水浴（37±2）℃。

（6）GC-MS仪。

【测定方法】

（1）色谱条件：

柱1：3%OV-17，100～120目担体，150mm×2mm。

柱2：3% Dexsil 300，100～120目担体，150mm×2mm。

柱3：DB-608毛细管柱，30m×0.32mm，0.5μm液膜，分流进样，分流比20∶1～40∶1。

柱4：DB-5毛细管柱，30m×0.25mm，0.25μm液膜，不分流进样0.5～1.0min，分流比最小20∶1。

柱温：柱1为200℃；柱2为190～200℃；柱4为220℃；柱3为195～200℃或按以下程序升温：

$$①170℃，25min \xrightarrow{50℃/min} 260℃，5min$$

$$②220℃，5min \xrightarrow{50℃/min} 260℃，5min$$

$$③200℃，9min \xrightarrow{50℃/min} 260℃，5min$$

进样口温度：柱 1、2 为 280℃；柱 3 为 320℃；柱 4 为 300℃。

检测器温度：柱 1、2、3 为 350℃；柱 4 为 300℃。

载气：30mL/min N_2（柱 1、2）；1～2mL/min He，辅助气 30mL/min N_2（柱 3、4）。

进样量：2～3μL（柱 1、2）；1～1.5μL（柱 3、4）。

柱选择：牛奶、黄油和脱脂奶样品，选柱 3，程序升温③或 200℃恒温，也可选择柱 1、2、4；肌肉样品选择柱 3，程序升温①；肝样品选择柱 3，程序升温②；肾脏样品选择柱 4，220℃；脂肪样品选择柱 1 或柱 2。

（2）SDS-3701 标准溶液衍生化：

①重氮甲烷溶液的制备：重氮甲烷溶液用重氮甲烷发生器制备。0.8g *N*-甲基-*N'*-亚硝基胍放入发生器内管，外管中加入 0.5mL 水和 20mL 二乙醚，在冰浴中通过注射器穿过硅胶垫逐滴加入 4mol/L NaOH 溶液 4mL，控制滴加速度避免产生大量热量和气体。当气体停止产生后，则在醚层中收集到的重氮甲烷可以用于衍生化反应（重氮甲烷溶液在衍生化反应前现用现配）。

②SDS-3701 的重氮甲烷衍生化：准确吸取 10μg/mL SDS-3701 溶液 1mL 于烧瓶（烧瓶分别用 0.5mol/L 硫酸、蒸馏水和丙酮洗涤，并经干燥后方可使用）中，在水浴中氮气或空气吹至近干。加入 10μL 浓盐酸-甲醇溶液（1∶3，*V/V*）和 4mL 重氮甲烷溶液，在通风橱中反应 30min，然后于水浴中用氮气吹至近干。为了确保衍生化反应完全，也可再加入 10μL 浓盐酸-甲醇溶液（1∶3，*V/V*）和 4mL 重氮甲烷溶液，在通风橱中反应 10min，蒸发溶剂至近干。加入 100mL 甲苯溶解，使成 0.1μg/mL SDS-3701 的溶液，也可用甲苯稀释至所需浓度。此甲基化标准溶液用于 GC-ECD 定量分析。

（3）样品提取与衍生化：肌肉、肝、肾和脂肪样品绞碎后，称取 10g 放入匀浆杯中，加入 100mL 提取液，匀质 2min。用丙酮定量转移至布氏漏斗中过滤，残渣用丙酮洗涤，合并滤液至 200mL 容量瓶中，丙酮定容至刻度。吸取 100.0mL 于烧杯中，于热水浴中氮气或空气吹至近干。

牛奶、黄油和脱脂奶充分混匀后，称取 10g，精密称定，于具塞三角瓶中，加入 100mL 提取液，塞紧瓶盖，振荡提取 2h。用丙酮定量转移至布氏漏斗中过滤，残渣用丙酮洗涤，合并滤液并定容至 200mL。取 100.0mL 于烧杯中，于热水浴中氮气或空气吹至近干。

以上样品丙酮蒸发至近干后，缓慢加入 0.4mol/L $NaHCO_3$ 溶液 80mL，避免起泡。并用 0.4mol/L $NaHCO_3$、4mol/L NaOH 或 5mol/L H_2SO_4 调节 pH 至 4.5±0.3。此溶液用 50mL 石油醚定量转移至 250mL 分液漏斗中，振荡 2min，静置分层。水相（下层）转移至另一分液漏斗中，加 50mL 石油醚重提一次，醚层弃去。水相用 5mol/L H_2SO_4 溶液 10mL 调节 pH 小于 2。加入适量 NaCl 溶解，并使 NaCl 含量约为 30%（*m/V*）。然后将此溶液用 10mL 水和 50mL 二乙醚定量转移至分液漏斗中，振荡 2min，静置分层。二乙醚层从分液漏斗上面倒入已分别用酸水、去离子水和丙酮洗涤并干燥的鸡心瓶中。下层水相加入二乙醚重提一次，合并二乙醚层，并在水浴中浓缩至近干。加入 10μL 浓盐酸-甲醇溶液（1∶3，

V/V）和 4mL 重氮甲烷溶液，其他同标准溶液的衍生化反应。加入 5mL 二氯甲烷溶解衍生化产物，用于样品的净化处理。

（4）样品的净化：选用 200mm×9mm 的玻璃柱，底部垫有 0.5cm 的玻璃棉。向柱中加入 3g 活化的氧化铝和约 1cm 的无水 Na_2SO_4，用 10mL 二氯甲烷洗涤后，柱下接 150mL 鸡心瓶，吸取 2mL 样品液加入柱头，用 40mL 二氯甲烷洗脱 SDS-3701 衍生物。洗脱液中加 0.4mL Keeper 溶液，摇匀，水浴中浓缩至近干，残渣溶解于 2.0mL 甲苯中，用于 SDS-3701 的 GC 分析。

【计算】外标校正法定量计算样品中 SDS-3701 残留量。计算公式如下：

$$X = \frac{c \times A_i \times V \times \text{稀释倍数}}{A_S \times m}$$

式中：X 为样品中 SDS-3701 的残留量(μg/g)；c 为 SDS-3701 标准溶液浓度(μg/mL)；A_i 为样品峰面积(或峰高)；A_S 为标准溶液峰面积(或峰高)；V 为样品提取液体积(mL)；m 为样品重（g)。

【说明】本方法的检测限为 0.005μg/g；定量限为 0.01μg/g。回收率数据见表 4-14。

表 4-14 回收率试验数据

名称	添加 SDS-3701 浓度/（μg/g）	样品数	回收率/%		
			范围	均值	*SD*
牛奶	0.01～1.00	116	70～120	99	9.6
脱脂奶	0.01～0.80	16	86～112	97	6.9
黄油	0.01～0.50	15	84～110	97	6.9
脂肪	0.01～0.50	3	82～100	92	9.0
肌肉	0.01～0.50	4	90～110	102	8.7
肝	0.01～0.60	4	76～106	94	14.2
肾	0.01～5.00	4	94～120	101	13.0

第五章

动物性食品中药物残留的检测

第一节　概　　述

一、动物性食品中药物残留的种类

动物性食品中药物残留又称兽药残留（veterinary drug residues），是指动物使用药物后蓄积或贮存在细胞、组织或器官内的药物原形、代谢产物和药物杂质。目前国内使用的兽药种类繁多，应用广泛，因此动物性食品中各种兽药的残留是不可避免的。

按用途，动物性食品中比较重要的残留兽药主要分为以下几类：抗微生物药物、抗寄生虫药、生长促进剂。

（一）抗微生物药物

抗微生物药物包括抗生素（antibiotic drugs）和合成抗菌药物（synthetic antibacterial drugs）两类。它们占兽药残留总量约60%，是动物性食品中最主要的残留药物。

1. 抗生素　原称抗菌素，是细菌、真菌、放线菌等微生物的代谢产物，具有抑制或杀灭其他病原微生物的作用。抗生素在兽医临床和畜牧业生产中均有大量应用。兽医临床上用于呼吸系统、消化系统和生殖系统微生物感染的治疗，如肺炎、肠炎、乳房炎等，但大部分作为药物添加剂使用，具有预防动物疾病、降低死亡率和促生长作用。重要的药物添加剂有四环素类、大环内酯类和多肽类抗生素等。据估计，通过抗生素控制动物感染可提高增重率10%～15%。

2. 合成抗菌药物　合成抗菌药物是人工合成的抗菌药物，具有抗菌谱广、价格低廉和性质稳定等优点，在兽医临床和畜牧业生产中应用广泛。磺胺类药物是最先合成的抗菌药物，自从1935年合成第一个磺胺药——百浪多息（prontosil）以来，至今已有60多年的历史。其后经过了一段缓慢增长期。20世纪70年代后，由于抗生素的耐药性、过敏和稳定性等问题日益突出，磺胺类合成抗菌药的发展和应用再度受到重视，特别是研制出了一些长效、高效磺胺类药物，如磺胺甲氧嗪（sulfamethoxypyridine）和磺胺甲噁唑（sulfamethoxazole）。而且研究出将磺胺类药物与抗菌增效剂合用，其药效可以提高20～100倍。

喹诺酮类是近20年来迅速发展起来的新一代高效、广谱抗菌药。有些品种已成为畜禽专用的抗菌药物，如恩诺沙星、沙拉沙星等。

（二）抗寄生虫药

抗寄生虫药是一类用于驱除和杀灭体内外寄生虫的药物。世界上兽用抗寄生虫药的用量很大，占全部化学药品的40%以上，如1996年的销售额接近28亿美元。由此可见，控制动物寄生虫病也一直被视为保护人类健康的重要方面。根据寄生虫病的特点，抗寄生虫药物的基本要求是广谱、高效、使用方便和残留低。生产中一般实行程序性给药、使用缓释或长效剂型（如巨丸剂），或使用抗寄生虫药物添加剂来控制感染和发病。

抗寄生虫药主要包括抗蠕虫药、抗球虫药和杀虫剂等。重要的抗蠕虫药有苯并咪唑类药物和阿维菌素类药物。前者是最早出现的现代广谱抗寄生虫药之一，自 20 世纪 60 年代美国合成噻苯达唑以来已合成数百种之多，主要干扰细胞的有丝分裂，疗效显著，但它们具有明显的致畸作用和潜在的致癌、致突变效应。后者是近代新型抗蠕虫药，其中伊维菌素是目前使用最广泛的驱虫药，也是使用量最大的兽药品种，自 20 世纪 80 年代上市以后一直在畜牧业上广泛应用，主要用于体内、外寄生线虫和节肢动物感染的治疗或预防，但对绦虫和吸虫无效。抗球虫药物的主流种类为离子载体类（聚醚类）抗生素，该类药物耐药速度慢、广谱高效、残留量低，还具有一定抗革兰氏阳性菌作用。

（三）生长促进剂

生长促进剂主要有甾类同化激素、非甾类同化激素、β-肾上腺素受体激动剂。它们通过增强同化代谢、抑制异化或氧化代谢、改善饲料利用率或增加瘦肉率等机制发挥促生长效应。此类药物具有效能极高、见效极快和使用量小的优点，但是对人、动物和环境有极大的潜在危害，大多数国家已经明确禁止用于食品动物。

常见的甾类同化激素主要有群勃龙、睾酮、氯睾酮、去甲睾酮、孕酮和雌二醇等。常见的非甾类同化激素主要有 1，2 -二苯乙烯类和雷索酸类酯类等。常见的β-兴奋剂主要有克伦特罗、马布特罗、沙丁胺醇、塞布特罗和赛曼特罗等。

二、动物性食品中药物残留的途径

兽药和饲料添加剂在预防和治疗动物疾病、提高饲料转化率、促进动物生长、控制生殖周期及繁殖功能、改善饲料适口性和动物性食品风味等方面起着重要作用。目前在畜禽生产中 90%的抗生素被作为兽药和添加剂使用，从而导致动物性食品体内的药物残留。这些残留在食品动物体内的兽药及其他添加剂，随着食物链进入人体，对人类的健康构成潜在威胁。

目前动物性食品中药物残留主要通过以下四个途径产生：

（一）兽医临床用药

在畜牧业生产实践中，人们往往要通过各种方法（口服、注射、局部用药、气雾等）给食品动物用药，以防治疾病、维持动物健康和保障生产。如果用药不当或者不严格遵守休药期，则有可能出现药物残留超标而污染动物源性食品的危险倾向。

从 20 世纪 30 年代以来，抗生素广泛用于防治畜禽疾病。在改革开放以前，由于经济条件的限制，仅仅在家畜和家禽发生疾病时才会使用药物治疗。改革开放以后，随着市场的繁荣，动物源性食品的需求量急剧增加，我国的养殖业日益发达，药物治疗使用越来越普遍，但抗生素滥用的现象也较为严重，在食品动物中兽药残留超标的现象时常发生。个别乳制品发酵工业甚至出现了由于抗生素残留问题而不能采用我国的牛奶生产酸奶，而需要依靠进口奶粉才能生产酸奶的现象。

（二）饲料添加用药

畜牧业生产中经常通过在饲料中添加药物达到预防畜禽疾病的目的。此外还通过添加低于治疗剂量的抗生素和其他化学药物来促进禽畜生长。如果不严格按照规定使用，必然会造成动物性食品中药物残留。1943 年，英国的青霉素开始大批量生产，同时使用发酵的残渣来喂猪，此后发现这些饲料与普通饲料相比可使猪长得更快。20 世纪 60 年代开始，许多抗生素品种相继问世并用于工业化生产，而且每种都有促进动物生长的作用，后来不仅发酵的残渣用作畜禽的饲料添加剂，抗生素的产物也直接添加到饲料中用于促进畜禽生长。这些抗生素的使用极大地提高了生产率，但也造成了动物性食品中抗生素的残留问题。除了抗生素外，抗寄生虫药也在大型集约化的养鸡场、养猪场和养牛场中作为畜禽保健药应用十分广泛。这些药物通常可以掺入饲料中或者饮用水中，用来防治畜禽遭受寄生虫的感染和侵袭，达到促进动物生长、提高饲料转化率的目的。

20 世纪 50 年代，英国和美国就分别在牛的养殖中采用己烯雌酚和己烷雌酚作为饲料添加剂，使禽畜的日增体重提高 10%以上，饲料转化率和瘦肉率也相应提高。由于这类药物带来的经济利益十分可观，在经济利益驱使下，人们不断研制和改进新的激素品种及其他蛋白质同化剂。20 世纪 90 年代，我国错误地将克伦特罗作为饲料添加剂的科研成果引入国内并广泛推广，并且将其称为“瘦肉精”，由此引起了一系列的食品安全问题，尽管农业部已经明令禁止，但是在经济利益的驱动下仍然屡禁不止。

（三）动物性食品保鲜用药

为了给动物性食品保鲜，将某些抗微生物制剂直接添加到食品（如牛奶、鲜鱼）中来抑制微生物的生长繁殖，这也不可避免地造成了不同程度的药物残留。

（四）其他途径带来的污染

在动物性食品生产过程中，有时候操作人员为了自身预防和控制疾病而使用某些药物，导致无意中造成食物污染。另外兽药或饲料添加剂中混有微量元素及有毒金属元素的污染、N-亚硝基化合物污染以及多环芳烃化合物等，也会间接进入食品动物，污染动物性食品。

三、动物性食品中药物残留的危害

动物性食品中药物残留对人类健康会造成实际的或潜在的危害，促使细菌对药物的耐药性增加和产生抗药性，以及对人类环境造成污染。

（一）对人体的毒害作用

动物性食品中兽药残留可对人体产生直接的毒害作用。一般而言，残留浓度较低，可产生蓄积、慢性毒性和特殊毒性。除少数药物的毒性呈现非剂量-效应关系外，引起急性毒性的可能性较小。从公共安全角度考虑，药物残留毒性主要表现为致癌、致畸、致突变和生殖毒性。尤其是婴幼儿，机体代谢功能不完善，食用含兽药残留的动物性食品后易引起中毒。动物体内的一些靶器官（肝、肾等）常常含有较高的药物浓度，人食用以后中毒的机会将大大增加。

氯霉素的毒性也颇受公众关注。与其他药物残留一样，氯霉素在机体内不同的组织器官中有选择性分布的倾向。骨髓中氯霉素的含量约为肝脏和其他组织的 20 倍，对处于不断增殖分裂中的造血干细胞产生毒性作用，造成骨髓 DNA 合成障碍，造血干细胞增生分化受阻，血细胞减少，甚至引起严重的人体再生障碍性贫血。且这种毒性的发生与使用剂量和频率无关，即使食品中极低水平的残留也能诱发，确切的致病机理至今未明。婴幼儿和老年人对氯霉素最敏感，可出现致命的“灰婴综合征”。氯霉素在组织中的残留浓度能达到 1mg/kg 以上，对食用者威胁很大。因此氯霉素是第一个被禁止用于食品动物的抗生素。

此外，一些其他种类的药物使用安全问题也已受到人们的关注。如四环素类药物能够与骨骼中的钙等结合，摄入四环素类药物或者含有四环素类药物残留的食品，可以影响儿童牙齿和骨骼的发育，治疗剂量的四环素类药物还具有致畸作用。一些碱性和脂溶性药物的分布容积较高，在体内易发生蓄积和慢性中毒，如使用属于大环内酯类药物的红霉素、泰乐菌素等易发生肝损害和听觉障碍。

人体中药物残留不仅产生直接危害，而且会影响正常的胃肠道菌群抑制或杀灭肠道内的敏感菌的功能，导致耐药菌或条件性致病菌大量繁殖，改变肠道微生态环境而发生致病菌感染。此外，肠道中的正常菌群被杀灭后还可能造成某些营养素和活性物质的缺乏，从而产生生理功能紊乱，甚至导致疾病发生。

（二）激素作用

激素类药物的残留是人们最为关心和最敏感的问题。具有激素样毒性的药物主要是性激素及其类似物，主要包括甾体类同化激素和非甾体类同化激素，本类药物除用于治疗疾病和同期发情外，还用做畜禽的促生长剂。食品动物的肝、肾和注射或埋植部位常有大量外源同化激素残留，被人食用后可产生一系列激素样作用，如潜在致癌性、发育毒性（儿童早熟）及女性男性化或男性女性化现象。

（三）变态反应

有些药物如青霉素类、磺胺类、四环素类和氨基糖苷类等能使部分人群发生过敏反应。青霉素类药物使用广泛，其代谢和降解产物具有很强的致敏作用，威胁最大。轻度的变态反应仅引起皮炎或皮肤瘙痒，严重的变态反应能导致虚脱，危及生命。极小的剂量（一些方法如微生物测定法可能无法检出）即可能诱发变态反应。

（四）增加细菌耐药性

诱导耐药菌株是使用亚治疗量抗微生物药物最受关注的方面，有关研究资料肯定了长期使用亚治疗量抗菌药物在耐药菌株的产生、扩散和维持方面的作用。细菌的耐药基因通常位于 R-质粒上。R-质粒是一种独立于染色体外的遗传因子，呈闭合的环状，在细胞中能进行自主复制，既可以遗传，又能通过转导在细菌间进行转移和传播。细菌的耐药性很容易遗传和扩散，具有加合性，而且当细菌对某种抗生素进行多抗性 R-质粒编码后，会导致细菌对具有相同 R-质粒编码的所有药物产生耐药性。这些耐药菌株可能给临床治疗带来严重影响，并且降低药物的市场寿命。

饲料中添加抗菌药物，实际上等于持续低剂量用药。动物机体长期与药物接触，造成耐药菌不断增多，耐药性也不断增强。抗菌药物残留于动物性食品中，同样使人长期与药物接触，导致人体内耐药菌增加。近些年来，由于抗菌药物的广泛使用，很多细菌已经由单药耐药发展到多重耐药。随着兽用抗生素应用范围和种类的日益扩大，细菌耐药性的产生已呈加速的趋势，将来有可能出现对抗生素耐药的“超级细菌”。

（五）污染环境

不论以何种方式给药，大多数药物及其代谢产物都随着动物的排泄物进入环境，而这些药物大多数仍保留药理活性，通过对环境中生物的潜在毒性和环境生态系统的影响，最终又间接地影响人类的健康和安全。绝大多数兽药排入环境以后，会对土壤微生物、水生生物及昆虫等造成影响，从而对生态环境产生不良作用。近 20 年以来，兽药和饲料药物添加剂的种类愈来愈多，如抗生素、抗寄生虫药等，从动物体内排出的这些兽药超过环境的自净能力时就会对环境生态造成明显的影响。如伊维菌素主要通过粪便和乳汁排泄，对低等水生动物和土壤中的线虫、环境昆虫均有较强的毒性作用。有机砷制剂作为添加剂大量使用后，随排泄物和残留进入土壤，对土壤固氮细菌、解磷细菌、纤维素分解菌等均产生抑制作用，导致土壤变质。

进入环境的兽药残留，在对环境产生多方面影响的同时，也受环境的光、温湿度和水流等其他因素的作用。资料表明：链霉素、土霉素可以在环境中蓄积，并可以被植物的根吸收，在植物中保留很长时间的抗菌活性；环境中的阿维菌素与土壤或粪便紧密结合，难以迁移，土壤/粪便混合物中伊维菌素的降解半衰期为 7～14d，土壤中阿维菌素降解半衰期为 2～8 周。

四、动物性食品中常见药物的允许残留量

兽药残留限量的控制已经成为兽药研究和开发的重要内容。对残留实施监控是一项复杂的系统工程，包括从药物研究、剂型研制、注册登记、使用、食品和环境监测等诸多环节。从理论和技术角度，建立最高残留限量和分析方法是最基本的方面。前者是监控的依据，后者是监控的手段，二者共同构成了兽药残留监控的基础。

最高残留限量（maximum residue limits，MRLs）指对食品动物用药后产生的允许存在于食品中药物或其他化学物质残留的最高含量或最高浓度，也称为允许残留量（tolerance level）。

1. 总残留、标示残留和靶组织　如果用药后体内存在多个残留组分，则需要监控其总残留物。总残留物应包括可被提取的原形药物及任何代谢产物。对总残留物中比例较高的代谢产物（如 5%～10%以上），通常需要专门研究其药理和毒理学性质，从此过程中可能发现具有新的药效或者毒性的物质。

在残留分析中，测定总残留物往往比较困难，甚至不可能实现。解决这一问题常用的方法是选择残留的“参照物”。由于总残留物中各组分所占比例相对稳定，故可以在总残留物中选择 1 种或者 2 种组分作为“参照物”，称为“标示残留物”。测定出表示残留的含量后可以折算成总残留含量，但更常见的是直接用标示残留物表示样品中药物的残留量和 MRLs。

残留分析的样品可能是任何动物组织。通常定义残留消除最慢、含量高的动物组织为残留监控的靶组织。多数药物的靶组织是肝脏、肾脏或脂肪。测定靶组织中药物的残留在残留

监控中具有实际意义。

2. 无作用剂量（no observed adverse effect level，NOAEL） 指在一定染毒时期内对机体未产生可察觉的有害作用的最高剂量。NOAEL通过试验动物获得，其依据是生物同源性和毒物毒性的剂量依赖性。

3. 测定NOAEL的动物毒理学试验 主要包括90d亚慢性试验、慢性试验（含致癌试验）、繁育试验（生殖毒性、致畸作用和发育毒性等）。至少使用两种动物（包括雌性和雄性）进行试验。由各种动物或试验类型得到的NOAEL通常存在较大的差异。当使用动物试验结果推测人体的NOAEL或日许量时，应采用最敏感动物的最低NOAEL。

4. 安全系数（safety factor） 人和动物对某些化学物的敏感性存在较大差异，而且在试验过程中存在试验误差等因素，所以，为安全起见，当采用试验动物的试验结果（如NOAEL）来推算人的日许量时需除以适当的数值，这个数值即为安全系数。安全系数一般至少为100，它是由种间毒性敏感性差异10倍乘以同种动物不同个体间差异10倍得出的。对于能导致致畸、致敏、发育毒性等的化学物，其安全系数为1 000。非致癌性物质的安全系数的制定原则是，慢性毒性试验安全系数为100；90d亚慢性试验安全系数为1 000；繁育试验仅出现母体毒性时安全系数为100，同时出现其他毒性（如发育毒性、致畸作用）时安全系数为1 000。对于致癌物，一般认为不存在NOAEL。

5. 日许量（ADI） 是人体每日允许摄入量（acceptable daily intake）的简称，指人终生每日摄入某种药物或化学物质残留而不引起可察觉危害的最高量。目前制定日许量通常采用慢性毒性试验结果。另外，制定ADI时还需要考虑到特殊人群，如婴幼儿、老年人等。他们的代谢和排泄机能一般存在明显差异。

6. 休药期（withdrawal time） 是指食品动物从停止给药到允许屠宰或他们的产品（包括肉、蛋、奶等）许可上市的时间间隔。在休药期间，动物组织或产品中存在药物残留可逐渐减少或被消除，直到残留的浓度降到“最高残留限量”以下。

自20世纪80年代以来，我国逐渐开始残留标准的制定工作。农业部1994年首次发布了42种兽药在动物源性食品中的最高残留限量；1997年发布了47种兽药在动物源性食品中的最高残留限量；1999年又对残留限量标准进行了修订，规定了109种兽药的最高残留限量；2002年再次对残留限量标准进行了修订，并于2002年12月24日发布。

五、控制动物性食品中药物残留的措施

药物残留对人体健康的潜在危害十分严重，而且会严重影响我国动物及其产品出口贸易，控制和减少动物性食品中的药物残留意义重大。一般来说，在畜牧生产实践中规范用药，同时建立起一套有效可行的药物残留监控体系，制定违规的相应处罚手段，是有效地控制兽药残留的发生的关键措施。控制动物性食品中药物残留应在以下方面加强工作。

（一）制定相关法规和标准，指导兽药的合理使用

要保证动物性食品中药物残留不超过规定标准，必须规范用药，并采用法定的药物残留检测方法来加以监测和控制。在20世纪80年代，欧美等国已开始建立兽药残留监测体系，并制订了较为完善的兽药残留限量（MRLs）、休药期以及相关法规和标准。

2002年4月农业部制定发布了《食品动物禁用的兽药及其它化合物清单》。2003年5月

22日发布第278号公告，规定了兽药国家标准和专业标准中部分品种的停药期规定，并确定了部分不需要制定休药期规定的品种。2004年颁布了《兽药管理条例》第二版，加强了对兽药研制、开发和应用等方面的管理。2005年12月21日，农业部第587号公告又批准发布了2005年版《中国兽药典》及其配套丛书《兽药使用指南》，上述规定为加强兽药使用管理，保证动物性食品安全，保障消费者人身健康发挥了重要作用。

（二）研究和制订兽药残留检测方法，加强兽药残留监测

兽药残留监控是一项政策性、技术性都非常强的工作，农业部于1999年底批准成立了全国兽药残留专家委员会。兽药残留专家委员会是农业部领导下的对我国动物及动物源食品中药物及有毒有害物质的残留进行预防和监控的技术审议咨询组织，委员来自食品卫生、出入境检验检疫、农药残留、兽药残留和体育运动兴奋剂检测方面的研究专家和检测专家。兽药残留专家委员会的主要职责是：①拟定、修订动物及动物源食品中兽药最高残留限量标准；②根据有关研究报告，拟定、修订动物及动物源食品中兽药残留检测方法；③制定和修订国内年度兽药残留检测抽样计划并对年度检测结果进行评估；④收集国内兽药使用情况及有关环保监控信息，组织评估兽药残留监控计划的效果，调整年度抽样计划。

（三）加强对低残留药物饲料添加剂的研究与开发

研制和开发能够促生长，提高瘦肉率，改进畜产品质量的无污染、低残留饲料添加剂是控制兽药残留的一个重要方向和目标。开发低残留药物饲料添加剂可分为研制抗生素替代品、研制新型肉品质改进添加剂、研制植物性天然饲料添加剂三个方面。

目前对于肉品质改进添加剂的研究有半胱胺和有机铬等。再次，植物性天然饲料添加剂具有天然性、毒副作用小、抗药性不显著以及多功能性等特点，这是抗生素无法比拟的。很多国家都兴起了对天然中草药添加剂的研究与开发。应充分利用优势，开发出中国特色的低成本、高效能的复方中草药添加剂。

（四）大力宣传，提高人民群众对兽药残留的防范意识

从某种意义上来说，兽药残留是人为产生的人类食品安全问题。因此，提高人民群众对兽药残留的了解及职业道德素质对控制兽药残留具有积极意义。我国畜牧业生产者的素质参差不齐，应采用科普宣传、技术培训、技术指导等方式，向动物疾病防治人员和养殖者宣传、介绍科学合理使用兽药知识，使兽药生产和经营企业提高认识，不制售违禁、假冒伪劣兽药。

第二节　动物性食品中药物残留的检测

一、动物性食品中四环素类药物残留的检测

（一）动物性食品中土霉素、四环素、金霉素、强力霉素残留量的检测（高效液相色谱法）

用0.1mol/L Na_2EDTA－Mcllvaine（pH＝4.0±0.05）缓冲溶液提取可食性动物肌肉中四环素族抗生素残留，提取液经离心后，上清液用Oasis HLB或相当的固相萃取柱和羧

酸型阳离子交换柱净化，液相色谱-紫外检测器测定，外标法定量。

【试剂】

(1) 土霉素、四环素、金霉素、强力霉素标准储备溶液：0.1mg/mL。准确称取适量的土霉素、四环素、金霉素、强力霉素标准物质，分别用甲醇配成0.1mg/mL的标准储备液。－18℃贮存。

(2) 土霉素、四环素、金霉素、强力霉素标准工作溶液：用流动相将土霉素、四环素、金霉素、强力霉素标准储备液稀释成5ng/mL、10ng/mL、50ng/mL、100ng/mL、200ng/mL不同浓度的混合标准工作溶液，混合标准工作溶液当天配制。

(3) 磷酸氢二钠溶液：0.2mol/L。称取28.41g磷酸氢二钠，加水溶解至1 000mL。

(4) 柠檬酸溶液：0.1mol/L。称取21.01g柠檬酸，加水溶解至1 000mL。

(5) Mcllvaine缓冲溶液：将1 000mL 0.1mol/L柠檬酸溶液与625mL 0.2mol/L磷酸氢二钠溶液混合，必要时用NaOH或HCl调pH＝4.0±0.05。

(6) Na_2EDTA-Mcllvaine缓冲溶液：0.1mol/L。称取60.5g乙二胺四乙酸二钠放入1 625mL Mcllvaine缓冲溶液中，使其溶解，摇匀。

(7) 甲醇＋水（1＋19）：量取5mL甲醇与95mL水，混合。

(8) 流动相：乙腈＋甲醇＋0.01mol/L草酸溶液（2＋1＋7）。

(9) Oasis HLB固相萃取柱或相当者：500mg，6mL，使用前依次用5mL甲醇和10mL水预处理，保持柱体湿润。

(10) 阳离子交换柱：羧酸型，500mg，3mL。使用前5mL乙酸乙酯预处理，保持柱体湿润。

(11) 甲醇、乙腈、乙酸乙酯、磷酸氢二钠、柠檬酸（$C_6H_8O_7 \cdot H_2O$）、乙二胺四乙酸二钠（$Na_2EDTA \cdot 2H_2O$）、草酸。

【仪器】 液相色谱仪：配有紫外检测器。

【方法】

(1) 试样的制备与保存：从全部样品中取出有代表性样品约1kg，充分搅碎，混匀，均分成两份，分别装入洁净容器内，密封作为试样，标明标记。在抽样和制样的操作过程中，应防止样品受到污染或发生残留物含量的变化。将试样于－18℃冷冻保存。

(2) 样品前处理过程：

①提取：称取6g试样，精确到0.01g，置于50mL具塞聚丙烯离心管中，加入30mL 0.1mol/L Na_2EDTA-Mcllvaine缓冲溶液（pH＝4），于液体混匀器上快速混合1min，再用振荡器振荡10min，以10 000r/min离心10min，上清液倒入另一离心管中，残渣中再加入20mL缓冲溶液，重复提取一次，合并上清液。

②净化：将上清液倒入下接Oasis HLB固相萃取柱的贮液器中，上清液以≤3mL/min的流速通过固相萃取柱，待上清液完全流出后，用5mL甲醇＋水（1＋19）洗柱，弃去全部流出液，在65kPa的负压下，减压抽真空40min，最后用15mL乙酸乙酯洗脱，收集洗脱液于100mL平底烧瓶中。将上述洗脱液在减压情况下以≤3mL/min的流速通过羧酸型阳离子交换柱，待洗脱液全部流出后，用5mL甲醇洗柱，弃去全部流出液。在65kPa负压下，减压抽真空5min，再用4mL流动相洗脱，收集洗脱液于5mL样品管中，定容至4mL，供液相色谱-紫外检测器测定。

（3）液相色谱条件：

①色谱柱：Mightsil RP-18 GP，3μm，150mm×4.6mm或相当者。

②流动相：乙腈＋甲醇＋0.01mol/L草酸溶液（2＋1＋7）。

③流速：0.5mL/min。

④柱温：25℃。

⑤检测波长：350nm。

⑥进样量：60μL。

（4）液相色谱测定：将混合标准工作溶液分别进样，以浓度为横坐标，峰面积为纵坐标，绘制标准工作曲线，用标准工作曲线对样品进行定量，样品溶液中土霉素、四环素、金霉素、强力霉素的响应值均应在仪器测定的线性范围内。在上述色谱条件下，土霉素、四环素、金霉素、强力霉素的参考保留时间见表5-1。

表5-1　土霉素、四环素、金霉素、强力霉素参考保留时间

药物名称	保留时间/min
土霉素	4.82
四环素	5.42
金霉素	10.32
强力霉素	15.45

【计算】 结果按公式计算：

$$X = c \times \frac{V}{m} \times \frac{1000}{1000}$$

式中：X 为试样中被测组分残留量（mg/kg）；c 为从标准工作曲线得到的被测组分溶液浓度（μg/mL）；V 为试样溶液定容体积（mL）；m 为试样溶液所代表试样的质量（g）。

注：计算结果应扣除空白值。

【说明】 本法为国标GB/T 20764—2006。

（二）质谱联用确证检测法

四环素类药物残留的确证检测多采用色谱-质谱联用法。采用质谱确证时，四环素类抗生素的典型碎片离子为 $[M+H]^+$、$[M+H—NH_3]^+$、$[M+H—NH_3—H_2O]^+$。这三个离子对鉴定四环素类抗生素非常重要。色谱/质谱法检测四环素类药物见表5-2。

表5-2　色谱/质谱法检测四环素类药物

样品	药物	方法	检测限/(mg/kg)	参考文献
牛奶	TCs	薄层色谱/快原子轰击/质谱法(TLC/FAB/MS)	0.05	Oka H, et al. 1994
食品	TC、OTC、CTC、DC	液相色谱/电喷雾/质谱法(LC/ESI/MS)	0.1～0.3	Tao J, et al. 2009
牛肉、猪肉、猪肾、猪肝	TC、OTC、CTC	液相色谱/电喷雾/质谱法(LC/ESI/MS)	0.002	Goto T, et al. 2005

（续）

样　品	药　物	方　法	检测限/(mg/kg)	参考文献
鸡蛋	TC	液相色谱/电喷雾/串联质谱法 (LC/ESI/MS/MS)	0.01	Heller D N，et al. 2006
牛肉、猪肉、鸡肉	TCs	液/电喷雾/串联质谱法 (LC/ESI/MS/MS)	0.001～0.009	Bogialli S，et al. 2006
牛奶	TC、OTC、CTC	液相色谱/粒子速/质谱法 (LC/PB/MS)	0.1	Vanoosthuyze K E，et al. 1997
牛奶	OTC、TC、CTC、DC、DMCTC、MINO	液相色谱/粒子速/化学电离/质谱法 (LC/PB/CI/MS)	0.05	Gleixner A，et al. 1997
猪肉、猪肝	TC、OTC、CTC	液相色谱/大气压化学电离/质谱法 (LC/APCI/MS)	0.05～0.1	Pena A，et al. 2007
牛奶	TC、OTC、CTC	毛细管电泳/质谱法（CE-MS）	0.007～0.014	Wang S F 2007

二、动物性食品中青霉素类药物残留的检测

（一）畜禽肉品中九种青霉素类药物残留量的测定（液相色谱-串联质谱法）

试样中残留的青霉素类药物用 0.15mol/L 磷酸二氢钠（pH＝8.5）缓冲溶液提取，经离心，上清液用固相萃取柱净化后采用液相色谱-串联质谱仪测定，外标法定量。

【试剂】

（1）甲醇；乙腈：色谱纯；磷酸二氢钠（NaH_2PO_4）；氢氧化钠；乙酸。

（2）乙腈＋水（1＋1）：量取 50mL 乙腈与 50mL 水混合。

（3）氢氧化钠溶液：5mol/L。称取 20g 氢氧化钠，用水溶解，定容至 1 000mL。

（4）磷酸二氢钠缓冲溶液：0.15mol/L。称取 18.0g 磷酸二氢钠，用水溶解，定容至 1 000mL，然后用氢氧化钠溶液调节至 pH＝8.5。

（5）阿莫西林、氨苄西林、哌嗪西林、青霉素 G、青霉素 V、苯唑西林、氯唑西林、萘夫西林、双氯西林九种青霉素标准物质：纯度≥99%。

（6）九种青霉素标准储备溶液：准确称取适量的每种标准物质，分别用水配制成浓度为 1.0mg/mL 的标准储备溶液，－18℃保存。

（7）九种青霉素标准工作溶液：根据需要吸取适量的每种 1.0mg/mL 青霉素标准储备溶液，用空白样品提取液稀释成适当浓度的基质混合标准工作溶液。

（8）BUND ELUT C_{18} 固相萃取柱或相当者：500mg，6mL。使用前依次用 5mL 甲醇、5mL 水和 10mL 0.15mol/L 磷酸二氢钠缓冲溶液预处理，保持柱体湿润。

【仪器】 液相色谱-串联四极杆质谱仪，配有电喷雾离子源。

【测定方法】

（1）试样溶液的制备：称取 3g 试样（精确到 0.01g）置于离心管中，加入 25mL 0.15mol/L 磷酸二氢钠缓冲溶液，于振荡器上振荡 10min，然后以 4 000r/min 离心 10min，把上层提取液移至下接 BUND ELUT C_{18} 固相萃取柱的贮液器中，以 3mL/min 的流速通过

固相萃取柱后，用 2mL 水洗柱，弃去全部流出液。用 3mL 乙腈-水（1+1）洗脱，收集洗脱液于刻度样品管中，用乙腈-水（1+1）定容至 3mL 摇匀后，过 0.2μm 滤膜，供液相色谱-串联质谱仪测定。按照上述操作步骤制备空白样品提取液。

（2）仪器条件：

①液相色谱条件：

色谱柱：SunFire TM C_{18}，3.5μm，150mm×2.1mm（内径）或相当者。

流动相梯度程序及流速：见表 5-3。

柱温：30℃。

流速：200mL/min。

进样量：20μL。

表 5-3 流动相梯度及流速

时间/min	水（含 0.3%乙酸）/%	乙腈（含 0.3%乙酸）/%
0.00	95.0	5.0
3.00	95.0	5.0
3.01	50.0	50.0
13.00	50.0	50.0
13.01	25.0	75.0
18.00	25.0	75.0
18.01	95.0	5.0
25.00	95.0	5.0

②质谱条件：

离子源：电喷雾离子源。

扫描方式：正离子扫描。

检测方式：多反应监测。

电喷雾电压：5 500V。

雾化气压力：0.055MPa。

气帘气压力：0.079MPa。

辅助气流速：6L/min。

离子源温度：400℃。

定性离子对、定量离子对和去簇电压（DP）、聚焦电压（FP）、碰撞气能量（CE）及碰撞室出口电压（CXP）见表 5-4。

表 5-4 九种青霉素的定性离子对、定量离子对、去簇电压、聚焦电压、碰撞气能量和碰撞室出口电压

名 称	定性离子对（m/z）	定量离子对（m/z）	碰撞气能量/V	去簇电压/V	聚焦电压/V	碰撞室出口电压/V
阿莫西林（amoxicillin）	366/114 366/208	366/208	30 19	21	90	10
氨苄西林（ampicillin）	350/192 350/160	350/160	23 20	20	90	10

（续）

名称	定性离子对(m/z)	定量离子对(m/z)	碰撞气能量/V	去簇电压/V	聚焦电压/V	碰撞室出口电压/V
哌嗪西林(piperacillin)	518/160 518/143	518/143	35 35	27 25	90	10
青霉素 G(penicillin G)	335/160 335/176	335/160	20 20	23	90	10
青霉素 V(penicillin V)	351/160 351/192	351/160	20 15	40	90	10
苯唑西林(oxaciliin)	402/160 402/243	402/160	20 20	23	90	10
氯唑西林(cloxacillin)	436/160 436/277	436/160	21 22	20	90	10
萘夫西林(nafcillin)	415/199 415/171	415/199	23 52	23	90	10
双氯西林(dicloxacillin)	470/160 470/311	470/160	20 22	20	90	10

（3）液相色谱-串联质谱测定：

定性测定：选择每种待测物质的一个母离子，两个以上子离子，在相同试验条件下，样品中待测物质的保留时间与基质标准溶液中对应物质的保留时间偏差在±2.5%之内；样品色谱图中各定性离子相对丰度与浓度接近的基质标准溶液的色谱图中离子相对丰度相比，若偏差不超过表 5-5 规定的范围，则可判定为样品中存在对应的待测物。

表 5-5　定性确证时相对离子丰度的最大允许偏差（%）

相对离子丰度	＞50	＞20～50	＞10～20	≤10
允许的最大偏差	±20	±25	±30	±50

用九种青霉素标准储备溶液配成的基质混合标准溶液分别进样，以标准工作溶液浓度为横坐标，以峰面积为纵坐标，绘制标准工作曲线。用标准工作曲线对样品进行定量，样品溶液中九种青霉素的响应值均应在仪器测定的线性范围内。九种青霉素的保留时间见表 5-6。

表 5-6　九种青霉素的参考保留时间

青霉素名称	保留时间/min
阿莫西林	2.50
氨苄西林	9.82
哌嗪西林	11.79
青霉素 G	12.71
青霉素 V	13.48
苯唑西林	14.18
氯唑西林	15.22
萘夫西林	15.45
双氯西林	17.30

【计算】试样中青霉素残留量利用数据处理系统计算或按公式计算：

$$X = c \times \frac{V}{m} \times \frac{1000}{1000}$$

式中：X 为试样中被测组分残留量（μg/kg）；c 为从标准工作曲线得到的试样溶液中被测组分的浓度（ng/mL）；V 为试样溶液定容体积（mL）；m 为最终试样溶液所代表的试样质量（g）。

注：计算结果需将空白值扣除。

（二）牛奶中青霉素类药物残留量的测定（高效液相色谱法）

牛奶样品用四丁基溴化铵溶液提取，经过 C_{18} 固相萃取柱净化，用合适的溶剂选择洗脱，经过衍生化，供高效液相色谱定量（紫外检测器测定，外标法定量）。

【试剂】

（1）青霉素V钾，含量不少于98%；青霉素G钾，含量不少于98%；乙氧萘青霉素钠盐，含量不少于98%；苯唑西林钠，含量不少于93.6%；双氯西林钠，含量不少于98%；氨苄西林钠，含量不少于97%；阿莫西林，含量不少于98%。

（2）甲醇：色谱纯；乙腈：色谱纯；二水磷酸二氢钠（$NaH_2PO_4 \cdot 2H_2O$）；正己烷；无水磷酸氢二钠；氢氧化钠；硫酸氢化四丁基铵；四丁基溴化铵；五水硫代硫酸钠（$Na_2S_2O_3 \cdot 5H_2O$）；1，2，4-三氮唑；氯化钠；氯化汞（Ⅱ）；净化柱：C_{18} SPE。

（3）流动相：

A相：称取无水磷酸氢二钾5.0g，二水磷酸二氢钠10.0g，五水硫代硫酸钠4.0g，硫酸氢化四丁铵6.5g，用适量的水溶解，定容至1 000mL。

B相：乙腈。

（4）磷酸缓冲液：称取无水磷酸氢二钠15.0g，用适量的水溶解，定容至1 000mL，4℃保存。

（5）溴化四丁基铵乙腈溶液：称取溴化四丁基铵3.2g溶解于乙腈中，定容至1 000mL，4℃保存。

（6）氯化钠溶液：称取氯化钠20g，溶解于适量水中，定容至1 000mL，室温保存。

（7）标准稀释液：量取流动相A 50mL，用2mol/L氢氧化钠调节pH至8.0，然后与乙腈等体积混合，现配现用。

（8）苯甲酸酐溶液：称取苯甲酸酐2.262g，用适量乙腈溶解，定容至10mL，用5mol/L氢氧化钠溶液调pH至9.0，用水定容至100mL，4℃保存。

（9）氯化汞（Ⅱ）溶液：称取氯化汞（Ⅱ）0.271g，用适量水溶解，定容至10mL，现配现用。

（10）衍生化试剂：称取1，2，4-三氮唑13.28g，用水60mL溶解，加入氯化汞溶液10mL，用5mol/L氢氧化钠溶液调pH至9.0，用水定容至100mL，4℃避光保存。

（11）标准储备液：准确称量氨苄西林、阿莫西林、青霉素G、青霉素V、乙氧萘青霉素、苯唑西林、双氯西林标准品10mg，用水定容至10mL，为1mg/mL标准储备液。−20℃避光保存，有效期1个月。

（12）标准工作液的配制：取氨苄西林、阿莫西林、青霉素G、青霉素V储备工作液各

1mL 和乙氧萘青霉素、苯唑西林、双氯西林储备工作液各 3mL 于容量瓶中，用标准稀释液稀释，定容至 100mL，即为氨苄西林、阿莫西林、青霉素 G、青霉素 V 浓度为 10μg/mL 和乙氧萘青霉素、苯唑西林、双氯西林浓度为 30μg/mL 混合标准工作液；取标准工作液稀释，使氨苄西林、阿莫西林、青霉素 G、青霉素 V 浓度为 10μg/L、30μg/L、40μg/L、80μg/L、160μg/L、320μg/L；乙氧萘青霉素、苯唑青霉素、双氯西林浓度为 30μg/L、60μg/L、120μg/L、240μg/L、480μg/L、960μg/L，现配现用。

【仪器】高效液相色谱仪：配紫外检测器。

【测定方法】

（1）样品的制备和保存：取适量新鲜或冷冻空白供试牛奶样品，−20℃贮存备用。

（2）样品前处理过程：

①提取：量取试料 5.0mL 置于离心管中，加溴化四丁基铵乙腈溶液 10mL，轻摇混匀，3 000r/min 离心 10min，取上清液，再按上述操作重复 2 次。合并 3 次上清液，加正己烷 10mL 振荡混匀，静置 10min，除去正己烷层，在 45～50℃水浴旋转蒸发至 3～4mL，供 SPE 净化。

②净化：C_{18} SPE 柱依次用甲醇、水、氮化钠溶液和磷酸缓冲液各 3mL 活化，将提取液过 C_{18} SPE 柱，用水 3mL 淋洗，真空抽干。用乙腈 3.0mL 洗脱，真空抽干，收集洗脱液。样品溶液过柱和洗脱过程中流速控制在 1mL/min 左右。

③衍生化反应：洗脱液在 45～50℃下氮气吹干，加标准稀释液 0.50mL，旋涡振荡溶解，转入 1.5mL 聚丙烯离心管中，加无水苯甲酸酐溶液 25μL，旋涡混匀，50℃水浴反应 5min，快速冷却，加衍生化试剂 250μL，旋涡混匀，65℃水浴反应 10min，快速冰浴冷却。在 4℃条件下 10 000r/min 离心 10min，取上清液供高效液相色谱分析。

（3）标准曲线的制备：准确量取混合标准工作液 0.5mL，其中氨苄西林、阿莫西林、青霉素 V 浓度依次为 10μg/L、20μg/L、40μg/L、80μg/L、160μg/L、320μg/L 以及乙氧萘青霉素、苯唑西林、双氯西林浓度依次为 30μg/L、60μg/L、120μg/L、240μg/L、480μg/L、960μg/L，经过衍生化反应，得到系列浓度的衍生化产物，供高效液相色谱分析，将测得的峰面积与相对应浓度绘制标准曲线，拟合，求回归方程和相关系数。

（4）测定：

①色谱条件：

色谱柱：C_{18} 柱，150mm×3mm（内径），粒径 5μm 或相当者。

流动相：见表 5－7，用前过滤膜。

紫外检测器波长：325nm。

进样量：100μL。

流速：1mL/min。

表 5－7 梯度洗脱程序

时间/min	A 相：B 相（V/V）
0～3	70：30
3～8	65：35
8～30	60：40

②测定：在仪器最佳工作条件下，对青霉素类抗生素药物的混合标准溶液分别进样，以峰面积为纵坐标，混合标准溶液浓度为横坐标，绘制标准工作曲线，用单点校正方法对样品进行定量，其中阿莫西林、青霉素G、青霉素V、氨苄西林、乙氧萘青霉素、苯唑西林、双氯西林的保留时间见表5-8。

表5-8　7种青霉素平均保留时间

青霉素	平均保留时间/min	
	标准溶液（$n=25$）	牛奶样品（$n=25$）
阿莫西林	5±0.09	4.9±0.13
青霉素G	6.9±0.12	6.8±0.18
青霉素V	8.4±0.22	8.4±0.23
氨苄西林	11.1±0.31	11±0.36
苯唑西林	13.2±0.11	12.2±0.44
乙氧萘青霉素	16.5±0.55	16.4±0.56
双氯西林	26.6±0.91	26.4±0.99

【计算】试料中青霉素类药物的残留量（μg/L），按公式计算：

$$X=\frac{A\times c_S\times V}{A_S\times W}$$

式中：X为试料中青霉素类抗生素残留（μg/L）；A为试样溶液中青霉素类药物衍生物的峰面积；A_S为标准工作液中青霉素类药物的浓度（μg/L）；c_S为标准工作液中青霉素类药物的浓度（μg/L）；V为试样溶液的体积（mL）；W为牛奶样品体积（mL）。

【说明】

（1）本方法在牛奶中的检测限为：阿莫西林、青霉素G、氨苄西林、青霉素V为4μg/L，苯唑西林、乙氧萘青霉素、双氯西林为30μg/L。在牛奶中添加浓度2～8μg/L的回收率为60%～120%，添加浓度15～60μg / L的回收率为70%～110%。在牛奶中批间相对标准偏差小于20%。

（2）本法是由农业部发布的检测方法（781号公告—11—2006）。

三、动物性食品中氨基糖苷类药物残留的检测

（一）蜂王浆中链霉素、双氢链霉素和卡那霉素残留量的测定（液相色谱-串联质谱法）

蜂王浆试样中的抗生素用磷酸溶液提取，三氯乙酸沉淀蛋白，用苯磺酸型和羧酸型固相萃取柱净化。液相色谱-串联质谱仪（ESI$^+$）检测，外标法定量。

【试剂】

（1）1.0mg/mL标准储备溶液：称取适量的链霉素、双氢链霉素和卡那霉素标准物质，分别用0.3%乙酸水溶液溶解并配制成1.0mg/mL标准储备液，避光保存于−18℃冰柜中。

（2）0.1μg/mL混合标准溶液：吸取适量链霉素、双氢链霉素和卡那霉素标准储备溶液，用0.3%乙酸溶液稀释成0.1μ/mL的混合标准溶液，避光保存于−18℃冰柜中。

（3）5%磷酸溶液（1+19）：取50mL浓磷酸，用水定容至1L。

（4）0.2mol/L磷酸盐缓冲溶液（pH=8.5）。

（5）50%（质量分数）三氯乙酸溶液。

（6）0.01mol/L庚烷磺酸钠溶液。

（7）SPE洗脱溶液：取4mL甲酸，用0.01mol/L庚烷磺酸钠溶液定容至100mL。

（8）25%甲醇溶液（1+3）。

（9）苯磺酸型固相萃取柱（500mg，3mL）或相当者。使用前依次用5mL甲醇和10mL水预处理，保持柱体湿润。羧酸型固相萃取柱（500mg，3mL）或相当者。使用前依次用5mL甲醇和10mL水预处理，保持柱体湿润。

（10）甲醇（色谱纯）。

（11）乙腈（色谱纯）。

（12）甲酸。

（13）浓磷酸。

（14）磷酸氢二钾（K_2HPO_4）。

（15）三氯乙酸（$C_2HC1_3O_2$）。

（16）庚烷磺酸钠（$C_7H_{15}NaO_3S \cdot H_2O$）。

【仪器】

（1）液相色谱-串联四极杆质谱仪：配有电喷雾离子源。

（2）分析天平：感量0.1mg和0.01g。

（3）固相萃取装置。

【测定方法】

（1）样品前处理过程：

①样品提取和初净化：称取蜂王浆样品10g（精确到0.01g），置于100mL离心管中，加入30mL的5%磷酸溶液，均质3min，并用5%磷酸溶液清洗均质器刀头，合并洗涤液，加入3mL三氯乙酸溶液涡旋混合后在4 000r/min下离心10min。上清液全部倒入下接苯磺酸型固相萃取柱的贮液器中，在固相萃取装置上使样液以小于2mL/min的流速通过萃取柱，待样液全部通过固相萃取柱后，依次用5mL 5%磷酸溶液和10mL水洗涤苯磺酸型固相萃取柱，弃去全部流出液。用20mL磷酸盐缓冲溶液洗脱至50mL离心管中。

②样品溶液再净化：上述洗脱液倒入下接羧酸型固相萃取柱的贮液器中，在固相萃取装置上使样品液以小于2mL/min的流速通过萃取柱，待样品液全部通过固相萃取柱后，依次用10mL水和10mL甲醇溶液洗涤羧酸型固相萃取柱，弃去全部流出液。对羧酸型固相萃取柱减压抽真空30min。用2mL SPE洗脱液洗脱至5mL刻度离心管中，用SPE洗脱液定容至2.0mL，混匀后过0.2μm滤膜，供液相色谱-串联质谱测定。

③基质混合标准校准溶液的制备：称取5个阴性蜂王浆样品10g（精确到0.01g），分别置于100mL具塞离心管中，加入适量混合标准溶液，制成链霉素、双氢链霉素和卡那霉素含量均为5.0μg/kg、10.0μg/kg、20.0μg/kg、100.0μg/kg和200.0μg/kg的基质标准溶液。其余按以上步骤操作完成。

（2）测定条件：

①液相色谱参考条件：

色谱柱：Atlantis C_{18}，3.5μm，150mm×2.1mm（内径）或相当者。

柱温：40℃。

进样量：30μL。

流动相：流动相 A 为 0.1%甲酸水溶液，流动相 B 为 0.1%甲酸乙腈溶液，流动相 C 为甲醇。梯度洗脱参考条件见表 5-9。

表 5-9　液相色谱梯度洗脱参考条件

时间/min	流速/（μL/min）	流动相 A/%	流动相 B/%	流动相 C/%
0	200	85	10	5
3.01	200	60	35	5
6.00	200	60	35	5
6.01	200	85	10	5
16.00	200	85	10	5

②质谱参考条件：

离子源：电喷雾离子源（ESI）。

扫描方式：正离子扫描。

检测方式：多反应监测（MRM）。

电喷雾电压（IS）：5 000V。

辅助气（AUX）流速：7L/min。

辅助气温度（TEM）：550℃。

聚焦电压（FP）：150V。

链霉素、双氢链霉素和卡那霉素的质谱参数见表 5-10。

表 5-10　链霉素、双氢链霉素和卡那霉素的质谱参数

化合物名称	定性离子对（m/z）	定量离子对（m/z）	去簇电压（DP）/V	采集时间/ms	碰撞气能量（CE）/V
链霉素	582/263 582/246	582/263	110	100	45 55
双氢链霉素	584/263 584/246	584/263	100	100	43 55
卡那霉素	485/163 485/324	485/163	50	100	34 23

（3）液相色谱-串联质谱测定：

①定性确证：每种被测组分选择 1 个母离子，2 个以上子离子，在相同实验条件下，样品中待测物质的保留时间与混合基质标准校准溶液中对应组分的保留时间偏差在±2.5%之内；且样品谱图中各组分的相对离子丰度与浓度接近的混合基质标准校准溶液谱图中对应的相对离子丰度进行比较，偏差不超过表 5-11 规定的范围，则可判定样品中存在对应的待测物。

表 5-11　定性确证时相对离子丰度的最大允许偏差（%）

相对离子丰度（K）	$K>50$	$20<K<50$	$10<K<20$	$K\leqslant10$
允许最大偏差	±20	±25	±30	±50

②定量测定：采用外标法定量。在仪器最佳工作条件下，对链霉素、双氢链霉素和卡那霉素的混合基质标准校准溶液进样测定，以混合基质标准校准溶液浓度为横坐标，以峰面积为纵坐标，绘制标准工作曲线，用标准工作曲线对待测样品进行定量，样品溶液中待测物的响应值均应在仪器测定的线性范围内。

【计算】链霉素、双氢链霉素和卡那霉素的残留量按公式计算：

$$X = c \times \frac{V}{m}$$

式中：X 为试样中被测组分残留量（μg/kg）；c 为从标准工作曲线得到的被测组分溶液浓度（ng/mL）；V 为样品溶液最终定容体积（mL）；m 为样品溶液所代表最终试样的质量(g)。

计算结果应扣除空白值。

【说明】本法是国标 GB/T 22945—2008，本方法的添加回收率数据见表 5-12。

表 5-12　链霉素、双氢链霉素和卡那霉素的添加浓度及其平均添加回收率

添加浓度/（μg/kg）	平均回收率/%		
	链霉素	双氢链霉素	卡那霉素
5.0	94.40	96.66	95.80
10.0	92.74	94.74	93.55
20.0	94.81	94.49	94.73
50.0	93.40	94.47	95.44

（二）进出口蜂王浆中链霉素和双氢链霉素残留量测定方法（酶联免疫法）

以酸性缓冲液来沉淀蜂王浆中蛋白质，提取残留的链霉素和双氢链霉素，然后以 HLB 柱净化。处理后样品中残留的链霉素和双氢链霉素与酶标记链霉素共同竞争结合链霉素抗体，同时链霉素抗体结合至包被有绵羊抗兔 IgG 抗体的微孔板上，通过洗涤除去未结合的链霉素、双氢链霉素和酶标记链霉素，然后加入底物显色，用酶标仪测定吸光度，根据吸光度值得出蜂王浆中链霉素和双氢链霉素的含量。

【试剂】

(1) 链霉素检测试剂盒（荷兰 EURO-DIAGNOSTICA 公司产品）。其组成如下：

①预包被抗体的 96 孔板：12 条×8 孔。

②链霉素标准溶液：0ng/mL、0.25ng/mL、0.5ng/mL、1.0ng/mL、2.0ng/mL、10.0ng/mL、20.0ng/mL 和 100ng/mL。

③链霉素酶标记物冻干粉：根据链霉素试剂盒中说明，可用稀释缓冲液配制成链霉素酶标记物溶液。

④抗链霉素抗体冻干粉：根据链霉素试剂盒中说明，可用稀释缓冲液配制成抗链霉素抗

体溶液。

⑤底物 TMB 溶液。

⑥稀释缓冲液：PBS 缓冲液。

⑦洗涤浓缩液：可用水 10 倍稀释后使用。

⑧反应终止液：0.1mol/L 硫酸溶液。

试剂盒应在 4～8℃避光条件下保存，溶解后的酶标记物和抗体溶液需－15℃条件冻存。

（2）甲醇。

（3）SDB 缓冲溶液：称取 1.15g 磷酸氢二钠、0.2g 磷酸二氢钾、0.2g 氯化钾、30g 氯化钠、0.5mL 吐温-80，用水定容至 1 000mL，用磷酸/氢氧化钠调节 pH 至 7.5。

（4）庚烷磺酸钠缓冲液：称取 10.1g 庚烷磺酸钠 [$CH_3(CH_2)_6SO_3Na$]、11.4g 磷酸钠（$Na_3PO_4 \cdot 12H_2O$），用水溶解并定容至 1 000mL，用磷酸调节 pH 至 2.0。

（5）10%甲醇：量取 10mL 甲醇用水定容至 100mL。

（6）HLB 小柱：Oasis（或相当产品），3mL（60mg）。

（7）链霉素和双氢链霉素标准品：纯度大于等于 98%。

（8）链霉素和双氢链霉素标准品溶液的配制：称取 0.25g 链霉素或双氢链霉素，用甲醇定容至 10mL，配制成 25mg/mL 的储存液，于－20℃条件下保存。

【仪器】

（1）酶标仪。

（2）28 道移液器：10～100μL。

（3）单道移液器：10～100μL、20～200μL、100～1 000μL 和 2～10mL。

【测定方法】

（1）试样的制备和保存：原始样品总量不得少于 200g，蜂王浆充分搅拌均匀后，将样品分成两等份；冻干粉采用四分法，将样品分成两等份。分好的样品装入洁净容器，加封并做标识。试样放置－20～－18℃条件下保存。

（2）提取：称取 2.0g 蜂王浆样品，置于 50mL 具塞试管中，加入 8mL 庚烷磺酸钠缓冲液，充分混匀，15℃条件下 6 000r/min 离心 10min 直至清亮，取上层液备用。HLB 小柱，依次用 1mL 甲醇和 1mL 水活化，吸取 1.5mL 样品提取液上柱，然后 3mL 水洗，1mL 10%甲醇洗柱，去除残留的液体，氮气吹干柱子。然后以 2mL 甲醇洗脱，将样品收集于干净塑料试管，氮气吹干。以 3mL SDB 缓冲液溶解吹干残留物，用于 ELISA 检测。最后样品稀释倍数为 10。王浆冻干粉则用水以 1∶2 比例稀释，充分浸泡（2h 以上）后，称取 2.0g 按照上述王浆前处理方法进行提取，最后以 2mL SDB 缓冲液溶解吹干残留物，最后样品稀释倍数为 20。

（3）操作条件：所有操作应在室温下（20～24℃）进行，链霉素试剂盒中所有试剂的温度均应回升至室温（20～24℃）后方可使用。

（4）洗板条件：人工洗涤次数 5 次以上，每次加入洗涤液量为 250μL；自动洗板可以预定 5 次。

（5）酶标仪测定条件：酶标仪测定波长为 450nm。

（6）测定步骤：

①将测定需用的微孔板备齐并插入微孔架上，记录标准品及样品等在微孔架上的位置。

②吸取100μL零浓度标准品于孔A1、A2；并吸取50μL零浓度标准品于孔B1、B2；分别吸取50μL链霉素标准溶液（浓度分别为：0.25ng/mL、0.5ng/mL、1.0ng/mL、2.0ng/mL、10.0ng/mL、20.0ng/mL）于孔C1、C2—H1、H2；分别吸取50μL样品提取液于其余微孔中。测定中吸取不同的试剂和样品溶液时应更换吸头。

③分别吸取25μL链霉素酶标记物溶液于除A1、A2外的每一个微孔。

④分别吸取25μL链霉素抗体溶液于除A1、A2外的每一个微孔。

⑤用封口膜封孔条，并持微孔板在台面上以圆周运动方式混匀。

⑥将酶标板置于4℃避光温育1h。

⑦倒出孔中的液体，将微孔架反扣在吸水纸上反复拍打，以除去孔中过多的残液，但不能使微孔干燥。然后立即用洗涤缓冲液按上述条件进行洗板。要注意不能使微孔干燥。

⑧迅速加入100μL底物溶液于每一个微孔底部，然后持微孔板在台面上以圆周运动方式混匀后，于20～24℃避光温育30min。

⑨加入100μL反应终止液于每一个微孔，然后持微孔板在台面上以圆周运动方式混匀后，将微孔架置于酶标仪中，在450nm处测量吸光度（应在加入反应终止液后30min内读取吸光度）。

⑩阳性质控：每次测定均应做一个添加链霉素和双氢链霉素标准品溶液的监控样品测定，以确定实验过程的操作准确性。

【计算】 从标准品和样品的吸光度（*OD*）值中，减去空白孔A1、A2的平均*OD*值。标准品和样品的*OD*平均值除以零标准（B1、B2）的平均*OD*值，再乘以100。零标准为100%（最大百分比吸光度值），其他*OD*值为最大吸光度值的百分数。

以吸光度的百分比值为纵坐标（%），链霉素标准溶液浓度（ng/mL）的对数值为横坐标，绘制标准工作曲线。从标准工作曲线上得到试样中相应的链霉素浓度后，按公式进行计算：

$$X=\frac{c\times V\times 1000}{m\times 1000}$$

式中：X为样品中链霉素和双氢链霉素的残留总量（μg/kg）；c为标准工作曲线上得到的样品中链霉素和双氢链霉素浓度（ng/mL）；V为样品溶液的最终定容体积（mL）；m为样品溶液所代表的最终试样质量（g）。

也可以用各种酶标仪的数据处理软件进行计算，所得结果表示至一位小数。

【说明】

（1）本法为进出口行业标准SN/T 2059—2008，测定低限为10μg/kg。

（2）本方法中链霉素和双氢链霉素在10～200μg/kg添加浓度范围内的回收率范围为79%～114%。

四、动物性食品中氯霉素类药物残留的检测

（一）蜂蜜中氯霉素残留量的测定方法（气相色谱-质谱法）

蜂蜜试样用水溶解后，用乙酸乙酯提取试样中残留的氯霉素，提取液浓缩后再用水溶解，Oasis HLB固相萃取柱净化，经硅烷化后用气相色谱-质谱仪测定，外标法定量。

【试剂】

（1）甲醇：色谱纯。

（2）乙腈：色谱纯。

（3）乙酸乙酯：色谱纯。

（4）乙腈/水（1+7）：量取20mL乙腈与140mL水混合。

（5）Oasis HLB固相萃取柱或相当者：60mg，3mL。使用前依次用3mL甲醇和5mL水预处理，保持柱体湿润。

（6）硅烷化试剂：将九份吡啶（色谱纯）、三份六甲基二硅氮烷（色谱纯）和一份三甲基氯硅烷（色谱纯）混合。

（7）氯霉素标准储备溶液：0.1mg/mL。准确称取适量的氯霉素标准物质（纯度≥99%），用甲醇配成0.1mg/mL的标准储备液。储备液贮存在4℃冰箱中，可使用2个月。

（8）氯霉素基质标准工作溶液：选择不含氯霉素的蜂蜜样品5份，按本方法提取和净化后，制成蜂蜜空白样品提取液，用这5份提取液分别配成氯霉素浓度为0.4ng/mL、1.0ng/mL、3.0ng/mL、10ng/mL、20ng/mL溶液，经硅烷化后配成标准工作溶液。4℃保存，可使用1周。

【仪器】

（1）气相色谱-质谱仪：配有化学源。

（2）分析天平：感量0.1mg和0.01g各一台。

（3）自动浓缩仪或相当者。

（4）氮气吹干仪。

【方法】

（1）试样的制备：对无结晶的实验室样品，将其搅拌均匀。对有结晶的样品，在密闭情况下，置于不超过60℃的水浴中温热，振荡，待样品全部熔化后搅匀，迅速冷却至室温。分出0.5g作为试样，置于样品瓶中，密封，并做上标记，将试样于常温下保存。

（2）提取：称取5g试样，精确到0.01g，置于50mL具塞离心管中，加入5mL水，于液体混匀器上快速混合1min，使试样完全溶解。加入15mL乙酸乙酯，在振荡器上振荡10min，在3 000r/min下离心10min，吸取上层乙酸乙酯12mL转入自动浓缩仪的蒸发管中，用自动浓缩仪在55℃减压蒸干，加入5mL水溶解残渣，待净化。

（3）净化：将提取液移入下接Oasis HLB柱的贮液管中，溶液以小于等于3mL/min的流速通过Oasis HLB固相萃取柱，待溶液完全流出后，用2×5mL水洗蒸发管并过柱，然后再用5mL乙腈/水（1+7）洗柱，弃去全部淋出液。在65kPa的负压下，减压抽干10min，最后用5mL乙酸乙酯洗脱，收集洗脱液于10mL具塞试管中，于50℃水浴中用氮气吹干，待硅烷化。

（4）硅烷化：在上述10mL具塞试管中加入50μL硅烷化试剂，混合0.5～1min，立即用正己烷定容至1mL，待测定。

（5）测定：

①气相色谱-质谱测定条件

色谱柱：DB-5MS（30m×0.25mm×0.25μm）石英毛细管柱或相当者。

载气：氦气，纯度≥99.999%。

流速：1.0mL/min。

柱温：初始温度70℃，然后以25℃/min程序升温至250℃，保持5min。

进样量：1μL。

进样方式：无分流进样。

进样口温度：280℃。

接口温度：280℃。

负化学源：150eV。

离子源温度：150℃。

反应气：甲烷，纯度≥99.99%。

反应气流量：40%。

选择离子检测见表5-13。

表5-13 氯霉素的选择离子表

检测离子（m/z）	离子比/%	允许相对偏差/%
466	100	
468	80	±20
470	21	±25
376	18	±30

②定性测定：进行样品测定时，如果检出的色谱峰的保留时间与标准样品相一致，并且在扣除背景后的样品质谱图中，所选择的离子均出现，而且所选择的离子比与标准样品衍生物的离子比相一致，则可判断样品中存在氯霉素。如果不能确证，应重新进样，以扫描方式（有足够灵敏度）或采用增加其他确证离子的方式或用LC/MS/MS仪器来确证。

③定量测定：用配制的基质标准工作溶液分别进样，绘制峰面积对样品浓度的五点标准工作曲线，仪器测定以m/z 466为定量离子，用标准工作曲线对样品进行定量，样品溶液中氯霉素衍生物的响应值均应在仪器测定的线性范围内。在上述色谱条件下，氯霉素衍生物参考保留时间约为12.3min。

【计算】结果按公式计算：

$$X=\frac{c\times V\times 1000}{m\times 1000}$$

式中：X为试样中被测组分残留量（μg/kg）；c为从标准工作曲线上得到的被测组分溶液浓度（ng/mL）；V为样品溶液定容体积（mL）；m为样品溶液所代表试样的质量（g）。

注：计算结果应扣除空白值。

【说明】

（1）添加量为0.1μg/kg时，回收率为77.2%；添加量为0.3μg/kg时，回收率为75.4%；添加量为1.0μg/kg时，回收率为86.8%；添加量为4.0μg/kg时，回收率为82.8%。

（2）本法为国标GB/T 18932.20—2003。

（二）蜂蜜中氯霉素残留量的测定方法（酶联免疫法）

试样中残留的氯霉素与试剂盒中的氯霉素酶标记物共同竞争氯霉素抗体，形成有酶标记或无酶标记的抗原抗体复合物而被吸附于微孔板底。用酶标仪在 450nm 处测定吸光度，根据吸光度值得出样品中氯霉素的残留量。

【试剂】

（1）氯霉素试剂盒：96 孔板，12 条×8 孔。

（2）氯霉素标准溶液。

（3）氯霉素酶标记物溶液。

（4）氯霉素抗体溶液。

（5）酶基质。

（6）发色剂。

（7）反应停止液。

（8）缓冲溶液。

（9）乙酸乙酯：分析纯，重蒸馏。

【仪器】

（1）酶标仪。

（2）洗板机：配 8 道或 12 道洗头。

（3）8 道移液器：50～300μL。

（4）单道移液器：5～50μL、100～1 000μL 和 2～10mL。

（5）离心机；氮气吹干仪。

（6）10mL 具塞试管。

（7）液体混匀器。

（8）振荡器。

【测定方法】

（1）试样的制备：对无结晶的实验室样品，将其搅拌均匀。对有结晶的实验室样品，在密闭的情况下，置于不超过 60℃的水浴中温热、振荡，待样品全部熔化后搅匀，冷却至室温。分出 0.5kg 作为试样，制备好的试样置于样品瓶中，密封，并加以标识。

（2）试样的保存：将样品于室温下保存。

（3）样品前处理：称取 2g 试样，精确到 0.01g，置于 25mL 具塞离心管中，加入 4mL 水和 4mL 乙酸乙酯，在液体混匀器上充分混匀 2min，使试样完全溶解。在振荡器上振荡 10min，以 4 000r/min 离心 10min。准确吸取上层乙酸乙酯 1mL 于10mL 具塞试管中，用氮气吹干仪在 50℃吹干。加入 0.5mL 缓冲溶液溶解残渣，供酶标仪测定。此溶液含试样量 0.5g，稀释系数为 1。

（4）测定条件：以下所有操作应在 20～24℃室温下进行。①酶标仪测定条件：酶标仪测定波长为 450nm。②洗板机洗板条件：采用条式抽干和注满，洗涤次数 8 次，每次注水量为 250～350μL。③人工洗板条件：洗涤次数五次以上，每次注水量为 250μL。氯霉素试剂盒中所有试剂的温度均应回升至室温（20～24℃）后方可使用。氯霉素标准溶液，氯霉素酶标记物溶液和氯霉素抗体溶液等均按 1 份试剂＋10 份缓冲溶液进行稀释与制备。每次测定所用的稀释液均应现配现用。将测定需用的微孔板备齐并插入微孔架上，记录标准及样品等在微孔架上的位置。

（5）测定：测定中吸取不同的试剂和样品溶液时应更换吸头。分别吸取 50μL 稀释的酶标记物、氯霉素标准溶液、样品溶液和氯霉素抗体等按模板图位置，依次加入各自的微孔底部，然后，用封口膜密封孔条以防溶液挥发。持微孔板在台面上以圆周运动方式，混匀后，于 20～24℃避光孵育 2h。将微孔架置于洗板机上，按设定的洗板程序洗板后，将微孔架反扣在吸水纸上并反复拍打。此步骤既要去除微孔中过多的残液，又不能使微孔干燥。迅速加入 50μL 酶基质和 50μL 发色剂于微孔底部，然后，持微孔板在台面上以圆周运动方式混匀后，于 20～24℃避光孵育 30min。迅速加入 100μL 反应终止液于微孔底部。然后，持微孔板在台面上以圆周运动方式混匀后，将微孔架置于酶标仪中，在 450nm 处测量吸光度（加入反应停止液后应在 60min 内读取吸光度）。

（6）平行试验：按以上步骤，对同一标准、同一样品溶液均应进行平行试验测定。

（7）空白试验：除不称取试样外，均按上述步骤进行。

（8）监控试验：每次测定均应做一个添加氯霉素标准的样品。

【计算】在半对数坐标纸上，以吸光度值为纵坐标（%），氯霉素标准溶液浓度（pg/kg）为横坐标，绘制标准工作曲线。从标准工作曲线上得到试样中相应的氯霉素浓度后，结果按下式计算：

$$X = c \times \frac{V \times 1000}{m \times 1000}$$

式中：X 为试样中氯霉素残留量（pg/kg）；c 为从标准工作曲线上得到的试样中氯霉素浓度（ng/mL）；V 为样品溶液的最终定容体积（mL）；m 为样品溶液所代表的最终试样质量（g）。结果表示到小数点后两位。计算结果应扣除空白值。

【说明】本法为国标 GB/T 18932.21—2003。

五、动物性食品中氟喹诺酮类药物残留的检测

（一）鸡蛋中氟喹诺酮类药物残留量的检测（高效液相色谱法）

均浆后的鸡蛋样品经提取液提取，用正己烷脱脂，再经过 C_{18} 固相萃取柱进一步净化，用合适的溶剂选择脱除其中的氟喹诺酮类药物，供高效液相色谱定量（荧光检测器）测定。外标法定量。

【试剂】

（1）环丙沙星、达氟沙星、恩诺沙星和沙拉沙星标准储备液：称取环丙沙星、达氟沙星，恩诺沙星和沙拉抄星约 10mg，105℃干燥 4h，精密称量，置于 50mL 棕色容量瓶中，加氢氧化钠溶液（0.03mol/L）溶解并稀释至刻度，摇匀，配置成浓度为 0.2mg/mL 的储备液。置 4℃冰箱中保存，有效期为 3 个月。

（2）环丙沙星、达氟沙星、恩诺沙星和沙拉沙星标准溶液：准确量取适量环丙沙星、达氟沙星、恩诺沙星和沙拉沙星标准储备液，用流动相稀释成浓度为 0.005μg/mL、0.01μg/mL、0.02μg/mL、0.10μg/mL、0.50μg/mL 的标准工作液。准确量取适量达氟沙星标准储备液，用流动相稀释成浓度为 0.001μg/mL、0.002μg/mL、0.01μg/mL、0.02μg/mL、

0.10μg/mL、0.20μg/mL 达氟沙星标准工作液，供高效液相色谱分析。

（3）色谱条件：

色谱柱：C_{18}柱，250mm×4.6mm（内径），粒径 5μm，或相当者。

流动相：0.05mol/L 磷酸/三乙胺溶液-乙腈（81+19）；用前过 0.45μm 滤膜。

流速：1.0mL/min。

检测波长：激发波长 280nm；发射波长 450nm。

进样量：20μL。

（4）测定：取适量试样溶液和相应的标准工作溶液，作单点或多点校准，以色谱峰面积积分值定量。标准工作液及试样溶液中的环丙沙星、达氟沙星、恩诺沙星和沙拉沙星响应值均应在仪器检测的线性范围之内。在上述色谱条件下，药物的出峰先后顺序依次为环丙沙星、达氟沙星、恩诺沙星和沙拉沙星。

【计算】 按公式计算供样品中环丙沙星、达氟沙星、恩诺沙星和沙拉沙星的残留量（μg/kg）。

$$X = \frac{Ac_S V}{A_S M}$$

式中：X 为试料中环丙沙星、达氟沙星和沙拉沙星的残留量（μg/kg）；A 为试样溶液中环丙沙星、达氟沙星、恩诺沙星和沙拉沙星的峰面积；A_S为标准溶液中环丙沙星、达氟沙星、恩诺沙星和沙拉沙星的峰面积；c_S 为标准工作溶液中的环丙沙星、达氟沙星、恩诺沙星和沙拉沙星的峰面积；V 为试样溶液体积（mL）；M 为组织样品的质量（g）。

注：计算结果需扣除空白试验值，测定结果用平行的算术平均值表示，保留到小数点后两位。

【说明】

（1）本方法在鸡蛋中的环丙沙星、恩诺沙星和沙拉沙星检测限为 10μg/kg，达氟沙星检测限为 2μg/kg。环丙沙星、恩诺沙星和沙拉沙星在 10～50μg/kg 添加浓度的回收率为 70%～100%。达氟沙星在 2～10μg/kg 添加浓度的回收率为 70%～100%。批内变异系数（*CV*）≤10%，批间变异系数（*CV*）≤15%。

（2）本法是由农业部发布的检测方法（781 号公告—6—2006）。

（二）动物性食品中氟喹诺酮类药物残留检测（酶联免疫吸附法）

基于抗原抗体反应进行竞争性抑制测定酶标板的微孔包被有偶联抗原，加标准品或待测样品，再加氟喹酮类药物单克隆抗体和酶标记物，包被抗原与加入的标准品或待测样品竞争抗体，酶标记物与抗体结合。通过洗涤除去游离的抗原、抗体及抗原抗体复合物，加底物液，使结合到板上的酶标记物将底物转化为有色底物。加终止液，在 450nm 处测定吸光度值，根据吸光度值计算氟喹诺酮类药物的浓度。

【试剂】

（1）乙腈。

（2）正己烷。

（3）二氯甲烷。

（4）氢氧化钠。

（5）十二水磷酸氢二钠。

（6）二水磷酸二氢钠。

（7）氟喹诺酮类快速检测试剂盒，2～8℃冰箱中保存。

（8）氟喹诺酮类系列标准溶液：0μg/L、1μg/L、3μg/L、27μg/L、81μg/L。

（9）包被有氟喹诺酮类药物偶联抗原的96孔板：12条×8孔。

（10）氟喹诺酮类药物抗原体工作液。

（11）酶标记物工作液。

（12）底物液A液。

（13）底物液B液。

（14）终止液。

（15）2倍浓缩缓冲液。

（16）20倍浓缩洗涤液。

（17）缓冲液工作液：用水将2倍浓缩缓冲液按1∶1体积比进行稀释（1份2倍浓缩缓冲液+1份水），用于溶解干燥的残留物。4℃保存，有效期1个月。

（18）洗涤工作液：用水将20倍浓缩洗涤液按1∶19体积比进行稀释（1份20倍浓缩洗涤液+19份水），用于酶标板的洗涤。4℃保存，有效期1个月。

（19）0.1mol/L氢氧化钠溶液：称取0.4g氢氧化钠加水溶解，定容至100mL。

（20）乙腈-0.1mol/L氢氧化钠溶液（84+16，*V*/*V*）：取乙腈84mL加到0.1mol/L氢氧化钠16mL中混合均匀。

（21）乙腈-0.1mol/L氢氧化钠溶液（50：10，*V*/*V*）：取乙腈50mL加到0.1mol/L氢氧化钠溶液10mL中混合均匀。

（22）磷酸盐缓冲液（0.02mol/L，pH7.2）：称取5.16g十二水磷酸氢二钠和0.87g二水磷酸二氢钠加水溶解定容至1L。

（23）磷酸盐缓冲液（0.05mol/L，pH7.2）：称取12.9g十二水磷酸氢二钠和2.18g二水磷酸二氢钠加水溶解定容至1L。

【仪器】

（1）酶标仪：配备450nm滤光片。

（2）微量移液器：单道20～200μL、100～1 000μL；多道250μL。

【方法】

（1）样品的制备和保存：取新鲜或解冻的空白或供试动物组织，剪碎，置于组织匀浆机中高速匀浆。取鸡蛋去除壳后用均质器500r/min匀浆20s，使蛋清和蛋黄充分混合。取新鲜的蜂蜜样品备用。样品于−20℃冰箱中贮存备用。

（2）样品前处理过程：

①鸡肌肉、鸡肝脏、猪肌肉、猪肝脏前处理过程：称取（3±0.03）g试样于50mL离心管中，加乙腈-0.1mol/L氢氧化钠溶液（84+16，*V*/*V*）9mL，振荡混合10min，4 000r/min离心10min；移取上清液4mL于50mL离心管中，加0.2mol/L磷酸盐缓冲液4mL，再加二氯甲烷8mL，振荡10min，4 000r/min离心10min，取下层有机相6mL于10mL试管中，于50℃水浴下氮气吹干；加缓冲液工作液0.5mL，涡动2min溶解残留物，加正己烷1mL，涡动2min，4 000r/min离心5min；取下层清液50μL分析，稀释倍数为0.8倍。

②蜂蜜前处理过程：称取（1±0.02）g试样于50mL离心管中，加磷酸盐缓冲液2mL，用振荡器振荡至蜂蜜全部溶解；加二氯甲烷8mL，振荡5min，4 000r/min离心5min；取下层有机相4mL于10mL玻璃试管中，于50℃下氮气吹干；用0.05mol/L磷酸盐缓冲液1mL溶解干燥的残留物，取50μL分析。稀释倍数为2倍。

③鸡蛋前处理过程：称取（2±0.02）g试样于15mL离心管中，加乙腈8mL，振荡5min，4 000r/min离心5min；取上清液2mL至10mL离心管中，50℃下氮气吹干；加正己烷1mL，涡动1min；加缓冲液工作液1mL，涡动2min，4 000r/min离心5min，取下层清液50μL分析。稀释倍数为2倍。

④虾、鱼前处理过程：称取（4±0.04）g试样于50mL离心管中，加乙腈-0.1mol/L氢氧化钠溶液12mL，振荡5min，4 000r/min离心10min；取上清液6mL加0.2mol/L磷酸盐缓冲液6mL，再加二氯甲烷7mL，振荡5min，4 000r/min离心5min，取下层有机相6mL于10mL离心管中，于50℃下氮气吹干；加0.02mol/L磷酸盐缓冲液0.5mL，涡动2min，加正己烷1mL，涡动30s，4 000r/min离心5min；取下层清液50μL分析。稀释倍数为0.5倍。

（3）测定：

①使用前将试剂盒在室温（19～25℃）下放置1～2h。

②按每个标准溶液和试样溶液至少两个平行，计算所需酶标板条的数量，插入板架。

③加系列标准溶液或试样液50μL至对应的微孔中，加酶标记物工作液50μL/孔，再加喹诺酮类药物抗体工作液50μL/孔，轻轻振荡混匀，用盖板膜盖板后置室温下避光反应60min。

④倒出孔中液体，将酶标板倒置在吸水纸上拍打，以保证完全除去孔中的液体，加250μL洗涤液工作液至每个孔中，5s后再倒掉孔中液体，将酶标板倒置在吸水纸上拍打，以保证完全除去孔中的液体，再加250μL洗涤液工作液，重复操作两遍以上（或用洗板机洗涤）。

⑤每孔加入底物液A液50μL和底物液B液50μL，轻轻振荡混匀，用盖板膜盖后置室温下避光环境中反应30min。

⑥每孔加50μL终止液，轻轻振荡混匀，置酶标仪于450nm处测量吸光度值。

【计算】用所获得的标准溶液和试样溶液吸光度值的比值进行计算。

$$相对吸光度值=\frac{B}{B_0}\times 100\%$$

式中：B为标准（试样）溶液的吸光度值；B_0的为空白（浓度为0的标准溶液）的吸光度值。

将计算的相对吸光度值（%）对应氟喹诺酮类药物标准品浓度（μg/L）的自然对数作半对数坐标系统曲线图，对应的试样浓度可以从校正曲线算出。

方法筛选结果为阳性的样品，需要用确证方法确证。

【说明】

（1）氟喹诺酮类药物的交叉反应率见表5-14。

（2）本方法在组织（猪肌肉/肝脏、鸡肌肉/肝脏、鱼、虾）样品中氟喹诺酮类药物的检测限3μg/kg；在蜂蜜样品中氟喹诺酮类的检测限5μg/kg；鸡蛋样品中氟喹诺酮类的检测限

$2\mu g/kg$。在 $50\sim200\mu g/kg$ 添加浓度水平上的回收率均为 45%～125%。批内变异系数≤45%，批间变异系数≤45%。

表 5-14　交叉反应率

药物名称	交叉反应率/%
环丙沙星	100.0
蒽诺沙星	96.3
诺氟沙星	166.7
氧氟沙星	125.0
洛美沙星	76.9
噁喹酸	106.4
依诺沙星	105.3
培氟沙星	153.6
达氟沙星	97.3
氟甲喹	86.5
麻保沙星	90.5
氨氟沙星	110.0
双氟沙星	<1.0
沙拉沙星	<1.0

（3）本法是由农业部发布的氟喹诺酮类药物残留检测标准（1025 号公告—8—2008）。

六、动物性食品中磺胺类药物残留的检测

（一）牛奶中磺胺类药物残留量的检测方法（色/质联用分析法）

待测样品中加入乙腈，沉淀牛奶中的蛋白，离心后取上清液用液相色谱-串联质谱仪测定残留在滤液中的磺胺类药物，内标法定量。

【试剂】

（1）甲醇（CH_3OH）：色谱纯。

（2）流动相：A 液- B 液（20＋80）。

①A 液（含 0.02%甲酸的乙腈溶液）：吸取 0.2mL 甲酸（HCOOH）于 1 000mL 乙腈（色谱纯）中，充分摇匀，$0.45\mu m$ 滤膜（水相，$0.45\mu m$）过滤。

②B 液（0.02%甲酸）：吸取 0.2mL 甲酸（HCOOH）于 1 000mL 水中，充分摇匀，$0.45\mu m$ 滤膜过滤。

（3）标准物质：

磺胺嘧啶标准物质：纯度≥99.5%。

磺胺二甲氧基嘧啶标准物质：纯度≥99.5%。

磺胺二甲嘧啶标准物质：纯度≥99.5%。

磺胺甲基嘧啶标准物质：纯度≥99.5%。

磺胺甲氧嘧啶标准物质：纯度≥99.5%。

磺胺甲基异噁唑标准物质：纯度≥99.5%。

磺胺吡啶标准物质：纯度≥98.0%。

磺胺二甲异嘧啶标准物质：纯度≥99.5%。

磺胺异噁唑标准物质：纯度≥99.5%。

(4) $^{13}C_6$ -磺胺甲噁唑储备液：每毫升含 $^{13}C_6$ -磺胺甲噁唑 100μg 的乙腈溶液，贮存于 4℃冰箱中，有效期 24 个月。

(5) 标准溶液：

①标准储备液：准确称取 9 种磺胺类药物标准物质各 10.0mg，分别用甲醇（色谱纯）溶解并定容至 100mL，混合均匀。该溶液每毫升分别含各标准物质 100μg。贮存于 4℃的冰箱中，有效期 3 个月。

②混合标准液：准确吸取各标准储备液（100μg/mL）0.5mL，用水稀释并定容至 50mL，混合均匀。该溶液每毫升含各标准物质 1.0μg。贮存于 4℃的冰箱中，有效期 1 个月。

③标准曲线工作液：准确吸取混合标准液（1.0μg/mL）0.0mL、0.1mL、0.4mL、0.8mL、2.0mL、3.0mL，分别用阴性牛奶样品稀释并定容至 10mL，混合均匀。该溶液每毫升分别含各标准物质 0ng、10ng、40ng、80ng、200ng、300ng。临用前配制。

④内标工作液：准确吸取 $^{13}C_6$ -磺胺甲噁唑储备液（100μg/mL）0.1mL，用乙腈稀释并定容至 100mL，混合均匀。该溶液每毫升含 $^{13}C_6$ -磺胺甲噁唑 100ng。贮存于 4℃的冰箱中，有效期 3 个月。

【仪器】液相色谱-串联四极杆质谱仪：配有电喷雾离子源。

【测定方法】

(1) 制样：贮藏在冰箱中的牛奶，应在实验前预先取出，与室温平衡后摇匀待取样。

(2) 样品前处理过程：准确吸取 0.1mL 样品于洁净聚丙烯塑料管中，加入 0.1mL 内标工作液，用涡流混合器混合 5s，以 15 000r/min 离心 1min。准确吸取 0.1mL 上层清液于洁净聚丙烯塑料管中，加入 0.1mL 乙腈，用涡流混合器混合 5s，以 15 000r/min 离心 1min。准确吸取 0.1mL 上层清液于洁净聚丙烯塑料管中，加入 0.1mL 水，用涡流混合器混合 5s。取上清液，供液相色谱-串联质谱仪测定。

(3) 液相色谱-串联质谱参考条件：

①液相色谱条件：

色谱柱：C_{18}，5μm，100mm×2.0mm（内径），或性能相当者。

预柱：C_{18}，4.0mm×3.0mm（内径），或性能相当者。

流动相：按以上方法配制、过滤。

流速：0.3mL/min。

进样体积：20μL。

②质谱条件：

离子源：电喷雾离子源。

扫描方式：正离子扫描。

检测方式：多反应监测。

喷雾口位置：3∶7。

雾化气压力：0.33MPa。

气帘气压力：0.22MPa。

碰撞气压力：0.62MPa。

辅助气流速：6L/min。

离子源电压：3 500V。

离子源温度：400℃。

监测离子对参见表 5-15。

表 5-15 LC-MS/MS 测定的 9 种磺胺类药物和内标物监测离子对和保留时间

序号	名 称	参考保留时间/min	定性离子对 1	定性离子对 2	定量离子对
1	磺胺二甲嘧啶	1.02	279/149	279/186	279/124
2	磺胺嘧啶	2.79	251/108	251/156	251/92
3	磺胺吡啶	31.93	250/108	250/92	250/156
4	磺胺甲基嘧啶	2.22	265/156	265/172	265/92
5	磺胺二甲异嘧啶	2.63	279/149	279/186	279/124
6	磺胺甲氧嘧啶	3.08	281/108	281/92	281/156
7	磺胺甲基异噁唑	5.78	254/108	254/92	254/156
8	磺胺异噁唑	6.93	268/113	268/108	268/156
9	磺胺二甲氧基嘧啶	11.07	311/108	311/92	311/156
内标	$^{13}C_6$-磺胺甲噁唑	5.76	260/92	260/108	260/162

注：色谱、质谱条件可根据实际情况作相应调整。

（4）各成分保留时间的确定：在上述条件下，各磺胺类药物及内标物质的出峰顺序为：磺胺二甲嘧啶、磺胺嘧啶、磺胺吡啶、磺胺甲基嘧啶、磺胺二甲异嘧啶、磺胺甲氧嘧啶、$^{13}C_6$-磺胺甲噁唑、磺胺甲基异噁唑、磺胺异噁唑、磺胺二甲氧基嘧啶。

（5）样品测定：准确吸取 20μL 处理后的待测样品溶液进样，得到待测样品溶液中各磺胺类药物和$^{13}C_6$-磺胺甲噁唑的峰面积，用标准工作曲线对样品进行定量。样品溶液中待测磺胺类药物的响应值均应在仪器测定的线性范围内。

【计算】标准工作曲线回归方程利用数据处理系统得到，如公式：

$$y = bx + a$$

式中：y 为标准工作液中各磺胺类标准物质定量离子峰面积与$^{13}C_6$-磺胺甲唑定量离子峰面积的比值；x 为标准工作液中各磺胺类标准物质的浓度（μg/L）；b 为标准工作曲线回归方程中的斜率；a 为标准工作曲线回归方程中的截距。

待测样品中各磺胺类药物的残留量按如下公式计算：

$$X = \frac{Y - a}{b}$$

式中：X 为待测样品溶液中各磺胺类药物的残留量（μg/L）；Y 为待测样品溶液中各磺胺类药物定量离子峰面积与$^{13}C_6$-磺胺甲噁唑定量离子峰面积的比值。

【说明】

（1）本方法 9 种磺胺类药物的添加浓度为 10～250μg/L 时，相对回收率为 85%～115%。批间变异系数（CV）≤15%。

（2）本方法是由农业部发布的磺胺类药物残留检测标准（781 号公告—12—2006）。

（二）鸡蛋中磺胺喹噁啉残留的检测方法（高效液相色谱法）

试样中残留的磺胺喹噁啉经乙酸乙酯提取，过无水硫酸钠柱净化，流出液浓缩至干，残余物用 0.015mol/L 磷酸溶液-乙腈溶液（1+1）溶解，用高效液相色谱-紫外法测定，外标法定量。

【试剂】

（1）磺胺喹噁啉标准储备液：取磺胺喹噁啉对照品约 25mg，精密称量，置 250mL 容量瓶中，用乙腈溶解并稀释成浓度为 100μg/mL 的储备液。－20℃以下保存，有效期为 3 个月。

（2）磺胺喹噁啉标准工作液：精密吸取磺胺喹噁啉标准储备液 1.0mL 于 10mL 容量瓶中，用流动相稀释成浓度为 10μg/mL 的标准工作液。

（3）0.015mol/L 磷酸溶液：量取磷酸 1mL，用水稀释至 1 000mL。

（4）无水硫酸钠柱的制备：称取无水硫酸钠 5g，置入玻璃层析柱中，用约 10mL 乙酸乙酯淋洗后备用。

（5）磺胺喹噁啉对照品：含磺胺喹噁啉（$C_7H_7C_{12}NO$）不得少于 98.0%。

（6）乙腈：色谱纯。

（7）磷酸。

（8）乙酸乙酯。

（9）正己烷。

（10）无水硫酸钠。

【仪器】

（1）高效液相色谱仪：配紫外检测器。

（2）天平：感量 0.01g。

（3）玻璃层析柱：300mm×10mm，下装 G1 砂芯板。

【测定方法】

（1）样品的制备：取适量新鲜的空白或供试鸡蛋，匀浆使均匀。0～4℃贮存。

（2）样品前处理：称取试料（5±0.05）g 置 50mL 离心管中，加入 20mL 乙酸乙酯，振摇 5min，4 000r/min 离心 10min，取上清液过无水硫酸钠柱，收集流出液于鸡心瓶中，残渣再加乙酸乙酯 20mL，重复提取一遍，并用少量乙酸乙酯洗残渣，过无水硫酸钠柱，合并流出液于同一鸡心瓶中，于 45℃旋转蒸发至干。残余物用 0.015mol/L 磷酸溶液-乙腈溶液（1+1）1.0mL 溶解，加入 1mL 水饱和正己烷，涡旋 30s，将溶液转移至 2.5mL 离心管中，5 000r/min 离心 10min，取下层清液，用 0.45μm 微孔滤膜过滤，供高效液相色谱分析。

（3）标准曲线的制备：精密吸取 2.0mL、1.0mL、0.5mL、0.2mL、0.1mL、0.05mL、0.025mL 磺胺喹噁啉标准工作液分别于 10mL 容量瓶中，用流动相稀释成 2μg/mL、1μg/mL、0.5μg/mL、0.2μg/mL、0.1μg/mL、0.05μg/mL、0.025μg/mL 的浓度，供高效液相色谱分析。

（4）测定：

①色谱条件：

色谱柱：C_{18}柱，150mm×4.6mm（内径），粒径5μm，或相当者。

流动相：0.015mol/L磷酸溶液-乙腈（70+30）。

柱温：室温。

流速：1.0mL/min。

检测波长：270nm。

进样量：20μL。

②测定法：取适量试样溶液和相应的标准工作液，作单点或多点校正，以色谱峰面积积分值定量。标准工作液及试样液中磺胺喹噁啉的响应值均应在仪器检测的线性范围之内。

【计算】 按公式计算样品中磺胺喹噁啉的残留量（μg/kg）：

$$X = \frac{Ac_S V}{A_S M}$$

式中：X为试样中磺胺喹噁啉的残留量（μg/kg）；A为试样溶液中磺胺喹噁啉的峰面积；A_S为对照溶液中磺胺喹噁啉的峰面积；c_S为对照溶液中磺胺喹噁啉的浓度（ng/mL）；M为试样的质量（g）；V为溶解残余物的体积（mL）。

注：计算结果需扣除空白值。测定结果用两次平行测定的算术平均值表示，保留至小数点后两位。

【说明】

（1）本方法在鸡蛋中的检测限为20μg/kg，定量限为5μg/kg。50～200μg/kg添加浓度的回收率为70%～110%。批内相对标准偏差≤20%，批间相对标准偏差≤20%。

（2）本方法是由农业部发布检测标准（第1025号公告—15—2008）。

七、动物性食品中硝基呋喃类药物残留的检测

动物性食品中硝基呋喃类代谢物残留的检测，常用的为液相色谱-串联质谱法，其原理为试样中残留量的硝基呋喃类代谢物在酸性条件下用2-硝基苯甲醛衍生化，用Oasis HLB或性能相当的固相萃取柱净化。电喷雾离子化，液相色谱-串联质谱检测。用外标法或同位素标记的内标法定量。

【试剂】

（1）甲醇：色谱纯。

（2）乙腈：色谱纯。

（3）乙酸乙酯：色谱纯。

（4）磷酸氢二钾（K_2HPO_4）。

（5）乙酸。

（6）二甲亚砜。

（7）盐酸。

（8）氢氧化钠。

（9）2-硝基苯甲醛（2-NBA）：含量≥99%。

（10）磷酸氢二钾溶液：0.1mol/L，称取17.4g磷酸氢二钾，用水溶解，定容至

1 000mL。

（11）盐酸溶液：0.2mol/L，量取 17mL 浓盐酸，用水定容至 1 000mL。

（12）氢氧化钠溶液：1mol/L，称取 40g 氢氧化钠，用水溶解，定容至 1 000mL。

（13）衍生剂：含 2-硝基苯甲醛 0.05mol/L。称取 0.075 g 2-硝基苯甲醛溶于 10mL 二甲亚砜，现用现配。

（14）样品定容溶液：取 10mL 乙腈和 0.3mL 乙酸，用水稀释到 100mL。

（15）四种硝基呋喃代谢物标准物质：四种标准物质的纯度均≥99%。

①呋喃它酮的代谢物：5-吗啉甲基-3-氨基-2-噁唑烷基酮（3-amino-5-morpholinomethyl-2-oxazolidinone，AMOZ）。

②呋喃西林的代谢物：氨基脲（semicarbazide，SEM）。

③呋喃妥因的代谢物：1-氨基-2-内酰脲（1-aminohydantoin，AHD）。

④呋喃唑酮的代谢物：3-氨基-2-噁唑烷基酮（3-amino-2-oxazolidinone，AOZ）标准物质。

（16）四种硝基呋喃代谢物内标标准物质：四种内标标准物质的纯度均≥99%。

5-吗啉甲基-3-氨基-2-噁唑烷基酮的内标物，Ds-AMOZ。

氨基脲的内标物，$13C^{15}N$-SEM。

1-氨基-2-内酰脲的内标物，$13C^{15}$-AHD。

3-氨基-2-噁唑烷基酮的内标物，D_4-AOZ。

（17）四种硝基呋喃代谢物标准储备溶液：1.0mg/mL。称取适量的四种硝基呋喃代谢物标准物质，分别用甲醇稀释成 1.0mg/mL 的标准储液。避光保存于－18℃冰柜中，可使用三个月。

（18）四种硝基呋喃代谢物混合标准溶液：0.1μg/mL。吸取适量的四种 1.0mg/mL 硝基呋喃代谢物的标准储备溶液，用甲醇稀释成 0.1μg/mL。

（19）四种硝基呋喃代谢物内标标准储备溶液：1.0mg/mL。称取适量的四种硝基呋喃代谢物内标标准物质，分别用甲醇配成 1.0mg/mL 的标准储备液。避光保存于－18℃冰柜中，可使用六个月。

（20）四种硝基呋喃代谢物内标标准溶液，0.1μg/mL。移取适量的四种 1.0mg/mL 硝基呋喃代谢物内标标准储备溶液，用甲醇稀释成 0.1μg/mL 的混合内标标准溶液，避光保存于－18℃冰柜中，可使用三个月。

（21）Oasis HLB 固相萃取柱或相当者：60mg，3mL。使用前分别用 5mL 甲醇和 10mL 水预处理，保持柱体湿润。

【仪器】

（1）液相色谱-串联四极杆质谱仪，配有电喷雾离子源。

（2）分析天平：感量 0.1mg 和 0.01g 各一台。

（3）pH 计：测量精度 pH±0.02 单位。

（4）离心机：转速 4 000r/min 以上。

【测定方法】

（1）试样的制备和保存：样品用组织捣碎机绞碎，分出 0.5kg 作为试样。试样置于－18℃冰柜避光保存。

（2）混合基质标准校准溶液的制备：

①样品称取和脱脂：称取5个阴性样品2g（精确到0.01g），分别置于50mL棕色离心管中，加入10mL甲醇-水混合溶液（2+1），均质1min，再用5mL甲醇-水混合溶液洗涤均质器刀头，二者合并4 000r/min离心5min，吸取上清液弃掉。向5个离心管中分别加入适量四种硝基呋喃代谢物混合标准溶液，使四种硝基呋喃代谢物最终测定浓度分别为0.5ng/mL、1.0ng/mL、2.0ng/mL、4.0ng/mL、10.0ng/mL。再向每个离心管中加入适量混合内标标准溶液，使四种硝基呋喃代谢物内标物最终测定浓度均为2.0ng/mL。

②水解和衍生化：向上述每个离心管中加入10mL 0.2mol/L盐酸溶液，均质1min，用10mL（0.2mol/L）盐酸溶液洗涤均质器刀头，二者合并后加入0.3mL衍生剂，用液体混匀器混匀，置于37℃恒温振荡水浴中避光反应16h。

③净化：上述衍生溶液放置至室温后，加入5mL 0.1mol/L磷酸氢二钾溶液，用1mol/L氢氧化钠溶液调节溶液pH约为7.4，4 000r/min离心10min，上清液（若待测样品含脂肪较多，上清液加5mL正己烷，振荡10min，4 000r/min离心10min吸取并弃掉正己烷），倒入下接Oasis HLB固相萃取柱的贮液器中，在固相萃取装置上使样液以小于2mL/min的流速通过Oasis HLB柱，待样液全部通过固相萃取柱后用10mL水洗涤固相萃取柱，弃去全部流出液。用真空泵在65kPa负压下抽干Oasis HLB固相萃取柱15min。用5mL乙酸乙酯洗脱被测物于25mL棕色离心管中，使用氮气吹干仪，在40℃水浴中吹干，用样品定容溶液溶解并定容至1.0mL，混匀后过0.2μm滤膜，用液相色谱-串联质谱测定。

（3）待测样品溶液的制备：称取待测样品2g（精确到0.01g），置于50mL棕色具塞离心管中，加入10mL甲醇-水混合溶液（2+1），均质1min，再用5mL甲醇-水混合溶液洗涤均质器刀头，二者合并，4 000r/min离心5min，吸取上清液弃掉。向离心管中加入适量混合内标标准溶液，使四种硝基呋喃代谢物内标物最终测定浓度均为2.0ng/mL。按以上①②③操作。

（4）阴性样品基质空白溶液的制备：称取阴性样品2g（精确到0.01g），置于50mL棕色具塞离心管中，加入10mL甲醇-水混合溶液（2+1），均质1min，再用5mL甲醇-水混合溶液洗涤均质器刀头，二者合并，4 000r/min离心5min，吸取上清液弃掉。按以上①②③操作。

（5）仪器条件：

①液相色谱条件：

色谱柱：Atlantis-C_{18}，3.5μm，150mm×2.1mm（内径）或相当者。

柱温：35℃。

进样量：40μL。

流动相及流速见表5-16。

②质谱条件：

离子源：电喷雾离子源（ESI）。

扫描方式：正离子扫描。

检测方式：多反应监测（MRM）。

电喷雾电压（IS）：5 000V。

辅助气（AUX）流速：7L/min。

表 5-16　液相色谱梯度洗脱条件

时间/min	流速/（μL/min）	0.3%乙酸水溶液/%	0.3%乙酸乙腈溶液/%
0.00	200	80	20
3.00	200	50	50
8.00	200	50	50
8.01	200	80	20
16.00	200	80	20

辅助气温度（TEM）：480℃。

聚焦电压（FP）：150V。

碰撞室出口电压（CXP）：11V。

去簇电压（D）：2.45V。

四种硝基呋喃代谢物和内标衍生物的定性离子对、定量离子对、采集时间及碰撞气能量质谱参数见表 5-17。

表 5-17　四种硝基呋喃代谢物和内标衍生物的质谱参数

衍生后的硝基呋喃代谢物及内标物名称	定性离子对（m/z）	定量离子对（m/z）	采集时间/ms	碰撞气能量/V
5-吗啉甲基-3-氨基-2-噁唑烷基酮的衍生物	336/291	335/291	100	18
(2-NP-AMOZ)	335/128			16
氨基脲的衍生物	209/192	209/166	150	17
(2-NP-SEM)	209/166			15
1-氨基-2-内酰脲的衍生物	249/134	249/134	200	19
(2-NP-AHD)	249/178			22
3-氨基-2-噁唑烷基酮的衍生物	236/134	236/134	100	19
(2-NP-AOZ)	236/192			17
5-吗啉甲基-3-氨基-2-噁唑烷基酮内标物的衍生物	340/296	340/296	100	18
(2-NP-D_S-AMOZ)				
氨基脲内标物的衍生物	212/168	212/168	100	15
(2-NP-D_S-SEM)				
1-氨基-2-内酰脲内标物的衍生物	252/134	252/134	100	32
(2-NP-$^{13}C_3$-AHD)				
3-氨基-2-噁唑烷基酮内标物的衍生物	240/134	240/134	100	22
(2-NP-D_4-AOZ)				

（6）液相色谱-串联质谱测定：

①定性测定：每种被测组分选择 1 个母离子，2 个以上子离子，在相同实验条件下，样品中待测物质和内标物的保留时间之比，也就是相对保留时间，与混合基质标准校准溶液中对应的相对保留时间偏差在±3.5%之内；且样品谱图中各组分定性离子的相对丰度与浓度接近的混合基质标准校准溶液谱图中对应的定性离子的相对丰度进行比较，若偏差不超过表

5-18规定的范围，则可判定为样品中存在对应的待测物。

表5-18　定性确证时相对离子丰度的最大允许偏差（%）

相对离子丰度	>50	>20～50	>10～20	≤10
允许最大偏差值	±20	±25	±30	±50

②定量测定：

内标法定量：用仪器软件中的内标定量程序。

外标法定量：在仪器最佳工作条件下，四种硝基呋喃代谢物的混合基质标准校准溶液进样测定，以混合基质标准校准溶液浓度为横坐标，以峰面积为纵坐标，绘制标准工作曲线，用标准工作曲线对待测样品进行定量，样品溶液中待测物的响应值均在仪器测定的线性范围内。

【计算】 结果按公式计算：

$$X = c \times \frac{V}{m} \times \frac{1000}{1000}$$

式中：X 为试样中被测组分残留量（μg/kg）；c 为从标准工作曲线得到的被测组分溶液浓度（ng/mL）；V 为样品溶液最终定容体积（mL）；m 为样品溶液所代表最终试样的质量（g）。

【说明】 本法为国标GB/T 20752—2006。

八、动物性食品中硝基咪唑类药物残留的检测

动物性食品中硝基咪唑类药物及其代谢物残留量的检测方法常用的为液相色谱-串联质谱法，其原理为试样加入相应内标后用乙酸乙酯提取硝基咪唑类药物及其代谢物，蒸干提取溶液，利用液相色谱-串联质谱仪测定，梯度洗脱，内标法定量。

【试剂】

（1）甲硝唑（MNZ）、1-（2-羟乙基）-2-羟甲基-5-硝基咪唑（MNZOH）、二甲硝唑（DMZ）、2-羟甲基-1-甲基-5-硝基咪唑（HMMNI）、异丙硝唑（IPZ）、2-（2-羟异丙基）-1-甲基-5-硝基咪唑（IPZOH）和洛硝哒唑（RNZ）混合标准储备溶液：1.0mg/mL。

准确称取适量的MNZ、MNZOH、DMZ、HMMNI、IPZ、IPZOH和RNZ标准品，用甲醇配成1.0mg/mL的标准储备液，储备液贮存在4℃冰箱中，可保存6个月。

（2）DMZ-D_3、IPZOH-D_3和HMMNI-D_3内标储备溶液：100μg/mL。称取适量的DMZ-D_3、IPZOH-D_3和HMMNI-D_3内标物，用甲醇配成100μg/mL储备液，储备液贮存于4℃冰箱中。

（3）DM2-D_3、IPZOH-D_3和HMMNI-D_3，内标工作溶液：1μg/mL。取适量内标储备液用甲醇稀释成1μg/mL工作溶液，内标工作溶液在4℃保存。

（4）MNZ、MNZOH、DMZ、HMMNI、IPZ、IPZOH和RNZ标准工作溶液：用甲醇分别配成浓度范围为1～50ng/mL标准工作溶液，其中内标溶液浓度为50ng/mL，现配现用。

（5）甲醇-水（2+8，体积比）：量取20mL甲醇于80mL水中，混合均匀。

（6）甲醇：HPLC级；乙酸乙酯；乙酸铵：HPLC级；同位素内标：DMZ-D_3、

IPZOH - D_3、HMMNI - D_3，纯度≥98%；MNZ、MNZOH、DMZ、HMMNI、IPZ、IPZOH 和 RNZ 标准品：纯度≥98%。

【仪器】液相色谱-质谱/质谱仪（串联四极杆）：配有电喷雾离子源。

【测定方法】

（1）样品制备和保存：将实验室样品均质粉碎均匀，分出 0.5kg 作为试样。制备好的试样置于样品袋中，密封，并做上标记。在制样的操作过程中，应防止样品污染或发生残留含量变化。将试样于冷冻状态下保存。

（2）样品前处理过程：准确称取 10g（精确到 0.01g）试样，置于 50mL 具塞离心管中，准确加入 3 种内标混合溶液 50μL。加入 10mL 乙酸乙酯，混合 30s，2 500r/min 离心 3min，取上层乙酸乙酯到 50mL 玻璃试管中，再加入 10mL 乙酸乙酯，重复上述提取步骤，合并提取液，40℃水浴旋转蒸发干。甲醇-水（2+8）1.0mL 定容，过滤到进样瓶中，供液相色谱-质谱/质谱仪测定。

（3）仪器条件：

①参考液相色谱条件：

色谱柱：C_{18}（封端），3μm，150mm×2.0mm（内径）或相当者。

流动相：甲醇-乙酸铵溶液（5mmol/L）。

流速：0.20mL/min。

柱温：室温。

进样量：25μL。

梯度洗脱程序见表 5-19。

表 5-19　流动相梯度洗脱程序

时间/min	甲醇/%	5mmoL 乙酸铵溶液/%
0.00	20	80
1.00	20	80
2.00	90	10
5.50	90	10
6.00	20	80
8.00	20	80

②串联质谱条件：

离子源：电喷雾离子化电离源（ESI），正离子监测。

扫描方式：选择离子检测（SRM），雾化气为高纯氮气，碰撞气为高纯氩气。

喷雾电压：4 200V。

加热毛细管温度：350℃。选择离子参数设定见表 5-20。

（4）液相色谱-串联质谱测定：

①定性测定：进行样品测定时，如果检出的质量色谱峰保留时间与标准样品一致，并且在扣除背景后的样品谱图中，各定性离子的相对丰度与浓度接近的同样条件下得到的标准溶液谱图相比，最大允许相对偏差不超过表 5-21 中规定的范围，则可判断样品中存在对应的被测物。

表 5-20 选择离子参数设定表

测定物质	母离子（m/z）	定性离子（m/z）	定量离子（m/z）	碰撞电压/V
MNZ	172	82	128	22
		128		14
MNZOH	188	123	123	14
		126		16
DMZ	142	81	96	24
		96		18
HMMNI	158	55	140	27
		110		12
RNZ	201	55	140	21
		110		12
IPZ	170	109	124	19
		121		16
IPZOH	186	122	168	17
		168		11
$DMZ-D_3$	145	99	99	16
$HMMNI-D_3$	161	143	143	12
$IPZOH-D_3$	189	171	171	13

表 5-21 定性确证时相对离子丰度的最大允许相对偏差（%）

相对离子丰度	＞50	＞20～50	＞10～20	≤10
允许的相对偏差	±20	±25	±30	±50

②定量测定：标准工作溶液在液相色谱-串联质谱设定条件下分别进样，以标准与内标物峰面积比值为纵坐标，工作溶液浓度（ng/mL）为横坐标，绘制标准工作曲线（1～50ng/mL），用标准工作曲线对样品进行定量，样品溶液中标准的响应值均在仪器测定的线性范围内。其中 $DMZ-D_3$ 作为 MNZ、DMZ 和 MNZOH 内标使用；$HMMNI-D_3$ 作为 HMMNI 和 RNZ 内标使用；$IPZOH-D_3$ 作为 IPZ 和 IPZOH 内标使用。

【计算】结果按公式计算：

$$c_X = \frac{A_X \times c_S}{A_S \times m}$$

式中：c_X为样品中硝基咪唑及其代谢物的浓度（μg/kg）；A_X为样品中硝基咪唑及其代谢物的峰面积与相应内标峰面积比值；c_S为硝基咪唑及其代谢物标准的质量（ng）；A_S为标准品中硝基咪唑及其代谢物的峰面积与相应内标峰面积比值；m为样品质量（g）。

注：计算结果需扣除空白值。

【说明】

（1）本标准中的测定低限为 1.0μg/kg。添加水平为 1.0μg/kg 时回收率范围为 80%～113%；添加水平为 2.0μg/kg 时回收率范围为 79%～109%；添加水平为 5.0μg/kg 时回收率范围为88%～103%。在1.0μg/kg、2.0μg/kg和5μg/kg添加水平上，相对标准偏差为3.7%～7.4%。

（2）本法为国标GB/T 23406—2009。

九、动物性食品中抗寄生虫类药物残留的检测

（一）牛甲状腺和牛肉中硫脲嘧啶、甲基硫脲嘧啶、正丙基硫脲嘧啶、它巴唑、巯基苯并咪唑残留量的检测方法（液相色谱/质谱法）

试样中残留的硫脲嘧啶、甲基硫脲嘧啶、正丙基硫脲嘧啶、它巴唑、巯基苯并咪唑用乙酸乙酯提取，氨基固相萃取柱净化后浓缩，用4-氯-7-苯并呋咱衍生化，再用固相萃取柱净化，液相色谱-串联质谱检测。

【试剂】

（1）甲醇。

（2）乙腈。

（3）乙酸乙酯：色谱纯。

（4）十二水磷酸氢二钠。

（5）磷酸二氢钾。

（6）乙酸。

（7）浓盐酸。

（8）氢氧化钠。

（9）三氯甲烷。

（10）正己烷。

（11）4-氯-7-苯并呋咱（含量大于等于99%）。

（12）巯基乙醇。

（13）二水合乙二胺四乙酸二钠。

（14）无水硫酸钠。

（15）磷酸盐缓冲溶液：pH8，0.2mol/L。称取67.7g磷酸氢二钠和1.5g磷酸二氢钾，用水溶解，定容至1 000mL。

（16）盐酸溶液：0.2mol/L。量取17mL浓盐酸，用水定容至1 000mL。

（17）氢氧化钠溶液：1mol/L。称取40g氢氧化钠，用水溶解，定容至1 000mL。

（18）衍生化试剂：5mg/mL。称取0.05g 4-氯-7-苯并呋咱（NBF-Cl）溶于10mL甲醇，现用现配。

（19）乙二胺四乙酸二钠溶液：0.1mol/L。称取37.2g乙二胺四乙酸二钠溶于1 000mL水中。

（20）洗脱液：含3%乙酸的甲醇和三氯甲烷（15＋85）混合溶液。吸取3mL乙酸于100mL容量瓶中，用甲醇定容至刻度，混匀。吸取该溶液15mL于100mL容量瓶中，用三氯甲烷定容至刻度，混匀。

（21）定容液：含0.3%乙酸的乙腈水溶液。吸取0.3mL乙酸和15mL乙腈于100mL容量瓶中，用水定容至刻度，混匀。

（22）标准物质：硫脲嘧啶（2 - thiouracil，TU）、甲基硫脲嘧啶（methylthiouracil，MTU）、正丙基硫脲嘧啶（propylthiouracil，PrTU）、它巴唑（tapazole，TAP）、巯基苯并咪唑（2 - mercaptobenzimidazole，MBI），纯度大于等于 99%。

（23）标准储备溶液：1.0mg/mL。称取适量的硫脲嘧啶、甲基硫脲嘧啶、正丙基硫脲嘧啶、它巴唑、巯基苯并咪唑标准物质，分别用甲醇配成 1.0mg/mL 的标准储备液。避光 −18℃保存，可使用 6 个月。

（24）混合标准工作液：0.1μg/mL。吸取每种适量标准储备溶液，用甲醇稀释成 0.1 μg/mL的混合标准工作溶液，避光 −18℃保存，可使用 3 个月。

（25）内标标准储备液：1.0mg/mL。称取适量的甲基巯基苯并咪唑标准物质，用甲醇配成 1.0mg/mL 的标准储备液，避光 −18℃保存，可使用 6 个月。

（26）内标标准工作溶液：0.1μg/mL。吸取内标标准储备溶液，用甲醇稀释成 0.1 μg/mL的内标标准工作溶液，避光 −18℃保存，可使用 3 个月。

（27）Sep - Park Amino Propyl 固相萃取柱或相当者：500mg，3mL。使用前用 20mL 正己烷预处理，保持柱体湿润。

（28）Oasis HLB 固相萃取柱或相当者：60mg，3mL。使用前分别用 5mL 甲醇和 10mL 水预处理，保持柱体湿润。

【仪器】液相色谱-串联四极杆质谱仪，配有电喷雾离子源。

【测定方法】

（1）牛甲状腺样品的制备和保存：取 50～100g 阴性牛甲状腺组织，加入 3 倍质量的干冰，用组织捣碎机绞碎后，使干冰在室温下蒸发，备用。牛肌肉组织用组织捣碎机绞碎，分出 0.5kg 作为试样备用。制备好的试样置于 −18℃冰柜中避光保存。

（2）混合基质标准校准溶液的制备：

①样品称取：称取 5 个阴性样品，每个样品为 1g（精确到 0.01g），将上述样品置于 50mL 棕色离心管中，分别加入不同量混合标准工作溶液，使各被测组分的浓度均为 1.0ng/mL、2.0ng/mL、5.0ng/mL、10ng/mL、20ng/mL。再分别加入适量内标标准工作溶液，使其浓度均为 2.0ng/mL。

②提取和初次净化：分别往上述离心管中加入 10mL 乙酸乙酯，3g 无水硫酸钠，20μL 巯基乙醇，30μL 0.1mol/L 乙二胺四乙酸二钠溶液，均质 15s，再用 5mL 乙酸乙酯洗涤均质器刀头，二者合并，4 000r/min 离心 5min，取上清液并在氮气吹干仪上 50℃水浴吹干。用 2mL 乙腈溶解残余物，加入 3mL 正己烷振荡 1min，4 000r/min 离心 5min，吸取并弃掉正己烷，再加 3mL 正己烷重复一次。剩余溶液在氮气吹干仪上 50℃水浴吹干。用 0.5mL 三氯甲烷溶解残余物，边摇边在超声波水浴中停留几秒钟，加入 3mL 正己烷，涡旋混匀，倒入下接预处理好的 Sep - Park Amino Propyl 固相萃取柱的贮液器中，在固相萃取装置上使样液以小于 2mL/min 的流速通过 Sep - Park Amino Propyl 固相萃取柱，待样液全部通过固相萃取柱后用 10mL 正己烷淋洗固相萃取柱，弃去全部流出液，用 5mL 洗脱液洗脱到 25mL 棕色离心管中，并在氮气吹干仪上 50℃水浴中吹干。

③衍生化和再次净化：用 5mL 0.1mol/L pH8 的磷酸盐缓冲溶液溶解上述残留物，加入 0.3mL 衍生剂，涡旋混合 1min，在 50℃恒温水浴避光反应 3h。衍生液放至室温，用 0.2mol/L 盐酸溶液调节 pH 在 3～4，溶液倒入下接 Oasis HLB 固相萃取柱的贮液器中，在

固相萃取装置上使样液以小于 2mL/min 的流速通过 Oasis HLB 柱，待样液全部通过固相萃取柱后用 10mL 水洗固相萃取柱，弃去全部流出液。用真空泵在 65kPa 负压下抽干 Oasis HLB 固相萃取柱 10min。再用 5mL 乙酸乙酯洗脱被测物于 25mL 棕色离心管中，在氮气吹干仪上 50℃水浴吹干，残余物加 300μL 无水乙醇溶解，再加 700μL 定容液定容，混匀后过 0.2μm 滤膜，供液相色谱-串联质谱测定。

（3）实测样品溶液的制备：称取待测样品 1g（精确到 0.01g），于 50mL 棕色离心管中，加入内标工作溶液，使其含量均为 2.0μg/kg。按以上前处理步骤进行操作。

（4）空白基质溶液的制备：称取阴性样品 1g（精确到 0.01g），于 50mL 棕色离心管中，按以上前处理步骤进行操作。

（5）仪器测定条件：

①液相色谱条件：

色谱柱：Atlantis C_{18}，150mm×2.1mm（内径），3.5μm，或相当者。

柱温：45℃。

进样量：20μL。

流动相及流速见表 5-22。

表 5-22　液相色谱梯度洗脱条件

时间/min	流速/（μL/min）	0.3%乙酸水溶液/%	0.3%乙酸乙腈溶液/%
0.00	200	85	15
1.00	200	85	15
1.01	200	50	50
12.00	200	10	90
12.01	200	85	15
20.00	200	85	15

②质谱条件：

离子源：电喷雾离子源（ESI）。

扫描方式：正离子扫描。

检测方式：多反应监测（MRM）。

电喷雾电压（IS）：4 500V。

辅助气（AUX）流速：7L/min。

辅助气温度（TEM）：450℃。

聚焦电压（FP）：140V。

碰撞室出口电压（GXP）：12V。

定性离子对、定量离子对、采集时间、去簇电压及碰撞能量见表 5-23。

（6）液相色谱-串联质谱测定：

①定性测定：每种被测组分选择 1 个母离子，2 个以上子离子，在相同试验条件下，样品中待测物质和内标物的保留时间之比，也就是相对保留时间，与混合基质标准校准溶液中对应的相对保留时间偏差在±2.5%之内，且样品色谱图中各组分定性离子的相对丰度与浓

度接近的混合基质标准校准溶液色谱图中对应的定性离子的相对丰度进行比较，若偏差不超过表 5-24 规定的范围，则可判定为样品中存在对应的待测物。

表 5-23　硫脲嘧啶、甲基硫脲嘧啶、正丙基硫脲嘧啶、它巴唑、巯基苯并咪唑的质谱参数

被测物及内标物名称	定性离子对（m/z）	定量离子对（m/z）	采集时间/ms	去簇电压/V	碰撞能量/V
硫脲嘧啶衍生物	292/229	292/229	100	55	29
	292/216				29
甲基硫脲嘧啶衍生物	306/243	306/243	100	55	29
	206/230				31
正丙基硫脲嘧啶衍生物	334/271	334/271	100	55	30
	334/258				31
它巴唑衍生物	278/202	278/202	100	50	32
	278/232				26
巯基苯并咪唑衍生物	314/238	314/238	100	52	36
	314/268				28
甲基巯基苯并咪唑衍生物（内标）	344/268	344/268	100	55	34
	344/281				35

表 5-24　定性确证时相对离子丰度的最大允许偏差（%）

相对离子丰度	＞50	＞20～50	＞10～20	≤10
允许的最大偏差	±20	±25	±30	±50

②定量测定：a. 内标法定量：用仪器软件中的内标定量法定量。b. 外标法定量：在仪器最佳工作条件下，对混合基质标准校准溶液进样测定，以峰面积为纵坐标，混合基质校准溶液为横坐标绘制标准工作曲线，用标准工作曲线对样品进行定量，样品溶液中待测物的响应值均应在仪器测定的线性范围内。五种甲基硫氧嘧啶的添加浓度及其平均回收率的试验数据参见表 5-25。

表 5-25　五种甲基硫氧嘧啶的添加浓度及其平均回收率的试验数据

被测物名称	添加水平和平均回收率/%							
	2μg/kg		5μg/kg		10μg/kg		20μg/kg	
	牛甲状腺	牛肉	牛甲状腺	牛肉	牛甲状腺	牛肉	牛甲状腺	牛肉
硫脲嘧啶衍生物	86.6	88.9	87.1	89.9	82.1	86.5	83.2	87.8
甲基硫脲嘧啶衍生物	87.8	90.2	89.2	91.2	84.2	85.4	85.4	90.1
正丙基硫脲嘧啶衍生物	85.9	91.3	82.8	90.5	87.3	81.5	83.7	88.2
它巴唑衍生物	83.8	86.7	87.9	89.1	85.2	88.3	82.9	83.2
巯基苯并咪唑衍生物	85.6	88.4	84.6	87.2	87.1	82.1	81.7	85.4

（7）平行试验：按以上步骤，对同一试样进行平行试验测定。

（8）加回收率试验：吸取适量混合标准工作溶液和内标标准工作溶液，分别按以上方法进行衍生化和浓缩，得到相应浓度的混合标准衍生溶液和内标标准衍生溶液，用空白基质溶液稀释成所需浓度的标准校准溶液，阴性样品中添加标准溶液，按以上方法操作后，计算样品添加的回收率。

【计算】试样中被测组分残留量按公式计算：

$$X = c \times \frac{V}{m} \times \frac{1000}{1000}$$

式中：X 为试样中被测组分残留量（μg/kg）；c 为从标准工作曲线得到的被测组分溶液浓度（ng/mL）；V 为样品溶液最终定容体积（mL）；m 为样品溶液所代表最终试样的质量（g）。

【说明】本法为国标 GB/T 20742—2006。

（二）动物性食品中多拉菌素残留的检测方法（高效液相色谱检测法）

用乙腈提取试样中的多拉菌素，加水稀释，用三乙胺调节 pH，经 C_{18} 固相萃取柱净化，加三氟乙酸酐和 N-甲基咪唑衍生化。以甲醇/水为流动相，高效液相色谱-荧光检测法测定，外标法定量。

【试剂】

（1）多拉菌素（doramectin），纯度≥91.9%；甲醇，色谱纯；乙腈；三氟乙酸酐；三乙胺；异辛烷；N-甲基咪唑；C_{18} 固相萃取柱，500mg/6mL；微孔滤膜。

（2）固相萃取柱洗涤液［乙腈-水-三乙胺（30＋70＋0.02），$V/V/V$］：取 30mL 乙腈、70mL 水和 20μL 三乙胺，混匀。

（3）N-甲基咪唑催化液：取 5mL 乙腈，加 5mL N-甲基咪唑混合均匀，4℃冰箱中密封避光保存，有效期 1 周。

（4）三氟乙酸酐反应液：取 6mL 乙腈，加 12mL 三氟乙酸酐混匀，避光保存，临用现配。

（5）多拉菌素标准储备液（100μg/mL）：称取多拉菌素对照品约 10mg 于 100mL 容量瓶中，用甲醇溶解稀释定容，4℃下保存，有效期 6 个月。

（6）多拉菌素标准储备液（10μg/mL）：取 100μg/mL 多拉菌素标准储备液 10mL 于 100mL 容量瓶中，用甲醇稀释定容，4℃条件下保存，有效期 6 个月。

（7）多拉菌素标准工作液：分别准确吸取一定量的 10μg/mL 多拉菌素标准储备液，用甲醇稀释定容，制成浓度为 1ng/mL、5ng/mL、10ng/mL、50ng/mL、100ng/mL 和 250ng/mL 的标准工作液。

【仪器】

（1）高效液相色谱仪：配荧光检测器。

（2）组织匀浆机。

（3）离心机。

（4）天平：感量 0.01g 和感量 0.000 01g 各一台。

（5）旋转蒸发仪。

【测定方法】

（1）样品的制备和保存：取适量新鲜或解冻的空白或供试组织，剪碎，置于组织匀浆机中高速匀浆。－20℃冰箱中贮存备用。

(2) 样品前处理步骤：

①提取：称取试样（5±0.05）g 于 50mL 离心管中，加 8mL 乙腈，涡动 1min，3 500 r/min 离心 7min，收集上清液。重复提取一次，合并两次上清液，加 25mL 水和 50μL 三乙胺，混匀，为上样溶液。

②净化：将 C_{18} 固相萃取柱安装于固相萃取装置上，依次用 5mL 乙腈和 5mL 固相萃取柱洗涤液平衡，将上样溶液过柱，自然流干后抽真空 5min，加 3mL 异辛烷洗涤，抽真空 5min。5mL 乙腈洗脱，收集洗脱液于 5mL 刻度试管中，60℃水浴条件下氮气吹至完全干燥，备用。

注：固相萃取上样液、淋洗液和洗脱液流速均不超过 1mL/min。

③衍生化：向试管中依次加 200μL *N*-甲基咪唑催化液和 300μL 三氟乙酸酐反应液，密闭，涡动 10s，室温下衍生化反应 15min，加 500μL 甲醇混匀，密闭，65℃下继续反应 15min。过 0.2μm 微孔滤膜，供高效液相色谱分析。

(3) 色谱条件：

色谱柱：C_{18} 柱，长 250mm×内径 4.6mm，粒径 5μm，或相当者。

流动相：甲醇-水（97+3，*V/V*）。

流速：1mL/min。

柱温：30℃。

激发波长：365nm。

发射波长：475nm。

进样量：20μL。

(4) 测定法：分别取适量衍生化后的试样液和标准工作液进行液相色谱测定，做单点校准或多点校准，以色谱峰面积积分值定量。标准工作液及试样液中多拉菌素的响应值均应在仪器检测的线性范围之内。试样液测定过程中应参插标准工作液，以便准确定量。

【计算】 动物组织中多拉菌素的含量 *X*，以质量分数（μg/kg）表示，按公式计算：

$$X = \frac{c \times V}{m}$$

式中：*c* 为试样液中对应的多拉菌素的浓度（μg/mL）；*V* 为溶解残留物所用流动相的体积（mL）；*m* 为试样质量（g）。

测定结果用平行测定后的算术平均值表示，保留三位有效数字。

【说明】

(1) 本方法多拉菌素在动物组织中的检测限为 0.6μg/kg，定量限为 2.0μg/kg。在 1～500μg/kg 添加浓度水平上的回收率为 60%～120%。批内变异系数≤15%，批间变异系数≤20%。

(2) 本法是由农业部发布的食品中多拉菌素残留的测定方法（第 1025 号—9—2008）。

（三）动物性食品中阿维菌素残留量的检测方法（高效液相色谱-质谱/质谱法）

蜂蜜和食醋样品用水稀释后，经 C_{18} 固相萃取柱净化。其他样品用乙腈提取，中性氧化铝柱净化，外标法定量。

【试剂】

（1）阿维菌素标准中间液：准确移取阿维菌素标准储备液，以乙腈稀释并定容至适当浓度的标准工作液，保存于4℃冰箱内。

（2）阿维菌素标准储备液：精密称取适量（精确至0.000 1g）阿维菌素标准物质，以乙腈溶解配制浓度为100μg/mL的标准储备液，保存于－18℃冰箱内。

（3）乙酸-水溶液（0.1%）：取1mL乙酸，以水定容至1 000mL。

（4）乙腈-水溶液：1＋6，体积比。

（5）乙腈：高效液相色谱纯。

（6）无水硫酸钠：使用前650℃灼烧4h，在干燥器中冷却至室温，贮于密封瓶中备用。

（7）中性氧化铝固相萃取柱：1 000mg，3mL。

（8）C_{18}固相萃取柱：1 000mg，6mL。

【仪器】高效液相色谱-质谱/质谱仪，配有大气压化学电离源（APCI源）。

【测定方法】

（1）试样的制备与保存：

①牛肉、羊肉、鸡肉、鱼肉：取样品中有代表性的可食部分约500g，用捣碎机捣碎，装入洁净容器作为试样，密封并做好标识，于－18℃冰箱内保存。

②蜂蜜：取有代表性样品约500g，未结晶样品将其用力搅拌均匀，有结晶析出样品可将样品瓶盖塞紧后，置于不超过60℃的水浴中，待样品全部熔化后搅匀，迅速冷却至室温。制备好的样品装入洁净容器内密封并做好标识，室温保存。

（2）要求：制样操作过程中应防止样品受到污染而发生残留物含量的变化。

（3）提取：

①牛肉、羊肉、鸡肉、鱼肉样品：准确称取5g（精确至0.01g）均匀试样，加入5g无水硫酸钠和15mL乙腈，以10 000r/min均质2min，3 090r/min离心5min，上清液经无水硫酸钠过滤并转入浓缩瓶中。用10mL乙腈再提取一次，合并提取液。将提取液于40℃水浴下浓缩至2～3mL。

②蜂蜜样品：准确称取5g（精确至0.01g）均匀试样，加入30mL水，涡旋混匀。

（4）净化：

①牛肉、羊肉、鸡肉、鱼肉样品：用3mL乙腈对中性氧化铝柱进行预淋洗。将前面得到的样品提取液转入中性氧化铝柱，用5mL乙腈分两次洗涤浓缩瓶并将洗涤液转入中性氧化铝柱中，调整流速在1.5mL/min左右，用2mL乙腈淋洗小柱，收集全部流出液。将流出液在50℃下吹干，用1.0mL乙腈溶解残渣，滤膜过滤，供液相色谱-质谱/质谱测定。

②蜂蜜样品：依次用5mL乙腈和5mL乙腈水溶液对C_{18}固相萃取柱进行预淋洗。将前面得到的样品稀释液加入C_{18}固相萃取柱，调整流速在1.5mL/min左右，加入10mL水淋洗C_{18}固相萃取柱，将固相萃取柱吹干。加入5mL乙腈进行洗脱，收集全部洗脱液。将洗脱液在50℃下吹干，用1.0mL乙腈溶解残渣，滤膜过滤，供液相色谱-质谱/质谱测定。

（5）测定条件：

①液相色谱条件：

色谱柱：C_{18}柱，150mm×2.1mm（内径），粒径5μm。

流动相：乙腈-乙酸水溶液（0.1%）（70＋30）。

流速：0.3mL/min。

柱温：40℃。

进样量：20μL。

②质谱条件：

离子源：大气压化学电离源（APCI 源），负离子监测模式。

喷雾压力：413.7kPa（60psi）。

干燥气体流量：5L/min。

大气压化学电离源蒸发温度：400℃。

电晕电流：10 000nA。

毛细管电压：3 500V。

监测离子对（m/z）：定性离子对（872/565，872/854），定量离子对（872/565）。

（6）高效液相色谱-质谱/质谱测定：根据试样中阿维菌素的含量情况，选择浓度相近的标准工作液进行色谱分析，以峰面积按外标法定量。

（7）确证：按照上述条件测定样品和标准工作液，如果检测的质量色谱峰保留时间与标准工作液一致，定性离子对的相对丰度与相当浓度的标准工作液的相对丰度一致，相对丰度偏差不超过表 5-26 的规定，则可判断样品中存在相应的被测物。

表 5-26 定性确证时相对离子丰度的最大允许偏差（%）

相对离子丰度	>50	>20～50	>10～20	≤10
允许的相对偏差	±20	±25	±30	±50

【计算】 按公式计算样品中阿维菌素残留量，计算结果需扣除空白值。

$$X=\frac{A\times c\times V}{As\times m}$$

式中：X 为试样中阿维菌素残留量（mg/kg）；c 为阿维菌素标准工作液的浓度（μg/mL）；V 为样品最终定容体积（mL）；A 为样液中阿维菌素的峰面积；As 为阿维菌素标准工作液的峰面积；m 为最终样液代表的试样质量（g）。

【说明】 本法为进出口食品检测方法，SN/T 1973—2007，本方法中阿维菌素的测定低限为 0.005mg/kg。

（四）动物性食品中聚醚类药物残留量的检测方法（液相色谱-串联质谱测定方法）

试样中聚醚类残留，采用异辛烷提取，提取液用硅胶柱净化。液相色谱-串联质谱仪测定，外标法定量。

【试剂】

（1）3 种聚醚类标准储备溶液：200μg/mL。分别准确称取定量的莫能菌素、盐霉素和甲基盐霉素标准品，用甲醇配成 200μg/mL 的标准储备溶液（4℃避光保存可使用 6 个月）。

（2）3 种聚醚类标准中间溶液：10μg/mL。分别准确量取适量的 200μg/mL 标准储备溶液，用甲醇-水（13+2）稀释成 10μg/mL 的标准中间溶液（4℃避光保存可使用 1 个月）。

（3）标准工作液：准确量取适量的 10μg/mL 标准中间溶液，用甲醇-水（13+2）稀释成 10ng/mL、25.0ng/mL、50.0ng/mL、100ng/mL、250.0ng/mL、500.0ng/mL 的聚醚类混合标准工作溶液（4℃避光保存可使用 1 周）。

(4) 3 种聚醚类混合标准添加溶液：100ng/mL。准确量取适量的 10μg/mL 聚醚类混合标准中间溶液，用甲醇-水（13＋2）稀释成 100ng/mL 的聚醚类标准添加溶液（4℃避光保存可使用 1 周）。

(5) 甲醇-水（13＋2)：甲醇和水按体积比 13：2 混匀。

(6) 甲醇-二氯甲烷（1＋9)：甲醇、二氯甲烷按体积比 1：9 混匀。

(7) 异辛烷：分析纯。

(8) 甲醇：液相色谱级。

(9) 莫能菌素、盐霉素、甲基盐霉素标准品：纯度≥99%。

(10) 无水硫酸钠：分析纯，500℃灼烧 4h，置于干燥器中备用。

【仪器】

(1) 液相色谱-串联质谱仪：配有电喷雾离子源。

(2) 固相萃取硅胶柱：500mg，3mL。

【测定方法】

(1) 试样制备与保存：从原始样品中取出部分有代表性的样品，经高速组织捣碎机均匀捣碎，用四分法缩分出适量试样，均分成两份，装入清洁容器内，加封后做出标记，一份作为试样；一份作为留样。试样应在－20℃条件下保存。

(2) 标准曲线制备：制备浓度系列分别为 10.0ng/mL、25.0ng/mL、50.0ng/mL、100.0ng/mL、250.00ng/mL、500.00ng/mL 的混合标准工作液（分别相当于测试样品含有 2.0μg/kg、5.0μg/kg、10.0μg/kg、20.0μg/kg、50.0μg/kg、100.0μg/kg 目标化合物)。取空白样品提取液继续制备成相同浓度的基质添加标准工作液。

(3) 提取和净化：

提取：称取 5.0g 试样，置于 50mL 聚四氟乙烯离心管中，加入 15mL 异辛烷，均质 3min，另取 10mL 异辛烷冲洗刀头，合并于上述离心管中，涡流混匀，振荡 30s，于离心机上以 3 500r/min 的速率离心 3min，转移上清液于 50mL 三角烧瓶中，离心残渣用 10mL 异辛烷再提取一次，将上清液合并于上述三角瓶中。

净化：于硅胶萃取柱上加入灼烧后的无水硫酸钠 1.0g，用 5mL 异辛烷润湿，然后将三角烧瓶中的提取液缓慢加入到萃取柱上，施以适当压力，使其以 3mL/min 的速度流出，注意不得使柱子流干，而后用 15mL 二氯甲烷以 2mL/min 的速率淋洗萃取柱，弃去淋洗液，待二氯甲烷流尽后再加压冲柱 0.5min，使萃取柱中残存的二氯甲烷充分流出。再加入甲醇-二氯甲烷（1＋9）15mL，以 1mL/min 的速率洗脱，收集洗脱液，于 40℃减压蒸发至近干，氮气吹干，准确加入 1mL 甲醇-水溶液（13＋2）溶解残渣，涡流混匀后，用一次性注射式滤器过滤至样品瓶中，供液相色谱-串联质谱仪测定。

(4) 仪器条件：

①液相色谱条件：

色谱柱：C_{18}柱（可用 Intersil ODS－3，粒径 5μm，柱长 150mm，内径 4.6mm 或相当者)。

流动相：甲醇－1%甲酸（87＋13）溶液，梯度洗脱方式为 0～8min 内由甲醇－1%甲酸溶液（99＋1）变为甲醇－1%甲酸溶液（87＋13)。

流速：0.9mL/min。

柱温：25℃。

进样量：10μL。

②质谱条件：

离子源：电喷雾离子源。

扫描方式：正离子扫描。

检测方式：多反应监测。

电喷雾电压：5 500V。

雾化气压力：0.344MPa。

气帘气压力：0.241MPa。

辅助气压力：0.344MPa。

离子源温度：400℃。

定性离子对、定量离子对、碰撞气能量和去簇电压，见表 5-27。

表 5-27 3 种聚醚类的定性离子对、定量离子对、碰撞气能量和去簇电压

名 称	定性离子对（m/z）	定量离子对（m/z）	碰撞气能量/eV	去簇电压/V
莫能菌素	692.9/479.2	692.9/479.2	72	230
	692.9/461.2		72	230
盐霉素	773.1/431.2	773.1/431.2	72	220
	773.1/513.3		67	200
甲基盐霉素	787.5/431.2	787.5/431.2	70	220
	787.5/513.3		67	200

(5) 液相色谱-串联质谱测定：用基质添加混合标准工作液分别进样，以峰面积为纵坐标，工作液浓度（ng/mL）为横坐标。绘制标准工作曲线，用标准工作曲线对样品进行定量，样品溶液中 3 种目标化合物的响应值均应在仪器测定的线性范围内。在上述色谱条件和质谱条件下各种目标化合物的参考保留时间见表 5-28。

表 5-28 3 种聚醚类标准品的参考保留时间

名 称	保留时间/min
莫能菌素	3.48
盐 霉 素	4.44
甲基盐霉素	5.17

【计算】试样中每种聚醚类药物残留量按公式计算：

$$X = c \times \frac{V}{m} \times \frac{1000}{1000}$$

式中：X 为试样中被测组分残留量（μg/kg）；c 为从标准工作曲线得到的被测组分溶液浓度（ng/mL）；V 为试样溶液定容体积（mL）；m 为试样溶液所代表的质量（g）。

注：计算结果应扣除空白值。

【说明】本法为国标 GB/T 20364—2006，检出低限（*LOD*）莫能菌素、盐霉素、甲基盐霉素为1.0μg/kg。定量限为5.0μg/kg。

十、动物性食品中激素残留的检测

（一）猪可食性组织中地塞米松残留的检测方法（高效液相色谱法）

试料中残留的地塞米松，用酶水解，乙腈提取，固相萃取柱净化，供高效液相色谱（紫外检测器）测定，外标法定量。

【试剂】

（1）地塞米松标准储备液：精确称取地塞米松标准品10.0mg，甲醇溶解并稀释成100mg/L标准储备液，于－20℃以下保存，有效期1个月。

（2）地塞米松标准工作液：精确移取地塞米松标准储备液适量，用流动相稀释，使地塞米松浓度分别为5μg/L、10μg/L、20μg/L、40μg/L、80μg/L、160μg/L、320μg/L，随配随用。

（3）β-葡萄苷酸酶-芳基磺酸酯酶：活性为每毫升含有131 000U β-葡萄苷酸酶和3.18U芳基磺酸酯酶。

（4）醋酸缓冲液3moL/L（pH5.2）：称取无水乙酸钠123.05g，加入乙酸25mL，加水溶解定容至500mL。

（5）正己烷。

（6）乙腈。

（7）甲醇。

（8）二氯甲烷。

【仪器】

（1）高效液相色谱仪（配紫外检测器）。

（2）分析天平：感量0.000 01g。

（3）固相萃取装置。

【测定方法】

（1）样品的制备和保存：取适量新鲜或冷冻空白、供试组织，去除筋膜，绞碎，以5 000r/min均质5min。－20℃以下贮存备用。

（2）提取：称取均质肌肉（10±0.05）g或肝脏（5±0.05）g，置50mL带盖离心管中，加3mol/L醋酸缓冲液10mL，旋涡混合5～10min。加β-葡萄苷酸酶-芳基磺酸酯酶50μL，混匀，60℃水浴1h，冷却至室温。加乙腈10mL，混匀，4 200r/min离心20min。取上清液，于残渣中加乙腈10mL混匀，离心。合并两次提取液。

（3）净化：提取液中加正己烷10mL、二氯甲烷2mL，混匀30s，4 200r/min离心10min。移取中间层（乙腈和二氯甲烷层），40℃旋转蒸至约0.5mL，用乙腈4mL分两次洗瓶，合并洗液，40～50℃下氮气吹干。乙腈0.5mL溶解，加水10mL混匀。依次用甲醇5mL、水5mL活化固相萃取柱（HLB，60mg/3mL）。提取液过柱，水4mL洗涤离心管，过柱。依次用水5mL、甲醇/水（20+80，V/V）5mL和正己烷5mL淋洗萃取柱，抽2min至干，用甲醇2mL洗脱。洗脱液于40～50℃下氮气吹干，流动相0.5mL溶解残渣，待HPLC测定。

(4) 色谱条件：色谱柱：C_{18}，250mm×4.6mm（内径），粒径 5μm。流动相：乙腈/水（50+50；V/V）。流速：1.0mL/min。检测波长：240nm。柱温：30℃。进样量：100μL。

(5) 色谱测定：取试样溶液和相应的标准溶液做单点或多点校准，按外标法，以峰面积定量，即得。

【计算】 试料中地塞米松的残留量（μg/kg），按公式计算：

$$X = \frac{A \times c_S \times V}{A_S \times W}$$

式中：X 为试料中地塞米松残留量（μg/kg）；A 为试样溶液中地塞米松的峰面积；A_S 为标准工作液中地塞米松的峰面积；c_S 为标准工作液中地塞米松的浓度（μg/L）；V 为溶解残余物所得溶液体积（mL）；W 为组织样品质量（g）。

【说明】

(1) 本法是由农业部发布的检测方法（958 号公告—6—2007）。在猪肌肉中检测限为 0.75μg/kg，定量限为 1μg/kg，在猪肝脏中检测限为 1μg/kg，定量限为 2.0μg/kg。批内和批间变异系数（CV）≤25%。

(2) 本法在猪肌肉组织和肝脏组织中 0.75～8.0μg/kg 添加浓度的回收率为 60%～120%。

（二）动物性食品中 11 种激素残留检测（液相色谱-串联质谱法）

动物肌肉、肝脏和鲜蛋匀浆样品及牛奶在碱性条件下，与叔丁基甲醚均质、振荡提取，提取液浓缩蒸干后用 50%乙腈水溶液溶解残渣，冷冻离心脱脂净化。液相色谱-串联质谱仪测定，内标法定量。

【试剂】

(1) 叔丁基甲醚：色谱纯。

(2) 乙腈：色谱纯。

(3) 甲醇：色谱纯。

(4) 甲酸。

(5) 50%乙腈水溶液：500 份乙腈与 500 份超纯水混合，加 1 份甲酸，混匀。

(6) 10%碳酸钠溶液：称取 10.0g 碳酸钠溶于 100mL 水中。

(7) 0.1%甲酸溶液：取 1mL 甲酸用水稀释至 1 000mL，混匀。

(8) 睾酮、甲基睾酮、黄体酮、群勃龙、勃地龙、诺龙、美雄酮、司坦唑醇、丙酸诺龙、丙酸睾酮及苯丙酸诺龙对照品：纯度≥98%。

(9) 内标储备溶液：100μg/mL 氘代睾酮标准溶液（−20℃保存，有效期 6 个月）。

(10) 11 种激素药物标准储备溶液：0.1mg/mL。分别精密称取适量的每种激素药物对照品至棕色容量瓶中，用甲醇配制成 0.1mg/mL 的标准储备溶液（−20℃保存，有效期 6 个月）。

(11) 11 种激素药物混合标准中间溶液及内标中间溶液：10μg/mL。分别准确量取适量的 0.1mg/mL 每种激素药物标准储备溶液和内标储备溶液，用甲醇稀释成 10μg/mL 的 11 种药物混合标准中间溶液和内标中间溶液（4℃保存，有效期 1 个月）。

(12) 11 种激素药物混合标准工作溶液及内标工作溶液：准确量取适量的 10μg/mL 激

素类药物及内标中间溶液，用50%乙腈水溶液配制成浓度系列为1.00ng/mL、2.00ng/mL、5.00ng/mL、10.0ng/mL、20.0ng/mL、100ng/mL的激素药物混合标准工作溶液及内标工作溶液（4℃保存，有效期1周）。

【仪器】

（1）液相色谱-串联质谱仪：配有电喷雾离子源。

（2）分析天平：感量0.01mg和0.01g各一台。

（3）高速组织均质机。

（4）高速冷冻离心机。

（5）旋涡振荡器。

（6）旋转蒸发仪。

（7）移液器：200μL、1mL。

（8）一次性注射式滤器：配有0.22μm微孔滤膜。

【测定方法】

（1）试样的制备和保存：称取约100g动物肌肉、肝脏，完全切碎后备用；取10枚鲜蛋，去壳备用；取鲜牛奶100mL，混匀备用。上述样品经高速组织均质机捣碎，用四分法缩分出适量试样，均分成2份（鲜牛奶混匀直接分为2份），装入清洁容器内，加封后做出标记。一份作为试样，一份为留样。试样应在－20℃条件下保存。

（2）提取：称取（5±0.05）g试样，置于50mL聚丙烯离心管中，加氘代睾酮内标溶液适量，加入10%碳酸钠溶液3mL和25mL叔丁基甲醚，均质30s，振荡10min，4℃下6 000r/min离心10min，将上清液转移至梨形瓶中。将离心残渣用25mL叔丁基甲醚重复再提取一次，合并上清液。

（3）净化：将上清液转移至50mL梨形瓶，于40℃水浴中旋转蒸发至干。用50%乙腈水溶液2.0mL溶解残余物，旋涡混匀后，溶液冷却30min，16 000r/min离心5min，取适量溶液经0.22μm滤膜过滤至样品瓶中，供液相色谱-串联质谱仪测定。

（4）测定条件：

①液相色谱条件：

色谱柱：C_{18}（150mm×2.1mm，粒径1.7μm），或其他效果等同的C_{18}柱。

柱温：30℃。

流速：0.3mL/min。

进样量：10μL。

流动相：乙腈+0.1%甲酸溶液，梯度洗脱见表5-29。

表5-29　流动相梯度洗脱条件

时间/min	0.1%甲酸溶液/%	乙腈/%
0.0	560	50
5.0	10	90
7.0	10	90
7.5	50	50
10.0	50	50

②质谱条件：

离子源：电喷雾离子源。

扫描方式：正离子模式。

检测方式：多反应监测。

脱溶剂气、锥孔气、碰撞气：均为高纯氮气及其他合适气体，使用前应调节各气体流量以使质谱灵敏度达到检测要求。

毛细管电压、锥孔电压、碰撞能量等电压值：应优化至最佳灵敏度。

定性离子对、定量离子对及对应的锥孔电压和碰撞能量见表 5-30。

表 5-30　11 种激素类药物的质谱参数（母离子均为 $[M+H]^+$）

被测药物名称	定性离子对（m/z）	定量离子对（m/z）	锥孔电压/V	碰撞能量/eV
群勃龙（trenbolone）	271.5/199.4 271.4/253.5	271.5/199.4	45	20 20
勃地龙（boldenone）	287.6/135.4 287.6/121.3	287.6/121.3	25	15 25
诺龙（nandrolone）	275.2/109.1 275.2/257.3	275.3/109.1	35	25 15
睾酮（testosterone）	289.5/97.3 289.5/109.1	289.5/97.3	35	25 30
美雄酮（大力补）（methandienone）	301.7/121.4 301.7/283.6	301.7/121.4	25	25 10
甲基睾酮（methyltestosterone）	303.5/97.3 303.5/109.4	303.5/109.4	30	25 25
司坦唑醇（康力龙）（stanozolol）	329.8/81.4 329.8/121.4	329.8/81.4	45	45 35
氘代睾酮（内标）（D_3-testosterone）	292.6/97.3 292.6/109.3	292.6/109.3	25	20 20
黄体酮（孕酮）（progesterone）	315.5/97.5 315.5/109.3	315.5/97.5	37	20 23
丙酸诺龙（nandrolonepropionate）	331.6/109.3 331.6/145.4	331.6/109.3	25	20 10
丙酸睾酮（testosteronepropionate）	345.7/97.3 345.7/109.3	345.7/109.3	30	20 22
苯丙酸诺龙（nandrolonephenylpropionate）	407.8/105.4 407.8/257.6	407.8/105.4	30	28 15

（5）液相色谱-串联质谱测定：

①定性测定：按以上操作步骤，制备用于配制系列基质标准工作溶液的样品空白提取液，与试样溶液一起进样分析。每种被测组分选择 1 个母离子，2 个以上子离子，在相同试验条件下，样品中待测物质的保留时间与混合对照品基质标准溶液中对应的保留时间偏差在 2.5%之内，且样品谱图中各组分定性离子的相对丰度与浓度接近的对照品基质标准溶液中对应的定性离子的相对丰度进行比较。若偏差不超过表 5-31 规定的范围，则可判定为样品

中存在对应的待测物。

表 5-31　定性确证时相对离子丰度的最大允许偏差（%）

相对离子丰度	>50	>20～50	>10～20	≤10
允许的最大偏差	±20	±25	±30	±50

②定量测定：在仪器最佳工作条件下，混合对照品基质匹配标准工作液与试样交替进样，采用与测试样品浓度接近的单点基质匹配标准溶液外标法定量。或以氘代睾酮为内标，标准溶液中被测组分峰面积与氘代睾酮内标峰面积的比值为纵坐标，相应被测组分浓度为横坐标绘制工作曲线，用工作曲线对样品进行定量，样品溶液中待测物的响应值均应在仪器测定的线性范围内。

【计算】 结果按下式计算：

$$X_i = c_S \times \frac{A_i}{A_S} \times \frac{V}{m} \times \frac{1000}{1000}$$

式中：X_i 为样品中被测激素药物的残留量（μg/kg）；c_S 为基质匹配标准溶液中对应激素药物的浓度（ng/mL）；A_i 为试样溶液中被测激素类药物的色谱峰面积；A_S 为基质标准溶液中对应激素药物的峰面积；m 为试样溶液所代表样品的质量（g）；V 为样品最终定容的体积（mL）。

【说明】

（1）本方法在猪、牛、羊、鸡肌肉组织和鲜蛋中睾酮、甲基睾酮、勃地龙、美雄酮及司坦唑醇的检测限为 0.3μg/kg，其他为 0.4μg/kg；在猪、牛、羊、鸡肝脏组织和牛奶中睾酮、甲基睾酮、勃地龙、美雄酮及司坦唑醇的检测限为 0.4μg/kg，其他为 0.5μg/kg。在猪、牛、羊、鸡肌肉、肝脏组织、牛奶、鲜蛋中 11 种药物的定量限为 1.0μg/kg。

（2）本方法在猪、牛、羊、鸡肌肉、肝脏组织、牛奶和鲜蛋中，11 种激素药物在 1.0μg/kg、2.0μg/kg、10μg/kg 三个添加水平上的回收率在 50%～120%，变异系数<40%。

（3）本法是由农业部发布的检测方法（农业部 1031 号公告—1—2008）。

十一、动物性食品中β-受体兴奋剂残留的检测

（一）动物性食品中克伦特罗残留的测定（气/质联用法）

固体试样剪碎，用高氯酸溶液匀浆。液体试样加入高氯酸溶液，进行超声加热提取，用异丙醇-乙酸乙酯（40+60）萃取，有机相浓缩，经弱阳离子交换柱进行分离，用乙醇-浓氨水（98+2）溶液洗脱，洗脱液浓缩，经 N，Q-双三甲基硅烷三氟乙酰胺（BSTFA）衍生后于气质联用仪上进行测定。以美托洛尔为内标，定量。

【试剂】

（1）美托洛尔内标标准溶液：准确称取美托洛尔标准品，用甲醇溶解配成浓度为 240mg/L 的内标储备液，贮于冰箱中，使用时用甲醇稀释成 2.4mg/L 的内标使用液。

（2）克伦特罗标准溶液：准确称取克伦特罗标准品，用甲醇溶解配成浓度为 250mg/L 的标准储备液，贮于冰箱中，使用时用甲醇稀释成 0.5mg/L 的克伦特罗标准使用液。

（3）衍生剂：*N*，*O*-双三甲基硅烷三氟乙酰胺（BSTFA）。

（4）高氯酸溶液（0.1mol/L）。

（5）氢氧化钠溶液（1mol/L）。

（6）磷酸二氢钠缓冲液（0.1mol/L，pH=6.0）。

（7）异丙醇+乙酸乙酯（40+60）；乙醇+浓氨水（98+2）。

（8）弱阳离子交换柱（LC-WCX）（3mL），针筒式微孔过滤膜（0.45μm，水相）。

（9）磷酸二氢钠，氢氧化钠，氯化钠，高氯酸，浓氨水，异丙醇，乙酸乙酯，甲醇等为HPLC级，甲苯为色谱纯，乙醇。

【仪器】

（1）气相色谱-质谱联用仪（GC/MS）。

（2）超声波清洗器。

（3）离心机。

（4）振荡器。

（5）旋转蒸发仪。

【测定方法】

（1）提取：

①肌肉、肝脏、肾脏、尿样的提取：称取肌肉、肝脏或肾脏试样10g（精确到0.01g），用20mL 0.1mol/L高氯酸溶液匀浆，置于磨口玻璃离心管中，然后置于超声波清洗器中超声20min，取出置于80℃水浴中加热30min。取出冷却后离心（4 500r/min）15min。倾出上清液，沉淀用5mL 0.1mol/L高氯酸溶液洗涤，再离心，将两次的上清液合并。尿液试样的提取中采用移液管量取尿液5mL，加入20mL 0.1mol/L高氯酸溶液，超声20min混匀。置于80℃水浴中加热30min后进行以下操作。用1mol/L氢氧化钠溶液调pH至9.5±0.1，若有沉淀产生，再离心（4 500r/min）10min，将上清液转移至磨口玻璃离心管中，加入8g氯化钠，混匀，加入25mL异丙醇-乙酸乙酯(40+60)，置于振荡器上振荡提取20min。提取完毕，放置5min（若有乳化层稍离心一下）。用吸管小心将上层有机相移至旋转蒸发瓶中，用20mL异丙醇+乙酸乙酯（40+60）再重复萃取一次，合并有机相，于60℃在旋转蒸发器上浓缩至近干。用1mL 0.1mol/L磷酸二氢钠缓冲液（pH6.0）充分溶解残留物，经针筒式微孔过滤膜过滤，洗涤三次后完全转移至5mL玻璃离心管中，并用0.1mol/L磷酸二氢钠缓冲液（pH6.0）定容至刻度。

②血液试样的提取：将血液于4 500r/min离心，用移液管量取上层血清1mL置于5mL玻璃离心管中，加入2mL 0.1mol/L高氯酸溶液，混匀，置于超声波清洗器中超声20min，取出置于80℃水浴中加热30min。取出冷却后离心（4 500r/min）15min。倾出上清液，沉淀用1mL 0.1mol/L高氯酸溶液洗涤，离心（4 500r/min）10min，合并上清液，再重复一遍洗涤步骤，合并上清液。向上清液中加入约1g氯化钠，加入2mL异丙醇-乙酸乙酯(40+60)，在涡旋式混合器上振荡萃取5min，放置5min（若有乳化层稍离心一下），小心移出有机相于5mL玻璃离心管中，按以上萃取步骤重复萃取两次，合并有机相。将有机相在N_2-浓缩器上吹干。用1mL 0.1mol/L磷酸二氢钠缓冲液（pH6.0）充分溶解残留物，经针筒式微孔过滤膜过滤完全转移至5mL玻璃离心管中，并用0.1mol/L磷酸二氢钠缓冲液（pH6.0）定容至刻度。

（2）净化：依次用10mL乙醇、3mL水、3mL 0.1mol/L磷酸二氢钠缓冲液（pH6.0）、3mL水冲洗弱阳离子交换柱，取适量样品提取液至弱阳离子交换柱上，弃去流出液，分别用4mL水和4mL乙醇冲洗柱子，弃去流出液，用6mL乙醇-浓氨水（98+2）冲洗柱子，收集流出液。将流出液在N_2-蒸发器上浓缩至干。

（3）衍生化：于净化、吹干的试样残渣中加入100～500μL甲醇、50μL 2.4mg/L的内标工作液，在N_2-蒸发器上浓缩至干，迅速加入40μL衍生剂（BSTFA），盖紧塞子，在涡旋式混合器上混匀1min，置于75℃的恒温加热器中衍生90min，衍生反应完成后取出冷却至室温，在涡旋式混合器上混匀30s，置于N_2-蒸发器上浓缩至干。加入200μL甲苯，在涡旋式混合器上充分混匀，待气质联用仪进样。同时用克伦特罗标准使用液做系列同步衍生。

（4）气相色谱-质谱法测定参数：

气相色谱柱：DB-5MS柱，30m×0.25mm×0.25μm。

载气：He。

柱前压：55.16kPa（8psi）。

进样口温度：240℃。

进样量：1μL，不分流。

柱温程序：70℃保持1min，以18℃/min的速度升至200℃，以5℃/min的速度再升至245℃，再以25℃/min升至280℃并保持2min。

EI源电子轰击能：70eV。

离子源温度：2 000℃。

接口温度：285℃。

溶剂延迟：12min。

EI源检测特征质谱峰：

克伦特罗：m/z 86、187、243、262。

美托洛尔：m/z 72、223。

（5）测定：吸取1μL衍生的试样液或标准液注入气质联用仪中，以试样峰（m/z 86、187、243、262、264、277、333）与内标峰（m/z 72、223）的相对保留时间定性，要求试样峰中至少有3对选择离子相对强度（与基峰的比例）不超过标准相应选择离子相对强度平均值的±20%或3倍标准差。以试样峰（m/z 86）与内标峰（m/z 72）的峰面积比单点或多点校准定量。

【说明】本法为国标GB/T 5009.192—2003。

（二）动物性食品中莱克多巴胺残留检测（酶联免疫吸附法）

在微孔条上包被偶联抗原，试样中残留的莱克多巴胺药物与酶标板上的偶联抗原竞争莱克多巴胺抗体，加酶标记的抗体后，显色剂显色，终止液终止反应。用酶标仪在450nm处测定吸光度，吸光值与莱克多巴胺残留量成负相关，与标准曲线比较即可得出莱克多巴胺残留含量。

【试剂】

（1）乙腈、正己烷：分析纯。

（2）莱克多巴胺检测试剂盒：2～8℃保存。

(3) 包被有莱克多巴胺偶联抗原的96孔板：规格为12条×8孔。

(4) 莱克多巴胺抗体工作液。

(5) 酶标记物工作液。

(6) 20倍浓缩洗涤液。

(7) 5倍浓缩缓冲液。

(8) 底物液A液。

(9) 底物液B液。

(10) 终止液。

(11) 莱克多巴胺系列标准溶液：至少有5个倍比稀释浓度水平，外加1个空白。

(12) 缓冲工作液：用水将5倍浓缩缓冲液按1：4体积比进行稀释（1份5倍浓缩缓冲液+4份水），用于溶解干燥的残留物。2～8℃保存，有效期1个月。

(13) 洗涤液工作液：用水将20倍的浓缩洗涤液按1：19体积比进行稀释（1份20倍浓缩洗涤液+19份水），用于酶标板的洗涤。2～8℃保存，有效期1个月。

【仪器】

(1) 酶标仪：配备450nm滤光片。

(2) 匀浆器。

(3) 微量振荡器。

(4) 离心机。

(5) 微量移液器：单道20μL、50μL、100μL、1 000μL；多道250μL。

(6) 天平：感量0.01g。

(7) 氮气吹干装置。

【测定方法】

(1) 猪肌肉和猪肝脏样品的前处理：称取试样（3±0.03）g于50mL离心管中，加乙腈9mL，振荡10min，4 000r/min离心10min；取上清液4mL于10mL离心管中，50℃水浴下氮气吹干；加正己烷1mL，涡动30s；再加缓冲工作液1mL，涡动1min，4 000r/min离心5min，肌肉组织取下层液100μL与样本缓冲工作液100μL混合；肝组织取下层液50μL与样本缓冲工作液150μL混合，各取50μL分析。肌肉组织的稀释倍数为1.5倍，肝组织的稀释倍数为3倍。

(2) 猪尿液样品的前处理：取试样50μL直接用于分析。猪尿液样品的稀释倍数为1倍。

(3) 测定：

①使用前将试剂盒在室温（19～25℃）下放置1～2h。

②按每个标准溶液和试样溶液至少两个平行计算，将所需数目的酶标板条插入板架中。

③加标准品或样本50μL/孔后，每孔再加莱克多巴胺抗体工作液50μL轻轻振荡混匀。用盖板膜盖板，置室温下反应30min。

④倒出孔中液体，将酶标板倒置在吸水纸上拍打，以保证完全除去孔中的液体，加250μL洗涤液工作液至每个孔中，5s再倒掉孔中液体，将酶标板倒置在吸水纸上拍打，以保证完全除去孔中的液体。再加250μL洗涤液工作液，重复操作两遍以上（或用洗板机洗涤）。

⑤加酶标记物 100μL/孔。用盖板膜盖板后置室温下反应 30min，取出重复洗板步骤。

⑥加底物液 A 液和 B 液各 50μL/L，轻轻振荡混匀于室温下避光显色 15～30min。

⑦加终止液 50μL，轻轻振荡混匀，置酶标仪于 450nm 波长处测量吸光度值。

【计算】用所获得的标准溶液和试样溶液吸光度值的比值进行计算。见下式：

$$相对吸光度值=\frac{B}{B_0}\times100\%$$

式中：B 为标准（试样）溶液的吸光度值；B_0 为空白（浓度为 0 标准溶液）的吸光度值。将计算的相对吸光度值（%）对应莱克多巴胺标准品浓度（μg/L）的自然对数作半对数坐标系统曲线图，对应的试样浓度可从校正曲线算出。此方法筛选结果为阳性的样品，需要用确证方法确证。

【说明】

（1）本方法在猪肉、猪肝、尿液样品中莱克多巴胺的检测限依次为 1.5μg/kg（L）、1.4μg/kg（L）、1.1μg/kg（L）。本方法的批内变异系数≤20%，批间变异系数≤30%。

（2）本方法在 2～10μg/kg（L）添加浓度水平上的回收率均为 60%～120%。

（3）本方法为农业部公布的检测方法（农业部第 1025 号公告—6—2008）

十二、动物性食品中孔雀石绿残留的检测

水产品中孔雀石绿和结晶紫残留量的测定方法常用的为高效液相色谱-荧光检测法，其原理为样品中残留的孔雀石绿或结晶紫用硼氢化钾还原为其相应的代谢产物隐色孔雀石绿或隐色结晶紫，乙腈-乙酸铵缓冲混合液提取，二氯甲烷液液萃取，固相萃取柱净化，反相色谱柱分离，荧光检测器检测，外标法定量。

【试剂】

（1）乙腈：色谱纯。

（2）二氯甲烷。

（3）酸性氧化铝：分析纯，粒度 0.071～0.150mm。

（4）二甘醇。

（5）硼氢化钾。

（6）无水乙酸铵。

（7）冰乙酸。

（8）氨水。

（9）硼氢化钾溶液（0.03mol/L）：称取 0.405g 硼氢化钾于烧杯中，加 250mL 水溶解，现配现用。

（10）硼氢化钾溶液（0.2mol/L）：称取 0.54g 硼氢化钾于烧杯中，加 50mL 水溶解，现配现用。

（11）20%盐酸羟胺溶液：溶解 12.5g 盐酸羟胺在 50mL 水中。

（12）对-甲苯磺酸溶液（0.05mol/L）：称取 0.95g 对-甲苯磺酸，用水稀释至 100mL。

（13）乙酸铵缓冲溶液（0.1mol/L）：称取 7.718g 无水乙酸铵溶解于 1 000mL 水中，氨水调 pH 到 10.0。

（14）乙酸铵缓冲溶液（0.125mol/L）：称取 9.64g 无水乙酸铵溶解于 1 000mL 水中，

冰乙酸调 pH 到 4.5。

（15）酸性氧化铝固相萃取柱：500mg，3mL。使用前用 5mL 乙腈活化。

（16）Varian PRS 柱或相当者：500mg，3mL。使用前用 5mL 乙腈活化。

（17）标准品：孔雀石绿（MG）分子式为［（$C_{23}H_{25}N_2$）（C_2HO_4）］，$C_2H_2O_4$，结晶紫（GV）分子式为 $C_{25}H_{29}ClN_3$，纯度大于 98%。

（18）标准储备溶液：准确称取适量的孔雀石绿、结晶紫标准品，用乙腈分别配制成 100μg/mL 的标准储备液。

（19）混合标准中间液（1μg/mL）：分别准确吸取 1.00mL 孔雀石绿和结晶紫的标准储备溶液至 100mL 容量瓶中，用乙腈稀释至刻度，配制成 1μg/mL 的混合标准中间溶液。−18℃避光保存。

（20）混合标准工作溶液：根据需要，临用时准确吸取一定量的混合标准中间溶液，加入硼氢化钾溶液 0.40mL，用乙腈准确稀释至 2.00mL，配制适当浓度的混合标准工作液。

【仪器】 高效液相色谱仪：配荧光检测器。

【测定方法】

（1）取样：鱼去鳞、去皮，沿背脊取肌肉部分；虾去头、壳、肠腺，取肌肉部分；蟹、甲鱼等取可食部分，样品切为不大于 0.5cm×0.5cm 的小块后混合。

（2）样品前处理过程：

①提取：称取 5.00g 样品于 50mL 离心管内，加入 10mL 乙腈，10 000r/min 匀浆提取 30s，加入 5g 酸性氧化铝，振荡 2min，4 000r/min 离心 10min，上清液转移至 125mL 分液漏斗中，在分液漏斗中加入 2mL 二甘醇、3mL 硼氢化钾溶液，振摇 2min。另取 50mL 离心管加入 10mL 乙腈，洗涤匀浆机刀头 10s，洗涤液移入前一离心管中，加入 3mL 硼氢化钾溶液，用玻棒捣散离心管中的沉淀并搅匀，旋涡混匀器上振荡 1min，静置 20min，4 000r/min 离心 10min，上清液并入 125mL 分液漏斗中。在 50mL 离心管中继续加入 1.5mL 盐酸羟胺溶液、2.5mL 对-甲苯磺酸溶液、5.0mL 乙酸铵缓冲溶液，振荡 2min，再加入 10mL 乙腈，继续振荡 2min，4 000r/min 离心 10min，上清液并入 125mL 分液漏斗中，重复上述操作一次。在分液漏斗中加入 20mL 二氯甲烷，具塞，剧烈振摇 2min，静置分层，将下层溶液转移至 250mL 茄形瓶中，继续在分液漏斗中加入 5mL 乙腈、10mL 二氯甲烷，振摇 2min，把全部溶液转移至 50mL 离心管，4 000r/min 离心 10min，下层溶液合并至 250mL 茄形瓶，45℃旋转蒸发至近干，用 2.5mL 乙腈溶解残渣。

②净化：将 PRS 柱安装在固相萃取装置上，上端连接酸性氧化铝固相萃取柱，用 5mL 乙腈活化，转移提取液到柱上，再用乙腈洗茄形瓶两次，每次 2.5mL，依次过柱，弃去酸性氧化铝柱，氮气吹至近干，在不抽真空的情况下，加入 3mL。等体积混合的乙腈和乙酸铵溶液，收集洗脱液，乙腈定容至 3mL，过 0.45μm 滤膜，供液相色谱测定。

（3）色谱条件：

色谱柱：ODS - C_{18} 柱，250mm×4.6mm（内径），粒径 5μm。

流动相：乙腈＋乙酸铵缓冲溶液（0.125mol/L，pH4.5）＝80＋20。

流速：1.3mL/min。

柱温：35℃。

激发波长：265nm。

发射波长：360nm。

进样量：20μL。

（4）色谱分析：分别注入20μL孔雀石绿和结晶紫混合标准工作溶液及样品提取液于液相色谱仪中，按上述色谱条件进行色谱分析，记录峰面积，响应值均应在仪器检测的线性范围之内。根据标准品的保留时间定性，外标法定量。

【计算】样品中孔雀石绿和结晶紫的残留量按公式计算。

$$X=\frac{A\times c_S\times V}{A_S\times m}$$

式中：X为样品中待测组分残留量（mg/kg）；c_S为待测组分标准工作液的浓度（μg/mL）；A为样品中待测组分的峰面积；A_S为待测组分标准工作液的峰面积；V为样液最终定容体积（mL）；m为样品质量（g）。

【说明】

（1）本法为国标GB/T 20361—2006，孔雀石绿和结晶紫混合标准溶液的线性范围：0.1～600ng/mL。孔雀石绿、结晶紫的检出限均为0.5μg/kg。

（2）在样品中添加0.4～100μg/kg孔雀石绿时，回收率为70%～110%。在样品中添加0.4～100μg/kg结晶紫时，回收率为70%～110%。

（3）本方法的相对标准偏差≤15%。

第六章

动物性食品中添加剂的检测

第一节　概　述

食品添加剂（food additive）是指为改善食品的品质、色、香、味以及防腐和加工工艺的需要而加入食品中的化学合成物或天然物质。包括营养强化剂、食品用香料、胶基糖果中基础剂物质、食品工业用加工助剂等。这些物质在产品中必须不影响食品的营养价值，并且有增强食品感观形状或提高食品质量的作用。

联合国粮农组织（FAO）及世界卫生组织（WHO）对食品添加剂的定义如下：食品添加剂是指在生产、加工和保存过程中，有意识添加到食物中，期望达到某种目的的物质。这些物质本身不作为食用目的，也不一定有营养价值，但必须对人体无害。

我国使用食品添加剂的历史悠久，当初使用的多为天然物质，对人体一般无毒害作用，故至今仍在沿用，如花椒、茴香、姜、桂皮等。但随着食品工业和化学工业的发展，食品添加剂的种类和数量越来越多，并由天然物质逐渐发展到化学合成物质，使用范围也在不断扩大。因此，长期食用含有化学合成添加剂的食品，是否对人体有毒害作用，已成为广大消费者普遍关心的问题。

一、动物性食品中添加剂的种类与作用

（一）动物性食品中添加剂的种类

食品添加剂的种类繁多，各国允许使用的食品添加剂种类各不相同。据统计，国际上目前使用的食品添加剂种类已达 14 000 多种，其中直接使用的大约为 4 000 种，常用的有 1 000多种。我国 2008 年 6 月 1 日正式实施的食品添加剂使用卫生标准新标准将食品添加剂分为 22 类，共 1 812 种，其中添加剂 290 种，香料 1 528 种，加工助剂 149 种，胶姆糖基础剂 55 种。

食品添加剂按其来源可分为两大类，一类是从动植物体内提取的天然物质，一类是化学合成的物质。前者品种少，工艺性能差；后者品种多，工艺性能好。但化学合成的添加剂其毒性大于天然添加剂，特别是因添加剂本身质量不纯，混有有害杂质或用量过大时易造成危害。目前使用的多为化学合成的添加剂，但未来的发展趋势是使用天然添加剂。

1. 根据来源分类

（1）化学合成的添加剂：利用各种有机、无机物通过化学合成的方法而得到的添加剂。目前，使用的添加剂大部分属于这一类添加剂。如：防腐剂中的苯甲酸钠，漂白剂中的焦硫酸钠，色素中的胭脂红、日落黄等。

（2）天然提取的添加剂：利用分离提取的方法，从天然的动、植物体等原料中分离纯化后得到的食品添加剂。如色素中的栀子黄、辣椒红等，香料中天然香精油、薄荷等。此类添加剂由于比较安全，并且其中一部分又具有一定的功能及营养，符合食品产业发展的趋势。

2. 按使用目的分类 目前，我国允许使用并已制定使用卫生标准的有防腐剂、抗氧化剂、护色剂、着色剂、漂白剂、酸度调节剂、稳定和凝固剂、酶制剂、膨松剂、增稠剂、消泡剂、营养强化剂、增味剂、甜味剂、乳化剂、被膜剂、水分保持剂、抗结剂、胶姆糖基础剂、面粉处理剂、香料、其他等22大类。

3. 按安全性划分 食品法典委员会（CAC）下设的食品添加剂法典委员会（CCFC）根据FAO/WHO食品添加剂联合专家委员会（JECFA）提供的安全评价资料，建议把食品添加剂分为如下四大类：

第一类：GRAS物质（general recognized as safe），即一般认为是安全的物质，可以按正常需要量使用，不需要建立ADI值者。

第二类：A类，又分为A_1和A_2两类。

A_1类：经JECFA评价，认为毒理学性质清楚，可以使用，已制定出ADI值。

A_2类：JECFA已制定暂定ADI值，但毒理学资料不够完善，暂时允许使用于食品。

第三类：B类，JECFA曾进行过评价，由于毒理学资料不足，未建立ADI值。

第四类：C类，又分为C_1和C_2两类。

C_1类：JECFA根据毒理学资料认为在食品中使用不安全。

C_2类：JECFA根据毒理学资料认为应严格控制在某些食品中作为特殊使用。

（二）食品添加剂的作用

各类食品在加工过程中，为确保产品的质量，必须依据加工产品特点选用合适的食品添加剂。因此，食品添加剂用于食品工业以后，发挥着以下作用：

（1）保持或提高食品本身的营养价值，如加入维生素、氨基酸等营养素。

（2）作为某些特殊膳食用食品的必要配料或成分，如糖尿病患者不能食用蔗糖，又要满足甜的需要。因此，需要各种甜味剂。婴儿生长发育需要各种营养素，因而发展了添加有矿物质、维生素的配方奶粉。

（3）提高食品的质量和稳定性，改进其感官特性，如加入一些色素、香料、甜味剂。

（4）便于食品的生产、加工、包装、运输或者贮藏。食品加工过程中许多需要润滑、消泡、助滤、稳定和凝固等，如果不用食品添加剂就无法加工。此外为满足食品加工工艺过程的特殊需要而使用漂白剂、增稠剂。为延长食品保存时间使用防腐剂、抗氧剂、保鲜剂等。

二、动物性食品中添加剂的危害

WHO、FAO从20世纪50年代开始关注食品添加剂的安全评价（毒理学评价）工作。随着食品工业的发展，特别是进入21世纪以来，食品添加剂的安全性引起了社会各界的高度重视。

1. 急性毒性 有些食品添加剂本身有毒或其中含有毒杂质，均可引起人急性中毒。例如，亚硝酸盐可引起组织缺氧。1955年日本12 000人因食入含砷的“森永”奶粉而中毒，经调查，砷来自乳粉稳定剂磷酸二氢钠。

2. 慢性毒性 有些食品添加剂可在体内蓄积，引起慢性中毒。例如，在食品中加入维生素A为强化剂，经摄食后3～6个月总摄入量达到25万～84万IU时，则出现食欲不振、便秘、体重停止增加、失眠、兴奋、肝脏肿大等症状。过去使用的许多色素和防腐剂是有毒性的，如β-萘酚、罗达明B等有致癌作用。

3. 引起变态反应 近年来由于食品添加剂引起的变态反应的报道日益增多，例如糖精可以引起皮肤瘙痒症、日光性过敏性皮炎，苯甲酸及偶氮类染料可以引起呼吸器官炎症、咳嗽等，香料中许多物质也可引起呼吸器官发炎、支气管哮喘、皮肤瘙痒等。

4. 食品添加剂中的杂质及裂解产物的毒性 食品添加剂在制造过程中的一些杂质，如糖精中的杂质邻甲苯磺酰胺，用氨法生产的焦糖色中4-甲基咪唑等，4-甲基咪唑是一种惊厥剂，过量摄入对人健康不利。食品添加剂与食品成分起反应，如焦炭酸二乙酯可形成氨基甲酸乙酯，亚硝酸盐形成亚硝基化合物等，这些物质具有强烈致癌作用。

三、动物性食品中常用添加剂的允许残留量

我国动物性食品中常用添加剂的允许残留量标准如表6-1。

表6-1 动物性食品中常用添加剂的允许残留量

添加剂名称	标 准	食 品	最大使用量/(g/kg)	残留量/(mg/kg)
丁基羟基茴香醚（BHA）	GB 2760—2007	脂肪、油和乳化脂肪制品	0.2	
		腌腊肉制品类（如咸肉、腊肉、板鸭、中式火腿、腊肠等）	0.2	
		风干、烘干、压干等水产	0.2	
		油炸食品	0.2	
二丁基羟基甲苯（BHT）	GB 2760—2007	脂肪、油和乳化脂肪制品	0.2	
		腌腊肉制品类（如咸肉、腊肉、板鸭、中式火腿、腊肠等）	0.2	
		风干、烘干、压干等水产	0.2	
		油炸食品	0.2	
亚硝酸钠	GB 2760—2007	油炸食品	0.2	≤30
		酱卤肉制品	0.15	≤30
		熏烧烤肉类	0.15	≤30
		油炸肉类	0.15	≤30
		西式火腿类	0.15	≤30
		肉灌肠类	0.15	≤30
		发酵肉类	0.15	≤30
		肉罐头类	0.15	≤50
胭脂红及其铝色淀	GB 2760—2007	调制乳	0.05	
		调味和果料发酵乳	0.05	
		调制乳粉和调制奶油粉（包括调味乳粉和调味奶油粉）	0.15	

（续）

添加剂名称	标准	食品	最大使用量/(g/kg)	残留量/(mg/kg)
胭脂红及其铝色淀	GB 2760—2007	调制炼乳（包括甜炼乳、调味甜炼乳及其他使用了非乳原料的调制炼乳）	0.05	
		可食用动物肠衣类	0.025	
		含乳饮料	0.05	
		胶原蛋白肠衣（肠衣）	0.025	
胭脂虫红	GB 2760—2007	含乳饮料	0.15	
山梨酸	GB 2760—2007	肉灌肠类	1.5	
		熟肉制品（除肉灌肠类外）	0.075	
		预制水产品（半成品）	0.075	
		风干、烘干、压干等水产品	1.0	
		蛋制品（改变其物理性状）	0.075	
日落黄及其铝色淀	GB 2760—2007	调制乳	0.05	
		调制炼乳（包括甜炼乳、调味甜炼乳及其他使用了非乳原料的调制炼乳）	0.05	
柠檬黄及其铝色淀	GB 2760—2007	调制炼乳（包括甜炼乳、调味甜炼乳及其他使用了非乳原料的调制炼乳）	0.05	
姜黄（以姜黄素计）	GB 2760—2007	调制乳粉和调制奶油粉（包括调味乳粉和调味奶油粉）	0.4	

四、食品添加剂的使用原则

（一）食品添加剂使用时应符合以下基本要求

（1）不应对人体产生任何健康危害。

（2）不应掩盖食品腐败变质。

（3）不应掩盖食品本身或加工过程中的质量缺陷或以掺杂、掺假、伪造为目的而使用食品添加剂。

（4）不应降低食品本身的营养价值。

（5）在达到预期的效果下尽可能降低在食品中的用量。

（6）食品工业用加工助剂一般应在制成最后成品之前除去，有规定食品中残留量的除外。

（二）在下列情况下可使用食品添加剂

（1）保持或提高食品本身的营养价值。

（2）作为某些特殊膳食用食品的必要配料或成分。

（3）提高食品的质量和稳定性，改进其感官特性。

（4）便于食品的生产、加工、包装、运输或者贮藏。

（三）食品添加剂质量标准

按照食品添加剂使用卫生标准（GB 2760—2007）使用的食品添加剂应当符合相应的质量标准。

（四）食品添加剂的带入原则

在下列情况下食品添加剂可以通过食品配料（含食品添加剂）带入食品中：

（1）根据食品添加剂使用卫生标准（GB 2760—2007），食品配料中允许使用该食品添加剂。

（2）食品配料中该添加剂的用量不应超过允许的最大使用量。

（3）应在正常生产工艺条件下使用这些配料，并且食品中该添加剂的含量不应超过由配料带入的水平。

（4）由配料带入食品中的该添加剂的含量应明显低于直接将其添加到该食品中通常所需要的水平。

第二节　动物性食品中亚硝酸盐的检测

一、亚硝酸盐的特性与应用

（一）亚硝酸盐的理化性质

亚硝酸盐主要是亚硝酸钠（或亚硝酸钾），为白色或淡黄色不透明的结晶或粉末，颗粒或块状。相对密度 2.168，熔点 276.9℃，沸点 320℃。无臭，味微咸带涩。吸湿性强，易溶于水，微溶于醇及醚，水溶液呈弱碱性（pH 为 9），对水的溶解度为：室温 66g/100mL，热水 166g/100mL。露置在空气中易潮解或徐徐被氧化成硝酸钠。亚硝酸盐广泛用于染料制造、有机合成及分析试剂等工业。

硝石中主要含有硝酸钠。硝酸钠为无色透明结晶或白色结晶粉末，或略带橙色，味咸、微苦。在潮湿空气中易吸潮，溶于水中，微溶于乙醇，10%的水溶液呈中性。

（二）亚硝酸盐在食品工业中的应用

亚硝酸盐是肉类食品的一种良好的发色剂和防腐剂，加入肉制品中，可使肉色鲜红。机理是硝酸盐先被亚硝基化菌作用生成亚硝酸盐，亚硝酸盐与肌肉中的肌红蛋白结合，生成热稳定性很高的鲜红色的亚硝基肌红蛋白，加热后赋予腌腊制品等好看的色彩。

亚硝酸盐类物质在肉制品中对微生物的增殖有明显的抑制作用。亚硝酸盐（150～200mg/kg）可显著抑制罐装碎肉和腌肉中梭状芽胞杆菌，尤其是肉毒梭菌，pH 在 5.0～5.5 时比在较高的 pH（6.5 以上）时能更有效地抑制肉毒梭菌的生长繁殖。

亚硝酸盐能够增强腌肉制品的风味，研究结果和感官评定也表明亚硝酸盐主要通过抗氧作用对腌肉风味产生影响。

（三）亚硝酸盐的毒性作用

亚硝酸盐非人体所必需，摄入过多可对人体健康产生危害，根据亚硝酸盐中毒时表现的症状不同，可将亚硝酸盐中毒分为急性中毒和慢性中毒。

1. 急性中毒　亚硝酸盐是一种血液毒。当摄入过量的亚硝酸盐时，可使血液中的二价铁离子氧化为三价铁离子，使亚铁血红蛋白转化为高铁血红蛋白，使血液输送氧的能力下降，从而使血红蛋白失去携氧机能，导致机体组织缺氧，出现呼吸困难、呕吐等亚硝酸盐中毒症状，严重时引起机体呼吸中枢麻痹，窒息死亡。此外，亚硝酸还有松弛平滑肌的作用，使小血管扩张，血压下降。

2. 慢性中毒

（1）致畸作用：亚硝酸盐能够透过胎盘进入胎儿体内，6 个月以内的婴儿对硝酸盐类特别敏感，对胎儿有致畸作用。欧盟建议亚硝酸盐不得用于婴儿食品，而硝酸盐应予以限制使用。20 世纪 80 年代南澳有一种地方性新生儿先天畸形，主要是中枢神经系统疾病。经过对流行病学的大量调查，发现地下水含 NO_3^- 过高是致病的原因，NO_3^- 是致畸剂，在高 NO_3^- 时的风险是低时的 3 倍，饮水中含 NO_3^- 超过 15mg/L 时，先天畸形风险提高 4 倍。

（2）干扰碘代谢：可减少人体对碘的消化吸收，从而导致甲状腺肿。

（3）破坏维生素 A：长期摄入亚硝酸盐可导致维生素 A 的氧化破坏，并阻碍胡萝卜素转化为维生素 A，从而引起维生素 A 的缺乏。

（4）致癌性：在适当条件下，亚硝酸盐可以和多种有机成分反应。如亚硝酸盐与仲胺结合成亚硝胺类化合物。目前已经证明亚硝胺是一种强致癌剂，亚硝酸盐作为亚硝胺的前体物质发挥作用。

二、动物性食品中亚硝酸盐的检测

食品中亚硝酸盐测定方法常用的检测方法为盐酸萘乙二胺法，检出限为 1mg/kg。其原理为样品经沉淀蛋白质，除去脂肪后，在弱酸条件下亚硝酸盐与对氨基苯磺酸发生重氮化反应，生成重氮化合物，再与盐酸萘乙二胺偶合形成红紫色染料，与标准比较定量。

【仪器】

（1）小型绞肉机。

（2）分光光度计。

【试剂】

（1）0.4％对氨基苯磺酸溶液：称取 0.4g 对氨基苯磺酸，溶于 100mL 20％的盐酸中，避光保存。

（2）0.2％盐酸萘乙二胺溶液：称取 0.2g 盐酸萘乙二胺，溶于 100mL 水中，避光保存。

（3）亚铁氰化钾溶液：称取 106g 亚铁氰化钾 $K_4[Fe(CN)_6 \cdot 3H_2O]$，溶于一定量的水中，并稀释至 1 000mL。

（4）乙酸锌溶液：称取 220g 乙酸锌 $[Zn(CH_3COO)_2 \cdot 2H_2O]$ 加 30mL 冰乙酸溶于水，并稀释至 1 000mL。

（5）饱和硼砂溶液：称取 5g 硼砂钠（$Na_2B_4O_7 \cdot 10H_2O$），溶于 100mL 热水中，冷却后备用。

（6）亚硝酸钠储备液：精密称取 0.100 0g 于硅胶干燥器中干燥 24h 的亚硝酸钠，加水溶解移入 500mL 容量瓶内，并稀释至刻度。此溶液每毫升相当于 200μg 亚硝酸钠。

（7）亚硝酸钠标准使用液：临用前吸取亚硝酸钠标准溶液 5.00mL 置于 200mL 容量瓶

内，加水稀释至刻度，此溶液每毫升相当于5μg亚硝酸钠。

【测定方法】

（1）样品处理：称取5.0g经绞碎混匀的样品，置于500mL烧杯中，加硼砂饱和溶液12.5mL，搅拌均匀，以70℃左右的水约300mL将样品全部洗入500mL容量瓶中，置沸水浴中加热15min混匀，取出冷却至室温，然后边转动边加入亚铁氰化钾溶液5mL，摇匀，再加入乙酸锌溶液5mL以沉淀蛋白质，加水至刻度，混匀，放置30min。除去上层脂肪，清液用滤纸过滤，弃去初滤液30mL，滤液备用。

（2）测定：取干燥清洁的50mL比色管，编号后，按表6-2顺序进行加样反应测定。

表6-2 盐酸萘乙二胺比色法测定程序

成　分	标准管号									样品管号
	0	1	2	3	4	5	6	7	8	9
亚硝酸钠标准液/mL	0.00	0.20	0.40	0.60	0.80	1.00	1.50	2.00	2.50	—
相当于亚硝酸钠/μg	0	1	2	3	4	5	7.5	10	12.5	—
样品溶液/mL	—	—	—	—	—	—	—	—	—	40
0.4%对氨基苯磺酸/mL	各加2mL，静置3～5min									
0.2%盐酸萘乙二胺/mL	各加1mL，加水定容至50mL，静置15min									

用2cm比色杯，以零管调零，于538nm处测定吸光度，并绘制出标准曲线进行比较。

【计算】

$$X=\frac{A\times 1000}{m\times \frac{V_2}{V_1}\times 1000}$$

式中：X为试样中亚硝酸盐的含量（mg/kg）；m为试样的质量（g）；A为测定用样液中亚硝酸盐的含量（μg）；V_1为试样处理液总体积（mL）；V_2为测定用样液体积（mL）。

计算结果保留两位有效数字。

【说明】本法为国标GB/T 5009.33—2003。在重复性条件下获得的两次独立测定结果的绝对差值不得超过算术平均值的10%。

第三节　动物性食品中丁基羟基茴香醚的检测

一、丁基羟基茴香醚特性与应用

丁基羟基茴香醚（BHA），又名叔丁基-4-甲氧基苯酚、丁基大茴香醚，是一种常用的食品抗氧化剂。通常为3-BHA和2-BHA的混合物，外观为白色或微黄色蜡样结晶性粉末，带有特异的酚类微弱的刺激性气味。熔点48～64℃，沸点264～270℃（97.7kPa）。不溶于水，在下列物品中的溶解度为：猪油（50℃）30%，玉米油（25℃）30%，花生油（25℃）40%，丙二醇（25℃）50%，丙酮（25℃）60%，乙醇（25℃）60%，甘油（25℃）1%。对热稳定，在弱碱性条件下不容易破坏。BHA能与油脂氧化过程中产生的过氧化物作用，从而切断自动氧化的连锁反应，防止油脂继续氧化。可用作动物油脂、肉及禽类制品、水产品及相关产品的抗氧化剂，最大用量不超过0.2g/kg。3-BHA的抗氧作用是2-BHA的1.5～2倍，但两者混合具有一定的协同效应。BHA也具有较强的抗菌力，使用量为

100～200mg/kg 时能抑制蜡样芽胞杆菌、鼠伤寒沙门氏菌、金黄色葡萄球菌、枯草杆菌等；200mg/kg 能完全抑制青霉菌属、曲霉菌属、地丝菌属等霉菌的生长。

二、动物性食品中丁基羟基茴香醚的检测

（一）气相色谱法

试样中的丁基羟基茴香醚（BHA）用石油醚提取，通过层析柱使 BHA 净化，浓缩后，经气相色谱分离后用氢火焰离子化检测器检测，根据试样峰高与标准峰高比较定量。

【仪器】

（1）气相色谱仪：附 FID 检测器。

（2）蒸发器：容积 200mL。

（3）振荡器。

（4）层析柱：1cm×30cm 玻璃柱，带活塞。

（5）气相色谱柱：柱长 1.5m、内径 3mm 的玻璃柱内装涂质量分数为 10%的 QF-1Gas Chrom Q（80～100 目）。

【试剂】

（1）石油醚：沸程 30～60℃。

（2）二氧甲烷：分析纯。

（3）二硫化碳：分析纯。

（4）无水硫酸钠：分析纯。

（5）硅胶 G：60～80 目于 120℃活化 4h，放干燥器备用。

（6）弗罗里矽土（florisil）：60～80 目于 120℃活化 4h，放干燥器中备用。

（7）BHA 标准储备液：准确称取 BHA（纯度为 99.0%）0.1g，用二硫化碳溶解，定容至 100mL 容量瓶中，此溶液分别为每毫升含 1.0mg BHA，置冰箱保存。

（8）BHA 标准使用液：吸取标准储备液 4.0mL 于 100mL 容量瓶中，用二硫化碳定容至 100mL 容量瓶中，此溶液分别为每毫升含 0.040mg BHA，置冰箱中保存。

【测定方法】

（1）层析柱的制备：于层析柱底部加入少量玻璃棉，少量无水硫酸钠，将硅胶-弗罗里矽土（6+4）共 10g，用石油醚湿法混合装柱，柱顶部再加入少量无水硫酸钠。

（2）试样的制备：

①含油脂高的试样：称取 50g，混合均匀，置于 250mL 具塞锥形瓶中，加 50mL 石油醚（沸程为 30～60℃），放置过夜，用快速滤纸过滤后，减压回收溶剂，残留脂肪备用。

②含油脂中等的试样：称取 100g 左右，混合均匀，置于 500mL 具塞锥形瓶中，加 100～200mL 石油醚（沸程为 30～60℃），放置过夜，用快速滤纸过滤后，减压回收溶剂，残留脂肪备用。

③含油脂少的试样：称取 250～300g，混合均匀后，于 500mL 具塞锥形瓶中，加入适量石油醚浸泡试样，放置过夜，用快速滤纸过滤后，减压回收溶剂，残留脂肪备用。

称取上述制备的脂肪 0.50～1.00g，用 25mL 石油醚溶解移入层析柱上，再以 100mL 二氯甲烷分五次淋洗，合并淋洗液，减压浓缩近干时，用二硫化碳定容至 2.0mL，该溶液为

待测溶液。

（3）气相色谱参考条件：

①色谱柱：长 1.5m，内径 3mm 玻璃柱，质量分数为 10％QF－1 的 Gas Chrom Q（80～100 目）。

②检测器：FID。

③温度：检测室 200℃，进样口 200℃，柱温 140℃。

④载气流量：氮气 70mL/min；氮气 50mL/min；空气 500mL/min。

（4）测定：注入气相色谱 3.0μL 标准使用液，绘制色谱图，量取峰高或面积；进 3.0μL 试样待测溶液（应视试样含量而定），绘制色谱图，量取峰高或面积，与标准峰高或面积比较计算含量。

【计算】 待测溶液 BHA 的质量按下式进行计算。

$$m_1 = \frac{H_1}{h_S} \times \frac{V_m}{V_1} \times V_S \times c_S$$

式中：m_1为待测溶液 BHA 的质量（mg）；H_1为注入色谱试样中 BHA 的峰高或面积；h_S为标准使用液中 BHA 的峰高或面积；V_m为待测试样定容的体积（mL）；V_1为注入色谱试样溶液的体积（mL）；V_S为注入色谱中标准使用液的体积（mL）；c_S为标准使用液的浓度（mg/mL）。

食品中以脂肪计 BHA 的含量按下式进行计算。

$$X_1 = \frac{m_1 \times 1000}{m_2 \times 1000}$$

式中：X_1为食品中以脂肪计 BHA 的含量（g/kg）；m_1为待测溶液中 BHA 的质量（mg）；m_2为油脂（或食品中脂肪）的质量（g）。

计算结果保留三位有效数字。

【说明】 本法为国标 GB/T 5009.30—2003 中的第一法，在重复性条件下获得的两次独立测定结果的绝对差值不得超过算术平均值的 15％。

（二）薄层色谱法

用甲醇提取油脂或食品中的抗氧化剂，用薄层色谱定性，根据其在薄层板上显色后的最低检出量与标准品最低检出量比较而概略定量，对高脂肪食品中的 BHA 能定性检出。

【试剂】

（1）甲醇。

（2）石油醚（30～60℃）。

（3）异辛烷。

（4）丙酮。

（5）冰乙酸。

（6）正己烷。

（7）二氧六环。

（8）硅胶 G：薄层用。

（9）聚酰胺粉：200 目。

(10) 可溶性淀粉。

(11) BHA 混合标准溶液的配制：准确称取 BHA（纯度为 99.9%以上）10mg，用丙酮溶解，转入 10mL 容量瓶中，用丙酮稀释至刻度，每毫升含 1.0mg BHA。吸取 BHA（1.0mg/mL）0.3mL 置一 5mL 容量瓶中，用丙酮稀释至刻度。此溶液每毫升含 0.060mg BHA。

(12) 显色剂：2，6-二氯醌氯亚胺乙醇溶液（2g/L）。

(13) 溶剂系统：

①硅胶 G 薄层板：正己烷-二氧六环-乙酸（42＋6＋3），异辛烷-丙酮-乙酸（70＋5＋12）。

②聚酰胺板：a. 甲醇-丙酮-水（30＋10＋10）；b. 甲醇-丙酮-水（30＋10＋12.5）；c. 甲醇-丙酮-水（30＋10＋15）。

对甲醇-丙酮-水系统，芝麻油只能用 a，菜子油用 b，食品用 c。

【仪器】

(1) 减压蒸馏装置。

(2) 具刻度尾管的浓缩瓶。

(3) 层析槽：①24cm×6cm×4cm。
②20cm×13cm×8cm。

(4) 玻璃板：5cm×20cm、10cm×20cm。

(5) 微量注射器：10.0μL。

【测定方法】

(1) 提取：称取 5.00g 猪油置 50mL 具磨口的锥形瓶中，加入 25.0mL 甲醇，装上冷凝管于 75℃水浴上放置 5min，待猪油完全溶化后将锥形瓶连同冷凝管一起自水浴中取出，振摇 30s，再放入水浴 30s；如此振摇三次后放入 75℃水浴，使甲醇层与油层分清后，将锥形瓶连同冷凝管一起置冰水浴中冷却，猪油凝固，甲醇提取液通过滤纸滤入 50mL 容量瓶中，再自冷凝管顶端加入 25mL 甲醇，重复振摇提取一次，合并两次甲醇提取液，将该容量瓶置暗处放置，待升至室温后，用甲醇稀释至刻度。吸取 10mL 甲醇提取液置一浓缩瓶中，于 40℃水浴上减压浓缩至 0.5mL，留作薄层色谱用。

(2) 测定：

①薄层板的制备：

硅胶 G 薄层板：称取 4g 硅胶 G 置玻璃乳钵中，加 10mL 水。研磨至黏稠状，铺成 5cm×20cm 的薄层板三块，置空气中干燥后于 80℃烘 1h，存放于干燥器中。

聚酰胺板：称取 2.40g 聚酰胺粉，0.60g 可溶性淀粉置于玻璃乳钵中，加约 15mL 水，研磨至浆状，铺成 10cm×20cm 的薄层板三块，置空气中干燥后于 80℃烘 1h，置干燥器中保存。

②点样：用 10μL 微量注射器在 5cm×20cm 的硅胶 G 薄层板上距下端 2.5cm 处点三点：标准溶液 5.0μL、试样提取液 6.0～30.0μL、加标准溶液 5.0μL。

另取一块硅胶 G 薄层板点三点：标准溶液 5.0μL、试样提取液 1.5～3.6μL、试样提取液 1.5～3.6μL 加标准溶液 5.0μL。

用 10μL 微量注射器在 10cm×20cm 的聚酰胺薄层板上距下端 2.5cm 处点：标准溶液

5.0μL，试样提取液 10.0μL，试样提取液 10.0μL 加标准溶液 5.0μL，边点样边用吹风机吹干，点上一滴吹干后再继续滴加。

③展开：将点好样的薄层板置预先经溶剂饱和的展开槽内展开 16cm。

硅胶 G 板自层析槽中取出，薄层板置通风橱中挥干至 PG 标准点显示灰黑色斑点，即可认为溶剂已基本挥干，喷显色剂，置 110℃烘箱中加热 10min，比较色斑颜色及深浅，趁热将板置氨蒸气槽中放置 30s，观察各色斑颜色变化。

聚酰胺板自层析槽中取出，薄层板置通风橱中吹干，喷显色剂，再通风挥干，直至 PG 斑点清晰。

④评定：

定性：根据试样中显示出的 BHA 点与标准 BHA 点比较 R_f 值和显色后斑点的颜色反应定性。如果样液点显示检出某种抗氧化剂，则试样中抗氧化剂的斑点应与加入内标的抗氧化剂斑点重叠。

当点大量样液时由于杂质多，使试样中抗氧化剂点的 R_f 值略低于标准点。这时应在试样点上滴加标准溶液作内标，比较 R_f 值，见表 6-3。

表 6-3 BHA 在薄层板上的最低检出量 R_f 值及斑点颜色

抗氧化剂	硅胶 G 板结果			聚酰胺板结果		
	R_f	最低检出量/μg	色斑颜色	R_f	最低检出量/μg	色斑颜色
BHA	0.37	0.30	紫红→蓝紫	0.52	0.30	灰棕

概略定量及限度实验：根据薄层板上样液点抗氧化剂所显示的色斑深浅与标准抗氧化剂色斑比较而估计含量，如果在第一块硅胶 G 薄层板上，试样中各抗氧化剂所显色斑浅于标准抗氧化剂色斑，则试样中各抗氧化剂含量在本方法的定性检出限量以下（BHA 点样量为 6.0μL）。如果在第二硅胶 G 薄层板上，试样中各抗氧化剂所显色斑的颜色浅于标准抗氧化剂色斑，则试样中各抗氧化剂的含量没有超过使用卫生标准（BHA 点样量为 1.5μL）。如果试样点色斑颜色较标准点深，可稀释后重新点样，估计含量。

【**计算**】试样中抗氧化剂（以脂肪计）的含量按下式进行计算。

$$X = \frac{m_1 \times D \times 1000}{m_2 \times \frac{V_2}{V_1} \times 1000 \times 100}$$

式中：X 为试样中抗氧化剂 BHA（以脂肪计）的含量（g/kg）；m_1 为薄层板上测得试样点抗氧化剂的质量（μg）；V_1 为供薄层层析用点样液定容后的体积（mL）；V_2 为滴加样液的体积（mL）；D 为样液的稀释倍数；m_2 为定容后的薄层层析用样液相当于试样的脂肪质量（g）。

第四节　动物性食品中氯化钠的检测

一、氯化钠的特性与应用

氯化钠（NaCl），为白色立方晶体或细小的结晶粉末。相对密度 2.165（25℃），熔点 801℃，沸点 1 413℃，味咸，中性。有杂质存在时潮解，溶于水和甘油，难溶于乙醇。

氯化钠（食盐）是食品中加工中最常用的辅助材料，也是人体生理过程中不可缺少的物质，是体内矿物质（主要是钠）的重要来源。钠是细胞间质的重要成分，对维持体内酸碱平衡、组织间的渗透压及肌肉神经兴奋性都起着重要的作用。

氯化钠是肉类腌制最基本的成分，其作用有突出鲜味作用：肉制品中含有大量的蛋白质、脂肪等具有鲜味的成分，常常要在一定浓度的咸味下才能表现出来；防腐作用：食盐可以通过脱水作用和渗透压作用，抑制微生物的生长，延长肉制品的保存期；食盐可以促使硝酸盐、亚硝酸盐、糖等向肌肉深层渗透。然而单独使用食盐，会使腌制的肉色泽发暗，质地发硬，并仅有咸味，影响产品的质量。

5%的氯化钠溶液能完全抑制厌氧菌的生长，10%的氯化钠溶液对大部分细菌有抑制作用。但一些嗜盐菌在15%的盐溶液中仍能生长，某些种类的微生物甚至能够在饱和盐溶液中生存。

近几年食盐与人体健康引起人们的关心。据报道，长期摄入过多的食盐可促进高血压及视网膜模糊等，一般认为每人每日以1～5g为好。所以，测定加工食品中氯化钠的含量是评价食品品质的一个重要项目。

二、动物性食品中氯化钠的检测

（一）间接沉淀滴定法（佛尔哈德法）

试样经酸化处理后，加入过量的硝酸银溶液，以硫酸铁铵为指示剂，用硫氰酸钾标准溶液滴定过量的硝酸银。根据硫氰酸钾标准溶液的消耗量，计算食品中氯化钠的含量。

【试剂】

（1）冰乙酸。

（2）蛋白质沉淀剂1：称取106g亚铁氰化钾 $K_4[Fe(CN)_6 \cdot 3H_2O]$，溶于水中，转移到1 000mL容量瓶中，用水稀释至刻度。

（3）蛋白质沉淀剂2：称取220g乙酸锌 $[Zn(CH_3COO)_2 \cdot 2H_2O]$，加30mL冰乙酸，转移到1 000mL容量瓶中，用水稀释至刻度。

（4）硝酸溶液（1∶3）：1体积浓硝酸与3体积水混匀。使用前应煮沸、冷却。

（5）乙醇溶液（80%）：80mL 95%乙醇与15mL水混匀。

（6）0.1mol/L硝酸银标准滴定溶液：称取17g硝酸银，溶于水中，转移到1 000mL容量瓶中，用水稀释至刻度，摇匀，置于避光处。

（7）0.1mol/L硫氰酸钾标准滴定溶液：称取9.7g硫氰酸钾，溶于水中，转移到1 000 mL容量瓶中，用水稀释至刻度，摇匀。

（8）硫酸铁铵饱和溶液：称取50g硫酸铁铵，溶于100mL水中，如有沉淀应过滤。

（9）0.1mol/L硝酸银标准滴定溶液和0.1mol/L硫氰酸钾标准滴定溶液的标定：

①氯化物的沉淀：称取0.10～0.15g基准试剂氯化钠（或经500～600℃灼烧至恒重的分析纯氯化钠），精确至0.000 2g，于100mL烧杯中，用水溶解，转移到100mL容量瓶中，加5mL硝酸溶液，边剧烈摇动边加入30.00mL（V_1）0.1mol/L硝酸银标准滴定溶液，用水稀释至刻度，摇匀。在避光处放置5min，用快速滤纸过滤，弃最初滤液10mL。

②过量硝酸银的滴定：取上述滤液50.00mL于250mL容量瓶中，加入2mL硫酸铁铵

饱和溶液，边剧烈摇动边用 0.1mol/L 硫氰酸钾标准滴定溶液滴定至出现淡棕红色，保持 1min 不褪色。记录消耗硫氰酸钾标准滴定溶液的体积的数值（V_2）。

③硝酸银标准滴定溶液和硫氰酸钾标准滴定溶液体积比的确定：取 0.1mol/L 硝酸银标准滴定溶液 20.00mL（V_3）于 250mL 锥形瓶中，加入 30mL 水、5mL 硝酸溶液和 2mL 硫酸铁铵饱和溶液，以下按（2）步骤操作，记录消耗 0.1mol/L 硫氰酸钾标准滴定溶液的体积的数值（V_4）。

④硝酸银标准滴定溶液和硫氰酸钾标准滴定溶液浓度的计算：按式（1）、式（2）、式（3）分别计算硝酸银标准滴定溶液浓度的准确数值（c_1）和硫氰酸钾标准滴定溶液浓度的准确数值（c_2）：

$$F=\frac{V_3}{V_4}=\frac{c_1}{c_2} \tag{1}$$

式中：F 为硝酸银标准滴定溶液和硫氰酸钾标准滴定溶液的体积比；V_3 为确定体积比（F）时硝酸银标准滴定溶液的体积的数值（mL）；V_4 为确定体积比（F）时硫氰酸钾标准滴定溶液体积的数值（mL）；c_1 为硫氰酸钾标准滴定溶液浓度的准确数值（mol/L）；c_2 为硝酸银标准滴定溶液浓度的准确数值（mol/L）。

$$c_2=\frac{\dfrac{m_0}{0.05844}}{V_1-2\times V_2\times F} \tag{2}$$

式中：c_2 为硝酸银标准滴定溶液浓度的准确数值（mol/L）；m_0 为氯化钠质量（g）；V_1 为沉淀氯化物时加入硝酸银标准滴定溶液的体积（mL）；V_2 为滴定过量硝酸银时消耗硫氰酸钾标准滴定溶液的体积（mL）；F 为硝酸银标准滴定溶液和硫氰酸钾标准滴定溶液的体积比；0.058 44 为与 1.00mL 硝酸银标准滴定溶液［c（$AgNO_3$）=1.000mol/L］相当的氯化钠的质量（g）。

$$c_1=c_2\times F \tag{3}$$

式中：c_1 为硫氰酸钾标准滴定溶液浓度的准确数值（mol/L）；c_2 为硝酸银标准滴定溶液浓度的准确数值（mol/L）；F 为硝酸银标准滴定溶液和硫氰酸钾标准滴定溶液的体积。

【仪器】

（1）组织捣碎机。

（2）粉碎机。

（3）研钵。

（4）振荡器。

（5）水浴锅。

（6）分析天平：感应量 0.000 1g。

【测定方法】

（1）试液的制备：

①肉禽及水产品：称取约 20g 样品，精确至 0.001g，于 250mL 锥形瓶中，加入 100mL 70℃热水。煮沸 15min，并不断振动，冷却至室温，依次加入 4mL 蛋白质沉淀剂 1、4mL 蛋白质沉淀剂 2，每次加入沉淀剂充分摇匀，在室温静置 30min，将锥形瓶中的内容物全部转移到 200mL 容量瓶中，用水稀释至刻度，摇匀，用滤纸过滤，弃去最初初滤液，滤液备用。

②腌制品：称取约10g试样，精确至0.001g，于250mL锥形瓶中，加入100mL 70℃热水，振动15min（或用振荡器振荡15min），将锥形瓶中的内容物转移到200mL容量瓶中，用水稀释至刻度，摇匀。用滤纸过滤，弃去最初初滤液。

（2）测定：

①氯化物的沉淀：取含有50～100mg氯化钠的试液，于100mL容量瓶中，加入5mL硝酸溶液，剧烈摇动时，准确滴加20.00～40.00mL 0.1mol/L硝酸银标准滴定溶液，用水稀释至刻度，在避光处放置5min，用快速滤纸过滤，弃去10mL最初滤液。

当加入0.1mol/L硝酸银标准滴定溶液后，如不出现氯化银凝集沉淀，而呈胶体溶液时，应在定容、摇匀或移入250mL锥形瓶中，置沸水浴中加热数分钟（不得用直接火加热），直至出现氯化银凝集沉淀，取出，在冷水中迅速冷却至室温，用快速滤纸过滤，弃去10mL最初滤液。

②滴定：取50.00mL滤液于250mL锥形瓶中，加入2mL硫酸铁铵饱和溶液，边剧烈摇动边用0.1mol/L硫氰酸钾标准滴定溶液滴定至出现淡棕红色，保持1min不褪色，记录消耗的0.1mol/L硫氰酸钾标准滴定溶液的毫升数（V_1）。

③空白试验：用50mL水代替50.00mL滤液，准确加入沉淀试样氯化物时滴加0.1mol/L硝酸银标准滴定溶液体积的1/2，以下按①和②的步骤操作。记录消耗0.1mol/L硫氰酸钾标准滴定溶液毫升数（V_2）。

【计算】食品中氯化钠的含量以质量分数X计，以%表示，按下式计算：

$$X=\frac{0.05844\times c_1\times(V_2-V_1)\times K}{m}\times 100$$

式中：0.058 44为与1.00mL硝酸银标准滴定溶液［$c(AgNO_3)=1.000mol/L$］相当的氯化钠的质量（g）；c_1为硫氰酸钾标准滴定溶液的浓度（mol/L）；V_2为空白试验时消耗硫氰酸钾标准滴定溶液的体积（mL）；V_1为滴定试样时消耗0.1mol/L硫氰酸钾标准滴定溶液的体积（mL）；K为稀释倍数；m为试样的质量（g）。

计算结果保留到小数点后两位。

【说明】本法为国标GB/T 12457—2008中的第一法，测定时同一样品两次平行测定结果之差，每100g试样不得超过0.2g。

（二）直接沉淀滴定法（摩尔法）

样品中经处理后，以铬酸钾为指示剂，用硝酸银标准滴定溶液滴定试液中的氯化钠，根据硝酸银标准滴定溶液的消耗量，计算食品中的氯化钠的含量。

【试剂】试剂和分析用水，除非另有规定，所有试剂均使用分析纯试剂；分析用水应符合GB/T 6682规定的二级水规格。

（1）蛋白质沉淀剂：同（一）间接沉淀滴定法。

（2）乙醇溶液（80%）：同（一）间接沉淀滴定法。

（3）5%铬酸钾溶液：称取5g铬酸钾，溶于95mL水中。

（4）0.1mol/L硝酸银标准滴定溶液：同（一）间接沉淀滴定法。

标定：称取0.05～0.10g基准试剂氯化钠（或经500～600℃灼烧至恒重的分析纯氯化钠），精确至0.000 2g，于250mL锥形瓶中。用约70mL水溶解，加入1mL 5%的铬酸钾溶液。剧烈摇动时，用硝酸银标准滴定溶液滴定至红黄色（保持 1min 不褪色）。记录消耗硝酸银标准滴定溶液的体积的数值（V）。

硝酸银标准滴定溶液浓度的准确数值 c_1（mol/L）按下式计算：

$$c_1 = \frac{m}{0.05844 \times V}$$

式中：0.058 44 为与 1.00mL 硝酸银标准滴定溶液［c（$AgNO_3$）＝1.000mol/L］相当的氯化钠的质量（g）；V 为滴定试液时消耗硝酸银标准滴定溶液的体积（mL）；m 为氯化钠的质量的数值（g）。

（5）0.1％氢氧化钠溶液：称取 1g 氢氧化钠，溶于 1 000mL 水中。

（6）1％酚酞乙醇溶液：称取 1g 酚酞，溶于 60mL 95％乙醇中，用水稀释至 100mL。

【仪器】 同（一）间接沉淀滴定法。

【测定方法】

（1）试液的制备同（一）间接沉淀滴定法。

（2）测定：

①pH6.5～10.5 的试液：取含有 25～50mg 氯化钠的试液，于 250mL 锥形瓶中。加入 50mL 水和 1mL 5％的铬酸钾溶液。以下按 0.1mol/L 硝酸银标准滴定溶液标定步骤操作，记录消耗 0.1mol/L 硝酸银标准滴定溶液的体积的数值（V_1）。

②pH 小于 6.5 的试液：取含有 25～50mg 氯化钠的试液，于 250mL 锥形瓶中，加入 50mL 水和 0.2mL 1％酚酞乙醇溶液，用 0.1％氢氧化钠溶液滴定至微红色，再加入 1mL 5％的铬酸钾溶液。以下按 0.1mol/L 硝酸银标准滴定溶液标定步骤操作，记录消耗 0.1mol/L 硝酸银标准滴定溶液的体积的数值（V_1）。

③空白试验：用 50mL 水代替试液，加入 1mL 5％的铬酸钾溶液。以下按 0.1mol/L 硝酸银标准滴定溶液标定步骤操作，记录消耗 0.1mol/L 硝酸银标准滴定溶液的体积的数值（V_2）。

【计算】 食品中氯化钠的含量以质量分数 X 计算，以％表示，按下式计算。

$$X = \frac{0.05844 \times c_1 \times (V_1 - V_2) \times K}{m} \times 100$$

式中：0.058 44 为与 1.00mL 硝酸银标准滴定溶液［c（$AgNO_3$）＝1.000mol/L］相当的氯化钠的质量（g）；c_1 为硝酸银标准滴定溶液的浓度（mol/L）；V_1 为滴定试液时消耗硝酸银标准滴定溶液的体积（mL）；V_2 为空白试验时消耗硝酸银标准滴定溶液的体积（mL）；K 为稀释倍数；m 为试样的质量（g）。

计算结果保留到小数点后两位。

【说明】 同一样品两次平行测定结果之差，每 100g 试样不得超过 0.2g。

第五节　动物性食品中山梨酸、苯甲酸的检测

食品中山梨酸、苯甲酸的测定可采用气相色谱法，气相色谱法最低检出量为 1μg，用于色谱分析的试样为 1g 时，最低检出浓度为 1mg/kg。

样品酸化后，用乙醚提取山梨酸、苯甲酸，用附氧火焰离子化检测器的气相色谱仪进行

分离测定，与标准系列比较定量。

【试剂】

（1）乙醚：不含过氧化物。

（2）石油醚：沸程 30～60℃。

（3）盐酸。

（4）无水硫酸钠。

（5）盐酸（1+1）：取 100mL 盐酸，加水稀释至 200mL。

（6）氯化钠酸性溶液（40g/L）：于氯化钠溶液（40g/L）中加少量盐酸（1+1）酸化。

（7）山梨酸、苯甲酸标准溶液（山梨酸或苯甲酸 2.0mg/mL）：准确称取山梨酸、苯甲酸各 0.200 0g，置于 100mL 容量瓶中，用石油醚-乙醚（3+1）混合溶剂溶解后稀释至刻度。

（8）山梨酸、苯甲酸标准使用液：吸取适量山梨酸、苯甲酸标准溶液，以石油醚-乙醚（3+1）混合溶剂稀释至每毫升相当于 50μg、100μg、150μg、200μg、250μg 山梨酸或苯甲酸。

【仪器】气相色谱仪：具有氢火焰离子化检测器，附 FID 检测器。

【测定方法】

（1）试样提取：称取 2.50g 事先混合均匀好的样品，置于 25mL 带塞量筒中，加入 0.5mL 盐酸（1+1）酸化，用 15mL、10mL 乙醚提取两次，每次振摇 1min，将上层醚提取液吸入另一个 25mL 带塞量筒中，合并乙醚提取液。用 3mL 氯化钠酸性溶液洗涤两次，静置 15min，用滴管将乙醚层通过无水硫酸钠滤入 25mL 容量瓶中。加乙醚至刻度，混匀。准确吸取 5mL 乙醚提取液于 5mL 带塞刻度试管中，置于 40℃水浴上挥干，加入 2mL 石油醚-乙醚（3+1）混合溶剂溶解残渣，备用。

（2）色谱参考条件：

①色谱柱：玻璃柱，内径 3mm，长 2m，内装涂以 5%丁二酸二乙醇酯（DEGS）+1%磷酸（H_3PO_4）固定液的 60～80 目 Chromosorb WAW。

②气流速度：载气为氮气，50mL/min（氮气和空气、氢气之比按各仪器型号不同选择各自得最佳比例条件）。

③温度：进样口 230℃，检测器 230℃，柱温 170℃。

（3）测定：进样 2μL 标准系列中各浓度标准使用液与气相色谱仪中，可测得不同浓度山梨酸、苯甲酸的峰高，以浓度为横坐标，相应的峰高值为纵坐标，绘制标准曲线。

同样进样 2μL 样品溶液，测得峰高与标准曲线比较定量。

【计算】试样中山梨酸或苯甲酸的含量按下式计算。

$$X=\frac{A\times 1000}{m\times\frac{5}{25}\times\frac{V_2}{V_1}\times 1000}$$

式中：X 为试样中山梨酸或苯甲酸的含量（g/kg）；A 为测定用试样液中山梨酸或苯甲酸的质量（μg）；V_1 为加入石油醚-乙醚（3+1）混合溶剂的体积（mL）；V_2 为测定时进样的体积（μL）；m 为试样的质量（g）；5 为测定时吸取乙醚提取液的体积（mL）；25 为试样乙醚提取液的总体积（mL）。

由测得的苯甲酸的量乘以 1.18，即为苯甲酸钠的含量。计算结果保留两位有效数字。

【说明】本法为国标 GB/T 5009.29—2003，在重复性条件下获得的两次独立测定结果的绝对值不得超过算术平均值的 10%。

第六节　动物性食品中着色剂的检测

一、肉制品胭脂红着色剂的检测

（一）高效液相色谱法

试样中的胭脂红经试样脱脂、碱性溶液提取、沉淀蛋白质、聚酰胺粉吸附、无水乙醇+氨水+水解吸后，制成水溶液，过滤后用高效液相色谱仪测定，根据保留时间定性，外标法定量。高效液相色谱法适用于肉制品中胭脂红着色剂的测定，本法的低检限量为 0.05mg/kg。

【试剂】

（1）甲醇：色谱纯。

（2）甲酸。

（3）石油醚：沸程为 30～60℃。

（4）无水乙醇。

（5）钨酸钠。

（6）柠檬酸。

（7）乙酸铵。

（8）海沙：化学纯。先用盐酸溶液（1+10）煮沸 15min，用水洗至中性，再用 50g/L 氢氧化钠溶液煮 15min，用水洗至中性，于 105℃干燥，贮存于具塞瓶中。

（9）硫酸溶液［1+9（体积比）］：量取 10mL 浓硫酸，在搅拌的同时缓慢加入 90mL 水中。

（10）钨酸钠（100g/L）：称取 10g 钨酸钠，加水溶解，稀释至 100mL。

（11）乙酸铵溶液（0.02mol/L）：称取 1.54g 乙酸铵，加水溶解，稀释至 1 000mL。经 0.45μm 滤膜过滤。

（12）柠檬酸（200g/L）：称取 10g 柠檬酸，加水溶解，稀释至 100mL。

（13）甲醇+甲酸［3+2（体积比）］：量取 60mL 甲醇、40mL 甲酸，混匀。

（14）无水乙醇+氨水+水［7+2+1（体积比）］：量取 70mL 无水乙醇、20mL 氨水、10mL 水，混匀。

（15）pH5 的水：取 100mL 水，用柠檬酸溶液调 pH 到 5。

（16）聚酰胺粉（尼龙 6）：过 200 目筛。

（17）胭脂红标准品：含量≥95%。

（18）胭脂红标准储备液（1mg/mL）：称取按其纯度折算为 100%质量的胭脂红标准品 0.100g，置于 100mL 容量瓶中，用 pH5 的水溶解，并稀释至刻度。

（19）胭脂红标准工作液：临用时将胭脂红标准储备液用水稀释至所需浓度，经 0.45μm 滤膜过滤。

【仪器】

（1）机械设备：用于试样的均质化。包括高速旋转的切割机，或多孔板的孔径不超过4mm的绞肉机。

（2）高效液相色谱仪（配有带紫外检测器或二极管阵列检测器）。

（3）G3砂芯漏斗。

（4）恒温水浴锅。

（5）分析天平：可准确称重至0.001g。

【测定方法】

（1）使用适当的机械设备将试样均质，注意避免试样的温度超过25℃m，若使用绞肉机，试样至少通过该仪器两次。

（2）将试样装入密封的容器中，防止变质和成分变化。试样应尽快进行分析，均质化后最迟不超过24h。

（3）提取：称取试样5.0～10.0g，置于研钵中，加海沙少许，研磨混匀，吹冷风使试样略为干燥，加入石油醚50mL，搅拌，放置片刻，弃去石油醚，如此反复处理3次，除去脂肪，吹干。加入无水乙醇＋氨水＋水溶液提取胭脂红，通过砂芯漏斗抽提滤液，反复多次，至提取液无色为止，收集提取液于250mL锥形瓶中。

（4）沉淀蛋白质：在70℃水浴上浓缩提取液至10mL以下，依次加入1.0mL硫酸溶液和1.0mL钨酸钠溶液，混匀，继续于70℃水浴加热5min，沉淀蛋白质。取下锥形瓶，冷却至室温，用滤纸过滤，用少量水洗涤滤纸，滤液收集于100mL烧杯中。

（5）纯化：将上述滤液加热至70℃，将1.0～1.5g聚酰胺粉加少许水调成粥状，倒入试样溶液中，使色素完全被吸附。将吸附色素的聚酰胺粉全部转移到漏斗中，抽滤，用70℃柠檬酸溶液洗涤3～5次，然后用甲醇＋甲酸洗涤3～5次，至洗出液无色为止，再用水洗至流出液呈中性。以上洗涤过程要搅拌。用无水乙醇＋氨水＋水解吸3～5次，每次5mL，收集解吸液，蒸发至近干，加水溶解并定容至10mL，经0.45μm滤膜过滤，滤液待测。

（6）测定：

①液相色谱参考条件：

色谱柱：C_{18}柱，150mm×4.6mm（内径），5μm。

流动相：甲醇和乙酸铵溶液（0.02mol/L，pH4），梯度洗脱参数见表6-4。

流速：1.0mL/min。

柱温：30℃。

检测波长：508nm。

进样量：20μL。

表6-4　液相色谱梯度洗脱参考条件

时间/min	甲醇/%	0.02mol/L乙酸铵溶液/%	时间/min	甲醇/%	0.02mol/L乙酸铵溶液/%
0	22	78	21	22	78
5	35	65	25	22	78
20	85	15			

②液相色谱测定：根据试样溶液中胭脂红的含量情况选定峰面积相近的标准工作液。分别将待测试样溶液和标准工作液用高效液相色谱仪测定，标准工作液和试样溶液中的胭脂红的响应值应在的检测线性范围内。根据保留时间定性，外标法定量。

③平行试验：按以上步骤对同一试样进行平行试验测定。

④空白试验：除不称取试样外，均按上述步骤进行。

【计算】 按下式计算试样中着色剂的含量。

$$X = \frac{c \times A \times V \times 1000}{A_S \times m \times 1000}$$

式中：X 为试样中胭脂红的含量（mg/kg）；c 为标准工作液中胭脂红的浓度（mg/L）；A 为试样溶液中胭脂红的峰面积；V 为试样溶液最终定容的体积（mL）；A_S为标准工作液中胭脂红的峰面积；m_2为试样质量（g）。

结果扣除空白值，保留两位有效数字。

【说明】 本法为国标 GB/T 9695.6—2008 中的第一法。同一分析者在同一实验室、采用相同的方法和相同的仪器、在短时间间隔内对同一样品独立测定两次。两次测定结果的绝对值不得超过算术平均值的 10％。

（二）比色法

试样中的胭脂红经试样脱脂、碱性溶液提取、沉淀蛋白质、聚酰胺吸附、无水乙醇＋氨水＋水解吸后，制成水溶液，过滤后用分光光度计测定吸光度，外标法定量。比色法适用于仅含胭脂红着色剂的肉制品中胭脂红的测定，本法的低检限量为 0.4mg/kg。

【试剂】

（1）胭脂红标准工作液（100mg/mL）：吸取胭脂红标准储备液 10mL，用水定容至 100mL。

（2）其他试剂和材料：同第一法。

【仪器】

（1）分光光度计。

（2）其他仪器和设备：同前。

【测定方法】

（1）试样的制备、提取、蛋白质沉淀、纯化同方法一。

（2）测定：吸取 0.00mL、2.0mL、4.00mL、6.00mL、8.00mL、10.00mL 胭脂红标准工作液，分别置于 50mL 容量瓶中，用水定容，配制成浓度分别为 0.00mg/L、4mg/L、8mg/L、12mg/L、16mg/L、20mg/L 的胭脂红标准工作液。用 1cm 比色杯，以标准空白调节零点，于波长 510nm 处测定标准工作液的吸光度。以胭脂红标准工作液的浓度为横坐标、相应的吸光度为纵坐标绘制标准曲线。用 1cm 比色杯，以试剂空白调节零点，于波长 510nm 处测定试样溶液的吸光度。根据试样溶液的吸光度，从标准曲线上查出胭脂红的相对浓度。

【计算】 试样中胭脂红的含量按下式计算：

$$X = \frac{c \times V \times 1000}{m \times 1000}$$

式中：X 为试样中胭脂红的含量（mg/kg）；c 为从标准曲线上查得的试样溶液中胭脂红的浓度（mg/L）；V 为试样溶液最终定容的体积（mL）；m 为试样质量（g）。

结果保留两位有效数字。

【说明】本法为国标 GB/T 9695.6—2008 中的第二法。

二、食品中合成着色剂的检测

（一）高效液相色谱法

食品中的合成着色剂经提取后，制成水溶液，注入高效液相色谱仪，经反相色谱分离，根据保留时间定性与峰面积比较进行定量。

【仪器】高效液相色谱仪，带紫外检测器。

【试剂】

（1）正己烷。

（2）盐酸。

（3）乙酸。

（4）甲醇：经滤膜（0.45μm）过滤。

（5）聚酰胺粉（尼龙 6）：过 200 目筛。

（6）氨水：量取氨水 2mL，加水至 100mL，混匀。

（7）饱和硫酸钠溶液。

（8）硫酸钠溶液（2g/L）。

（9）乙酸铵溶液（0.02mol/L）：称取 1.54g 乙酸铵，加水至 1 000mL，溶解，经滤膜（0.45μm）过滤。

（10）氨水-乙酸铵溶液（0.02mol/L）：量取氨水 0.5mL，加乙酸铵溶液（0.02mol/L）至 1 000mL。

（11）甲醇-甲酸（6＋4）溶液：量取甲醇 60mL，甲酸 40mL，混匀。

（12）柠檬酸溶液：称取 20g 柠檬酸（$C_6H_8O_7 \cdot H_2O$），加水至 100mL，溶解混匀。

（13）无水乙醇-氨水-水（7＋2＋1）溶液：量取无水乙醇 70mL、氨水 20mL、水 10mL，混匀。

（14）三正辛胺正丁醇溶液（5%）：量取三正辛胺 5mL，加正丁醇至 100mL，混匀。

（15）pH6 的水：水加柠檬酸溶液调 pH 到 6。

（16）合成着色剂标准溶液（1.00mg/kg）：准确称取按其纯度折算为 100%质量的柠檬黄、日落黄、苋菜红、胭脂红、新红、赤藓红、亮蓝、靛蓝各 0.100 0g，置 100mL 容量瓶中，加 pH6 的水到刻度。此溶液含着色剂。

（17）合成着色剂标准使用液（50.0μg/mL）：临用时合成着色剂标准溶液加水稀释 20 倍，经滤膜（0.45μm）过滤。

【测定方法】

（1）样品处理：

①硬糖、蜜饯类、淀粉软糖等：称取 5.00～10.00g 粉碎样品，放入 100mL 小烧杯中，加水 30mL，温热溶解，若样品溶液 pH 较高，用柠檬酸溶液调 pH 到 6 左右。

②巧克力豆及着色糖衣制品：称取5.00～10.00g放入100mL小烧杯中，用水反复洗涤色素，到巧克力豆无色素为止，合并色素漂洗液为样品溶液。

（2）色素提取：

①聚酰胺吸附法：样品溶液加柠檬酸溶液调pH至6，加热至60℃，将1g聚酰胺粉加少许水调成粥状，倒入样品溶液中，搅拌片刻，以G3垂熔漏斗抽滤，用60℃ pH4的水洗涤3～5次，然后用甲醇-甲酸混合溶液洗涤3～5次（含赤藓红的样品用液-液分配法处理），再用水洗至中性，用乙醇-氨水-水混合溶液解吸3～5次，每次5mL，收集解吸液，加乙酸中和，蒸发至近干，加水溶解，定容至5mL经滤膜（0.45μm）过滤，取10μL进行HPLC分析。

②液-液分配法（适用于含赤藓红的样品）：将制备好的样品溶液放入分液漏斗中，加2mL盐酸、三正辛胺正丁醇溶液（5%）10～20mL，充分振摇提取，静置分取有机相，重复提取2～3次，每次10mL，直至有机相无色，合并有机相，用饱和硫酸钠溶液洗2次，每次10mL，分取有机相，放于蒸发皿中，水浴加热浓缩至10mL，转移至分液漏斗中，加60mL正己烷，混匀，加氨水提取2～3次，每次5mL，合并氨水溶液层（含水溶性酸性色素），用正己烷洗2～3次，分取氨水层加乙酸调成中性，水浴加热蒸发至近干，加水定容至5mL。经滤膜（0.45μm）过滤，取10μL进高效液相色谱仪。

（3）高效液相色谱分析参考条件：

①色谱柱：YWG-C_{18}，10μm不锈钢柱，4.6mm×250mm。

②流动相：甲醇-乙酸铵溶液（0.02mol/L，pH4）。

③梯度洗脱：用浓度为20%～35%的甲醇洗脱5min；用浓度为35%～98%的甲醇洗脱5min；用浓度为98%的甲醇继续洗脱6min。

④流速：1mL/min。

⑤紫外检测器，波长254nm。

（4）测定：取相同体积样液和合成着色剂标准使用液分别注入高效液相色谱仪，根据保留时间定性，外标峰面积法定量。

【计算】

$$X = \frac{A \times 1000}{m \times \frac{V_2}{V_1} \times 1000 \times 1000}$$

式中：X为样品中着色剂的含量（mg/g）；A为样液中着色剂的质量（μg）；V_2为样品进样体积（mL）；V_1为样品稀释总体积（mL）；m为样品质量（g）。

【说明】本法为国标GB/T 5009.35—2003中的第一法。利用高效液相色谱法测定食品中合成着色剂的最小检出量为：新红5ng、柠檬黄4ng、苋菜红6ng、胭脂红8ng、日落黄7ng、赤藓红18ng、亮蓝26ng。当进样量为0.025g样品时，最低检出浓度分别为0.2mg/kg、0.16mg/kg、0.24mg/kg、0.32mg/kg、0.28mg/kg、0.72mg/kg、1.04mg/kg。

（二）薄层色谱法及纸色谱法

水溶性酸性合成着色剂在酸性条件下，被聚酰胺吸附后与食品中的其他成分分离，经过滤、洗涤及在碱性溶液（乙醇-氨）中解吸附，再经薄层色谱法或纸色谱法纯化、洗脱后，用分光光度法进行测定，可与标准比较定性、定量。

【仪器】

（1）可见分光光度计。

（2）微量注射器或血色素吸管。

（3）展开槽：25cm×6cm×4cm。

（4）层析缸。

（5）滤纸：中速滤纸。

（6）玻砂漏斗 G3（50mL）。

（7）抽气装置。

（8）恒温水箱。

（9）薄层板：5cm×20cm。

（10）电吹风机。

【试剂】

（1）石油醚：沸程 60～90℃。

（2）甲醇。

（3）聚酰胺粉（尼龙 6）：200 目，使用前于 100℃洗化 1h，放冷密封备用。

（4）硅胶 G。

（5）硫酸（1+10）。

（6）甲醇-甲酸溶液（6+4）。

（7）氢氧化钠溶液（50g/L）。

（8）盐酸（1+10）。

（9）乙醇（50%）。

（10）乙醇-氨溶液：取 1mL 氨水，加乙醇（70%）至 100mL。

（11）pH6 的水：用柠檬酸溶液（200g/L）调蒸馏水的 pH 至 6。

（12）海沙、碎瓷片：先用盐酸（1+10）煮沸 15min，用水漂洗至中性，再用氢氧化钠溶液（50g/L）煮沸 15min，用水漂洗至中性，再于 105℃干燥，储于具玻璃塞瓶中备用。

（13）柠檬酸溶液（200g/L）。

（14）钨酸钠溶液（100g/L）。

（15）展开剂：

①正丁醇-无水乙醇-氨水（1%）（6+2+3）：供纸色谱用。

②正丁醇-吡啶-氨水（1%）（6+3+4）：供纸色谱用。

③甲乙酮-丙酮-水（7+3+3）：供纸色谱用。

④甲醇-乙二胺-氨水（10+3+2）：供薄层色谱用。

⑤甲醇-氨水-乙醇（5+1+10）：供薄层色谱用。

⑥柠檬酸钠溶液（25g/L）-氨水-乙醇（8+1+2）：供薄层色谱用。

（16）合成着色剂标准储备液：准确称取按其纯度折算为 100%质量的柠檬黄、日落黄、苋莱红、胭脂红、新红、赤藓红、亮蓝、靛蓝各 0.100g，加少量 pH 为 6 的水溶解，再转移至 100mL 容量瓶中并定容至刻度。配制成的各着色剂标准储备液浓度为 1.00mg/mL。

（17）合成着色剂标准使用液：临用时吸取合成着色剂标准溶液各 5.0mL，分别置于

50mL 容量瓶中，加 pH6 的水稀释至刻度。此溶液每毫升相当于 0.10mg 着色剂。

【测定方法】

（1）样品的处理：称取试样 1g 加丙酮 20mL 于研钵中研磨，重复 3 次，弃丙酮并挥干。用 1∶10 硫酸溶液调 pH 到 1，加 10%钨酸钠 2mL，充分混匀，过滤。滤液用乙醇-氨溶液提取色素，再过滤。

滤液加热至 70℃，加入 1.0g 聚酰胺粉充分搅拌。用 20%柠檬酸钠酸化至 pH4 的 70℃水反复洗涤，每次 20mL，边洗边搅拌，若含有天然色素，再用甲醇-甲酸洗涤 1～3 次，每次 20mL，至洗液无色为止。再用 70℃水多次洗涤至流出的溶液为中性。然后用乙醇-氨溶液分次解析全部色素，收集全部解析液，于水浴上驱氨。

如试样中仅为单一色素，则用水准确定容至 50mL，用分光光度法测定。

如试样中为多种色素混合，则进行薄层层析分离后再测定。

立即将上述溶液置水浴上浓缩至 2mL，然后移入 5mL 容量瓶中，用 50 %乙醇洗涤容器，洗液并入容量瓶中，并定容至刻度。

（2）定性分析：

①纸色谱法：取层析滤纸，在距底边 2cm 处用铅笔划一条点样线，于点样线上间隔 2cm 标记刻度。在每个刻度处分别点 3～10μL 样品纯化溶液和 1～2μL 着色剂标准溶液，各点直径不超过 3mm，悬挂于分别盛有正丁醇-无水乙醇-氨水（1%）（6＋2＋3）、正丁醇-吡啶-氨水（1%）（6＋3＋4）的展开剂的层析缸中，用上行法展开，待溶剂前沿展至 15cm 处，将滤纸取出于空气中自然晾干，与标准色斑移动的距离（R_f值）进行比较定性。如 R_f 值相同即为同一色素。

也可取 0.5mL 样液，在起始线上从左到右点成条状，纸的左边点着色剂标准溶液，依法展开，晾干后先定性后再供定量用。靛蓝在碱性条件下易褪色，可用甲乙酮-丙酮-水（7＋3＋3）展开剂。

②薄层色谱法：

薄层板的制备：称取 1.6g 聚酰胺粉、0.4g 可溶性淀粉及 2g 硅胶 G，置于合适的研钵中，加 15mL 水研匀后，立即置涂布器中铺成厚度为 0.3mm 的板。在室温晾干后，于 80℃干燥 1h，置干燥器中备用。

点样：在距离板底边 2cm 处将 0.5mL 样液从左到右点成与底边平行的条状，板的左边点 2μL 色素标准溶液。

展开：苋菜红与胭脂红用甲醇-乙二胺-氨水（10＋3＋2）展开剂，靛蓝与亮蓝用甲醇-氨水-乙醇（5＋1＋10）展开剂，柠檬黄与其他着色剂用柠檬酸钠溶液（25g/L）-氨水-乙醇（8＋1＋2）展开剂。取适量展开剂倒入展开槽中，将薄层板放入展开，待着色剂明显分开后取出，晾干，与标准斑移动的距离（R_f值）进行比较定性。如 R_f值相同即为同一色素。

（3）定量分析：

①标准曲线制备：分别吸取 0.00mL、0.50mL、1.00mL、2.00mL、3.00mL、4.00mL 胭脂红、苋菜红、柠檬黄、日落黄色素标准使用溶液，或 0.0mL、0.2mL、0.4mL、0.6mL、0.8mL、1.0mL 亮蓝或靛蓝色素标准使用溶液，分别置于 10mL 比色管中，各加水稀释至刻度。用 1cm 比色杯，以零管调节零点，于一定波长下（胭脂红 510nm、苋菜红 520nm、柠檬黄 430nm、日落黄 482nm、亮蓝 627nm、靛蓝 620nm），测定吸光度，分别绘

制标准曲线。

②样品的测定：将纸色谱的条状色斑剪下，用少量热水洗涤数次，直至提取完全，合并提取液于 10mL 比色管中，冷却后加水至刻度。

将薄层色谱的条状色斑包括有扩散的部分，分别用刮刀刮下，移入漏斗中，用乙醇-氨溶液解吸着色剂，少量反复多次至解吸液于蒸发皿中，于水浴上挥去氨，移入 10mL 比色管中，加水至刻度，做比色用。

将上述样品液分别用 1cm 比色杯，以零管调节零点，按标准曲线绘制操作，在一定波长下测定样品液的吸光度，并与标准系列比较定量或与标准色列目测比较。

【计算】

$$X=\frac{A\times 1000}{m\times\frac{V_2}{V_1}\times 1000\times 1000}$$

式中：X 为试样中着色剂的含量（g/g）；A 为测定用样液中着色剂的质量（mg）；m 为试样的质量或体积（g 或 mL）；V_1 为试样解吸后总体积（mL）；V_2 为样液点板（纸）体积（mL）。

【说明】本法为国标 GB/T 5009.35—2003 中的第二法。

第七节　动物性食品中违禁添加成分的检测

一、食品中苏丹红的检测

苏丹红（oil-soluble yellow）并非食品添加剂，而是一种化学染色剂。有些不法商贩为使其生产的食品具有鲜艳的红色，在辣椒油、辣椒酱、番茄酱中添加苏丹红，为使生产的鸭蛋蛋黄具有鲜艳的红色，在饲料中添加苏丹红。

食品中苏丹红染料常用的检测方法为高效液相色谱法，样品经溶剂提取、固相萃取净化后，用反相高效液相色谱-紫外可见光检测器进行色谱分析，采用外标法定量。该方法最低检测限：苏丹红Ⅰ、苏丹红Ⅱ、苏丹红Ⅲ、苏丹红Ⅳ均为 10μg/kg。

【试剂】

（1）乙腈：色谱纯。

（2）丙酮：色谱纯、分析纯。

（3）甲酸：分析纯。

（4）乙醚：分析纯。

（5）正己烷：分析纯。

（6）无水硫酸钠：分析纯。

（7）层析用氧化铝（中性 100～200 目）：105℃干燥 2h，于干燥器中冷至室温，每 100g 中加入 2mL 水降活，混匀后密封，放置 12h 后使用。（注：不同厂家和不同批号氧化铝的活度有差异，须根据具体购置的氧化铝产品略作调整，活度的调整采用标准溶液过柱，将 1μg/mL 苏丹红的混合标准溶液 1mL 加到柱中，用 5%丙酮正己烷溶液 60mL 完全洗脱为准，4 种苏丹红在层析柱上的流出顺序为苏丹红Ⅱ、苏丹红Ⅳ、苏丹红Ⅰ、苏丹红Ⅲ，可根据每种苏丹红的回收率作出判断。苏丹红Ⅱ、苏丹红Ⅳ的回收率较低表明氧化铝活性偏低，苏丹红Ⅲ的回收率偏低时表明活性偏高。）

（8）氧化铝层析柱：在层析柱管底部塞入一薄层脱脂棉，干法装入处理过的氧化铝至3cm高，轻敲实后加一薄层脱脂棉，用10mL正己烷预淋洗，洗净柱中杂质后，备用。

（9）5%丙酮的正己烷液：吸取50mL丙酮用正己烷定容至1L。

（10）标准物质：苏丹红Ⅰ、苏丹红Ⅱ、苏丹红Ⅲ、苏丹红Ⅳ，纯度≥95%。

（11）标准储备液：分别称取苏丹红Ⅰ、苏丹红Ⅱ、苏丹红Ⅲ及苏丹红Ⅳ各10.0mg（按实际含量折算），用乙醚溶解后用正己烷定容至250mL。

【仪器】

（1）高效液相色谱仪（配有紫外可见光检测器）。

（2）层析柱管：1cm（内径）×5cm（高）的注射器管。

（3）分析天平：感量0.1mg。

（4）旋转蒸发仪。

（5）均质机。

（6）离心机。

（7）0.45μm有机滤膜。

【测定方法】

（1）样品处理：液体、浆状样品混合均匀，固体样品需磨细。

①红辣椒油、火锅料、奶油等油状样品：称取0.5～2g（准确至0.001g）样品于小烧杯中，加入适量正己烷溶解（1～10mL），难溶解的样品可于正己烷中加温溶解。慢慢加入氧化铝层析柱中，为保证层析效果，在柱中保持正己烷液面为2mm左右时上样，在全程的层析过程中不应使柱干涸，用正己烷少量多次淋洗浓缩瓶，一并注入层析柱。控制氧化铝表层吸附的色素带宽宜小于0.5cm，待样液完全流出后，视样品中含油类杂质的多少用10～30mL正己烷洗柱，直至流出液无色，弃去全部正己烷淋洗液，用含5%丙酮的正己烷液60mL洗脱，收集、浓缩后，用丙酮转移并定容至5mL，经0.45μm有机滤膜过滤后待测。

②香肠等肉制品：称取粉碎样品10～20g（准确至0.01g）于三角瓶中，加入60mL正己烷充分匀浆5min，滤出清液，再以20mL×2次正己烷匀浆，过滤。合并3次滤液，加入5g无水硫酸钠脱水，过滤后于旋转蒸发仪上蒸至5mL以下，按上述“慢慢加入氧化铝层析柱中……过滤后待测”操作。

（2）色谱条件：

①色谱柱：Zorbax SB-C_{18} 3.5μm 4.6mm×150mm（或相当型号色谱柱）。

②流动相：

溶剂A：0.1%甲酸的水溶液：乙腈＝85：15

溶剂B：0.1%甲酸的乙腈溶液：丙酮＝80：20

③梯度洗脱：流速：1mL/min；柱温：30℃；检测波长：苏丹红Ⅰ478nm；苏丹红Ⅱ、苏丹红Ⅲ、苏丹红Ⅳ520nm；于苏丹红Ⅰ出峰后切换。梯度条件见表6-5。

（3）液相色谱测定：吸取标准储备液0.00mL、0.1mL、0.2mL、0.4mL、0.8mL、1.6mL，用正己烷定容至25mL，此标准系列浓度为0.00μg/mL、0.16μg/mL、0.32μg/mL、0.64μg/mL、1.28μg/mL、2.56μg/mL。分别将标准工作液和待测试样溶液用高效液相色谱仪测定，进样量10μL。由标准工作液分析结果，绘制标准曲线。根据保留时间定性，外标法定量。

表 6-5　梯度条件

时间/min	流动相		曲线
	A/%	B/%	
0	25	75	线性
10.0	25	75	线性
25.0	0	100	线性
32.0	0	100	线性
35.0	25	75	线性
40.0	25	75	线性

【计算】 按下式计算苏丹红含量：

$$R = c \times \frac{V}{m}$$

式中：R 为样品中苏丹红含量（mg/kg）；c 为由标准曲线得出的样液中苏丹红的浓度（μg/mL）；V 为样液定容体积（mL）；m 为样品质量（g）。

【说明】 本法为国标 GB/T 19681—2005。

二、食品中次硫酸氢钠甲醛的检测

次硫酸氢钠甲醛或甲醛次硫酸氢钠（sodium formaldehyde sulfoxylate）俗称吊白块，又称雕白粉，为半透明白色结晶或小块，易溶于水。高温下具有极强的还原性，有漂白作用。遇酸即分解，120℃下分解产生甲醛、二氧化硫和硫化氢等有毒气体。吊白块水溶液在60℃以上就开始分解出有害物质。吊白块在印染工业用作漂白剂和还原剂，生产靛蓝染料、还原染料等。还用于合成橡胶，制糖以及乙烯化合物的聚合反应。

吊白块被一些不法厂商用作增白剂在食品加工中添加，使一些食品如米粉、面粉、粉丝、银耳、食糖、腐竹、面食品及豆制品等色泽变白，有的还能增强韧性，不易腐烂变质。尽管吊白块有增白作用，但由于其危害人体健康，所以我国禁止在食品中添加吊白块。

（一）离子色谱法

添加到食品中的次硫酸氢钠甲醛在碱性条件下被过氧化氢氧化成甲酸根和硫酸根，经过滤后用离子色谱分离后测定，根据色谱峰的保留时间及其摩尔比进行定性分析，再根据峰面积利用标准曲线法进行定量分析。

【试剂】

（1）淋洗液：分别称取 0.190 8g 无水碳酸钠和 0.142 8g 碳酸氢钠（均在 105℃烘干 2h，干燥器中放冷）溶解于水中，移入 2 000mL 容量瓶中，用水稀释至刻度，摇匀，经 0.45μm 的微孔滤膜过滤后，储备聚乙烯淋洗瓶中。碳酸钠的浓度为 0.90mmol/L，碳酸氢钠的浓度为 0.85mmol/L。

（2）硫酸根标准使用液Ⅰ（1mL 溶液含 0.10mg 硫酸根）：称取 0.148 0g 于 105～110℃

干燥至恒重的无水硫酸钠，溶于水，移入1 000mL容量瓶中稀释至刻度。

(3) 硫酸根标准使用液Ⅱ（1mL溶液含0.010mg硫酸根）：吸取10.00mL硫酸根标准使用液Ⅰ于100mL容量瓶中，加水稀释至刻度。

(4) 甲酸根标准使用液Ⅰ（1mL溶液含0.10mg甲酸根）：称取甲酸钠（$HCOONa \cdot H_2O$）0.231 2g，溶于水，移入1 000mL容量瓶中，稀释至刻度。

(5) 甲酸根标准使用液Ⅱ（1mL溶液含0.010mg甲酸根）：吸取10.00mL甲酸根标准使用液Ⅰ于100mL容量瓶中，加水稀释至刻度。

(6) 再生液：取1.33mL浓硫酸于1 000mL容量瓶中（瓶中装有少量水），用水稀释至刻度。

(7) 4%（*m/V*）NaOH溶液：称取4g NaOH溶于100mL水中。

(8) 3%（*V/V*）H_2O_2溶液：量取10.00mL 30%的H_2O_2（经$KMnO_4$法标定）于100mL容量瓶中，用水稀释至刻度。

(9) 氯离子标准储备液（1mL溶液含0.10mg氯离子）：称0.164 8g氯化钠（105℃烘2h）溶于水，移入1 000mL容量瓶中，用水稀释至标线。

【仪器】

(1) 离子色谱仪（具有分离柱、抑制器、电导检测器）。

(2) 进样器。

(3) 恒温磁力搅拌器。

(4) 接点温度计。

【测定方法】

(1) 样品的前处理：

①恒温搅拌氧化法：准确称取试样2.00g（准确至0.01g）于50mL容量瓶中，加入高纯水20mL，加入4%（*m/V*）NaOH溶液1.2mL，3%（*V/V*）H_2O_2溶液1.8mL，加入高纯水稀释至刻度，摇匀加入一小磁子，放入已恒温至50℃水浴中（烧杯）搅拌40min取出样品，放冷后，干过滤于一个微型干燥的烧杯中（或干燥的称量瓶体积约5mL）弃去初流液，收集约2mL，即为离子色谱分析的测定液，同时做空白试验。

②蒸馏氧化法：于500mL蒸馏瓶中加入5mL10%磷酸、2.0mL液体石蜡、200mL水、一定量的样品，电热套搅拌加热，于200mL容量瓶中加入4%（*m/V*）10.0mL NaOH溶液，3%（*V/V*）10.0mL H_2O_2溶液，10mL水，摇匀作吸收液，球型冷凝管中通自来水冷却，收集流出液近200mL刻度时，取下容量瓶，补充水至刻度，摇匀，放置于50℃的恒温水浴中30min后，得离子色谱分析测定液，同时做空白试验。

(2) 离子色谱条件：

①AllsepA-2Anion阴离子交换柱。

②淋洗液流速为1.2ml/min。

③进样量为50μL。

(3) 制作标准曲线：准确移取甲酸根标准使用液（Ⅱ）0.00mL、0.50mL、1.00mL、3.00mL、5.00mL、7.00mL、10.00mL和硫酸根标准使用液（Ⅰ）0.00mL、0.50mL、1.00mL、1.50mL、2.00mL、2.50mL、3.00mL分别置于7个50mL容量瓶中，用水稀释至刻度、摇匀。调整好色谱条件，用微量注射器（注射器前安装0.45μm微孔滤膜过滤）进样。分别以甲酸根和硫酸根的峰面积（扣除空白）为纵坐标，甲酸根和硫酸根的浓度为横坐标，绘制甲酸根和硫酸根的标准曲线。

（4）样品测定：按绘制标准曲线相同的色谱条件，用微量注射器吸取前处理后的测定液进样。

【计算】

（1）定性分析：根据样品中甲酸根和硫酸根的色谱峰的保留时间与相同条件下测得标准溶液的离子色谱图进行比较，保留时间一致，即初步确定样品中存在次硫酸氢钠甲醛。再根据两个峰的峰面积确定物质的量之比是否符合或接近 1∶1 的关系，进一步确定次硫酸氢钠甲醛的有无。若只进行定性鉴定，可以取两份浓度相同的样品，一份不加次硫酸氢钠甲醛，而另一份加入次硫酸氢钠甲醛，比较两个样品的离子色谱图，峰高或峰面积增加的那两个色谱峰即证明有次硫酸氢钠甲醛。

（2）定量分析：根据样品中甲酸根的峰面积（扣除不含次硫酸氢钠甲醛的样品的空白值）从标准曲线上获得甲酸根的浓度，然后再按下式计算次硫酸氢钠甲醛的含量。

$$X_1=\frac{c\times V\times 3.424}{W}$$

式中：X_1为硫酸氢钠甲醛的含量（mg/kg）；c 为样品中所含甲酸根的浓度（μg/mL）；3.424 为甲酸根换算成次硫酸氢钠甲醛的换算系数；W 为试样的质量（g）；V 为样品溶液的总体积（mL）。

根据样品中硫酸根的峰面积（扣除不含次硫酸氢钠甲醛的样品的空白值）从标准曲线上获得硫酸根的浓度，然后再按下式计算次硫酸氢钠甲醛的含量。

$$X_2=\frac{c\times V\times 1.604}{W}$$

式中：X_2为硫酸氢钠甲醛的含量（mg/kg）；c 为样品中所含硫酸根的浓度（μg/mL）；1.604 为硫酸根换算成次硫酸氢钠甲醛的换算系数；W 为试样的质量（g）；V 为样品溶液的总体积（mL）。

取平行双样测定结果的算术平均值，用三位有效数字表示分析结果。平行测定值的相对偏差不得大于 10%。

【说明】

（1）任何与甲酸根和硫酸根离子保留时间相近的阴离子均干扰测定。高浓度的有机酸，如乙酸根、葡萄糖酸根均干扰甲酸根测定。氯离子的保留时间与甲酸根相近，浓度大时，干扰测定，若采用蒸馏法测定可消除干扰。

（2）当样品离子色谱图由于甲酸根分离不好时，按 X_1 进行定量分析，而硫酸根的峰分离好时，可按 X_2 进行定量分析。

（二）分光光度法

样品经酸化后，次硫酸氢钠甲醛中的甲酸被释放出来，经水蒸气蒸馏，收集后的吸收液中的甲醛与乙酰丙酮及铵离子反应生成黄色物质，与标准系列比较定量。

【试剂】

（1）磷酸溶液：吸取 10mL 磷酸（85%），加蒸馏水至 100mL。

（2）硅油。

（3）淀粉溶液：称取1g可溶性淀粉用少量水调成糊状，缓缓倒入100mL沸水，随加随搅拌，煮沸，放冷备用，此溶液临用时现配。

（4）乙酰丙酮溶液：在100mL蒸馏水中加入醋酸铵25g，冰醋酸3mL和乙酰丙酮0.40mL振摇促溶，储备于棕色瓶中，此液可保存1个月。

（5）碘溶液：$c(1/2I_2)=0.1mol/L$。

（6）硫代硫酸钠标准滴定溶液：$c(Na_2S_2O_3)=0.100\ 0mol/L$。

（7）氢氧化钾溶液：$c(KOH)=1mol/L$。

（8）10%硫酸溶液：取90mL蒸馏水，缓缓加入10mL H_2SO_4（浓）。

（9）甲醛标准储备液：取甲醛1g放入盛有5mL蒸馏水的100mL容量瓶中精密称量后，加水至刻度，从该溶液中吸取10.0mL放入碘量瓶中，加0.1mol/L碘溶液50.0mL，1mol/L KOH溶液20mL，在室温放置15min后，加10% H_2SO_4 溶液15mL，用0.100 0 mol/L $Na_2S_2O_3$ 标准滴定溶液滴定，滴定至溶液为淡黄色时，加入1mL淀粉溶液，继续滴定至无色，同时取10.0mL蒸馏水进行空白试验。

计算：

$$X=\frac{(V_0-V_1)\times c\times 15\times 1000}{10\times 1000}$$

式中：X为甲醛标准储备液的浓度（mg/mL）；V_0为滴定空白溶液消耗硫代硫酸钠标准滴定溶液的体积（mL）；V_1为滴定样品溶液消耗硫代硫酸钠标准滴定溶液的体积（mL）；c为标准硫代硫酸钠溶液的摩尔浓度（mol/L）；15为甲醛（1/2HCHO）的摩尔质量（g/mol）；10为滴定时吸取甲醛标准储备液的体积（mL）。

（10）甲醛标准使用液：将标定后的甲醛标准储备液用蒸馏水稀释至5μg/mL。

【仪器】

（1）分光光度计。

（2）水蒸气蒸馏装置。

【测定方法】

（1）样品处理：准确称取5～10g样品（根据样品中含有两次硫酸氢钠甲醛的量而定）置于500mL蒸馏瓶中，加入蒸馏水20mL（与样品混匀），硅油2～3滴和磷酸溶液10mL，立即连通水蒸气蒸馏装置，进行蒸馏，冷凝管下口应插入盛有约20mL蒸馏水并且置于冰水浴中的250mL容量瓶中，待蒸馏液约250mL时取出，放至室温后，加水至刻度，混匀，另作空白蒸馏。

（2）测定：根据样品中次硫酸氢钠甲醛的含量，准确吸取样品蒸馏液2～10mL于25mL带刻度的具塞比色管中，补充蒸馏水至10mL。另取甲醛标准使用液0.00mL、0.50mL、1.00mL、3.00mL、5.00mL、7.00mL、10.0mL（相当于0.00μg、2.50μg、5.00μg、15.00μg、25.00μg、35.00μg、50.00μg甲醛）分别置于25mL带刻度具塞比色管中，补充蒸馏水至10mL。

在样品及标准系列管中分别加入乙酰丙酮溶液1mL，摇匀，置沸水浴中3min，用1cm比色杯以零管溶液调节零点，于波长435nm处测吸光度，绘制标准曲线，并记录样品吸光度值，扣除空白液吸光度值，查标准曲线计算结果。

【计算】

$$X=\frac{A\times1000\times V_2}{m\times V_1\times1000\times1000}$$

式中：X 为样品中游离甲醛的含量（g/kg）；A 为测定用样品液中甲醛的质量（μg）；m 为样品质量（g）；V_1 为测定用样品溶液体积（mL）；V_2 为蒸馏液总体积（mL）。

【说明】

（1）水蒸气蒸馏过程中，回收瓶底部要稍稍加热，促使样品酸化过程中反应完全。

（2）方法最小检出量为 2mg/kg（以游离甲醛计），平行测定结果用算术平均值表示，保留两位有效数字。

（3）该试验结果以游离甲醛计，若以次硫酸氢钠甲醛计，可乘以系数值 5.133。

（4）部分产品原材料中可能含有醛糖类物质，经酸化处理后测出含有甲醛，但浓度很低（＜20mg/kg），所以，当测试值＞20mg/kg 时，才考虑样品中是否加入吊白块。

三、动物性食品中三聚氰胺的检测

三聚氰胺（melamine，1，3，5 -三嗪- 2，4，6 -三胺），是一种三嗪类含氮杂环有机化合物，重要的氮杂环有机化工原料。三聚氰胺是一种用途广泛的基本有机化工中间产品，最主要的用途是作为生产三聚氰胺甲醛树脂（MF）的原料。

三聚氰胺的含氮量为 66%左右，由于我国采用估测食品和饲料工业蛋白质含量方法的缺陷，三聚氰胺被不法商贩掺杂进食品或饲料中，以提升食品或饲料检测中的蛋白质含量指标。三聚氰胺进入人体后，发生取代反应（水解），生成三聚氰酸，三聚氰酸和三聚氰胺形成大的网状结构，造成结石。

（一）高效液相色谱法（HPLC）

试样用三氯乙酸溶液-乙腈提取，经阳离子交换固相萃取柱净化后，用高效液相色谱测定，外标法定量。

【试剂】

（1）甲醇：色谱纯。

（2）乙腈：色谱纯。

（3）氨水：含量为 25%～28%。

（4）三氯乙酸。

（5）柠檬酸。

（6）辛烷磺酸钠：色谱纯。

（7）甲醇水溶液：准确量取 50mL 甲醇和 50mL 水，混匀后备用。

（8）三氯乙酸溶液（1%）：准确称取 10g 三氯乙酸于 1L 容量瓶中，用水溶解并定容至刻度，混匀后备用。

（9）氨化甲醇溶液（5%）：准确量取 5mL 氨水和 95mL 甲醇，混匀后备用。

（10）离子对试剂缓冲液：准确称取 2.10g 柠檬酸和 2.16g 辛烷磺酸钠，加入约 980mL 水溶解，调节 pH 至 3.0 后，定容至 1L 备用。

（11）三聚氰胺标准品：CAS108 - 78 - 01，纯度大于 99.0%。

（12）三聚氰胺标准储备液：准确称取 100mg（精确到 0.1mg）三聚氰胺标准品于 100mL 容量瓶中，用甲醇水溶液溶解并定容至刻度，配制成浓度为 1mg/kg 的标准储备液，于 4℃避光保存。

（13）阳离子交换固相萃取柱：混合型阳离子交换固相萃取柱，基质为苯磺酸化的聚苯乙烯-二乙烯基苯高聚物，60mg、3mL，或相当者。使用前依次用 3mL 甲醇、5mL 水活化。

（14）海沙：化学纯，粒度 0.65～0.85mm，二氧化硅（SiO_2）含量为 99%。

（15）微孔滤膜：0.2μm，有机相。

（16）氮气：纯度大于等于 99.999%。

【仪器】

（1）高效液相色谱（HPLC）仪：配有紫外检测器或二极管阵列检测器。

（2）分析天平：感量为 0.000 1g 和 0.01g。

（3）离心机：转速不低于 4 000r/min。

（4）超声波水浴。

（5）固相萃取装置。

（6）氮气吹干仪。

（7）涡旋混合器。

（8）具塞塑料离心管：50mL。

（9）研钵。

【测定方法】

1. 样品处理

（1）提取：

①液态奶、奶粉、酸奶、冰淇淋和奶糖：称取 2g（精确至 0.01g）试样于 50mL 具塞塑料离心管中，加入 15mL 三氯乙酸溶液和 5mL 乙腈，超声提取 10min，再振荡提取 10min 后，以不低于 4 000r/min 离心 10min。上清液经三氯乙酸溶液润湿的滤纸过滤后，用三氯乙酸溶液定容至 25mL，移取 5mL 滤液，加入 5mL 水混匀后做待净化液。

②奶酪、奶油和巧克力等：称取 2g（精确至 0.01g）试样于研钵中，加入适量海沙（试样质量的 4～6 倍）研磨成干粉状，转移至 50mL 具塞塑料离心管中，用 15mL 三氯乙酸溶液分数次清洗研钵，清洗液转入离心管中，再往离心管中加入 5mL 乙腈，余下操作同上述“超声提取 10min，……加入 5mL 水混匀后做待净化液”。

注：若样品中脂肪含量较高，可以用三氯乙酸溶液饱和的正己烷液-液分配除脂后再用 SPE 柱净化。

（2）净化：将上述待净化液转移至固相萃取柱中。依次用 3mL 水和 3mL 甲醇洗涤，抽至近干后，用 6mL 氨化甲醇溶液洗脱。整个固相萃取过程流速不超过 1mL/min。洗脱液于 50℃下用氮气吹干，残留物（相当于 0.4g 样品）用 1mL 流动相定容，涡旋混合 1min，过微孔滤膜后，供 HPLC 测定。

2. 高效液相色谱测定

（1）HPLC 参考条件：

①色谱柱：C_8 柱，250mm×4.6mm（内径），5μm，或相当者；

C_{18} 柱，250mm×4.6mm（内径），5μm，或相当者。

②流动相：C_8柱，离子对试剂缓冲液-乙腈（85+15，体积比），混匀；

C_{18}柱，离子对试剂缓冲液-乙腈（90+10，体积比），混匀。

③流速：1.0mL/min。

④柱温：40℃。

⑤波长：240nm。

⑥进样量：20μL。

（2）标准曲线的绘制：用流动相将三聚氰胺标准储备液逐级稀释得到的浓度为0.8μg/mL、2μg/mL、20μg/mL、40μg/mL、80μg/mL的标准工作液，浓度由低到高进样检测，以峰面积-浓度作图，得到标准曲线回归方程。

（3）定量测定：待测样液中三聚氰胺的响应值应在标准曲线线性范围内，超过线性范围则应稀释后再进样分析。

【计算】试样中三聚氰胺的含量由色谱数据处理软件或按下式计算获得：

$$X=\frac{A\times c\times V\times 1000}{A_S\times m\times 1000}\times f$$

式中：X为试样中三聚氰胺的含量（mg/kg）；A为样液中三聚氰胺的峰面积；c为标准溶液中三聚氰胺的浓度（μg/mL）；V为样液最终定容体积（mL）；A_S为标准溶液中三聚氰胺的峰面积；m为试样的质量（g）；f为稀释倍数。

【说明】

（1）本法为国标GB/T 22388—2008中的第一法。定量限为2mg/kg。

（2）允许差：在重复性条件下获得的两次独立测定结果的绝对差值不得超过算术平均值的10%。

（3）在添加浓度2～10mg/kg范围内，回收率在80%～110%，相对标准偏差小于10%。

（二）液相色谱-质谱/质谱法（LC-MS/MS）

试样用三氯乙酸溶液提取，经阳离子交换固相萃取柱净化后，用液相色谱-质谱/质谱法测定和确证，外标法定量。

【试剂】

（1）乙酸。

（2）乙酸铵。

（3）乙酸铵溶液（10mmol/L）：准确称取0.772g乙酸铵于1L容量瓶中，用水溶解并定容至刻度，混匀后备用。

（4）其他同高效液相色谱法。

【仪器】

（1）液相色谱-质谱/质谱（LC-MS/MS）仪：配有电喷雾离子源（ESI）。

（2）其他同高效液相色谱法。

【测定方法】

1. 样品处理

（1）提取：

①液态奶、奶粉、酸奶、冰淇淋和奶糖等：称取1g（精确至0.01g）试样于50mL具塞塑料离心管中，加入8mL三氯乙酸溶液和2mL乙腈，超声提取10min，再振荡提取10min，以不低于4 000r/min离心10min。上清液经三氯乙酸溶液润湿的滤纸过滤后，做待净化液。

②奶酪、奶油和巧克力等：称取1g（精确至0.01g）试样于研钵中，加入适量海沙（试样质量的4～6倍）研磨成干粉状，转移至50mL具塞塑料离心管中，加入8mL三氯乙酸溶液分数次清洗研钵，清洗液转入离心管中，再加入2mL乙腈，余下操作同高效液相色谱法样品处理中液态奶、奶粉、酸奶、冰淇淋和奶糖等提取中“超声提取10min，……做待净化液”。

注：若样品中脂肪含量较高，可以用三氯乙酸溶液饱和的正己烷液-液分配除脂后再用SPE柱净化。

（2）净化：将上述待净化液转移至固相萃取柱中。依次用3mL水和3mL甲醇洗涤，抽至近干后，用6mL氨化甲醇溶液洗脱。整个固相萃取过程流速不超过1mL/min。洗脱液于50℃下用氮气吹干，残留物（相当于1g试样）用1mL流动相定容，涡旋混合1min，过微孔滤膜后，供LC-MS/MS测定。

2. 液相色谱-质谱/质谱测定

（1）LC参考条件：

①色谱柱：强阳离子交换与反相C_{18}混合填料，混合比例（1：4），150mm×2.0mm（内径），5μm，或相当者。

②流动相：等体积的乙酸铵溶液和乙腈充分混合，用乙酸调节至pH=3.0后备用。

③进样量：10μL。

④柱温：40℃。

⑤流速：0.2mL/min。

（2）MS/MS参考条件：

①电离方式：电喷雾电离，正离子。

②离子喷雾电压：4kV。

③雾化气：氮气，275.8kPa（40psi）。

④干燥气：氮气，流速10L/min，温度350℃。

⑤碰撞气：氮气。

⑥分辨率：Q1（单位）Q3（单位）。

⑦扫描模式：多反应监测（MRM），母离子m/z 127，定量子离子m/z 85，定性子离子m/z 68。

⑧停留时间：0.3s。

⑨裂解电压：100V。

⑩碰撞能量：m/z 127>85为20V，m/z 127>68为35V。

（3）标准曲线的绘制：取空白样品按照样品处理程序进行处理。用所得的样品溶液将三聚氰胺标准储备液逐级稀释得到的浓度为0.01μg/mL、0.05μg/mL、0.1μg/mL、0.2μg/mL、0.5μg/mL的标准工作液，浓度由低到高进样检测，以定量子离子峰面积-浓度作图，得到标准曲线回归方程。

（4）定量测定：待测样液中三聚氰胺的响应值应在标准曲线线性范围内，超过线性范围则应稀释后再进样分析。

(5) 定性判定：按照上述条件测定试样和标准工作溶液，如果试样中的质量色谱峰保留时间与标准工作溶液一致（变化范围在±2.5%之内）；样品中目标化合物的两个子离子的相对丰度与浓度相当标准溶液的相对丰度一致，相对丰度偏差不超过表6-6的规定，则可判断样品中存在三聚氰胺。

表6-6　定性离子相对丰度的最大允许偏差（%）

相对离子丰度	>50	>20～50	>10～20	≤10
允许的相对偏差	±20	±25	±30	±50

【计算】

$$X = \frac{A \times c \times V \times 1000}{A_S \times m \times 1000} \times f$$

式中：X 为试样中三聚氰胺的含量（mg/kg）；A 为样液中三聚氰胺的峰面积；c 为标准溶液中三聚氰胺的浓度（μg/mL）；V 为样液最终定容体积（mL）；A_S 为标准溶液中三聚氰胺的峰面积；m 为试样的质量（g）；f 为稀释倍数。

同高效液相色谱法。

【说明】

(1) 本法为国标GB/T 22388—2008中的第二法。定量限为0.01mg/kg。

(2) 允许差：在重复性条件下获得的两次独立测定结果的绝对差值不得超过算术平均值的15%。

(3) 在添加浓度0.01～0.5mg/kg浓度范围内，回收率在80%～110%，相对标准偏差小于10%。

第七章 动物性食品中生物毒素的检测

第一节　概　　述

一、动物性食品中生物毒素的种类

生物毒素（biotoxin）又称生物毒，是指生物或微生物在其生长繁殖过程中或在一定条件下产生的对其他生物物种有毒害作用并不可恢复的化学物质，也称为天然毒素。已知化学结构的生物毒素有数千种，依据来源分为动物毒素、植物毒素和微生物毒素。与动物性食品有关的主要有动物毒素中的海洋毒素和微生物毒素中真菌毒素。这些毒素可以对机体的各种器官和生物靶位产生化学和物理化学作用，而引起机体损伤、功能障碍以及致畸、致癌，甚至造成死亡等各种不良的生理效应。

（一）海洋毒素

海洋毒素是由海洋中的微藻或者海洋细菌产生的一类生物活性物质的总称。由于这些毒素通常是通过海洋贝类或鱼类等生物媒介造成人类中毒，因此这些毒素常被称作贝毒或鱼毒（或贝类毒素和鳍类毒素）。

1. 河豚毒素（tetrodotoxin）　河豚毒素是一种氨基全氢化喹唑啉化合物，大量存在于河豚中，在日本的享饪中它被称为 fugu，这种毒类是由河豚自身产生的，清理时必须要除掉。如果不慎食入了没有妥善处理的河豚，大约在 20min 之内就会出现初级的神经系统症状麻痹症，呼吸系统衰竭、痉挛、心脏跳动不规律，而且经常引致死亡。河豚毒素是地球上现发现的毒害最大的毒素之一。世界鲀毒鱼类共计 19 属 121 种，我国主要鲀毒鱼类有 47 种。我国沿海从南到北均有鲀毒分布，其中黄海、渤海和东海是世界上河豚种类和数量最多的海域之一。

2. 西加毒素（ciguatera toxin）　又称雪卡鱼毒，通常是由生活在热带地区的甲藻产生的一类毒素，主要是影响热带、亚热带的礁石鱼类，典型的礁鱼类包括梭鱼、真鲷、鲑、鲐等。通常这些鱼类都是因为吃那些以食含毒素的藻类为生的小鱼而存积在体内大量毒素，由鱼作为媒介，引起人类中毒。值得注意的是，引起许多症状的毒素大多存活期较短，但是，因西加毒素引发的麻木、颤抖、温度感知颠倒的症状会持续几个月，甚至有报告说持续几年。

3. 鲭毒素（scombroid toxin）　在美国大约有一半的鳍类毒素报告中都包括鲭毒类，这是由于鲭类鱼中含有大量的组胺，而组胺是由于细菌的生长形成的。含鲭毒素的主要三大类鱼是：金枪鱼、麻哈鱼、青鱼，在其他鱼中也有发现鲭毒素。

4. 刺尾鱼毒素（maitotoxin）　刺尾鱼毒素是通常与西加鱼毒素共存的另一种毒素，能够作用于细胞膜，致使钙离子内流，其机制很可能是通过作用于部分膜蛋白，使之形成一个类似于钙离子通道的孔。

5. 麻痹性贝毒（paralytic shellfish poison，PSP） 由海洋藻类形成，主要存在于软体贝类中。即使食入少量的PSP毒素，也会引起神经系统的疾病，包括颤抖、兴奋及唇、舌的灼痛和麻木感，严重时会导致呼吸系统麻木以致死亡。

6. 腹泻性贝毒（diarrhetic shellfish poison，DSP） 由另外一种海洋藻类产生，大量存在于软体贝类中。主要来自甲藻中的鳍藻属和原甲藻属，是20世纪70年代由日本科学家Yasumoto发现。根据毒素的结构，腹泻性贝毒毒素可以分成三类：聚醚类毒素——大田软海绵酸（okadaic acid）和鳍藻毒素（dinophysistoxins）；大环聚醚内酯毒素——扇贝毒素（pectenotoxins）；融合聚醚毒素—虾夷扇贝毒素（yessotoxins）。

7. 遗忘性贝毒（amnesic shellfish poison，ASP） 遗忘性贝毒（活性成分为软骨藻酸domoic acid）引起的中毒事件1987年首次在加拿大出现并导致三人死亡，中毒者食用了贻贝表现出肠道症状和神经紊乱，严重的有短暂的记忆丧失现象。事后研究表明引起中毒的活性成分为软骨藻酸，一种早先曾在红藻中分离出的氨基酸类物质。这也是首次发现由硅藻赤潮引起的中毒事件，能够产生软骨藻酸的硅藻主要是*Pseudonitzschia*属中的一些种。这类毒素同时具有胃肠系统及神经系统中毒的症状，包括短时间失忆，即健忘症。严重时也会引发死亡。

8. 神经性贝毒（neurotoxic shellfish poison，NSP） 是一种与赤潮有关的毒素，是源自于一种海洋藻类。神经性贝毒是到目前为止危害范围较小的一类毒素，主要分布在美国墨西哥湾一带，但近年来在欧洲、新西兰也发现了有毒藻*Gymnodinium breve*的存在。这类毒素虽不像其他贝类毒类那么严重，但同样也会产生肠胃不舒服及神经系统疾病的症状如神经麻木，冷热知觉的颠倒，即冷热不分。

（二）真菌毒素

能引起人畜中毒的真菌毒性代谢产物被称为真菌毒素（mycotoxin）。20世纪50年代初是真菌毒素学的萌芽时期，科学家们从粮食或饲料中分离出可疑产毒真菌，至20世纪70年代中期，科学家们分离鉴定出多种真菌毒素，如：黄曲霉毒素、杂色曲霉毒素、赭曲霉毒素、展青霉素、棕曲霉素A等。

1. 黄曲霉毒素（aflatoxin，AF） 是黄曲霉和寄生曲霉的次级代谢产物，目前已经分离鉴定出12种以上，主要有黄曲霉毒素B_1、B_2、G_1及G_2等，其中以黄曲霉毒素B_1存在量最大，也最毒；黄曲霉毒素M_1为黄曲霉毒素B_1的代谢物，毒性仅次于黄曲霉毒素B_1，常存在于牛奶和奶制品中。

2. 赭曲霉毒素（ochratoxins，OT） 赭曲霉毒素是分子结构类似的一组化合物，主要危及人和动物肾脏的有毒代谢产物，有赭曲霉毒素A、赭曲霉毒素B、赭曲霉毒素C等几类化合物，其中毒性最大、与人类健康关系最密切、产毒量最高、对农作物的污染最重、分布最广泛的是赭曲霉毒素A（ochratoxin A，OA），OA是一种强力的肝脏毒和肾脏毒，并有致畸、致突变和致癌作用的真菌毒素。

3. T-2毒素 T-2毒素是由多种真菌，主要是三线镰刀菌产生的单端孢霉烯族化合物（trichothecenes，TS）之一。它广泛分布于自然界，是常见的污染田间作物和库存谷物的主要毒素，对人、畜危害较大。

4. 玉米赤霉烯酮（zearalenone，ZEN）　它是由镰孢属的若干菌种产生的有毒代谢产物。在温带地区 ZEN 是重要的真菌毒素。多个菌种如禾谷镰刀菌、三线镰刀菌、粉红镰刀菌、半裸镰刀菌、木贼镰刀菌、黄色镰刀菌、茄病镰刀菌、串珠镰刀菌等都可以产生该毒素。

二、生物毒素对食品的污染及对人体的危害

人类对生物毒素的最早体验源于自身的食物中毒。随着人类对海洋生物利用程度的增长，海洋三大生物公害：赤潮、西加中毒和麻痹神经性中毒的发生率有日趋增加的趋势；黄曲霉毒素、杂色曲霉毒素等对谷类的污染，玉米、花生作物中的真菌毒素等都已经证明是地区性肝癌、胃癌、食道癌的主要诱导物质。

真菌毒素是由真菌产生，在自然界中广泛存在，大多数农产品中都有可能含有真菌，并不是所有的真菌都有毒，可只要在一定的外部条件下，如水分活度情况、温度条件及氧气条件合适的情况下，毒素就会产生。在各方面条件合适的情况下，真菌毒素会直接进入食品中。如谷物和小麦的生长，真菌毒素也可以间接进入食物链可能导致动物误食了受污染的食物，真菌毒类也可通过以动物为源的食品，如奶、奶酪等对人造成危害。

已知的霉菌毒素有 200 余种，与食品关系较为密切的有黄曲霉毒素、赭曲霉毒素、杂色曲霉毒素等。已知有 5 种毒素可引起动物致癌，它们是黄曲霉毒素（B_1、G_1、M_1）、黄天精、环氯素、杂色曲霉素和展青霉素。霉菌毒素多数有较强的耐热性，一般的烹调加热方法不能使其破坏。当人体摄入的霉菌毒素量达到一定程度后，可引起急性中毒、慢性中毒以及致癌、致畸和致突变等。

黄曲霉毒素对动物性食品的污染主要是腌腊制品、灌肠类及乳和乳制品，还有蛋及蛋制品、肉制品等。由于这种毒素广泛存在于霉变的牲畜饲料中，当饲料被 AF 污染并达到一定的有效浓度时，可引起畜禽中毒症。中毒畜禽在一定的时间内不但在乳、尿、胆汁、粪便等含有 AFB_1，而且在肝、肾、肌肉中也含有少量的黄曲霉毒素 B_1 及相应的代谢产物黄曲霉毒素 M_1。用含 AFB_1 $100\mu g/kg$ 的饲料喂奶牛，可测出牛乳中 $1\mu g/kg$ 的 AFM_1。对于猪来说，不但是由于摄进黄曲霉毒素 B_1 而引起中毒的黄疸病猪有黄曲霉毒素 B_1 和 M_1，而且摄入了黄曲霉毒素 B_1 而未发生黄疸的鲜猪肉中也有一定的含量。

T-2 毒素主要是经口中毒，经黏膜的吸收率较高，并可直接破坏黏膜的毛细血管，使其通透性增加。对不同动物的毒性有一定种属差异，新生或未成年动物比成年动物对毒素更敏感。T-2 毒素的毒理作用主要作用于细胞分裂旺盛的组织器官，如胸腺、骨髓、肝、脾、淋巴结、生殖腺及胃肠黏膜等，抑制这些器官细胞蛋白质和 DNA 合成。动物主要是因食入镰刀菌污染的有毒谷物引起中毒。

玉米赤霉烯酮主要污染玉米，也污染大麦、小麦、燕麦等。玉米赤霉烯酮对动物的急性毒性很小。该化合物具有雌激素样的作用，主要作用于生殖系统，母猪特别是小母猪对该毒最敏感，可引起阴道和乳腺肿胀、流产、畸胎、死胎等。

由于生物毒素的多样性和复杂性，许多生物毒素还没有被发现或被认识，因此，生物毒素中毒的救治与公害防治仍然是世界性的难题。

三、食品中生物毒素的允许含量

（一）黄曲霉毒素限量指标

黄曲霉毒素属于剧毒性致癌物，其毒性是KCN的10倍、砒霜的68倍。世界各国对黄曲霉毒素在食品中的限量都严格规定。国际卫生组织（WHO）/世界粮农组织所属的食品法典委员会（CAC）推荐食品、饲料中黄曲霉毒素最大允许量标准为总量（$B_1+B_2+G_1+G_2$）小于15μg/kg；牛奶中黄曲霉毒素M_1的最大允许量为0.5μg/kg。我国规定了一些食品中黄曲霉毒素的限量标准。可参照GB 2761—2005《食品中真菌毒素限量》卫生标准。

1. 黄曲霉毒素B_1限量指标　见表7-1。

表7-1　黄曲霉毒素B_1限量指标（GB 2761—2005）

食　　品	限量（MLs）/（μg/kg）
婴儿配方食品	5
婴幼儿断奶期补充食品①	不得检出

注：①GB 10770—1997。

2. 黄曲霉毒素M_1限量指标　见表7-2。

表7-2　黄曲霉毒素M_1限量指标（GB 2761—2005）

食　　品	限量（MLs）/（μg/kg）
鲜乳	0.5
乳制品（折算为鲜乳计）	0.5
干酪（折算为鲜乳计）①	0.5
婴儿配方乳粉Ⅰ②	不得检出
婴儿配方乳粉Ⅱ、Ⅲ③	不得检出
炼乳（折算为鲜乳计）④	0.5
乳粉⑤	0.5
巴氏杀菌、灭菌乳⑥	0.5

注：①GB 5420—2003；②GB 10765—1997；③GB 10766—1997；④GB 13102—2005；⑤GB 19644—2005；⑥GB 19645—2005。

（二）玉米赤霉烯酮限量指标

对玉米赤霉烯酮的最高限量很多国家已制定了标准，如巴西规定玉米中不超过200μg/kg，罗马尼亚规定所有食品中不超过30μg/kg。我国尚未制定限量。

第二节　动物性食品中黄曲霉毒素的检测

黄曲霉毒素根据其在波长365nm的紫外光下呈现出荧光的颜色不同，分成B（紫外光下呈现蓝紫色荧光）和G（紫外光下呈黄绿荧光）两大组，再根据黄曲霉毒素在硅胶等吸附剂和三氯甲烷等展开剂中的分配系数不同，分为 B_1、B_2、G_1、G_2、M_1、M_2 等。黄曲霉毒素的相对分子质量为 312～346，其在水中的溶解度很低，易溶解在油和一些有机溶剂中，如氯仿、甲醇、乙醇、丙酮、苯、乙腈等，但不溶于乙醚、石油醚、己烷等。黄曲霉毒素对光、热、酸稳定，100℃下 20h 不能将其破坏，因此，在一般烹调加工的温度下，很难将其破坏而降低毒性。黄曲霉毒素在 280℃以上发生裂解，其结构中的内酯环被打开，荧光消失，毒性消除。黄曲霉毒素对碱和氧化剂不稳定，在水溶液中，很容易被 NaClO、Cl_2、H_2O_2、$KMnO_4$ 等氧化剂破坏，在 pH9～10 的强碱性溶液中能迅速分解。

一、薄层色谱法测定食品中黄曲霉毒素 M_1 与 B_1

试样经提取、浓缩、薄层分离后，黄曲霉毒素 M_1 与 B_1 在紫外光（波长 365nm）下产生蓝紫色荧光，根据其在薄层上显示荧光的最低检出量来测定含量。

【仪器】

（1）小型粉碎机。

（2）样筛。

（3）电动振荡器。

（4）全玻璃浓缩器。

（5）玻璃板：5cm×20cm。

（6）薄层板涂布器。

（7）展开槽：内部长 25cm、宽 6cm、高 4cm。

（8）紫外光灯：100～125W，带有波长 365nm 滤光片。

（9）微量注射器或血色素吸管、微量移液器。

（10）电热吹风机。

（11）紫外-可见分光光度计。

【试剂】

（1）三氯甲烷。

（2）正己烷或石油醚（沸程 30～60℃或 60～90℃）。

（3）甲醇。

（4）苯。

（5）乙腈。

（6）无水乙醚或乙醚经无水硫酸钠脱水。

（7）丙酮。

（8）硅胶 G：薄层色谱用。

（9）三氟乙酸。

（10）无水硫酸钠。

（11）重铬酸钾。

（12）苯-乙腈混合液：量取 98mL 苯，加 2mL 乙腈，混匀。

（13）甲醇水溶液：量取 55mL 甲醇，加入到 45mL 水中。

（14）异丙醇。

（15）氯化钠及氯化钠溶液（40g/L）。

（16）硫酸及硫酸溶液（1＋3）。

（17）玻璃砂：用酸处理后洗净、干燥，约相当于 20 目。

（18）黄曲霉毒素 B_1 标准溶液。

①仪器校正：测定重铬酸钾溶液的摩尔吸光系数，以求出使用仪器的校正因素。准确称取 25mg 经干燥的重铬酸钾（基准级），用硫酸（0.5＋1 000）溶解后并准确稀释至 200mL，相当于 $c(K_2Cr_2O_7)$＝0.000 4mol/L。再吸取 25mL 溶液于 50mL 容量瓶中，加硫酸（0.5＋1 000）稀释至刻度，相当于 0.000 2mol/L 溶液。再吸取 25mL 此稀释液于 50mL 容量瓶中，加硫酸（0.5＋1 000）稀释至刻度，相当于 0.000 1mol/L 溶液。用 1cm 石英杯，在最大吸收峰的波长（接近 350nm 处）用硫酸（0.5＋1 000）作空白，测得以上三种不同浓度的摩尔溶液的吸光度，按下面公式计算出以上三种浓度的摩尔吸光系数后，再计算三种浓度重铬酸钾溶液的摩尔吸光系数的平均值。

$$E_1 = \frac{A}{c}$$

式中：E_1 为重铬酸钾溶液的摩尔吸光系数；A 为测得重铬酸钾溶液的吸光度；c 为重铬酸钾溶液的摩尔浓度。

再以此平均值与重铬酸钾的摩尔消光系数值 3 160 比较，按下面公式进行计算，求出使用仪器的校正因素。

$$F = \frac{3160}{E}$$

式中：F 为使用仪器的校正因素；E 为三种浓度重铬酸钾溶液的摩尔吸光系数平均值。

若 $0.95 \leqslant F \leqslant 1.05$，则使用仪器的校正因素可略而不计。

②黄曲霉毒素 B_1 标准溶液的制备：准确称取 1～1.2mg 黄曲霉毒素 B_1 标准品，先加入 2mL 乙腈溶解后，再用苯稀释至 100mL，避光，置于 4℃冰箱保存。该标准溶液约为 10μg/mL。用紫外分光光度计测此标准溶液的最大吸收峰的波长及该波长处的吸光度值，按下面公式进行计算，求出黄曲霉毒素 B_1 标准溶液的浓度。

$$X = \frac{A \times M \times 1000 \times f}{E_2}$$

式中：X 为黄曲霉毒素 B_1 标准溶液的浓度（μg/mL）；A 为测得的吸光度值；f 为使用仪器的校正因素；M 为黄曲霉毒素 B_1 的相对分子质量，312；E_2 为黄曲霉毒素 B_1 在苯-乙腈混合液中的摩尔消光系数，19 800。

根据计算，用苯-乙腈混合液调到标准溶液浓度恰为 10.0μg/mL，并用分光光度计核对其浓度。

③纯度的测定：取 10μg/mL 黄曲霉毒素 B_1 标准溶液 5μL，滴加于涂层厚度 0.25mm 的硅胶 G 薄层板上，用甲醇-三氯甲烷（4＋96）与丙酮-三氯甲烷（8＋92）展开剂展开，在紫外光灯下观察荧光的产生，必须符合以下条件：

在展开后，只有单一的荧光点，无其他杂质荧光点。

原点上没有任何残留的荧光物质。

（19）黄曲霉毒素 B_1 标准使用液：准确吸取 1mL 标准溶液（10μg/mL）于 10mL 容量瓶中，加苯-乙腈混合液至刻度，混匀。此溶液每毫升相当于 1.0μg 黄曲霉毒素 B_1。吸取 1.0mL 此稀释液，置于 5mL 容量瓶中，加苯-乙腈混合液稀释至刻度，此溶液每毫升相当于

0.2μg 黄曲霉毒素 B_1。再吸取黄曲霉毒素 B_1 标准溶液（0.2μg/mL）1.0mL 置于 5mL 容量瓶中，加苯-乙腈混合液稀释至刻度。此溶液每毫升相当于 0.04μg 黄曲霉毒素 B_1。

（20）黄曲霉毒素 M_1 标准溶液：用三氯甲烷配制成每毫升相当于 10μg 黄曲霉毒素 M_1 标准溶液。

以三氯甲烷作空白试剂，黄曲霉毒素 M_1 标的紫外最大吸收峰的波长应接近 357nm，摩尔消光系数为 19 950。避光，置于 4℃冰箱中保存。

（21）黄曲霉毒素 M_1 与 B_1 混合标准使用液：用三氯甲烷配制成每毫升相当于各含 0.04μg 黄曲霉毒素 M_1 与 B_1。避光，置于 4℃冰箱中保存。

（22）次氯酸钠溶液（消毒用）：取 100g 漂白粉，加入 500mL 水，搅拌均匀。另将 80g 工业用碳酸钠（$Na_2CO_3 \cdot 10H_2O$）溶于 500mL 温水中，再将两液混合、搅拌，澄清后过滤。此滤液含次氯酸浓度约为 25g/L。若用漂白粉精制备，则碳酸钠的量可以加倍，所得溶液的浓度约为 50g/L。污染的玻璃仪器用 10g/L 次氯酸钠溶液浸泡半天或用 50g/L 次氯酸钠溶液浸泡片刻后，即可达到去毒效果。

【测定方法】 整个分析操作需在暗室条件下进行。

1. 试样提取

（1）试样提取制备见表 7-3。

表 7-3 试样制备

试样名称	称样量/g	加水量/mL	加甲醇量/mL	提取液量/mL	加 40g/L 氯化钠溶液量/mL	浓缩体积/mL	滴加体积/μL	方法灵敏度/（μg/kg）
牛　乳	30	0	90	62	25	0.4	100	0.1
炼　乳	30	0	90	52	35	0.4	50	0.2
牛乳粉	15	20	90	59	28	0.4	40	0.5
乳　酪	15	5	90	56	31	0.4	40	0.5
黄　油	10	45	55	80	0	0.4	40	0.5
猪　肝	30	0	90	59	28	0.4	50	0.2
猪　肾	30	0	90	61	26	0.4	50	0.2
猪瘦肉	30	0	90	58	29	0.4	50	0.2
猪　血	30	0	90	61	26	0.4	50	0.2

（2）提取液量按下列公式计算：

$$X = \frac{8}{15} \times (90 + A + B)$$

式中：X 为提取液量（mL）；A 为试样中的水分量（mL）；牛乳粉、乳酪的取样量为 15g（牛乳、炼乳及猪组织的取样量为 30g）；B 为加水量（mL）。

因各提取液中含 48mL 甲醇，需 39mL 水才能调到甲醇与水体积比为（55＋45），因此加入氯化钠溶液（40g/L）量等于 87mL 减去提取液量（mL）。

（3）牛乳与炼乳：称取 30.00g 混匀的试样，置于小烧杯中，再分别用 90mL 甲醇移于 300mL 具塞锥形瓶中，盖严防漏。振荡 30min，用折叠式快速滤纸滤于 100mL 具塞量筒中。按表7-3 收集 62mL 牛乳与 52mL 炼乳（各相当于 16g 试样）提取液。

（4）牛乳粉：取15.00g试样，置于具塞锥形瓶中，加入20mL水，使试样湿润后再加入90mL甲醇，盖严防漏。振荡30min，用折叠式快速滤纸滤于100mL具塞量筒中。按表7-3收集59mL提取液（相当于8g试样）。

（5）乳酪：称取15.00g切细、过10目圆孔筛的混匀试样，置于具塞锥形瓶中，加5mL水和90mL甲醇，盖严防漏。振荡30min，用折叠式快速滤纸滤于100mL具塞量筒中。按表7-3收集56mL提取液（相当于8g试样）。

（6）黄油：称取10.00g试样，置于小烧杯中，用40mL石油醚将黄油溶解并移于具塞锥形瓶中。加45mL水和55mL甲醇，振荡30min后，将全部液体移于分液漏斗中。再加入1.5g氯化钠摇动溶解，待分层后，按表7-3收集80mL提取液（相当于8g试样）于具塞量筒中。

（7）新鲜猪肉组织：取新鲜或冷冻保存的猪组织试样（包括肝、肾、血、瘦肉），先切细，混匀后称取30.00g置于小乳钵中，加玻璃砂少许磨细，新鲜全血用打碎机打匀，或用玻璃珠振摇抗凝。混匀后称取30.00g，将各试样置于300mL具塞锥形瓶中，加入90mL甲醇，盖严防漏。振荡30min，用折叠式快速滤纸滤于100mL具塞量筒中。按表7-3收集59mL猪肝，61mL猪肾，58mL猪瘦肉及61mL猪血等提取液（各相当于16g试样）。

2. 净化

（1）用石油醚分配净化：将以上收集的提取液移入250mL分液漏斗中，再按各种食品加入一定体积的氯化钠溶液（40g/L）（表7-3）。再加入40mL石油醚，振摇2min，待分层后，将下层甲醇-氯化钠水层移于原量筒中，将上层石油醚溶液从分液漏斗上口倒出，弃去。再将量筒溶液转移于原分液漏斗中。再重复用石油醚提取两次，每次30mL，最后将量筒中溶液仍移于分液漏斗中。黄油样液总共用石油醚提取两次，每次40mL。

（2）用三氯甲烷分配提取：用原量筒中加入20mL三氯甲烷，摇匀后，再倒入原分液漏斗中，振摇2min。待分层后，将下层三氯甲烷移于原量筒中。弃去上层甲醇水溶液。

（3）用水洗三氯甲烷层与浓缩制备：将合并后的三氯甲烷层倒回原分液漏斗中，加入30mL氯化钠溶液（40g/L），振摇30s，静置。待上层混浊液有部分澄清时，即可将下层三氯甲烷层收集于原量筒中。加入10g无水硫酸钠，振摇放置澄清后，将此液经装有少许无水硫酸钠的定量慢速滤纸过滤于100mL蒸发皿中。氯化钠水层用10mL三氯甲烷提取一次，并经过滤器一并滤于蒸发皿中。最后将无水硫酸钠也一起倒于滤纸上，用少量三氯甲烷洗量筒与无水硫酸钠，也一并滤于蒸发皿中，于65℃水浴上通风挥干，用三氯甲烷将蒸发皿中残留物转移于浓缩管中，蒸发皿中残渣太多，则经滤纸滤入浓缩管中。于65℃用减压吹气法将此液浓缩至0.4mL以下，再用少量三氯甲烷洗管壁后，浓缩定量至0.4mL备用。

3. 测定

（1）硅胶G薄层板的制备：薄层板厚度为0.3mm，105℃活化2h，在干燥器内可保存1～2d。

（2）点样：取5cm×20cm的薄层板两块，距板下端3cm的基线上各滴加两点，在距第一与第二板的左边缘0.8～1cm处各滴加10μL黄曲霉毒素M_1与B_1混合标准使用液，在距各板左边缘2.8～3cm处各滴加同一样液点（各种食品的滴加体积见表7-3），在第二板的第二点上再滴加10μL黄曲霉毒素M_1与B_1混合标准使用液。一般可将薄层板放在盛有干燥硅胶的层析槽内进行滴加，边加边用冷风机冷风吹干。

(3) 展开：

①横展：在槽内加入 15mL 事先用无水硫酸钠脱水的无水乙醚（500mL 无水乙醚中加 20g 无水硫酸钠）。将薄层板靠近标准点的长边置于槽内，展至板端后，取出挥干，再同上继续展开一次。

②纵展：将横展两次挥干后的薄层板再用异丙醇-丙酮-苯-正已烷-石油醚（沸程 60～90℃）-三氯甲烷（5＋10＋10＋10＋10＋55）混合展开剂纵展至前沿距原点距离为 10～12cm，取出挥干。

③横展：将纵展挥干后的板再用乙醚横展 1～2 次，展开方法同①横展。

(4) 观察与评定结果：在紫外光灯下将第一、二板相互比较观察，若第二板的第二点在黄曲霉毒素 M_1 与 B_1 的标准点的相应处出现最低检出量（M_1 与 B_1 的比移值依次为 0.25 和 0.43），而在第一板相同位置上未出现荧光点，则试样中黄曲霉毒素 M_1 与 B_1 含量在其所定的方法灵敏度以下（表 7－3）。

如果第一板的相同位置上出现黄曲霉毒素 M_1 与 B_1 的荧光点，则第二板第二点的样液点是否各与滴加的标准点重叠，如果重叠，再进行下一步的定量与确证试验。

(5) 稀释定量：样液中的黄曲霉毒素 M_1 与 B_1 荧光点的荧光强度与黄曲霉毒素 M_1 与 B_1 的最低检出量（0.000 4μg）的荧光强度一致，则牛乳、炼乳、牛乳粉、乳酪与黄油试样中黄曲霉毒素 M_1 与 B_1 的含量依次为 0.1、0.2、0.5、0.5 及 0.5μg/kg；新鲜猪组织（肝、肾、血、瘦肉）试样均为 0.2μg/kg（表 7－3）。如样液中黄曲霉毒素 M_1 与 B_1 的荧光强度比最低检出量强，则根据其强度逐一进行测定，估计减少滴加微升数或经稀释后再滴加不同微升数，直至样液点的荧光强度与最低检出量点的荧光强度一致为止。

(6) 确证试验：在做完定性或定量的薄板层上，将要确证的黄曲霉毒素 M_1 与 B_1 的点用大头针圈出。喷以硫酸溶液（1＋3），放置 5min 后，在紫外光灯下观察，若样液中黄曲霉毒素 M_1 与 B_1 点同标准点一样均变为黄色荧光，则进一步确证检出的荧光点是黄曲霉毒素 M_1 与 B_1。

【计算】

$$X = 0.0004 \times \frac{V_1}{V_2} \times D \times \frac{1000}{m}$$

式中：X 为黄曲霉毒素 M_1 或 B_1 含量（μg/kg）；V_1 为样液浓缩后体积（mL）；V_2 为出现最低荧光样液的滴加体积（mL）；D 为浓缩样液的总稀释倍数；m 为浓缩样液中所相当的试样质量（g）；0.000 4 为黄曲霉毒素 M_1 或 B_1 的最低检出量（μg）。

【说明】 本法为国标 GB/T 5009.24—2003。测定结果表示到测定值的整数位。

二、双流向酶联免疫法快速检测牛乳中的黄曲霉毒素 M_1

利用酶联免疫竞争原理，样品中残留的黄曲霉毒素 M_1 与定量特异性抗体反应，多余的游离抗体则与酶标板内的包被抗原结合，加入酶标记物，通过流动洗涤和底物显色后，与标准溶液比较定性。

【仪器】

(1) 样品试管，带有密封盖，内置酶联免疫试剂颗粒。

(2) 移液器（管），(450±50) μL。

(3) 酶联免疫检测加热器。

(4) 酶联免疫检测读数仪。

【试剂】

(1) 黄曲霉毒素 M_1 双流向酶联免疫试剂盒，2～7℃保存。

(2) 黄曲霉毒素 M_1 系列标准溶液。

(3) 酶联免疫试剂颗粒。

(4) 抗黄曲霉毒素 M_1 抗体。

(5) 酶结合物。

(6) 底物。

【测定方法】

(1) 将酶联免疫检测加热器预热到 (45±5)℃，并至少保持 15min。

(2) 液体试样或乳粉试样复原后振摇混匀，移取 450μL 至样品试管中，充分振摇，使其中的酶联免疫试剂颗粒完全溶解。

(3) 将样品试管和酶联免疫检测试剂盒同时置于预热过的酶联免疫检测加热器内保温，保温时间 5～6min。

(4) 将样品试管内的全部内容物倒入试剂盒的样品池中，样品将流经"结果显示窗口"向绿色的激活环流去。

(5) 当激活环的绿色开始消失变为白色时，立即用力按下激活环按键至底部。

(6) 试剂盒继续放置在酶联免疫检测加热器中保温 4min，使呈色反应完成。

(7) 将试剂盒取出，水平插入读数仪，按照触摸式屏幕的提示操作，立即执行检测结果判定程序。判定程序应在 10min 内完成。

【结果判定】

(1) 目测判读结果：

①试样点的颜色深于质控点，或两者颜色相当，检测结果为阴性。

②试样点的颜色浅于质控点，检测结果为阳性。

(2) 酶联免疫检测仪判读结果：

①数值$<$1.05，显示 Negative，检测结果为阴性。

②数值$>$1.05，显示 Positive，检测结果为阳性。

【说明】本标准适用于生牛乳、巴氏杀菌乳、UHT 灭菌乳和乳粉中黄曲霉毒素 M_1 的测定。本标准的方法检出限为 0.5μg/kg。

第三节　食品中 T-2 毒素的检测

一、高效液相色谱测定法

试样中的 T-2 毒素用甲醇-水提取后，提取液经免疫亲和柱净化，浓缩、衍生、定容后，用配有荧光检测器的液相色谱仪进行测定，外标法定量。

【仪器】

(1) 液相色谱仪（配有荧光检测器）。

（2）粉碎机。

（3）高速均质器。

（4）氮吹仪。

（5）离心机。

（6）涡旋混合仪。

（7）空气压力泵。

（8）玻璃注射器：20mL。

（9）天平：感量0.000 1g。

【试剂】

（1）甲醇：色谱纯。

（2）乙腈（CH_3CN）：色谱纯。

（3）甲苯（$C_6H_5CH_3$）：色谱纯。

（4）甲醇-水（8+2）：取80mL甲醇，加20mL水。

（5）4-二甲基氨基吡啶（DMAP）溶液：准确称取0.032 5g于100mL容量瓶中，用甲苯稀释至刻度。

（6）1-氰酸蒽（1-anthroylnitrile，1-AN）溶液：准确称取0.030 0g于100mL容量瓶中，用甲苯稀释至刻度。

（7）T-2毒素（T-2 toxin）标准品：纯度≥98%。

（8）T-2毒素标准溶液：准确称取适量的T-2毒素标准品，用乙腈配成浓度为0.5mg/mL的标准储备液，-20℃冰箱中保存。使用前用乙腈稀释成适当浓度的标准工作液。

（9）T-2毒素免疫亲和柱。

（10）玻璃纤维滤纸。

【测定方法】

（1）提取：称取试样50g（精确到0.01g）于500mL玻璃混合杯中，加入100mL甲醇-水（8+2），高速均质2min后，3 000r/min离心5min，上清液经定量滤纸过滤，移取10.0mL滤液并加入40.0mL水稀释混匀，以玻璃纤维滤纸过滤，至滤液澄清，然后进行免疫亲和柱净化操作。

（2）净化：将免疫亲和柱连接于20mL玻璃注射器下。准确移取10.0mL（相当于1.0g样品）的样品提取滤液注入玻璃注射器中，将空气压力泵与玻璃注射器连接，调节压力使溶液以1mL/min流速缓慢通过免疫亲和柱，直至有部分空气通过柱体。以10mL水淋洗柱子1次，弃去全部流出液，并使部分空气通过柱体。加入1.5mL甲醇洗脱，流速为1mL/min，收集洗脱液于玻璃试管中，50℃以下氮气吹干，待衍生。

（3）衍生：于上述净化后的样品中，分别加入50μL 4-二甲基氨基吡啶（DMAP）溶液和50μL 1-氰酸蒽（1-AN）溶液，涡旋混合1min，于（50±2）℃恒温水浴中反应15min，在冰水中冷却10min。50℃以下氮气吹干后，用1.0mL的流动相［乙腈-水（80+20）］溶解，供液相色谱测定。

（4）测定：

①液相色谱条件：

色谱柱：C_{18}柱，4.6mm×150mm（内径），粒度 5μm，或相当者。

流动相：乙腈-水（80+20）。

流速：1.0mL/min。

检测波长：激发波长 381nm，发射波长 470nm。

进样量：20μL。

柱温：室温。

②色谱测定：根据样液中 T-2 毒素衍生物含量情况，选定浓度相近的标准工作溶液。标准工作溶液和样品溶液中 T-2 毒素衍生物响应值均应在仪器检测线性范围内。对标准工作溶液和样品溶液等体积掺插进样进行测定。在上述色谱条件下，T-2 毒素衍生物的保留时间约为 9.8min。

（5）空白试验：除不加试样外，其他均按上述步骤进行。

【计算】

$$X = \frac{1000 \times (A - A_0) \times c \times V}{1000 \times A_S \times m}$$

式中：X 为试样中 T-2 毒素衍生物的含量（μg/kg）；A 为样品溶液中 T-2 毒素衍生物的峰面积；A_0 为空白样液中 T-2 毒素衍生物的峰面积；c 为标准工作溶液中 T-2 毒素衍生物的浓度（μg/mL）；V 为样品溶液最终定容体积（mL）；A_S 为标准工作溶液中 T-2 毒素衍生物的峰面积；m 为最终样液所代表的试样量（g）。

【说明】 本法的精密度，在重复性条件下获得的两次独立测定结果的绝对差值不得超过算术平均值的 15%。

二、间接酶联免疫吸附试验法

【仪器】

（1）酶标检测仪。

（2）酶标板（40 孔或 96 孔）。

（3）电动振荡器。

（4）电热恒温水浴锅。

（5）具 0.2mL 尾管的 10mL 小浓缩瓶。

【试剂】

（1）甲醇。

（2）石油醚。

（3）三氯甲烷。

（4）无水乙醇。

（5）乙酸乙酯。

（6）二甲基甲酰胺。

（7）四甲基联苯胺（TMB）。

（8）吐温-20。

（9）30%过氧化氢。

（10）抗体：杂交瘤细胞系 ID_7 产生的抗 T-2 毒素的特异性单克隆抗体。

(11) 抗原：T-2毒素与载体蛋白-牛血清白蛋白（BSA）的结合物。

(12) 兔抗鼠免疫球蛋白与辣根过氧化酶的结合物（酶标二抗）。

(13) ELISA缓冲液系统：

①包被缓冲液为pH9.6的碳酸盐缓冲液：称取1.59g碳酸钠（Na_2CO_3）、2.93g碳酸氢钠（$NaHCO_3$），加水稀释至1 000mL。

②洗液为含0.05%吐温-20的pH7.4磷酸盐缓冲液（简称为PBS-T）：配制方法为：称取0.2g磷酸二氢钾（KH_2PO_4）、2.9g磷酸氢二钠（$Na_2HPO_4 \cdot 12H_2O$）、8.0g氯化钠、0.2g氯化钾、0.5mL吐温-20，加水至1 000mL。

③底物缓冲液为pH 5.0的磷酸-柠檬酸缓冲液，配制方法为：

甲液：0.1mol/L柠檬酸（$C_6H_8O_7 \cdot H_2O$），即称取柠檬酸19.2g，加水至1 000mL，为甲液；

乙液：0.2mol/L磷酸氢二钠（Na_2HPO_4），即称取磷酸氢二钠71.7g，加水至1 000 mL，为乙液；

取甲液24.3mL，乙液25.7mL，加水至100mL，即可。

④底物溶液：取50μL TMB（10mg TMB溶于1mL二甲基甲酰胺中）溶液加10mL底物缓冲液加10μL 30%过氧化氢，混匀。

(14) T-2毒素标准溶液：用甲醇配成1mg/mL T-2毒素储备液，-20℃冰箱贮存。于检测当天，精密吸取储备液，用20%甲醇的PBS（配制方法同PBS-T，不加吐温-20即可）稀释成制备标准曲线所需的浓度。

【测定方法】

(1) 提取：称取20g粉碎并通过20目筛的试样，置200mL具塞锥形烧瓶中，加8mL水和100mL三氯甲烷-无水乙醇（4+1），密塞，振荡1h，通过滤纸过滤，取25mL滤液于蒸发皿中，置90℃水浴上通风挥干。用50mL石油醚分次溶解蒸发皿中残渣，洗入250mL分液漏斗中，再用20mL甲醇-水（4+1）分次洗涤，转入同一分液漏斗中，振摇1.5min，静置约15min，收下层甲醇-水提取液过层析柱净化（层析柱的装备：在层析柱下端与小管相连接处塞约0.1g脱脂棉，尽量塞紧，先装入0.5g中性氧化铝，敲平表面，再加入0.4g活性炭，敲紧）。

将过柱后的洗脱液倒入蒸发皿中，并于水浴锅上浓缩至干，趁热加3mL乙酸乙酯，加热至沸，挥干，再重复一次，最后加3mL乙酸乙酯，冷至室温后转入浓缩瓶中。用适量乙酸乙酯洗涤蒸发皿，并入浓缩瓶中，将浓缩瓶置于95℃水浴锅上，挥干冷却后，用含20%甲醇的PBS溶液定容，供ELISA检测用。

(2) ELISA检测：

①用T-2-BSA（4μg/mL）包被酶标板，每孔100μL，4℃过夜。

②酶标板用PBS-T洗3次，每次3min后，加入不同浓度的T-2标准溶液（制作标准曲线）或试样提取液（检测试样中的毒素含量）与抗体溶液的混合液（1+1，每孔100μL，该混合液应于使用的前一天配好，4℃过夜备用），置37℃ 1h。

③酶标板洗3次，每次3min后，加入酶标二抗，每孔100μL，37℃ 1.5h。

④同上述洗涤后，加入底物溶液，每孔100μL，37℃ 30min。

⑤用1mol/L硫酸溶液终止反应，每孔50μL，于450nm处测定吸光度值。

【计算】

$$C = m_1 \times \frac{V_1}{V_2} \times D \times \frac{1}{m}$$

式中：C 为 T－2 浓度（ng/g）；m_1 为酶标板上所测得的 T－2 毒素的量，根据标准曲线求得（ng）；V_1 为试样提取液的体积（mL）；V_2 为滴加样液的体积（mL）；D 为样液的总稀释倍数；m 为试样质量（g）。

【说明】

（1）所有玻璃器皿均用硫酸洗液浸泡，用自来水、蒸馏水冲洗。

（2）本法的精密度，在重复性条件下获得的两次独立测定结果的绝对差值不得超过算术平均值的 20％。

第四节　动物性食品中玉米赤霉醇、玉米赤霉烯酮等残留量的检测

样品经 β-葡萄糖苷酸/硫酸酯复合酶水解后，采用乙醚提取，经液液分配、HLB 固相萃取柱净化后，液相色谱-质谱/质谱检测和确证，外标法定量，进行 β-玉米赤霉醇、β-玉米赤霉烯醇、玉米赤霉醇、α-玉米赤霉烯醇、玉米赤霉酮、玉米赤霉烯酮的检测。

【仪器】

（1）液相色谱-质谱/质谱仪：配备电喷雾离子源（ESI）。

（2）组织捣碎机。

（3）天平：感量为 0.000 1g 和 0.01g。

（4）均质器：10 000r/min。

（5）振荡器。

（6）恒温振荡器。

（7）离心机：4 000r/min。

（8）pH 计：测量精度±0.02 pH 单位。

（9）氮吹仪。

（10）涡旋混合器。

（11）旋转蒸发器。

（12）超声清洗器。

（13）浓缩瓶：100mL。

（14）具塞离心管：50mL。

（15）刻度试管：10mL。

【试剂】

（1）甲醇：色谱纯。

（2）乙腈：色谱纯。

（3）无水乙醚。

（4）三氯甲烷。

（5）氢氧化钠。

(6) 三水合乙酸钠。

(7) 磷酸：纯度大于85%。

(8) 冰乙酸。

(9) 0.5mol/L氢氧化钠溶液：称取20g氢氧化钠用水溶解并定容到1L。

(10) 0.05mol/L乙酸钠缓冲溶液：称取6.8g乙酸钠用900mL水溶解，冰乙酸调pH至4.8，定容到1L。

(11) 磷酸-水溶液（1+4，体积比）：取10mL磷酸和40mL水混合。

(12) 甲醇-水溶液（1+1，体积比）：取50mL甲醇和50mL水混合。

(13) β-葡萄糖苷酸/硫酸酯复合酶：96 000U/mLβ-葡萄糖苷酸/硫酸酯复合酶，390U/mL硫酸酯酶（H-2，Form Helix Pomatia）。

(14) 标准品：玉米赤霉醇（zearalanol，CAS：26538-44-3）、β-玉米赤霉醇（β-zearalanol，CAS：42422-68-4）、α-玉米赤霉烯醇（α-zearalenol，CAS：36455-72-8）、β-玉米赤霉烯醇（β-zearalenol，CAS：71030-11-0）、玉米赤霉酮（zearalanoe，CAS：5975-78-0）、玉米赤霉烯酮（zearalenoe，CAS：17924-92-4），纯度均大于等于99%。

(15) 标准储备溶液：分别准确称取适量标准品（精确至0.000 1g），用乙腈溶解，配制成浓度为100μg/mL的标准储备溶液，−18℃以下冷冻避光保存，有效期3个月。

(16) 混合中间标准溶液：准确移取标准储备液各1mL于10mL容量瓶中，用乙腈定容至刻度，配制成浓度为10μg/mL的混合中间标准溶液，0～4℃以下冷藏避光保存，有效期1个月。

(17) 混合标准工作液：根据需要用乙腈把混合中间标准溶液稀释成适合浓度的混合标准工作液，现用现配。

(18) 固相萃取柱：*N*-乙烯吡咯烷酮和二乙烯基苯共聚物填料，Oasis HLB，6mL，500mg，或相当者。使用前依次用5mL甲醇和5mL水预淋洗。

(19) 微孔滤膜：0.20μm，有机相型。

(20) 氮气：纯度大于等于99.999%。

(21) 氩气：纯度大于等于99.999%。

【试样制备】

(1) 肌肉和内脏：从原始样品取出有代表性样品约500g，用组织捣碎机充分捣碎混匀，均分成两份，分别装入洁净容器作为试样，密封，并标明标记。将试样置于−18℃以下冷冻避光保存。

(2) 牛奶：从原始样品取出有代表性样品约500g，充分混匀，均分成两份，分别装入洁净容器作为试样，密封，并标明标记。将试样置于0～4℃以下冷藏避光保存。

(3) 鸡蛋：从原始样品取出有代表性样品约500g，去壳后用组织捣碎机搅拌充分混匀，均分成两份，分别装入洁净容器作为试样，密封，并标明标记。将试样置于0～4℃以下冷藏避光保存。

【测定方法】

(1) 水解：称取5g试样（精确至0.01g）于50mL具塞离心管中，加入10mL乙酸钠缓冲溶液和0.025mL β-葡萄糖苷酸/硫酸酯复合酶，涡旋混匀，于37℃水浴中振荡12h。

(2) 提取：水解后加入15mL无水乙醚，振荡提取5min后，以4 000r/min离心2min，将上清液转移至浓缩瓶中，再用15mL无水乙醚重复提取一次，合并上清液，40℃以下旋转浓缩至近干。加入1mL三氯甲烷溶解残渣，超声波助溶2min后，转入10mL离心管中，再用3mL氢氧化钠溶液润洗浓缩瓶后转移至同一离心管中，涡旋混匀，以4 000r/min离心2min，吸取上层氢氧化钠溶液。再用3mL氢氧化钠溶液重复润洗、萃取一次，合并氢氧化钠萃取液，加入1mL磷酸-水溶液，混匀后待净化。

（3）净化：将样品提取液转入HLB固相萃取柱。用5mL水、5mL甲醇-水溶液淋洗，弃去；再用10mL甲醇进行洗脱，收集洗脱液。整个固相萃取净化过程控制流速不超过2mL/min。洗脱液在40℃以下用氮气吹干。残留物用1.0mL乙腈溶解，涡旋混匀后，过0.20μm微孔滤膜，供仪器检测。

（4）混合基质标准溶液的制备：称取5份5g空白试样（精确至0.01g）于50mL具塞离心管中，分别加入相应体积的混合中间标准溶液或混合标准工作液，配制成浓度为1μg/kg、5μg/kg、10μg/kg、50μg/kg和100μg/kg的混合基质标准溶液，然后按（1）“加入10mL乙酸钠缓冲溶液……”操作。

（5）液相色谱条件：

①色谱柱：CAPCELLPAKC_{18}，50mm×2.0mm（内径），粒度2μm，或相当者。

②柱温：40℃。

③流速：0.2mL/min。

④进样量：5μL。

⑤流动相及梯度洗脱条件见表7-4。

表7-4　流动相及梯度洗脱条件

时间/min	乙腈/%	水/%
0	25	75
5	70	30
6	70	30
9	25	75

（6）质谱条件：

①电离方式：电喷雾电离（ESI-）。

②毛细管电压：3.0kV。

③源温度：120℃。

④去溶剂温度：350℃。

⑤锥孔气流：氮气，流速10L/h。

⑥去溶剂气流：氮气，流速600L/h。

⑦碰撞气：氩气，碰撞气压2.60×10^{-4}Pa。

⑧扫描方式：负离子扫描。

⑨检测方式：多反应监测（MRM），多反应监测条件见表7-5。

（7）液相色谱-质谱/质谱测定：

①定性测定：按照上述条件测定样品和混合基质标准溶液，如果样品的质量色谱峰保留时间与混合基质标准溶液一致；定性离子对的相对丰度与浓度相当的混合基质标准溶液的相

对丰度一致，相对丰度偏差不超过表 7-6 的规定，则可判断样品中存在相应的被测物。

表 7-5　多反应监测条件

中文名称	英文名称	母离子 (m/z)	子离子 (m/z)	驻留时间/s	锥孔电压/V	碰撞能量/eV	保留时间/min
β-玉米赤霉醇	β-zearalanol	321.1	277.2[a]	0.2[a]	40	18	3.18
			303.2	0.2	40	20	
β-玉米赤霉烯醇	β-zearalenol	319.1	275.1[a]	0.2	40	20	3.25
			301.1	0.2	40	22	
玉米赤霉醇	zeatalanol	321.1	277.2[a]	0.2	40	18	3.61
			303.2	0.2	40	20	
α-玉米赤霉烯醇	α-zearalenol	319.1	275.1[a]	0.2	40	20	3.72
			301.1	0.2	40	22	
玉米赤霉酮	zearalanoe	319.1	275.1[a]	0.2	40	20	4.32
			301.1	0.2	40	22	
玉米赤霉烯酮	zearalenoe	317.1	174.9[a]	0.2	30	25	4.38
			273.9	0.2	30	20	

注：a：用于定量。

表 7-6　定性测定时相对离子丰度的最大允许偏差（%）

相对离子丰度	>50	>20～50	>10～20	≤10
允许的相对偏差	±20	±25	±30	±50

②定量测定：按照外标法进行定量计算。按浓度由小到大的顺序，依次分析混合基质标准溶液，得到浓度与峰面积的工作曲线。样品溶液中分析物的响应值应在工作曲线范围内。在上述液相色谱-质谱/质谱条件下，β-玉米赤霉醇、β-玉米赤霉烯醇、玉米赤霉醇、α-玉米赤霉烯醇、玉米赤霉酮、玉米赤霉烯酮的保留时间依次为 3.18min、3.25min、3.61min、3.72min、4.32min、4.38min。

【计算】 试样中分析物的残留含量，按下面公式或用检测仪器的数据处理机计算：

$$X_i = \frac{c_i \times V}{m \times 1000}$$

式中：X_i为试样中分析物的含量（mg/kg）；c_i为从混合基质标准曲线上得到的样液中分析物的含量（ng/mL）；V 为样液最终定容体积（mL）；m 为最终样液所代表的试样质量（g）。

【说明】

（1）本法为国标 GB/T 21982—2008，本标准的测定低限为 0.001mg/kg。

（2）在试样制备的操作过程中，应防止样品污染或发生残留物含量的变化。

第五节　贝类毒素的检测

一、贝类中腹泻性贝类毒素的测定

用丙酮提取贝类中 DSP 毒素，经乙醚分配后，经减压蒸干，再以含 1%吐温-60 的生理盐水为分散介质，制备 DSP-1%吐温-60 生理盐水混悬液，将该混悬液注射入小鼠腹腔，观察小鼠存活情况，计算其毒力。

【仪器】

（1）旋转蒸发器。

（2）圆底烧瓶：500mL、250mL、100mL、50mL。

（3）均质器。

（4）布氏漏斗。

（5）天平：感量 0.1g。

（6）带塞刻度试管：15mL，具 0.2mL 刻度。

（7）分液漏斗。

（8）冰箱。

（9）一次性注射器：1mL。

【试剂】

（1）丙酮（C_3H_6O）。

（2）无水乙醚（$C_4H_{10}O$）。

（3）1%吐温-60 的生理盐水：称取 1.0g 吐温-60（$C_{61}H_{126}O_{26}$），溶于生理盐水（0.85%氯化钠）中，并定容至 100.0mL。

【样品制备】

（1）生鲜带壳样品的前处理：用清水彻底洗净贝类外壳，切断闭壳肌，开壳，用清水淋洗内部去除泥沙及其他异物，取出贝肉。严禁以加热或药物方法开壳。注意不要破坏闭壳肌以外的组织，尤其是中肠腺（又称消化盲囊，呈暗绿色或褐绿色）。将去壳贝肉放在孔径约 2mm 的金属筛网上，沥水 5min，供制备检样。

（2）冷冻样品的前处理：在室温下使冷冻样品融化呈半冷冻状态。带壳冷冻的样品用清水彻底洗净贝类外壳，切断闭壳肌，开壳，淋洗取肉，此时的贝肉仍呈冷冻状态，除去贝肉外部附着的冰片，用吸水纸轻轻抹去水分后，供制备检样；事先已去除水分的冷冻去壳样品，室温融化后，供制备检样。

（3）制备检样：对于可以切取中肠腺的贝类（扇贝、贻贝及牡蛎等），称量 200g 贝肉后，仔细切取全部中肠腺，将中肠腺称重后作为检样备用，注意不要使中肠腺内容物污染制备检样工具；不便切取中肠腺的贝类样品，称量 200g 贝肉后，可将全部贝肉细切后混合，作为检样。

【测定方法】

（1）试样提取：将检样置于均质杯中，加 3 倍量丙酮后均质 2min 以上。如为小均质杯，可分两次操作。将均质好的物质倒入布氏漏斗中抽滤，收集滤液。对残渣分别用残渣两倍量的丙酮再清洗两次，滤液与上述滤液合并。将滤液移入 500mL 的圆底烧瓶中，56℃±1℃下，减压浓缩去除丙酮直至在液体表面分离出油状物。用 100～200mL 乙醚溶解油状物，倒入分液漏斗内，再用少量的乙醚清洗圆底烧瓶，合并倒入分液漏斗内，以少量的水洗下黏壁部分，轻轻振荡（不能生成乳浊液），静置分层后去除水层（下层）。用相当乙醚半量的蒸馏水洗乙醚层两次，再将乙醚层移入 250mL 或 500mL 的圆底烧瓶中，于（35±1）℃减压浓缩去除乙醚。用少量乙醚将浓缩物移入 50mL 或 100mL 圆底烧瓶中，再次减压浓缩去除乙醚。

以 1%吐温-60 的生理盐水将全部浓缩物在刻度试管中稀释到 10mL，充分振摇，制成均匀 DSP±1%吐温-60 生理盐水混悬液。此时 1mL 溶液中相当于含有 20g 贝肉，以此悬浮液作为试验原液进行动物试验。

以试验原液注射小鼠，24h 内 2 只或 3 只小鼠死亡时，需将试验原液进一步稀释，再注射小鼠。稀释前，应先振荡使试液成均匀悬浮液，再取其部分以 1%吐温-60 生理盐水稀释。

（2）小鼠试验：

①选择 16～20g 健康 ICR 雄性小鼠 6 只，随机分为试验组和空白对照组（1%吐温-60 生理盐水）两组，每组 3 只。

②待测液（试验原液或其稀释液）混匀后。分别取 1mL 待测液或 1%吐温-60 生理盐水腹腔注射动物。注射过程中若有一滴以上提取液溢出，须将该只小鼠丢弃，并重新注射一只小鼠。记录注射完毕至小鼠停止呼吸死亡的时间，未死亡的应连续观察 24h。

③观察时限 24h 内，在空白对照组小鼠正常的情况下，试验组若出现两只或三只小鼠死亡，则应按表 7-7 进行最小染毒量动物试验或最大稀释度试验。

表 7-7　注射量与毒力的关系

试验液	注射量/mL	检样量①/g	毒力/（MU/g）
原液	1.0	20	0.05
原液	0.5	10	0.1
4 倍稀释液	1.0	5	0.2
4 倍稀释液	0.5	2.5	0.4
4 倍稀释液	1.0	1.25	0.8
4 倍稀释液	0.5	0.625	1.6

注：①以中肠腺为检样时，相当于含有中肠腺的去壳肉量。

【计算与表述】

（1）观察时限 24h 内，在空白对照组小鼠正常的情况下，若试验组无小鼠死亡或仅有一只小鼠死亡，则报告受检样品中 DSP 毒力为：<0.05MU/g。

（2）观察时限 24h 内，在空白对照组小鼠正常的情况下，若试验组有 2 只或 3 只小鼠死亡，则应按表 7-7 进行最小染毒量动物试验或最大稀释度试验，并根据表 7-7 计算待检样品中 DSP 毒力，报告该样品的毒力为：×××MU/g。

【说明】

（1）本法为国标 GB/T 5009.212—2008。腹泻性贝类毒素是一类剧毒的混合物，为避免腹泻性贝类毒素对健康的危害，试验过程自始至终应戴手套操作。

（2）鼠单位（mouse unit，MU）：对体重为 16～20g 的 3 只雄性 ICR 小鼠腹腔各注射 1mL 贝类毒素提取液后，使 2 只或 3 只小鼠 24h 内死亡的最低毒素量为一个鼠单位。

二、贝类中麻痹性贝类毒素的测定

采用鼠单位法对 PSP 予以定量。以石房蛤毒素作为标准，将鼠单位换算成毒素的微克数。根据小鼠注射贝类提取液后的死亡时间，查出鼠单位，并按小鼠体重校正鼠单位（corrected mouse unit，CMU)，计算确定每 100g 贝肉内的 PSP 微克数。所测定结果代表存在于贝肉内各种化学结构的 PSP 毒素总量。

【仪器】

(1) 均质器。

(2) 电炉。

(3) 天平：感量 0.1g、0.000 01g。

(4) 离心机。

(5) pH 计或 pH 试纸。

(6) 秒表。

(7) 玻璃器皿：烧杯、量筒、容量瓶、移液管、搅拌棒等。

(8) 一次性注射器：1mL。

(9) 冰箱。

【试剂】

(1) 盐酸溶液 (0.18mol/L)：将 15mL 浓盐酸用蒸馏水稀释至 1L。

(2) 盐酸溶液 (5mol/L)：将 41.7mL 浓盐酸用蒸馏水稀释至 100mL。

(3) 氢氧化钠溶液 (0.1mol/L)：将 4.0g 氢氧化钠溶于 1L 蒸馏水中。

(4) 石房蛤毒素 (saxitoxin，$C_{10}H_{17}N_7O_4 \cdot 2HCl$) 标准溶液 (100μg/mL)：用蒸馏水配制 20% (体积分数) 的乙醇溶液，用 5mol/L 盐酸溶液调节 pH 到 2.0～4.0，用上述溶液配制石房蛤毒素。

(5) 蒸馏水 (pH3.0)：用盐酸调 pH 至 3.0。

【试样制备】分析样品要有充分的代表性，应从足量 (一般应 2kg 以上) 的混合样品中挑选良好的贝类去壳，用于分析的去壳肉量应达 200g 以上。

(1) 牡蛎、蛤及贻贝：用清水将贝壳外表彻底洗净，切断闭壳肌，开壳，用蒸馏水淋洗内部去除泥沙及其他异物。将闭壳肌和连接在胶合部的组织分开，仔细取出贝肉，切勿割破贝体。严禁加热或用麻醉剂开壳。收集约 200g 肉分散置于筛子中沥水 5min (不要使肉堆积)，检出碎壳等杂物，将贝肉粉碎备用。

(2) 扇贝：取可食部分用作检测，过程同牡蛎、蛤及贻贝。

(3) 冷冻贝类：在室温下，使冷冻的样品 (带壳或脱壳的) 自然融化，按牡蛎、蛤及贻贝制备方法开壳、淋洗、取肉、粉碎、备用。

(4) 贝类罐头：将罐内所有内容物 (肉及液体) 倒入均质器中充分均质。如果是大罐，将贝肉沥水并收集沥下的液体分别称重并存放固形物和汤汁，将固形物和汤汁按原罐装比例混合，均质后备用。

(5) 用酸保存的贝肉：沥去酸液，分别存放贝肉及酸液，备用。

(6) 贝肉干制品：干制品可于等体积 0.18mol/L 盐酸溶液中浸泡 24～48h (4℃冷藏)，按贝类罐头方法沥干，分别存放贝肉和酸液备用。

送检样品应尽可能及时检验，如不能及时检测，可取 200g 样品按试样制备方法制备好，加入 200mL 0.18mol/L 盐酸溶液，置 4℃冷藏保存。

【测定方法】

(1) PSP 标准品对照试验：

①PSP 标准工作液的配制：用移液管取 1mL 浓度为 100μg/mL 的石房蛤毒素标准液于 100mL 容量瓶中，加入蒸馏水（pH3.0）并定容，pH 在 2.0～4.0。该溶液为 1μg/mL 石房蛤毒素标准液，该标准液可在 3～4℃下稳定数周。

用 10mL、15mL、20mL、25mL 和 30mL 的蒸馏水（pH3.0）分别稀释 1μg/mL 的石房蛤毒素标准液 10mL，配制成系列浓度的标准稀释液。

②中位数死亡时间的标准液选择：取上述系列浓度的标准稀释液各 1mL，腹腔注射小鼠数只，选择中位数死亡时间为 5～7min 的浓度剂量。如某浓度稀释液已达到要求，还需以 1mL 蒸馏水（pH 3.0）的增减量进行补充稀释试验。例如：用 25mL 蒸馏水（pH 3.0）稀释的 10mL 标准液在 5～7min 杀死小鼠，还需进行 24mL＋10mL 和 26mL＋10mL 稀释度的试验。

每只小鼠试验前称重，以 10 只小鼠为一组，用中位数死亡时间在 5～7min 范围内的两个浓度含量的标准稀释液注射小鼠，测定并记录每只小鼠腹腔注射完毕至停止呼吸的所需死亡时间。

③毒素转换系数（conversion factor，*CF*）的计算：

小鼠中位数死亡时间的选择：计算所选择浓度的标准稀释液受试组中位数死亡时间。弃去中位数死亡时间小于 5min 或大于 7min 的受试组；选择中位数死亡时间在 5～7min 的受试组，该受试组中可有个别小鼠的死亡时间小于 5min 或大于 7min。

校正鼠单位（*CMU*）的计算：对于所选定的中位数死亡时间为 5～7min 的受试组，根据表 7-8 查得组中每只小鼠死亡时间所对应的鼠单位（MU），再根据表 7-9 查得组中每只小鼠质量所对应的质量校正系数，同一只小鼠的质量校正系数与鼠单位相乘得该只受试小鼠的校正鼠单位（*CMU*）。

表 7-8　麻痹性贝类毒素死亡时间-鼠单位的关系

时间	鼠单位/MU	时间	鼠单位/MU	时间	鼠单位/MU
1′00″	100	2′15″	6.06	3′25″	3.08
1′10″	66.2	2′20″	5.66	3′30″	2.98
1′15″	38.3	2′25″	5.32	3′35″	2.88
1′20″	26.4	2′30″	5.00	3′40″	2.79
1′25″	20.7	2′35″	4.73	3′45″	2.71
1′30″	16.5	2′40″	4.48	3′50″	2.63
1′35″	13.9	2′45″	4.26	3′55″	2.56
1′40″	11.9	2′50″	4.06	4′00″	2.50
1′45″	10.4	2′55″	3.88	4′05″	2.44
1′50″	9.33	3′00″	3.70	4′10″	2.38
1′55″	8.42	3′05″	3.57	4′15″	2.32
2′00″	7.67	3′10″	3.43	4′20″	2.26
2′05″	7.04	3′15″	3.31	4′25″	2.21
2′10″	6.32	3′20″	3.19	4′30″	2.16

（续）

时间	鼠单位/MU	时间	鼠单位/MU	时间	鼠单位/MU
4′35″	2.12	6′45″	1.43	14′00″	1.015
4′40″	2.08	7′00″	1.39	15′00″	1.000
4′45″	2.04	7′15″	1.35	16′00″	0.99
4′50″	2.00	7′30″	1.31	17′00″	0.98
4′55″	1.96	7′45″	1.28	18′00″	0.972
5′00″	1.92	8′00″	1.25	19′00″	0.963
5′05″	1.89	8′15″	1.22	20′00″	0.96
5′10″	1.86	8′30″	1.20	21′00″	0.954
5′15″	1.83	8′45″	1.18	22′00″	0.948
5′20″	1.80	9′00″	1.16	23′00″	0.942
5′30″	1.74	9′30″	1.13	24′00″	0.937
5′40″	1.69	10′00″	1.11	25′00″	0.934
5′45″	1.67	10′30″	1.09	30′00″	0.917
5′50″	1.64	11′00″	1.075	40′00″	0.898
6′00″	1.60	11′30″	1.06	60′00″	0.75
6′15″	1.54	12′00″	1.05		
6′30″	1.48	13′00″	1.03		

表 7-9　小鼠体重校正表

小鼠体重/g	校正系数	小鼠体重/g	校正系数	小鼠体重/g	校正系数
10	0.50	14.5	0.76	19	0.97
10.5	0.53	15	0.785	19.5	0.985
11	0.56	15.5	0.81	20	1.000
11.5	0.59	16	0.84	20.5	1.015
12	0.62	16.5	0.86	21	1.03
12.5	0.65	17	0.88	21.5	1.04
13	0.675	17.5	0.905	22	1.05
13.5	0.70	18	0.93	22.5	1.06
14	0.73	18.5	0.95	23	1.07

转换系数（*CF*）的计算：对于选定的受试组，用该受试组所选稀释液每毫升实际毒素含量的微克数（以石房蛤毒素为例计算），除以受试组中每只小鼠的 *CMU* 值，得到单只小鼠的毒素转换系数（*CF*），按如下公式计算，再计算每组 10 只小鼠的平均 *CF* 值，即为组内毒素转换系数：

$$CF = \frac{c}{CMU}$$

式中：*CF* 为转换系数；*c* 为每毫升 STX 实际毒素含量（μg/mL）；*CMU* 为校正鼠

单位。

组间毒素转换系数（*CF*）的计算：取不同受试组组内毒素转换系数的平均值，即为组间毒素转换系数。以组间毒素转换系数进行检测样品的毒力计算（见 PSP 毒力的计算公式）。

CF 值定期检查：如 PSP 检测间隔时间较长，每次测定时要用适当的标准稀释液注射 5 只小鼠，重新测定 *CF* 值。如果一周有几次检测，则用中位数死亡时间 5～7min 的标准稀释液每周检查一次，测得的 *CF* 值应在原测定 *CF* 值的±20%范围内。若结果不符，用同样的标准稀释液另外注射 5 只小鼠，综合先前注射的 5 只小鼠结果，算出 *CF* 值。并用同样的标准稀释液注射第二组 10 只小鼠，将第二组求出的 *CF* 值和第一组的 *CF* 值进行平均，即为一个新的 *CF* 值。重复检查的 *CF* 值通常在原结果的±20%之内，若经常发现有较大偏差，在进行常规检测前应调查该方法中是否存在未控制或未意识到的可变因素。

（2）试样提取：

①取 100g 试样制备中处理的样品于 800mL 烧杯中，加 0.18mol/L 盐酸溶液 100mL 充分搅拌，均质，调整 pH 在 2.0～4.0 范围内；取用盐酸处理的贝肉 100g，加入相应的酸液 100mL，调 pH 为 2.0～4.0 后均质。必要时，可逐滴加入 5mol/L 盐酸溶液或 0.1mol/L 氢氧化钠溶液调整 pH，加碱时速度要慢，同时需不断搅拌，防止局部碱化破坏毒素。

②将混合物加热，并文火煮沸 5min，冷却至室温，将混合物移至量筒中并稀释至 200mL，调节 pH 至 2.0～4.0（pH 切勿>4.5）。

③将混合物倒回烧杯，搅拌均匀，自然沉降至上清液呈半透明状，不堵塞注射针头即可，必要时将混合物或上清液以 3 000r/min 离心 5min，或用滤纸过滤。收集上清液备用。

（3）小鼠试验：

①取 19.0～21.0g 健康 ICR 雄性小鼠 6 只，称重并记录质量。随机分为试验组和空白对照组（0.18mol/L 盐酸）两组，每组 3 只。

②对每只试验小鼠腹腔注射 1mL 提取液或空白对照液。注射过程中若有一滴以上提取液溢出，须将该只小鼠丢弃，并重新注射一只小鼠。

③记录注射完毕时间，仔细观察并记录小鼠停止呼吸时的死亡时间（到小鼠呼出最后一口气止）。

④若注射样品原液后，一只或两只小鼠的死亡时间大于 7min，则需再注射至少 3 只小鼠以确定样品的毒力。

⑤若小鼠的死亡时间小于 5min，则要稀释样品提取液后，再注射另一组小鼠（3 只），直至得到 5～7min 的死亡时间；稀释提取液时，要逐滴加入 0.18mol/L 盐酸溶液，调节 pH 至 2.0～4.0。

【计算与判断】

（1）待测样品校正鼠单位（CMU）的确定：根据待测样品的小鼠死亡时间，在表 7-8 中查出相应的鼠单位数；根据小鼠的质量，在表 7-9 中查出其对应的质量校正系数。同一只小鼠的鼠单位与质量校正系数相乘，即得该只小鼠的 *CMU*。选取检测样品受试组中 3 只小鼠 *CMU* 的中位数，即为该样品受试组的 *CMU* 中位数，以此值进行计算。

（2）毒素毒力的计算与结果表述：

①PSP 毒力的计算：每 100g 样品中 PSP 的含量计算公式：

$$X = CMU_1 \times CF \times DF \times 200$$

式中：X 为每 100g 样品中 PSP 的含量（μg/100g）；CMU_1 为检测样品受试组小鼠的中位数校正鼠单位；CF 为毒素转换系数；DF 为稀释倍数；200 为表示样品提取液定容的体积（mL）。

②PSP 毒力的结果表述：若空白对照组小鼠正常，则报告待测样品中 PSP 毒素含量为：×××μg/100g。

③MU 毒力的计算：对于取得麻痹性贝类毒素标准品有困难的实验室，使用鼠单位（MU）对检验结果进行计算。

$$Y = CMU_1 \times DF \times 200$$

式中：Y 为每 100g 样品的 MU 值（MU/100g）；CMU_1 为检测样品受试组小鼠的中位数校正鼠单位；DF 为稀释倍数；200 为表示样品提取液定容的体积（mL）。

（3）MU 毒力的判断与结果表述：在空白对照组小鼠正常的情况下进行如下判断和表述：若小鼠的死亡时间大于 60min，则待测样品的鼠单位即相当小于 0.875MU/g；若试验组中位数死亡时间小于 5min，则应对样品提取液进行稀释，再选取 3 只小鼠进行试验，直至得到中位数死亡时间为 5～7min 为止，根据最后的稀释液试验结果计算样品的鼠单位毒力，报告该样品的鼠单位为：×××MU/100g；若试验组中位数死亡时间大于 7min，则直接计算确定样品鼠单位毒力，报告该样品的鼠单位为：×××MU/100g；若试验组中所有小鼠在观察 15min 内均不死亡，则也可报告该样品的鼠单位小于 400MU/100g。

【说明】 本法为国标 GB/T 5009.213—2008。为避免毒素的危害，应戴手套进行操作。用过的器材应在 5%的次氯酸钠溶液中浸泡 1h 以上，以使毒素分解。

三、贝类中多种麻痹性贝类毒素含量的测定（高效液相色谱法）

试样中的麻痹性贝类毒素用 0.1mol/L 的盐酸提取，离心后，将上清液过 C_{18} 固相萃取柱净化，再经过相对分子质量 10 000 的分子筛超滤离心管过滤，滤液用高效液相色谱进行分离，经在线柱后衍生反应后，进行荧光检测，外标法定量。

【仪器】

（1）高效液相色谱仪：配有荧光检测器，柱后衍生反应装置。

（2）离心机：5 000r/min。

（3）固相萃取装置。

（4）涡旋均振荡器。

（5）恒温水浴锅。

（6）超滤离心管：相对分子质量 10 000；Millipore YM-10[2]，0.5mL，或相当者。

（7）C_{18} 固相萃取柱：Sep-Pak Vac C_{18}[1]，3mL，或相当者。

（8）滤膜：0.45μm。

【试剂】

（1）乙腈：色谱纯。

（2）无水乙酸。

（3）盐酸：36%～38%（质量分数）。

(4) 庚烷磺酸钠。

(5) 磷酸：85%（质量分数）。

(6) 二水合高碘酸。

(7) 磷酸氢二钾。

(8) 氢氧化钾。

(9) 氨水。

(10) 100mmol/L 庚烷磺酸钠溶液：称取 20.0g 庚烷磺酸钠，用水溶解定容至 1 000mL。

(11) 500mmol/L 磷酸溶液：称取 49.0g 磷酸，用水溶解定容至 1 000mL。

(12) 250mmol/L 磷酸氢二钾溶液：称取 43.5g 磷酸氢二钾，用水溶解定容至 1 000mL。

(13) 1.0mol/L 氢氧化钾溶液：称取 56.1g 氢氧化钾，用水溶解定容至 1 000mL。

(14) 500mmol/L 高碘酸溶液：称取 114.0g 二水合高碘酸，用水溶解定容至 1 000mL。

(15) 1.0mol/L 乙酸溶液：称取 60.0g 无水乙酸，用水溶解定容至 1 000mL。

(16) 0.01mol/L 乙酸溶液：量取 10.0mL 1.0mol/L 乙酸溶液，用水稀释定容至 1 000mL。

(17) 0.1mol/L 盐酸溶液：量取 9.0mL 盐酸溶液，用水稀释定容至 1 000mL。

(18) 标准溶液：麻痹性贝类毒素 GTX1，GTX4、GTX2，GTX3，dcGTX3，dcGTX2，Bl，neoSTX、STX、dcSTX 标准溶液，避光保存于－20℃以下。

(19) 标准储备液：将标准溶液用 0.01mol/L 乙酸溶液稀释成一定浓度的标准储备液，避光保存于－20℃以下。

(20) 混合标准液：分别准确吸取适量各标准储备液，用 0.01mol/L 乙酸溶液配制成所需浓度的混合标准溶液，现配现用。

(21) 流动相 A：量取 15.0mL 100mmol/L 庚烷磺酸钠溶液、8.5mL 500mmol/L 磷酸溶液，用约 450mL 水稀释，用氨水调 pH 至 7.2，用水定容到 500mL，过 0.45μm 滤膜。

(22) 流动相 B：量取 20.0mL 100mmol/L 庚烷磺酸钠溶液、45.0mL 500mmol/L 磷酸溶液，用约 450mL 水稀释，用氨水调 pH 至 7.2，用水定容到 500mL，过 0.45μm 滤膜。

(23) 氧化液：量取 10.0mL 500mmol/L 高碘酸溶液、100mL 250mmol/L 磷酸氢二钾溶液，用约 450mL 水稀释，用 1.0mol/L 氢氧化钾溶液调 pH 至 9.0，用水定容到 500mL。

(24) 中和液：1.0mol/L 乙酸溶液。

【测定方法】

(1) 试样制备：从所取全部样品中取出有代表性样品约 500g，充分捣碎混匀，均分成两份，分别装入洁净容器作为试样，密封，并标明标记。在制样的操作过程中应防止样品污染或发生残留物含量的变化。

(2) 试样保存：试样置于－18℃以下冷冻避光保存。

(3) 提取：准确称取 5g 试样（精确至 0.01g）于 15mL 具塞离心管中，加入 10mL0.1mol/L 盐酸溶液，振荡均匀。将离心管置于 100℃的沸水浴中，加热 5min，冷却后，以 5 000r/min 离心 10min。

（4）净化：C_{18}固相萃取柱使用前依次用 6.0mL 甲醇和 6.0mL 水活化，将（3）中离心得到的上清液过柱，收集流出液，用水定容至 10mL。取约 1mL 收集液，于相对分子质量 10 000 的超滤离心管中离心，滤液供液相色谱测定。

（5）测定条件：

①液相色谱参考条件：

色谱柱：Inertsil C_8－3（250mm×4.6mm，5μm），或相当者。

柱温：30℃。

流动相：流动相 A，流动相 B，流动相 C 为乙腈。

流动相时间梯度，见表 7－10。

表 7－10　流动相时间梯度

时间/min	流动相 A/%	流动相 B/%	流动相 C/%	流速/（mL/min）
0	100	0	0	1.0
20.0	100	0	0	1.0
20.5	0	93.5	6.5	0.9
45.0	0	93.5	6.5	0.9
45.5	100	0	0	1.0
60.0	100	0	0	1.0

柱后衍生：氧化液，中和液，反应温度为 50℃，反应液流速梯度见表 7－11。

表 7－11　柱后衍生反应液流速梯度

反应液	时间/min					
	0	25	25.5	45	45.5	60
氧化液	0.4	0.4	0.8	0.8	0.4	0.4
中和液	0.4	0.4	0.8	0.8	0.4	0.4

荧光检查：激发波长 330nm，发射波长 390nm。

进样量：10μL。

②色谱测定：根据样液中麻痹性贝类毒素的含量情况，选定峰面积相近的标准工作液。标准工作液和样液中麻痹性贝类毒素的响应值均应在仪器检测的线性范围内。标准工作液和样液等体积参插进样测定。

③空白试验：除不加试样外，均按上述测定步骤进行。

④平行试验：按以上步骤，对同一试样进行平行试验测定。

⑤回收率试验：阴性样品中添加标准溶液，按（3）和（4）操作，测定后计算样品添加的回收率。本标准中 10 种麻痹性贝类毒素添加浓度及其回收率范围的试验数据参见表 7－12。

表 7-12　10 种麻痹性贝类毒素添加浓度及其回收率范围的试验数据

项目名称	添加水平/(μg/kg)	回收率范围/%		添加水平/(μg/kg)	回收率范围/%		添加水平/(μg/kg)	回收率范围/%		添加水平/(μg/kg)	回收率范围/%	
		元贝	扇贝		元贝	扇贝		元贝	扇贝		元贝	扇贝
GTX4	16.7	73.7～95.8	76.6～93.4	33.4	75.7～94.3	80.5～97.3	100	82.7～88.5	80.5～86.3	167	76.6～92.8	76.6～93.4
GTX1	50.7	80.7～92.3	80.1～91.3	101	80.1～86.1	79.5～86.7	304	78.3～87.8	80.6～87.2	507	80.5～91.3	80.5～91.3
dcGTX3	4.8	79.4～95.4	81.7～90.6	9.60	82.2～87.4	83.2～88.5	28.8	79.2～93.1	82.6～92.4	48	76.0～95.4	76.0～95.4
Bl	31.9	80.9～89.3	78.1～90.3	63.8	79.8～86.2	79.8～86.7	191	81.7～86.9	82.2～86.4	319	78.1～90.3	78.1～90.3
dcGTX2	17.3	68.8～98.3	69.4～94.2	34.6	77.5～98.3	78.9～92.5	104	75.0～84.2	76.4～83.7	173	72.3～94.2	72.3～94.2
GTX3	6.5	71.5～97.4	71.7～96.2	13.0	74.5～103.8	75.4～96.9	39.0	71.3～94.9	73.1～93.6	65	75.2～97.4	75.2～97.4
GTX2	19.6	78.1～94.9	76.0～91.8	39.2	75.3～94.6	75.0～91.8	118	79.1～87.7	79.5～87.8	196	76.0～89.8	76.0～91.8
neoSTX	15.7	62.4～96.8	67.5～97.5	31.4	71.7～94.9	72.3～96.2	94.2	78.0～89.4	78.0～90.2	157	78.3～100.6	75.8～95.5
dcSTX	12.5	78.4～96.0	72.8～96.0	25.0	79.2～96.0	75.2～93.2	75.0	78.9～95.7	76.0～94.9	125	77.2～96.0	72.8～96.0
STX	14.5	74.5～96.6	75.2～96.6	29.0	75.2～96.6	76.2～93.4	87.0	78.5～92.0	75.6～87.7	145	75.2～93.8	75.2～96.6
STXeq	125	80.7～89.9	81.8～88.3	250	83.5～88.0	82.5～87.8	750	81.1～86.0	82.6～85.4	1 250	82.6～88.5	82.0～88.4

【计算与表述】

（1）计算：样品中各种麻痹性贝类毒素的含量按下式计算。

$$X = c \times \frac{V}{m} \times \frac{1000}{1000}$$

式中：X 为试样中被测组分残留量（μg/kg）；c 为从标准工作曲线上得到的被测组分溶液浓度（ng/mL）；V 为样品溶液定容体积（mL）；m 为样品溶液所代表试样的质量（g）。

计算结果应扣除空白值。

（2）毒性转换：按照国际惯例，STX 毒素的毒性因子高为 1，其他各种麻痹性毒素按照相对于 STX 的毒性大小来确定毒性因子，如表 7-13 所列；样品中麻痹性贝类毒素的含量则按照毒性因子，统一转换为 $STXeq$ 来表示，计算公式如下：

$$STXeq = \sum_{i=1}^{n} X_i \cdot r_i$$

式中：X_i 为各种麻痹性贝类毒素的含量（μg/kg）；r_i 为毒性因子。

表 7-13　各种麻痹性贝类毒素的毒性因子

毒素	GTX1	GTX4	GTX2	GTX3	dc GTX2	dc GTX3	Bl（GTX5）	neoSTX	STX	dcSTX
毒性因子	0.99	0.73	0.36	0.64	0.65	0.75	0.06	0.92	1	0.51

【说明】

（1）本法为国标 GB/T 23215—2008。重复性和再现性值以 95%的可信度来计算的。

（2）在重复条件下，获得的两次独立测试结果的绝对差值不超过重复性限（r），在再现性条件下，获得的两次独立测试结果的绝对差值不超过再现性限（R）。

第六节　水产品中河豚毒素的测定

水产品中河豚毒素的测定较常使用的方法为液相色谱-荧光检测法。其原理为试样中含有的河豚毒素采用酸性甲醇提取，提取液浓缩后，过 C_{18} 固相萃取小柱净化，液相色谱-柱后衍生荧光法测定，液相色谱-串联质谱法确证，外标法定量。

【仪器】

（1）液相色谱仪，带有荧光检测器与柱后衍生装置。

（2）液相色谱-串联四极杆质谱仪，配有电喷雾离子源。

（3）分析天平：感量为 0.1mg 和 0.01g。

（4）组织捣碎机。

（5）旋涡振荡器。

（6）超声波发生器。

（7）减压浓缩装置。

（8）固相萃取装置。

（9）真空泵：真空度应达到 80kPa。

（10）微量注射器：1～5mL，100～1 000μL。

（11）离心机：4 000r/min。

（12）离心机：13 000r/min，配有酶标转子。

（13）冷冻高速离心机：18 000r/min，可制冷 4℃。

（14）K-D 浓缩瓶：100mL 与 25mL。

【试剂】

（1）甲醇：色谱纯。

（2）乙酸：色谱纯。

（3）甲酸：色谱纯。

（4）乙酸铵。

（5）氢氧化钠。

（6）庚烷磺酸钠。

（7）1%乙酸甲醇溶液：移取 10mL 乙酸，以甲醇稀释至 1L。

（8）1%乙酸溶液：移取 10mL 乙酸，以水稀释至 1L。

（9）乙酸铵缓冲溶液：称取 4.6g 乙酸铵和 2.0g 庚烷磺酸钠，加入约 700mL 水溶解，以乙酸调节 pH 为 5.0，用水稀释至 1L。

（10）0.1%甲酸水溶液：移取 1mL 甲酸，加水稀释至 1L。

（11）4mol/L 氢氧化钠溶液：称取 160g 氢氧化钠，以水溶解并稀释至 1L。

（12）河豚毒素标准物质（tetrodotxin）：纯度≥98%。

（13）标准储备液（100mg/L）：准确称取河豚毒素 10.0mg，用少量水溶解后以甲醇定容至 100mL，该标准储备液置于 4℃冰箱中保存。

（14）标准工作液：根据需要取适量标准储备液，以 0.1%甲酸水溶液＋甲醇（9＋1，体积比）稀释成适当浓度的标准工作液。标准工作液当天现配。

（15）基质标准工作液：以空白基质溶液配制适当浓度的标准工作液。基质标准工作液要当天配制。

分别准确称取适量标准品（精确至 0.000 1g），用乙腈溶解，配制成浓度为 100μg/mL 的标准储备溶液，－18℃以下冷冻避光保存，有效期 3 个月。

（16）C_{18}固相萃取柱，500mg/3mL，用前依次以 3mL 甲醇、3mL 1%乙酸溶液活化，保持柱体湿润。

（17）滤膜：0.20μm。

（18）离心超滤管：截留相对分子质量为 3 000，1mL。

【测定方法】在制样的操作过程中，应防止样品污染或发生残留物含量的变化。由于河豚毒素为剧毒物质，对于可能含有河豚毒素的产品，应避免直接接触或误食，相关的器皿和器具可以采用 4%碳酸钠溶液浸泡加热去毒处理。

（1）试样制备：从所取全部样品中取出有代表性样品的可食部分约 500g，切成小块，放入组织捣碎机均质，充分混匀，装入洁净容器内，并标明标记。

（2）试样保存：试样于－18℃以下保存，新鲜或冷冻的组织样品可在 2～6℃贮存 72h。

（3）提取：称取 5.00g 匀浆样品置于 50mL 聚丙烯离心管中，加入 20mL 1%乙酸甲醇溶液，旋涡振荡 2min，50℃水浴超声提取 20min，4 000r/min 离心 5min，取上清液，在残渣中再加入 20mL 1%乙酸甲醇溶液，重复以上步骤，合并上清液，过滤至 100mL K-D 浓缩瓶中，60℃旋转蒸发浓缩至近干，加入 2mL 1%乙酸溶液，振荡洗涤浓缩瓶，转移至 10mL 聚丙烯离心管中，4℃下于 18 000r/min 离心 10min，取上清液待净化。

（4）净化：将（1）所得的澄清溶液以约 1mL/min 的流速过柱，用 10mL 1%乙酸溶液洗脱，合并流出液与洗脱液，置于 25mL K-D 浓缩瓶中，于 60℃下减压浓缩至近干，用 1%乙酸溶液定容 1mL，过 0.20μm 滤膜，供液相色谱分析。进行液相色谱-串联质谱确证时，将样液装入离心超滤管中，13 000r/min 离心 15min，取滤液测定。

（5）空白基质溶液的制备：称取阴性样品 5.00g，按（3）和（4）操作。

（6）测定条件：

①液相色谱参考条件：

色谱柱：Purospher Star PR-18eC_{18}柱，5μm，250mm×4.6mm（内径），或相当者。

柱温：30℃。

流动相：乙腈-乙酸铵缓冲液（1＋19）。

流速：1.0mL/min。

激发波长：385μm；发射波长：505μm。

进样量：40.0μL。

②柱后衍生参考条件：

衍生溶液：4mol/L氢氧化钠溶液。

衍生溶液流速：0.5mL/min。

衍生管温度：110℃。

③色谱测定：根据试样中被测物的含量情况，选取响应值适宜的标准工作液进行色谱分析。标准工作液和待测样液中河豚毒素的响应值应在仪器线性响应范围内。标准工作液与待测样液等体积进样。在上述色谱条件下，河豚毒素的参考保留时间为10.3min，根据标准溶液色谱峰的保留时间和峰面积，对样液的色谱峰进行定性并外标法定量。

(7) 确证：

①液相色谱-串联质谱条件：

色谱柱：Atlantis™ HILC Silica[D]，3μm，150mm×2.1mm（内径），或相当者。

流动相：乙腈-0.1%甲酸溶液（17+8）。

柱温：30℃。

进样量：10μL。

流速：200μL/min。

离子源：电喷雾源ESI，正离子模式。

扫描方式：多反应监测（MRM）。

离子源温度：500℃。

雾化气、气帘气、辅助加热气、碰撞气均为高纯氮气及其他合适气体，使用前应调节各气体流量以使质谱灵敏度达到检测要求。

仪器工作所需电压值应优化至最优灵敏度。

定性离子对、定量离子对、碰撞池出口电压和碰撞气能量见表7-14。

表7-14　定性离子对、定量离子对、碰撞池出口电压和碰撞气能量

化合物中文名称	化合物英文名称	定性离子对（m/z）	定量离子对（m/z）	碰撞气能量/V	碰撞池出口电压/V
河豚毒素	tetrodotoxin	320/302 320/162	320/162	30 30	60 60

②液相色谱-串联质谱确证：将基质标准工作液和净化中所得滤液（必要时用乙腈稀释至适当浓度）用LC-MS/MS测定。如果样液中与标准工作液相同的保留时间有检测离子峰出现，则对其进行质谱确证。

③定性标准：

保留时间：待测样品中化合物色谱峰保留时间与标准溶液相比变化范围应在±2.5%。

信噪比：待测化合物的定性离子的重构离子色谱峰的信噪比应大于等于3（S/N≥3）。

定量离子、定性离子及子离子丰度比：每种化合物的质谱定性离子必须出现，至少应包括一个母离子和两个子离子，而且同一检测批次，对同一化合物，样品中目标化合物的两个离子的相对丰度比与浓度相当的标准溶液相比，其允许偏差不超过表7-15规定的范围。

表 7-15　定性确证时相对离子丰度的最大允许偏差（%）

相对离子丰度（K）	$K>50$	$20<K<50$	$10<K<20$	$K\leqslant10$
允许的相对偏差	±20	±25	±30	±50

（8）平行试验：按以上步骤，对同一试样进行平行试验测定。

（9）回收率试验：在阴性样品中添加适量标准溶液，按"提取"和"净化"操作，测定后计算样品添加的回收率。河豚毒素的添加浓度及其回收率范围的试验数据参见表 7-16。

表 7-16　河豚毒素的添加浓度及其平均回收率的试验数据

添加浓度/（mg/kg）	平均回收率/%					
	鱿鱼	花蛤	河豚	虾	织纹螺	牡蛎
0.05	89.5	92.8	89.3	95.1	91.1	95.3
0.10	80.6	77.5	83.0	83.8	85.2	82.5
0.25	82.4	78.5	82.3	82.3	93.9	94.7
0.50	97.4	86.8	85.4	84.6	87.9	92.9

【计算】用数据处理软件中的外标法，或绘制标准曲线，按下式计算试样中河豚毒素含量：

$$X=\frac{(c-c_0)\times V}{m}$$

式中：X 为试样中河豚毒素含量的数值（μg/kg）；c 为由标准曲线而得的样液中河豚毒素含量的数值（μg/L）；c_0 为由标准曲线而得的空白试验中河豚毒素含量的数值（μg/L）；V 为样品最终定容体积（mL）；m 为最终样液代表的试样量（g）。计算结果应扣除空白值。

【说明】本法为国标 GB/T 23217—2008。本方法重复性和再现性的值以 95%的可信度来计算，检出限量为 0.05mg/kg。

第八章

动物性食品中化学致癌物质的检测

第一节　概　述

一、化学致癌物质的种类及对动物性食品的污染

（一）化学致癌物质的种类

化学致癌物质（chemical carcinogen）系指凡在动物实验中发现能引起动物组织或器官癌变形成的任何化学物质。现已确知的对动物有致癌作用的化学致癌物有1 000多种，其中有些可能和人类癌症有关。对化学致癌物的研究表明：各种化学致癌物在结构上是多种多样的。其中少数不需在体内进行代谢转化即可致癌，称为直接作用的化学致癌物，如烷化剂。绝大多数则只有在体内（主要是在肝）进行代谢，活化后才能致癌，称为间接作用的化学致癌物或前致癌物，其代谢活化产物称终末致癌物。

1. 间接作用的化学致癌物

（1）多环芳烃：存在于石油、煤焦油中。致癌性特别强的有苯并（*a*）芘［benzo（a）pyrene，BaP］，多氯联苯（polychlorinated biphenyls，PCBs）又叫氯化联苯、二噁英（dioxins或poIychlorodibenzodioxins，PCDD/Fs）1，2，5，6-双苯并蒽，3-甲基胆蒽及9，10-二甲苯蒽等。这些致癌物质在使用小剂量时即能在实验动物引起恶性肿瘤，如涂抹皮肤可引起皮肤癌，皮下注射可引起纤维肉瘤等。苯并（*a*）芘是煤焦油的主要致癌成分，还可由于有机物的燃烧而产生。它存在于工厂排出的煤烟、烟草点燃后的烟雾中。此外，据调查，烟熏和烧烤的鱼、肉等食品中也含有多环芳烃，这可能和某些地区胃癌的发病率较高有一定关系。

（2）芳香胺类与氨基偶氮染料：致癌的芳香胺类，如乙萘胺、联苯胺、4-氨基联苯等，与印染厂工人和橡胶工人的膀胱癌发生率较高有关。氨基偶氮染料，如以前在食品工业中曾使用过的奶油黄（二甲基氨基偶氮苯，可将人工奶油染成黄色的染料）和猩红，在动物实验可引起大白鼠的肝细胞性肝癌。

（3）亚硝胺类：亚硝胺类物质致癌谱很广，可在许多实验动物诱发各种不同器官的肿瘤。但是近年来引起很大兴趣的主要是可能引起人体胃肠癌或其他肿瘤。亚硝酸盐可作为肉、鱼类食品的保存剂与着色剂进入人体；也可由细菌分解硝酸盐产生。在胃内的酸性环境下，亚硝酸盐与来自食物的各种二级胺合成亚硝胺。亚硝胺在体内经过羟化作用而活化，形成有很强的反应性的烷化碳离子而致癌。

（4）真菌毒素：黄曲霉菌广泛存在于高温潮湿地区的霉变食品中，尤以霉变的花生、玉米及谷类含量最多。黄曲霉毒素有许多种，其中黄曲霉毒素B_1（aflatoxin B_1）的致癌性最

强，据估计其致癌强度比奶油黄大900倍，比二甲基亚硝胺大75倍，而且化学性质很稳定，不易被加热分解，煮熟后食入仍有活性。黄曲霉毒素 B_1 的化学结构为异环芳烃，在肝通过肝细胞内的混合功能氧化酶氧化成环氧化物而致突变，这种毒素主要诱发肝细胞性肝癌。此外，已证明，在我国食管癌高发地区居民食用的酸菜中分离出的白地霉菌，其培养物有促癌或致癌作用。

2. 直接作用的化学致癌物 这类化学致癌物不需要体内代谢活化即可致癌，一般为弱致癌剂，致癌时间长。

（1）烷化剂与酰化剂：如环磷酰胺、氮芥、苯丁酸氮芥、亚硝基脲等。这类具有致癌性的药物可在应用相当长时间以后诱发第二种肿瘤，如在化学治疗痊愈或已控制的白血病、何杰金淋巴瘤和卵巢癌的病人，数年后可能发生第二种肿瘤，通常是粒细胞性白血病。某些使用烷化剂的非肿瘤病人，如类风湿性关节炎和Wegener肉芽肿的病人，他们发生恶性肿瘤的机率大大高于正常人。因此这类药物应谨慎使用。

（2）其他直接致癌物：金属元素对人类也有致癌作用，如镍、铬、镉、铍等，如炼镍工人中，鼻癌和肺癌明显高发；镉与前列腺癌、肾癌的发生有关；铬可引起肺癌等。其原因可能是金属的二价阳离子，如镍、镉、铅、铍、钴等，是亲电子的，因此可与细胞大分子，尤其是DNA反应。例如镍的二价离子可以使多聚核苷酸解聚。一些非金属元素和有机化合物也有致癌性，如砷可诱发皮肤癌；氯乙烯可致塑料工人的肝血管肉瘤；苯致白血病等，也受到关注。

与动物性食品有关的化学致癌物，除已在第三章介绍的重金属、第七章介绍的霉菌毒素外，目前最受人们关注的化学性致癌物质主要有苯并（*a*）芘、多氯联苯（polychlorinated biphenyls，PCBs，又叫氯化联苯）、二噁英（dioxins或poIychlorodibenzodioxins，PCDD/Fs）和*N*-亚硝胺等。

（二）化学致癌物质对动物性食品的污染

1. 食品加工和储存过程中受到污染

（1）熏制、烘烤过程中的污染：苯并（*a*）芘对动物性食品的污染主要是熏制、烘烤和煎炸等。在这个过程中苯并（*a*）芘主要来源于两方面，一方面是由于煤炭、木材、石油、石油气等燃烧不完全产生的苯并（*a*）芘；另一方面是动物性食品中的胆固醇、脂肪、碳水化合物等成分，在熏制、烘烤和煎炸加热中发生高温热解或热聚反应而产生，如脂肪酸在加热至650℃时，可产生88mg/kg的苯并（*a*）芘。而且在加热过程中，动物性食品发生焦化和炭化时温度越高，苯并（*a*）芘产生的量越大，如淀粉在加热至390℃时，可产生0.7μg/kg苯并（*a*）芘；而当加热至650℃时，则可产生17μg/kg苯并（*a*）芘。一般来说，熏制和烤制动物性食品，所滴下的油中苯并（*a*）芘含量比动物性食品本身要高10～70倍。此外，动物性食品在烟熏、油炸、烘烤等加工过程中，亚硝酸盐与仲胺反应生成*N*-亚硝胺，如熏肉中的*N*-亚硝胺含量为0.3～6.5μg/kg、熏鱼中*N*-亚硝胺含量为4～9μg/kg。

（2）腌制等加工过程中的污染：动物性食品在腌制等加工过程中，亚硝酸盐与仲胺反应生成*N*-亚硝胺，如咸鱼、咸肉及其他腌制食品等。或者在加热过程中产生，如乳粉等。腌制食品及肉制品在加工过程中加入的硝酸盐，在硝酸盐还原菌作用下，将硝酸盐还原成亚硝酸盐，再与胺类化合物反应而生成亚硝胺，并随时间延长而有所增加。一般来说，含*N*-亚硝基化合物比较多的有干鱿鱼（300μg/kg）、咸鱼（12～24μg/kg）、咸肉（0.4～7.6μg/kg）、油煎火腿（10～20μg/kg）、干香肠（19μg/kg）、干奶酪、乳粉等，而鲜肉类食品中，*N*-亚硝基化合物含量较低。海产品中*N*-亚硝胺含量较高的原因与腐败变质后含有大量胺类和加入的粗盐有关，而海水中含硝酸盐和亚硝酸盐在适当条件下可生成亚硝胺。*N*-亚硝胺不是动物性食品中天然存在的物质，而是动物性食品中的亚硝酸盐和仲胺在酸性条件下反应生成，这一反应在人的胃中亦可进行，据实验推算，每人每天可合成0.5g*N*-亚硝胺。由于合成*N*-亚硝胺的前体物质在自然界中广泛存在，应引起食品卫生检测工作者的高度重视。

（3）动物性食品在贮存过程中由于霉菌的寄生产生霉菌毒素而造成污染：黄曲霉毒素在奶粉、腌肉、干咸鱼中有较高的检出率。食品霉变不仅可以产生霉菌毒素，也能产生亚硝胺。烟熏和烘烤的动物性食品，BaP最初主要附着于食品表层，深度不超过1.5mm的表层内BaP的含量为总量的90%左右。随着时间的延长，BaP可逐渐向食品的深层渗透；存放40d后，内层的含量可升至总量的40%～45%，从而产生更严重的污染。食品包装材料的污染也是常见的原因之一，在包装食品的纸张中发现的多氯联苯大部分来自回收的含PCBs的无碳废纸或来自印刷的油墨。因此，用再生纸或纸盒包装食品，可使食品受到不同程度的PCBs污染。食品包装纸或容器涂石蜡时，因石蜡中含PCBs，也会污染食品。

2. 环境中的致癌物对动物性食品的污染　致癌物质在环境中普遍存在，主要有多氯联苯、二噁英和苯并（*a*）芘，这些致癌物主要通过“三废”污染。

多氯联苯是一类重要的环境污染物，具有环境持久性、生物累积性和全球范围长距离迁移能力等特点。多氯联苯对生物的污染主要是通过食物链，最常见的途径是水生生物，而微生物和植物通常是多氯联苯进入食物链的起点。通过食物进入动物和人类体内，在体内蓄积并导致多氯联苯的生物放大作用，对多氯联苯的毒性作用极为敏感的生物是海洋哺乳动物，它们可将多氯联苯生物放大到1 000万倍，多氯联苯对以高脂肪为食的动物如海生兽类、北极熊和人类特别危险。

二噁英属于全球环境污染物之一，自从1999年3月比利时鸡饲料被污染后，引起了全世界的广泛关注。二噁英是在人类工业生产和生活活动中产生的，环境中二噁英的污染，在工业化国家主要来自城市固体垃圾焚烧、纸浆漂白、汽车尾气、化学品杂质的使用。我国由于血防钉螺药氯酚钠的大量使用使长江流域江河湖泊的水体、土壤及食物中发生二噁英污染。二噁英进入人和动物体内的主要途径是通过污染的饲料、饮水和空气。

工矿企业、交通运输及人们的日常生活中使用的燃料燃烧不全，产生大量的苯并（*a*）芘，尤其是石油化工、焦化厂排出的废气和废水中苯并（*a*）芘的含量较高，如生产炭黑、炼油、炼焦、合成橡胶等行业的废水中含有大量的苯并（*a*）芘。排入环境中的大量苯并（*a*）芘污染水和土壤，被作物的根部所吸收造成直接污染。如土壤中的BaP含量为0.5～4μg/kg（干土）时，生长的作物中BaP的含量为9μg/kg，当土壤中BaP增至150μg/kg时，作物中BaP的含量也相应增至57μg/kg。排入水源中的BaP通过食物链产生富集。水生生物有很强的富集能力，如海鱼含BaP可达2～65μg/kg，比海水含量高许多倍。石油污染水域的牡蛎体内，BaP可达2～6μg/kg。陆生食物链也可将BaP予以浓缩，从而造成食品原料的污染，导致对人和动物的危害。

3. 饲料污染　用霉变饲料饲喂动物后，霉菌毒素可在动物体内蓄积，如黄疸猪的发病原因之一与饲喂含黄曲霉毒素 B_1 的饲料有关，饲料被黄曲霉毒素污染达到一定浓度时，引起动物中毒出现黄疸。中毒的猪不但在乳、尿、胆汁粪便中含有黄曲霉毒素 B_1，而且在肝、肾、肌肉中也含有少量的黄曲霉毒素 B_1 及其代谢产物 M_1。当动物饲料被 BaP 或 PCBs 污染时，其肉、乳、禽蛋中也会含有这些物质。

二、动物性食品中化学致癌物对人体的危害

（一）致癌、致畸与致突变作用

1. 致癌性 苯并（*a*）芘是最早发现的致癌物质，是最具代表性的致癌物之一。自 1775 年报告英国烟囱清洁工人阴囊癌发病率很高，经研究证明，BaP 是一种主要的致癌因素，可引起皮肤癌、胃癌和肺癌。根据流行病学调查，接触沥青及煤焦油的工人中，皮肤癌、肺癌的发病率较高。近年来，关于胃癌与多环芳烃的关系屡有报道。长期食用熏制食品与某些癌症发病有一定关系，如海边居民因食用大量咸鱼及熏鱼，其胃肠道及呼吸道的癌症发病率较内陆居民高 3 倍；冰岛胃癌死亡率为 125.5/10 万人，可能与该地居民喜欢吃烟熏食品有关。

多氯联苯对免疫系统、生殖系统、神经系统和内分泌系统均会产生不良影响，并导致癌症。其毒性主要表现为：影响皮肤、神经、肝脏，破坏钙的代谢，导致骨骼、牙齿的损害，并有慢性致癌可能性。

二噁英是一种多位点强致癌物。动物试验表明，可以诱发肝癌、肺癌、黏膜和皮肤癌，其对雌鼠的致癌性比黄曲霉毒素 B_1 强 3 倍。二噁英的毒效应主要通过芳烃（Ah）受体实现。Ah 受体作为细胞浆中的信使蛋白质，与固醇类激素相似，起着信号传导与基因转录的作用。二噁英与 Ah 受体结合形成复合物再与 DNA 结合，从而导致 DNA 构象发生改变，特定基因组发生转录，使细胞增生与分化发生改变，导致相应的毒效应和致癌作用。但这种结合是可逆性的，故二噁英本身不具有致突变性，是一种强促癌剂。

N-亚硝胺是一类强致癌物，在 100 多种亚硝胺类化合物中，证实有 80 多种可使动物致癌。亚硝胺的一个显著特点是它们具有对任何器官诱发肿瘤的能力，被认为是最多面性的致癌物之一。亚硝胺类化合物所诱发的癌症主要以肝、食管和胃等器官为主，但也可诱发脑、肺、肠、肾、胰和膀胱等癌症。

2. 致畸性 苯并（*a*）芘具有致畸作用。在小鼠和兔中，BaP 能通过血-胎盘屏障发挥致癌活性，造成子代肺腺瘤和皮肤乳头状瘤，还观察到 BaP 有降低生殖能力和对卵母细胞有破坏作用。

实验证明，二噁英在低于可引起任何母体毒性或胚胎毒性剂量时，就能引起后代动物肾盂积水、输尿管阻塞和腭裂等畸形，因此致畸可能是二噁英最敏感的毒性指标。用大鼠、小鼠和兔的试验表明，二噁英具有免疫毒性。对小鼠的体液免疫和细胞免疫均有抑制作用。二噁英有对抗雌激素的作用，还能影响胚胎或胎儿多种器官的分化过程，并影响与细胞膜相关成分（如酶、受体、离子通道、膜表面蛋白等）的结构和功能，而引起生长发育障碍。

3. 致突变性 苯并（*a*）芘、多氯联苯和 *N*-亚硝胺都具有致突变作用。*N*-亚硝胺是一类直接致突变物，能通过胎盘和乳汁，诱发实验动物后代出现肿瘤或畸形。胎儿及新生儿对 *N*-亚硝胺的敏感性较成年人高，*N*-亚硝胺可通过胎盘或乳汁进入胎儿或婴儿体内，从而对子代产生致癌作用。动物实验用 *N*-亚硝胺通过胎盘引发子代癌肿，发病率可达 100%。

苯并（*a*）芘可导致生育能力降低和不育，并可危害子代，引起子代肿瘤、胚胎死亡或免疫功能降低。

（二）对人体的毒性作用

化学致癌物质除致癌、致畸与致突变作用外，还可对机体各系统造成各种毒性作用。

苯并（*a*）芘可引起组织增生，使神经系统、免疫系统和肾上腺、肝、肾受到损害。还有降低生殖能力和对卵母细胞有破坏作用。

多氯联苯是一种难以降解的有毒物质，可长期蓄积在环境和人体内，代谢极为缓慢，危害性很大。多氯联苯进入人体后主要蓄积于脂肪组织中，急性中毒时皮肤出现黑色疮疱，手脚麻木。慢性中毒时引起胃肠黏膜损伤，肝脏肿大和坏死，胸腺和脾脏萎缩，体重下降。还能影响大脑正常思维，使记忆力减退或丧失。

由于二噁英高亲脂性，一旦进入机体内被吸收后，很难排出体外。二噁英的毒性强弱与动物种属、品系及年龄有关，豚鼠及幼龄动物较敏感。二噁英可以使动物中毒死亡，是已知毒性最强的化合物之一。WHO 和我国 1997 年将其列为最高级的剧毒或极毒化学物。二噁英可引起皮肤过度角化或色素沉着，出现痤疮。二噁英产生的肝脏毒性，以肝脏肿大、实质细胞增生与肥大为共同特征。此外，二噁英还具有免疫毒性、生殖毒性和发育毒性，使人和动物的免疫功能降低，生殖能力降低，生长发育障碍等。

N-亚硝胺类化合物具有一定的急性毒性，主要引起肝脏坏死、出血，慢性中毒以肝硬化为主。

三、动物性食品中化学致癌物质的允许含量

（一）苯并（*a*）芘残留限量

我国对食品中的苯并（*a*）芘残留量有比较严格的规定，在 GB 2762—2005《食品中污染物限量》中对几类食品中苯并（*a*）芘残留规定了限量指标，见表 8-1。在 GB 5749—2005《生活饮用水卫生标准》中对生活饮用水中的苯并（*a*）芘残留量限量为0.000 01mg/L。

表 8-1　食品中苯并（*a*）芘限量指标（GB 2762—2005）

食　品	限量（MLs）/（μg/kg）
熏烤肉	5
植物油	10
粮　食	5

（二）多氯联苯的残留限量

我国在 1989 年将多氯联苯列入水中优先控制污染物名单，并于 1991 年 6 月 27 日发布 GB 13015—1991《含多氯联苯废物污染控制标准》，于 2001 年 3 月开始执行 GB 18484—2001《危险废物焚烧污染控制标准》和 GB 18485—2001《生活垃圾焚烧污染控制标准》，在 GB 2762—2005《食品中污染物限量》中重新规定了海产品中多氯联苯的限量，见表 8-2。

表 8-2 海产食品中多氯联苯限量指标（GB 2762—2005）

食　品	限量（MLs）/（mg/kg）		
	多氯联苯①	PCB138	PCB153
海产鱼、贝、虾以及藻类食品（可食部分）	2.0	0.5	0.5

注：①以 PCB28、PCB52、PCB101、PCB118、PCB138、PCB153 和 PCB180 总和计。

（三）二噁英的残留限量

1990 年 WHO 根据四氯二苯并-p-二噁英（TCDD）对人和动物的肝脏毒性、生殖毒性和免疫毒性，并结合动力学资料，制定了 TCDD 的人体暂定每日耐受量（TDI）为 10pg/kg。1998 年 WHO 总部邀请 15 个国家的 40 多位专家重新评估了二噁英的 TDI，修订为 1～4pg/kg。人们在评价二噁英的危险性时，以 17 个 2，3，7，8-TCDD 的毒性当量（TEQs）表示。根据原有 TDI 为 10pg/kg，欧洲各国制定了相应的食品中 PCDDs/Fs 的 MRL（pg/g）标准：英国，乳及乳制品 TEQs（以鲜重计）＜17.5（如果乳脂含量低则以全乳计＜0.7）；德国，乳 TEQs（以脂肪计）＜5；荷兰，乳及乳制品 TEQs（以脂肪计）＜6。

（四）*N*-亚硝胺的残留限量

我国对食品中 *N*-亚硝基化合物的残留量有严格的规定，在 GB 2762—2005《食品中污染物限量》中对几类食品中 *N*-亚硝基化合物的残留量限量指标见表 8-3。

表 8-3 *N*-亚硝胺的限量指标（GB 2762—2005）

食　品	限量（MLs）/（μg/kg）	
	N-二甲基亚硝胺	*N*-二乙基亚硝胺
海产品	4	7
肉制品	3	5

四、防止化学致癌物质对动物性食品污染的措施

（一）加强对工业“三废”污染的治理

加强环境污染的管理和监测工作，认真做好工业“三废”的综合利用和治理工作，对工业“三废”中含有的化学性致癌物质，应采用物理、化学或生物学等方法进行处理，以减少或去除其中的化学性致癌物质。

石油提炼、炭黑、炼焦及橡胶合成等工业废水中含 BaP 高，应采用吸附沉淀、氧化等方法处理后排放，工厂废烟气在排出之前进行回收。汽车安装消烟装置以减少对环境和动物性食品的污染。在固体垃圾焚烧、纸浆漂白、汽车尾气、化学品杂质的使用时，要控制污染物的排放量，减少二噁英对环境的污染。

（二）改进动物性食品的加工方式

研制能在更低温度下产生烟的新型发烟器，用锯末代替木材燃料，并对烟进行过滤。这

种发烟器所产生的烟及其熏制的食品，BaP 的含量大大降低。研制无烟熏制法将各类鱼和灌肠制品用熏制液进行加工，它们既不含有致癌性多环芳烃，又能防腐，并赋予肉制品以熏制所特有的色、香、味。烘烤食品采用间接加热式远红外线照射，防止 BaP 污染食品。

减少亚硝胺前体物的使用量。硝酸盐、亚硝酸盐是形成亚硝胺的前提物质，减少其使用量可减少亚硝胺的形成。因此，在动物性食品腌制等加工过程中，要严格控制硝酸盐或亚硝酸盐的使用量和残留量。食品加工过程中加入维生素 C、α-生育酚、酚类、没食子酸及某些还原物质（谷胱甘肽等），能够有效地抑制和减少亚硝胺的合成。它们主要是使亚硝酸被还原成 NO，达到阻断亚硝胺合成的目的。

（三）加强去毒方法的研究

据报道，日光和紫外线照射食品或用臭氧等氧化剂处理可使 BaP、亚硝胺含量降低；活性炭可从油脂中去除 BaP。烟熏食品揩去表面的烟油可使 BaP 的含量降低 20%，当食品烤焦后应刮去表面烤焦部分。

（四）加强卫生监督管理工作

认真贯彻《中华人民共和国食品卫生法》，加强执法力度，严禁使用、生产或出售不符合卫生标准的食品原料或产品，不断完善食品安全体系，加强食品安全监管力度。积极研究和推广快速、准确的食品卫生检测方法，改进实验方法和实验手段，加强食品中化学致癌物质的检测，健全食品卫生检测体系。加强环境污染的监测工作，一旦发现，要立即采取措施。目前，我国已经形成全国性的环境监测网，对大气、水体和土壤中的环境污染物质进行监测。

第二节　动物性食品中苯并（*a*）芘的检测

一、苯并（*a*）芘的理化性质

苯并（*a*）芘是一种由五个苯环构成的多环芳香烃。常温下苯并（*a*）芘为浅黄色针状体，性质比较稳定，熔点 179～180℃，几乎不溶于水，在水中溶解度仅为 0.004～0.012mg/L，微溶于甲醇、乙醇等低级醇，易溶于环己烷、己烷、苯、甲苯、二甲苯、丙酮等有机溶剂。苯并（*a*）芘在碱性条件下比较稳定；在常温下不与浓硫酸作用，但能溶于浓硫酸；苯并（*a*）芘能与硝酸、高氯酸、氯磺酸发生化学反应，可利用苯并（*a*）芘这种性质来消除被苯并（*a*）芘污染的器具。

二、食品中苯并（*a*）芘的测定方法

（一）荧光分光光度法

样品经有机溶剂提取，或经皂化后提取，再将提取液经液-液分配色谱柱或液-固吸附色谱柱净化，然后在乙酰化滤纸上分离苯并（*a*）芘，因苯并（*a*）芘在紫外光照射下呈蓝紫色荧光斑点，将分离后有苯并（*a*）芘的滤纸部分剪下，用溶剂浸出后，用荧光分光光度计在 365nm 波长紫外光下激发，在 365～460nm 波长下进行荧光扫描，测定其荧光强度，然

后与标准系列比较定量。

【仪器】

(1) 脂肪提取器。

(2) 层析柱：内径 10mm，长 350mm，上端有内径 25mm，长 80～100mm 漏斗，下端具有活塞。

(3) 层析缸（或层析筒）。

(4) K-D 全玻璃浓缩器。

(5) 紫外光灯：带有波长为 365nm 或 254nm 的滤光片。

(6) 回流皂化装置：锥形瓶磨口处连接冷凝管。

(7) 组织捣碎机。

(8) 荧光分光光度计。

【试剂】

(1) 苯：重蒸馏。

(2) 环己烷（或石油醚，沸程 30～60℃）：重蒸馏或经氧化铝柱处理无荧光。

(3) 二甲基甲酰胺或二甲基亚砜。

(4) 无水乙醇：重蒸馏。

(5) 乙醇（95%）。

(6) 无水硫酸钠。

(7) 氢氧化钾。

(8) 丙酮：重蒸馏。

(9) 展开剂：乙醇（95%）-二氯甲烷（2+1）。

(10) 硅镁型吸附剂：将 60～100 目筛孔的硅镁吸附剂经水洗四次（每次用水量为吸附剂质量的 4 倍）于垂融漏斗上抽滤干后，再以等量的甲醇洗（甲醇与吸附剂量克数相等），抽滤干后，吸附剂铺于干净瓷盘上，在 130℃干燥 5h 后，装瓶贮存于干燥器内，临用前加 5%水减活，混匀并平衡 4h 以上，最好放置过夜。

(11) 层析用氧化铝（中性）：120℃活化 4h。

(12) 乙酰化滤纸：将中速层析用滤纸裁成 30cm×4cm 的条状，逐条放入盛有乙酰化混合液（180mL 苯、130mL 乙酸酐、0.1mL 硫酸）的 500mL 烧杯中，使滤纸充分地接触溶液，保持溶液温度在 21℃以上，时时搅拌，反应 6h，再放置过夜。取出滤纸条，在通风橱内吹干，再放入无水乙醇中浸泡 4h，取出后放在垫有滤纸的干净白瓷盘上，在室温内风干压平备用，一次可处理滤纸 15～18 条。

(13) 苯并（*a*）芘标准溶液：精密称取 10.0mg 苯并（*a*）芘，用苯溶解后移入 100mL 棕色容量瓶中，并用苯稀释至刻度，放置冰箱中保存。此溶液每毫升相当于苯并（*a*）芘 100μg。

(14) 苯并（*a*）芘标准使用液：吸取 1.00mL 苯并（*a*）芘标准溶液置于 10mL 容量瓶中，用苯稀释至刻度，同法依次用苯稀释，最后配成每毫升相当于 1.0μg 和 0.1μg 苯并（*a*）芘两种标准使用液，放置冰箱中保存。

【测定方法】

(1) 样品提取：

①粮食或水分少的食品：称取40.0～60.0g粉碎过筛的样品，装入滤纸筒内，用70mL环己烷润湿样品，接收瓶内装6～8g氢氧化钾、100mL乙醇（95%）及60～80mL环己烷，然后将脂肪提取器接好，于90℃水浴上回流提取6～8h，将皂化液趁热倒入500mL分液漏斗中，并将滤纸筒中的环己烷也从支管中倒入分液漏斗，用50mL乙醇（95%）分两次洗接收瓶，将洗液合并于分液漏斗。加入100mL水，振摇提取3min，静置分层（约需20min），下层液放入第二个分液漏斗，再用70mL环己烷振摇提取一次，待分层后弃去下层液，将环己烷层合并于第一个分液漏斗中，并用6～8mL环己烷淋洗第二个分液漏斗，洗液合并。用水洗涤合并后的环己烷提取液三次，每次100mL，三次水洗液合并于原来的第二个分液漏斗中，用环己烷提取二次，每次30mL振摇0.5min，分层后弃去水层液，收集环己烷液并入第一个分液漏斗中，于50～60℃水浴上，减压浓缩至40mL，加适量无水硫酸钠脱水。

②植物油：称取20.0～25.0g的混匀油样，用100mL环己烷分次洗入250mL分液漏斗中，以环己烷饱和过的二甲基甲酰胺提取三次，每次40mL，振摇1min，合并二甲基甲酰胺提取液，用40mL经二甲基甲酰胺饱和过的环己烷提取一次，弃去环己烷液层。二甲基甲酰胺提取液合并于预先装有240mL硫酸钠溶液（20g/L）的500mL分液漏斗中，混匀，静置数分钟后，用环己烷提取二次，每次100mL，振摇3min，环己烷提取液合并于第一个500mL分液漏斗。也可用二甲基亚砜代替二甲基甲酰胺。

用40～50℃温水洗涤环己烷提取液二次，每次100mL，振摇0.5min，分层后弃去水层液，收集环己烷层，于50～60℃水浴上减压浓缩至40mL。加适量无水硫酸钠脱水。

③鱼、肉及其制品：称取50.0～60.0g切碎混匀的样品，再用无水硫酸钠搅拌（样品与无硫酸钠的比例为1∶1或1∶2，如水分过多则需在60℃左右先将样品烘干），装入滤纸筒内，然后将脂肪提取器接好，加入100mL环己烷于90℃水浴上回流提取6～8h，然后将提取液倒入250mL分液漏斗中，再用6～8mL环己烷淋洗滤纸筒，洗液合并于250mL分液漏斗中，以下按②法自“以环己烷饱和过的二甲基甲酰胺提取三次”起进行操作。

④蔬菜：称取100.0g洗净、晾干的蔬菜可食部分，切碎放入组织捣碎机内，加150mL丙酮，捣碎2min。在小漏斗上加少许脱脂棉过滤，滤液移入500mL分液漏斗中，残渣用50mL丙酮分数次洗涤，洗液与滤液合并，加100mL水和100mL环己烷，振摇提取2min，静置分层，环己烷层转入另一个500mL分液漏斗中，水层再用100mL环己烷分两次提取，环己烷提取液合并于第一个分液漏斗中，再用250mL水，分两次振摇、洗涤，收集环己烷于50～60℃水浴上减压浓缩至25mL，加适量无水硫酸钠脱水。

⑤饮料（如含二氧化碳先在温水浴上加温除去）：吸取50.0～100.0mL样品于500mL分液漏斗中，加2g氯化钠溶解，加50mL环己烷振摇1min，静置分层，水层分于第二个分液漏斗中，再用50mL环己烷提取一次，合并环己烷提取液，每次用100mL水振摇、洗涤二次，收集环己烷，于50～60℃水浴上减压浓缩至25mL，加适量无水硫酸钠脱水。

⑥糕点类：称取50.0～60.0g磨碎样品，装于滤纸筒内，以下按①法自“用70mL环己烷湿润样品”起进行操作。

在①、③～⑥各项操作中，均可用石油醚代替环己烷，但需将石油醚提取液蒸发至近干，残渣用25mL环己烷溶解。

（2）净化：

①于层析柱下端填入少许玻璃棉，先装入5～6cm的氧化铝，轻轻敲管壁使氧化铝层填

实、无空隙，顶面平齐，再同样装入 5～6cm 的硅镁型吸附剂，上面再装入 5～6cm 无水硫酸钠，用 30mL 环己烷淋洗装好的层析柱，待环己烷液面流下至无水硫酸钠层时关闭活塞。

②将样品环己烷提取液倒入层析柱中，打开活塞，调节流速为 1mL/min，必要时可用适当方法加压，待环己烷液面下降至无水硫酸钠层时，用 30mL 苯洗脱，此时应在紫外光灯下观察，以蓝紫色荧光物质完全从氧化铝层洗下为止，如 30mL 苯不足时，可适当增加苯量。收集苯液于 50～60℃水浴上减压浓缩至 0.1～0.5mL［可根据样品中苯并（*a*）芘含量而定，应注意不可蒸干］。

（3）苯并（*a*）芘分离：

①在乙酰化滤纸条上的一端 5cm 处，用铅笔划一横线为起始线，吸取一定量净化后的浓缩液，点于滤纸条上，用电吹风从纸条背面吹冷风，使溶剂挥发散净，同时点 20μL 苯并（*a*）芘的标准使用液（1μg/mL），点样时斑点的直径不超过 3mm，层析缸（筒）内盛有乙醇（95%）-二氯甲烷（2＋1）展开剂，滤纸条下端浸入展开剂约 1cm，待溶剂前沿至约 20cm 时，取出滤纸条阴干。

②在 365nm 或 254nm 紫外光灯下观察展开后的滤纸条，用铅笔划出标准苯并（*a*）芘及与其同一位置的样品的蓝紫色斑点，剪下此斑点分别放入小比色管中，各加 4mL 苯，加盖，插入 50～60℃水浴中不断振摇，浸泡 15min。

（4）测定：

①将样品及标准斑点的苯浸出液移入荧光分光光度计的石英杯中，以 365nm 为激发波长，以 365～460nm 波长进行荧光扫描，所得荧光光谱与标准苯并（*a*）芘的荧光光谱比较定性。

②与样品分析的同时做试剂空白，包括处理样品所用的全部试剂同样操作，分别读取样品、标准及试剂空白于波长 406nm、（406＋5）nm、（406－5）nm 处的荧光强度，按基线法由下面公式计算所得的数值，为定量计算的荧光强度。

$$F=F_{406}-(F_{401}+F_{411})/2$$

【计算】

$$X=\frac{S/F\times(F_1-F_0)\times1000}{m\times V_2/V_1}$$

式中：X 为样品中苯并（*a*）芘的含量（μg/kg）；S 为苯并（*a*）芘标准斑点的质量（μg）；F 为标准的斑点浸出液荧光强度（mm）；F_1 为样品斑点浸出液荧光强度（mm）；F_0 为试剂空白浸出液荧光强度（mm）；V_1 为样品浓缩液体积（mL）；V_2 为点样体积（mL）；m 为样品质量（g）。

计算结果表示到一位小数。

【说明】

（1）本法为国标 GB/T 5009.27—2003。适用于各类食品中苯并（*a*）芘的测定。

（2）该方法在重复性条件下获得的两次独立测定结果的绝对差值不得超过算术平均值的 20%；样品量为 50g，点样量为 1g 时，本法最低检出浓度为 1ng/g。

（3）苯并（*a*）芘是具有一定毒性的致癌物，所用玻璃器皿用硝酸或高氯酸处理。

（二）气相色谱法

样品经皂化、提取、净化后，用气相色谱仪分析 BaP，比较被测物与内标物苯并（*b*）

芘的色谱峰面积计算结果。

【仪器】

（1）旋转蒸发器。

（2）电动搅拌器。

（3）层析柱：①硅胶：长200mm，内径10mm。②葡聚糖凝胶LH_{20}用：长100mm，内径22～30mm。

（4）气相色谱仪：带有氢火焰离子化检测器。

【试剂】

（1）丙酮：重蒸馏。

（2）环己烷：重蒸馏。

（3）二甲基甲酰胺（DMF）：重蒸馏。

（4）异丙醇：重蒸馏。

（5）硅胶：100～200目，层析用。于100℃活化1h，使用前24h加水15%。

（6）葡聚糖凝胶（Sephadex）LH_{20}：使用前24h用异丙醇平衡。

（7）2mol/LKOH的甲醇-水（9+1）溶液。

（8）KOH。

（9）BaP标准溶液：用DMF配制，每微升中含有0.2～1μg BaP，储存于暗处，保存时间不超过1个月。

（10）苯并（*a*）芘（内标物）标准溶液：用DMF-水（9+1）溶液配制，浓度为5μg/mL。

【方法】

（1）样品处理：

①高蛋白食品：称取样品20.00g，放入搅拌器混匀，定量转移至1 000mL圆底烧瓶中，加入300mL 2mol/L氢氧化钾的甲醇-水（9+1）溶液及5μg BaP。装上冷凝管，加热皂化回流2～4h。消化好后冷至室温，转移至2L分液漏斗中，用400mL甲醇-水（9+1）溶液洗涤回流瓶，洗液并入分液漏斗中。取800mL环己烷加入分液漏斗内，振摇，静置分层后，弃去下层（甲醇-水）。用400mL甲醇-水（1+1）溶液洗涤环己烷层，分层后弃去洗涤液；再用400mL水重复洗涤2次，分出环己烷层。用旋转蒸发器在35℃水浴中减压维持恒定沸腾，将环己烷提取液浓缩到约100mL。移入分液漏斗中，加200mL DMF-水（9+1），振摇，静置分层，弃去环己烷层。再加入200mL水和200mL环己烷，振摇，分层后弃去下层（DMF-水），用100mL水洗涤2次。将环己烷层转移至圆底烧瓶内，用旋转蒸发器在35℃水浴减压下维持沸腾，浓缩至1mL。

②脂肪与油脂：将20.00g样品溶于100mL环己烷中，加入5μg BaP，移入分液漏斗中，加200mL DMF-水（9+1），振摇，静置分层，弃去环己烷层。再加入200mL水和200mL环己烷，振摇，分层后弃去下层（DMF-水），用100mL水洗涤2次。将环己烷层转移至圆底烧瓶内，用旋转蒸发器在35℃水浴减压下维持沸腾，浓缩至1mL。

（2）柱层析净化：

①层析柱的制备：取10.00g硅胶，加入40mL环己烷，摇动赶气，全部装入玻璃柱内。放出溶剂，直到液面与硅胶上表面平齐。

②将浓缩提取液移入柱内，用环己烷洗涤蒸发瓶，洗液移入同一柱内。打开活塞，使提取液和洗液沿柱而下，在溶剂液面离硅胶上表面1mm时停止。用100mL环己烷洗脱，收集洗脱液。

③洗脱液置于100mL圆底烧瓶中，用旋转蒸发器在水浴温度35℃减压下维持恒定沸腾，将洗脱液蒸发至干。残留物溶于1mL异丙醇。

（3）苯并（*b*）芘分离：

①层析柱的制备：取10.00g葡聚糖凝胶LH_{20}加50mL异丙醇，平衡4～24h。然后全部转移至层析柱内，将溶剂放出至液面与葡聚糖凝胶LH_{20}上表面平齐。

②将上述1mL异丙醇样液移入柱内，用1mL异丙醇洗涤蒸发瓶，洗液并入柱内，将样液与洗液顺柱而下，至溶剂液面离葡聚糖凝胶上表面1mm时停止。用48mL异丙醇洗脱，弃去洗脱液；再用150mL异丙醇洗脱，将洗脱液收集于100mL圆底烧瓶内（这部分含有3环以上的多环芳烃）。

（4）色谱条件：

①色谱柱：玻璃柱，长10mm，内径2mm，填充5%OV-101GaschromQ（100～120目，酸碱洗）。

②载气：氮气，30mL/min。

③检测器温度：260℃。

④柱温和进样品温度：250℃。

（5）气相色谱分析用提取液制备：用旋转蒸发器在水浴温度35℃减压下维持恒定沸腾，将异丙醇洗脱液蒸发至近干，残留物溶于1mL丙酮，定量转移至10mL浓缩管中，每次用1mL丙酮洗涤100mL烧瓶2次，洗液并入浓缩管中，于室温下使溶剂挥干，加入10μLDMF，留做气相色谱分析。

（6）测定：用微量进样器注入1μL样液，再注入0.2～1μg/μL BaP标准液1μL，测量BaP和内标物的峰高和保留时间。

【计算】

$$X=\frac{t\times h\times m_S}{t_S\times h_S\times m}$$

式中：X为BaP的含量（μg/kg）；t为BaP的保留时间［cm（min）］；t_S为内标物的保留时间［cm（min）］；h为BaP的峰高（cm）；h_S为内标物的峰高（cm）；m_S为所加入内标物的质量（μg）；m为样品质量（kg）。

第三节　动物性食品中多氯联苯的检测

一、多氯联苯的理化性质和用途

多氯联苯（polychlorinated biphenyls，PCBs）分子式为：$C_{12}H_{10-x}Cl_x$，相对分子质量：PCB3：266.5；PCB4：299.5；PCB5：328.4；PCB6：375.7。外观呈油状液体或白色结晶固体或非结晶性树脂。

多氯联苯有稳定的物理化学性质，属半挥发或不挥发物质，具有较强的腐蚀性，难溶于水，但是易溶于脂肪和其他有机化合物中，具有良好的阻燃性、低电导率、良好的抗热解能力、良好的化学稳定性，抗多种氧化剂。在正常的环境中不易分解，有很强的亲脂性，易通过食物链在生物体脂肪中富集和积累。

由于PCBs化学性质极为稳定，有良好的绝缘性和不燃性。因此，广泛用于电容器、变压器的绝缘油及油漆、油墨、可塑剂和成型剂等产品。

二、动物性食品中多氯联苯的测定

以PCB198为定量内标，在试样中加入PCB198，水浴加热振荡提取后，经硫酸处理、色谱柱层析净化，采用气相色谱-电子捕获检测器法测定，以保留时间定性，内标法定量。

【试剂】

(1) 正己烷，农残级。

(2) 二氯甲烷，农残级。

(3) 丙酮，农残级。

(4) 无水硫酸钠，优级纯。将市售无水硫酸钠装入玻璃色谱柱，依次用正己烷和二氯甲烷淋洗两次，每次使用的溶剂体积约为无水硫酸钠体积的两倍。淋洗后，将无水硫酸钠转移至烧瓶中，在50℃下烘烤至干，并在225℃烘烤过夜，冷却后干燥器中保存。

(5) 浓硫酸，优级纯。

(6) 碱性氧化铝，色谱层析用碱性氧化铝。将市售色谱填料在660℃中烘烤6h，冷却后于干燥器中保存。

(7) 指示性多氯联苯的系列标准溶液，见表8-4。

表8-4　GC-ECD方法中指示性多氯联苯的系列标准溶液浓度（μg/L）

化合物	CS1	CS2	CS3	CS4	CS5
PCB28	5	20	50	200	800
PCB52	5	20	50	200	800
PCB101	5	20	50	200	800
PCB118	5	20	50	200	800
PCB138	5	20	50	200	800
PCB153	5	20	50	200	800
PCB180	5	20	50	200	800
PCB198（定量内标）	50	50	50	50	50

【仪器】

(1) 气相色谱仪，配电子捕获检测器（ECD）。

(2) 色谱柱：DB-5ms柱，30m×0.25mm×0.25μm或等效色谱柱。

(3) 组织匀浆器。

(4) 绞肉机。

(5) 旋转蒸发仪。

(6) 氮气浓缩器。

(7) 超声波清洗器。

(8) 旋涡振荡器。

(9) 分析天平。

(10) 水浴振荡器。

(11) 离心机。

(12) 层析柱。

【方法】

(1) 试样提取：

固体试样：称取试样 5.00～10.00g，置具塞锥形瓶中，加入定量内标 PCB198 后，以适量正己烷：二氯甲烷（1：1，体积比）为提取溶液，于水浴振荡器上提取 2h，水浴温度为 40℃，振荡速度为 200r/min。

液体试样（不包括油脂类样品）：称取试样 10.00g，置具塞离心管中，加入定量内标 PCB198 和草酸钠 0.5g，加甲醇 10mL 摇匀，加 20mL 乙醚：正己烷（1：3，体积比）振荡提取 20min，以 3 000r/min 离心 5min，取上清液过装有 5g 无水硫酸钠的玻璃柱；残渣加 20mL 乙醚：正己烷（1：3，体积比）重复以上过程，合并提取液。

将提取液转移到茄型瓶中，旋转蒸发浓缩至近干。如分析结果以脂肪计，则需要测定试样脂肪含量。

试样脂肪的测定：浓缩前准确称取茄型瓶质量，将溶剂浓缩至干后，再次准确称取茄型瓶及残渣质量，两次称重结果的差值即为试样的脂肪含量。

(2) 净化：

①硫酸净化：将浓缩的提取液转移至 5mL 试管中，用正己烷洗涤茄型瓶 3～4 次，洗液并入浓缩液中，用正己烷定容至刻度，并加入 0.5mL 浓硫酸，振摇 1min，以 3 000r/min 的转速离心 5min 使硫酸层和有机层分离。如果上层溶液仍然有颜色，表明脂肪未完全除去，再加入 0.5mL 浓硫酸，重复操作，直至上层溶液呈无色。

②碱性氧化铝柱净化：

净化柱装填：玻璃柱底端加入少量玻璃棉后，从底部开始，依次装入 2.5g 活化碱性氧化铝、2g 无水硫酸钠，用 15mL 正己烷预淋洗。

净化：将以上的浓缩液转移至层析柱上，用约 5mL 正己烷洗涤茄型瓶 3～4 次，洗液一并转移至层析柱中。当液面降至无水硫酸钠层时，加入 30mL 正己烷（2×15mL）洗脱；当液面降至无水硫酸钠层时，用 25mL 二氯甲烷：正己烷（5：95，体积比）洗脱。洗脱液旋转蒸发浓缩至近干。

(3) 试样溶液浓缩：

将②试样溶液转移至进样瓶中，用少量正己烷洗茄型瓶 3～4 次，洗液并入进样瓶中，在氮气流下浓缩至 1mL，待 GC 分析。

(4) 测定：

①色谱条件：

色谱柱：DB-5 柱，30m×0.25mm×0.25μm 或等效色谱柱。

进样口温度：290℃。

升温程序：开始温度 90℃，保持 0.5min；以 15℃/min 升温至 200℃，保持 5min；以 2.5℃/min 升温至 250℃，保持 2min；以 20℃/min 升温至 265℃，保持 5min。

载气：高纯氮气（纯度>99.999%），柱前压 67kPa，相当于 10psi。

进样量：不分流进样 1μL。

色谱分析：以保留时间定性，以试样和标准得峰高或峰面积比较定量。

②PCBs 的定性分析：

以保留时间或相对保留时间进行定性分析，要求 PCBs 色谱峰信噪比（S/N）大于 3。

③PCBs 的定量测定：采用内标法，以相对响应因子（RRF）进行定量计算。

计算 RRF 值：以校正标准溶液进样，按公式（1）计算 RRF 值：

$$RRF = \frac{A_n \times C_S}{A_S \times C_n} \tag{1}$$

式中：RRF 为目标化合物对定量内标的相对响应因子；A_n为目标化合物的峰面积；C_S为定量内标的浓度（μg/L）；A_S 为定量内标的峰面积；C_n为目标化合物的浓度（μg/L）。

在系列标准溶液中，各目标化合物的 RRF 值相对标准偏差（RSD）应小于 20%。

PCBs 含量计算：按公式（2）计算试样中 PCBs 的含量：

$$X_n = \frac{A_n \times m_S}{A_S \times RRF \times m} \tag{2}$$

式中：X_n为目标化合物的含量（μg/kg）；A_n为目标化合物的峰面积；m_S为试样中加入定量内标的量（ng）；A_S为定量内标的峰面积；RRF 为目标化合物对定量内标的相对响应因子；m 为取样量（g）。

计算检测限（DL）：本方法的检测限规定为具有 3 倍信噪比、相对保留时间符合要求的响应所对应的试样浓度。计算公式见式（3）：

$$DL = \frac{3 \times N \times m_S}{H \times RRF \times m} \tag{3}$$

式中：DL 为检测限（μg/kg）；N 为噪声峰高；m_S为加入定量内标的量（ng）；H 为定量内标的峰高；RRF 为目标化合物对定量内标的相对响应因子；m 为试样量（g）。

试样基质、取样量、进样量、色谱分离状况、电噪声水平以及仪器灵敏度均可能对试样检测限造成影响，因此噪声水平必须从实际试样图谱中获取。当某目标化合物的结果报告未检出时必须同时报告试样检测限。

【说明】

（1）在重复性条件下获得的两次独立测定结果绝对差值不得超过算术平均值的 20%。

（2）本法为国标 GB 5009.190—2006 中的第二法。

第四节　动物性食品中二噁英的检测

一、二噁英的理化性质

多氯代二苯并二噁英（polychlorodibenzo-P-dioxins，PCDDs）和多氯代二苯并呋喃（polychloro-dibenzofurans，PCDFs），是存在于环境的两个系列的二环化合物，统称为二噁英（PCDD/Fs）。

二噁英均为固体，熔点较高，没有极性，难溶于水，化学稳定性强，在环境中能长时间存在，随着氯化程度的增强，二噁英的溶解度和挥发性减小。自然环境中的微生物降解、水解及光分解作用对二噁英分子结构的影响均很小。二噁英极具亲脂性，因而在食物链中可以通过脂质发生转移和生物积累，易存在于动物脂肪和乳汁中。其中 2，3，7，8-

四氯代苯并二噁英（2，3，7，8－TCDD）是目前所有已知化合物中毒性最大、毒性作用最多的物质。

二、动物性食品中二噁英的检测（气相色谱-质谱法）

样品经索氏抽提、自动纯化系统纯化、浓缩后，采用高分辨双聚焦磁式质谱仪对样品中的二噁英进行痕量分析和定量检测。

【仪器】

（1）高分辨双聚焦磁式质谱仪，分辨率在分析检测中可稳定地维持在10 000。

（2）气相色谱仪。

（3）索氏抽提器。

（4）氮气吹扫蒸发仪。

（5）旋转蒸发仪。

（6）自动纯化系统（FMS）以及与其配套的硅胶柱、铝柱和碳柱。

【试剂】

（1）二氯甲烷、正己烷、甲醇、丙酮、甲苯、乙醇、乙醚、壬烷（要求均为分析纯）。

（2）标准品：

①^{13}C标记的2，3，7，8－TCDD的标准溶液含有15个化合物。净化标准溶液，进样内标溶液纯度≥98%。

②窗口定义标准溶液、校正标准溶液：CS_1、CS_2、CS_3、CS_4、CS_5标准溶液，同分异构体特异度检测标准溶液纯度98%，其中CS_3是日常校正标准溶液。

【测定方法】

（1）样品预处理过程：

①样品提取：将10μL 15个2，3，7，8－TCDD的稳定同位素标记的同系物加入到纸套筒，然后依次加入10g左右的无水硫酸钠、1～50g样品、10g左右的无水硫酸钠，采用300mL的二氯甲烷-正己烷（1＋1）溶液，用索氏抽提仪提取24h。同时做空白试验。

②样品净化：采用旋转蒸发仪，将提取液浓缩到0.5mL，向提取液加入$^{37}Cl_4$－2，3，7，8－TCDD净化标准，以检测净化过程的效率。采用FMS自动纯化系统对样品有机提取液进行净化。首先采用正己烷对整个管路、硅胶柱、铝柱及碳柱进行活化，然后采用大约20mL的正己烷将提取液加到硅胶柱上，采用不同极性的溶剂淋洗硅胶柱及铝柱，将目标化合物转移到碳柱上，最后用150mL甲苯反向淋洗碳柱，收集洗脱液于250mL洁净的烧瓶内。纯化结束后，分别用甲苯、二氯甲烷-正己烷（1＋1）及正己烷冲洗管路及整个系统，防止下次实验系统的污染。

③样品浓缩：采用旋转蒸发仪将收集液浓缩至0.5mL左右，再采用氮气吹扫蒸发仪，在细小的氮气流下将样品浓缩至干，加入10μL壬烷和10μL进样内标溶液（$^{13}C_{12}$－1，2，3，4－TCDD和$^{13}C_{12}$－1，2，3，7，8，9－HxCDD）混匀。采用多离子检测（MID）进行高分辨气相色谱/高分辨质谱分析（HRGC/HRMS）。

（2）色谱条件：

①毛细管柱：DB－5MS，60m（长度）×0.25mm（内径）×0.32μm（厚度）。

②温度：进样口温度280℃；传输线温度280℃。

③进样方式：不分流；载气流量：1.0mL/min（恒流）。

④升温程序：

$$120℃\xrightarrow{1min}120℃\xrightarrow{2.3min}220℃\xrightarrow{15min}250℃\xrightarrow{18min}250℃\xrightarrow{1.5min}310℃\xrightarrow{8min}310℃$$

⑤质谱条件离子源：电子轰击源（EI源：pos）；电子能量：60eV；温度：260℃；多离子检测（MID），检测M^+、$(M+2)^+$的质量色谱峰；加速电压：5 000V；分辨率：用全氟三丁胺（FC43）为调谐标准化合物对质谱仪参数进行优化，调节仪器分辨率至少达10 000（10%峰谷定义）。

（3）17个2，3，7，8-TCDD的定性分析和定量检测：

①进样2μL的窗口定义标准溶液，定义不同氯取代基的PCDD/Fs在毛细管柱的流出时间，以建立MID检测的时间窗口，并验证毛细管柱的分辨能力。

②待测样品中二噁英浓度含量比较低，为了建立一条待测物浓度在线性范围的标准曲线，需将CS_1的浓度稀释5倍，成为$CS_{0.2}$，分别连续进样2μL $CS_{0.2}$～CS_4的校正标准溶液，建立浓度与峰面积关系曲线，并得到RR值。

③进样20μL日常校正标准溶液CS_3，对仪器性能进行质量控制，以验证仪器的性能稳定性。

④进样2μL的样品提取液，进行定性和定量分析。

【计算】采用内标法和外标法，根据峰面积与浓度的相对响应值，采用仪器装配的Xcahbur软件和Quandesk软件进行样品的定性和定量，计算公式如下：

$$RR=\frac{A_n\times cl}{Al\times cn}$$

式中：RR为非标记PCDD/Fs与其对应的标记同系物的相对响应；A_n为校正标准溶液中每一个非标记的PCDD/PCDF的两个主要分子、离子峰的总面积；Al为校正标准溶液中每一个标记的PCDD/PCDF的两个主要分子、离子峰的总面积；cl为校正标准溶液中标记的PCDD/PCDF的浓度（pg/μL）；cn为校正标准中非标记的PCDD/PCDF的浓度（pg/μL）。

通过5个校正浓度，可计算每一个PCDD/PCDF的平均RR，进一步计算样品中化合物的浓度。按下式计算样品中每一个PCDD/PCDF的浓度：

$$c=\frac{A_n\times cl}{Al\times RR_{av}}\times V\times\frac{1}{m}$$

式中：c为样品中待测的PCDD/Fs的浓度（pg/g）；A_n为样品提取液中每一个非标记的PCDD/PCDF的两个主要分子、离子峰的总面积；Al为样品提取液中每一个标记的PCDD/PCDF的两个主要分子、离子峰的总面积；cl为样品提取液中标记的PCDD/Fs的浓度（pg/μL）；RR_{av}为PCDD/Fs的平均RR；V为样品提取液的最终定容体积（μL）；m为提取的样品质量（g）。

【说明】

（1）本法适用于环境及生物材料中PCDD/Fs的分析。

（2）样品的取样量根据样品类型、污染水平、潜在干扰物质与方法的检测限量而定。一般样品为1～50g，对于含脂低、污染轻的样品必要时可增加到100～1 000g。

第五节　动物性食品中亚硝胺类化合物的检测

一、亚硝胺类化合物的理化性质

亚硝胺是 N-亚硝基化合物的一种，其一般结构为 R2（R1）N—N═O。R1 与 R2 可以相同也可以不同，当 R1 与 R2 相同时，称为对称性亚硝胺，如 N-亚硝基二甲胺和 N-亚硝基二乙胺；当 R1 与 R2 不同时，称为非对称性亚硝胺，如 N-亚硝基甲乙胺和 N-亚硝基甲苄胺等。亚硝胺由于分子质量不同，可以表现为蒸气压大小不同，能够被水蒸气蒸馏出来并不经衍生化直接由气相色谱测定的为挥发性亚硝胺，否则称为非挥发性亚硝胺。

低分子质量的亚硝胺（如 N-亚硝基二甲胺）在常温下为黄色液体，高分子质量的亚硝胺多为固体。除了某些 N-亚硝胺（如 N-亚硝基二甲胺、N-亚硝基二乙胺、N-亚硝基二乙醇胺以及某些 N-亚硝基氨基酸等）可以溶于水及有机溶剂外，大多数亚硝胺都不溶于水，仅溶于有机溶剂中。亚硝胺在紫外光照射下可发生光解反应，在通常条件下，不易水解、氧化和转为亚甲基等，化学性质相对稳定，需要在机体发生代谢时才具有致癌能力。

二、动物性食品中的亚硝胺类化合物的测定

（一）气相色谱-质谱仪法

样品中的 N-亚硝胺类化合物经水蒸气蒸馏和有机溶剂萃取后，浓缩至一定量，采用气相色谱-质谱联用仪的高分辨峰匹配法进行确认和定量。

【仪器】

（1）气相色谱-质谱联用仪。

（2）K-D 浓缩器。

（3）水蒸气蒸馏装置，如图 8-1。

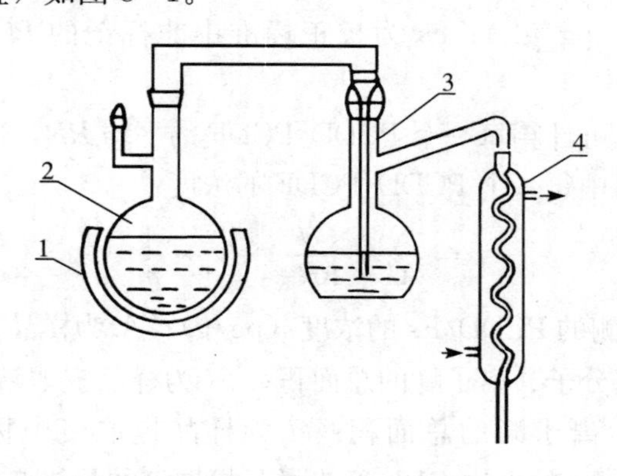

图 8-1　水蒸气蒸馏装置

1. 加热器　2. 2 000mL 水蒸气发生器

3. 1 000mL 蒸馏瓶　4. 冷凝器

【试剂】

（1）二氯甲烷：须用全玻璃蒸馏装置重蒸。

（2）无水硫酸钠。

(3) 氯化钠：优级纯。

(4) 氢氧化钠溶液（120g/L）。

(5) 硫酸（1+3）。

(6) *N*-亚硝胺标准溶液：用二氯甲烷作溶剂，分别配制 *N*-亚硝基二甲胺、*N*-亚硝基二乙胺、*N*-亚硝基二丙胺、*N*-亚硝基吡咯烷的标准溶液，使每毫升分别相当于 0.5mg *N*-亚硝胺。

(7) *N*-亚硝胺标准使用液：在 4 个 10mL 容量瓶中，加入适量二氯甲烷，用微量注射器各吸取 100μL *N*-亚硝胺标准溶液，分别置于上述四个容量瓶中，用二氯甲烷稀释至刻度，此溶液每毫升分别相当于 5μg *N*-亚硝胺。

(8) 耐火砖颗粒：将耐火砖破碎，取直径为 1～2mm 的颗粒，分别用乙醇、二氯甲烷清洗后，在马弗炉中（400℃）灼烧 1h，作助沸石使用。

【测定方法】

(1) 水蒸气蒸馏提取：称取 200g 切碎（或绞碎、粉碎）后的样品，置于水蒸气蒸馏装置的蒸馏瓶中（液体样品直接量取 200mL），加入 100mL 水（液体样品不加水），摇匀。在蒸馏瓶中加入 120g 氯化钠，充分摇动，使氯化钠溶解。将蒸馏瓶与水蒸气发生器及冷凝器连接好，并在锥形接收瓶中加入 40mL 二氯甲烷及少量冰块，收集 400mL 馏出液。

(2) 萃取纯化：在锥形接收瓶中加入 80g 氯化钠和 3mL 硫酸（1+3），搅拌使氯化钠完全溶解。然后转移到 500mL 分液漏斗中，振荡 5min，静止分层，将二氯甲烷层分至另一分液漏斗中，再用 120mL 二氯甲烷分三次提取水层，合并四次提取液，总体积为 160mL。

对于含有较高浓度乙醇的样品，如蒸馏酒、配制酒等，需用 50mL 氢氧化钠溶液（120g/L）洗有机层两次，以除去乙醇的干扰。

(3) 浓缩：将有机层用 10g 无水硫酸钠脱水后，转移至 K-D 浓缩器中，加入一粒耐火砖颗粒，于 50℃水浴上浓缩至 1mL，备用。

(4) 气相色谱-质谱联用仪测定条件：

①气相色谱仪条件：

汽化室温度：190℃。

色谱柱温度：对 *N*-亚硝基二甲胺、*N*-亚硝基二乙胺、*N*-亚硝基二丙胺、*N*-亚硝基吡咯烷分别为 130℃、145℃、130℃、160℃。

色谱柱：内径 1.8～3.0mm，长 2m 玻璃柱，内装涂以 15%（*m*/*m*）PEG20 固定液和氢氧化钾溶液（10g/L）的 80～100 目 Chromosorb W AW-DMCS。

载气：高纯氦气，流速为 40mL/min。

②质谱仪条件：

分辨率≥7 000。

离子化电压：70V。

离子化电流：300μA。

离子源温度：180℃。

离子源真空度：1.33×10^{-4}Pa。

界面温度：180℃。

③测定采用电子轰击源高分辨峰匹配法，用全氟煤油（PEK）的碎片离子（它们的质

荷比为 68.995 27、99.993 6、130.992 0、99.993 6）分别监视 N-亚硝基二甲胺、N-亚硝基二乙胺、N-亚硝基二丙胺及 N-亚硝基吡咯烷的分子、离子（它们的质荷比为 74.048 0、102.079 3、130.110 6、100.063 0），结合它们的保留时间定性，以示波器上该分子、离子的峰高来定量。

【计算】

$$X = \frac{h_1}{h_2} \times c \times \frac{V}{m} \times 1000$$

式中：X 为样品中某种 N-亚硝胺化合物的含量（μg/kg 或 μg/L）；h_1 为浓缩液中该N-亚硝胺化合物的峰高（mm）；h_2 为标准使用液中该 N-亚硝胺化合物的峰高（mm）；c 为标准使用液中该 N-亚硝胺化合物的浓度（μg/mL）；V 为样品浓缩液的体积（mL）；m 为样品质量或体积（g 或 mL）。计算结果保留算术平均值的两位有效数。

【说明】

（1）本法为国标 GB/T 5009.26—2003 中的第二法。适用于肉及肉制品等中 N-亚硝基二甲胺、N-亚硝基二乙胺、N-亚硝基二丙胺及 N-亚硝基吡咯烷含量的测定。

（2）N-亚硝胺是具有一定毒性的致癌物，所用玻璃器皿可采用照射紫外线的方法来破坏 N-亚硝胺毒性。

（二）气相色谱法（GC）

样品经提取、纯化、浓缩后，注入色谱柱，组分经气-液（或气-固）两相间的多次分配以后而得到分离，在柱后接上检测器，记录色谱峰，与亚硝胺标准溶液比较，即可定性和定量。

【试剂】

（1）氯化钠。

（2）二氯甲烷。

（3）3mol/L 盐酸溶液。

（4）3mol/L 氢氧化钠溶液。

（5）正己烷。

（6）三氟乙酸。

（7）助滤硅藻土：Celite 545，700℃烘 12h。

（8）过氧化氢：30%。

（9）20%碳酸钾溶液。

（10）乙醚。

（11）中性氧化铝：层析用，240℃烘 4h。

（12）亚硝胺标准溶液。

【仪器】

（1）组织捣碎机。

（2）K-D 浓缩器。

（3）水蒸气蒸馏装置。

（4）气相色谱仪：具氢焰离子检测器或电子捕获检测器。

【测定方法】

（1）样品处理：取样品 100.00g，加水 100mL 和氯化钠 40g，经组织捣碎机充分捣碎以后，移入蒸馏瓶中，进行水蒸气蒸馏，收集馏出液 200mL。将馏出液全部转入 500mL 分液漏斗中，用二氯甲烷提取 3 次，每次 50mL，合并二氯甲烷提取液，以 50mL 3mol/L 盐酸溶液和 50mL 3mol/L 氢氧化钠溶液各洗一次，浓缩至 3～5mL，再通氮浓缩至 2mL。将浓缩液经助滤硅胶土柱净化，再用二氯甲烷淋洗至 50mL，浓缩至 2mL，取其中 1mL 于 2mL 正己烷中，通氮除二氯甲烷，即可用氢焰离子检测器测定用。另 1mL 浓缩液加三氟乙酸 5mL 和 30％过氧化氢 4mL，振摇，静置过夜（12～24h）加 20％碳酸钾溶液 50mL，中和至弱碱性溶液，再用 60mL 二氯甲烷分 3 次提取，合并提取液，于浓缩器浓缩至 1mL，经中性氧化铝柱，用正己烷洗去二氯甲烷；再用乙醚淋洗被氧化铝吸附的亚硝胺，收集淋洗液 15mL，于浓缩器中浓缩至 1mL，即可供电子捕获检测器测定用。

（2）色谱条件：

①氢焰离子检测器：

色谱柱：10％聚乙二醇己二酸酯（PEGA）涂于助滤硅藻土（celite545）上，80～100 目。

柱温：126℃。

检测器温度：200℃以上。

气化室温度：200℃。

载气流量（mL/min）：N_2 88，$H_2$75，空气 450。

②氖钛源电子捕获检测器：

色谱柱：10％聚乙二醇己二酸酯（PEGA）涂于助滤硅藻土（celite545）上，80～100 目。

柱温：110～140℃。

检测器温度 150～170℃。

气化室温度：200℃。

载气流量（高纯氮）：40～50mL/min。

③N^{63}源电子捕获检测器：

色谱柱：10％聚乙二醇己二酸酯（PEGA）涂于助滤硅藻土（celite545）上，80～100 目。

柱温：140℃。

检测器温度：225℃。

气化室温度：200℃。

载气流量（高纯氮）：40mL/min。

（2）测定：将亚硝胺标准溶液用正戊烷或正己烷稀释至 10^{-3}mg/mL，注入 5μL 于色谱柱内，同样注入 5μL 样品浓缩液（采用电子捕获检测器时进注量 2～4μL）。测其峰高，与标准峰高比较，可计算出相应的亚硝胺含量。

【计算】

$$X=\frac{AV_1}{mV_2}$$

式中：X 为亚硝胺含量（$\mu g/kg$）；A 为测定用样品溶液中相当于标准亚硝胺的量（ng）；V_1为样品浓缩液的总体积（mL）；V_2为进样的浓缩液体积（mL）；m 为样品浓缩液所相当的样品质量（g）。

第九章 动物性食品理化指标的检验

第一节 肉及肉制品的检测

一、鲜肉类的检验

鲜肉系指活畜禽屠宰加工后，经兽医卫生检验符合市场鲜销而未经冷冻的猪、牛、羊、鸡、鸭等肉。一般鲜肉需经冷却成熟处理，成熟的鲜肉表面形成干燥膜、富有弹性，用刀切开后有肉汁渗出，有特殊的芳香气味，呈酸性反应。

屠宰后的肉在自然条件下存放，胴体在组织酶和外界微生物的作用下，发生僵硬、成熟、自溶和腐败四个连续变化过程。在僵硬和成熟阶段，肉是新鲜的，自溶现象的出现标志着腐败变质的开始。在成熟和自溶阶段的分解产物为微生物的生长、繁殖提供了良好的营养物质，微生物的大量繁殖导致肉更复杂的分解。主要是在微生物蛋白酶和肽链内切酶等作用下，使氨基酸脱氨、脱羧，生成吲哚、甲吲哚、酚、腐胺、尸胺、酪胺、组胺、色胺、氨、硫化氢、甲烷、硫、二氧化碳及各种含氮酸和脂肪酸类，引起肉类蛋白质的腐败。

肉类食品腐败变质的鉴定，一般包括感官、物理、化学和微生物四个方面确定其适宜指标。但因肉类腐败的主要原因是微生物的分解作用，能使肉中的营养成分分解成低分子代谢产物，这些低分子代谢产物的含量与肉的腐败程度成正相关关系。因此，可以通过对某些低分子代谢产物如氨及胺类化合物、硫化氢等化学指标的测定来判定肉的新鲜度。以下主要针对鲜肉的理化指标进行介绍。

（一）挥发性盐基氮的测定

1. 挥发性盐基氮的产生及毒性 挥发性盐基氮（VBN）也称挥发性碱性总氮（TVBN），是指食品水浸出液在碱性条件下能与水蒸气一起蒸馏出来的总氮量，即在此条件下能形成 NH_3 的含氮物质（含氨态氮、氨基态氮等）的总称。

肉在保存过程中由于酶和细菌作用，使肉中蛋白质、脂肪及糖类等发生分解变化而腐败变质。在肉品腐败的过程中，其中蛋白质分解产生氨（NH_3）和胺类（RCH_2NH_2）等碱性含氮的有毒物质，如酪胺、组胺、尸胺和色胺等，统称肉毒胺，它们具有一定毒性，可引起食物中毒。如酪胺能引起血管收缩，组胺能使血管扩张，尸胺、腐胺等也能引起明显的中毒反应。大多数肉毒胺有很强的耐热性，需在100℃加热经1.5h才能破坏。

胺类物质与在腐败过程中产生的有机酸结合，形成盐基态氮（$NH_4^+R^-$）而积聚于肉品当中，因其具有挥发性，故称为挥发性盐基氮。肉品中所含挥发性盐基氮的量，随着其腐败的进行而增加，与腐败过程之间有明确的对应关系，故挥发性盐基氮的含量是衡量肉品质量（新鲜度）的重要指标之一。

2. 肉品中挥发性盐基氮的测定（半微量定氮法） 在肉品腐败的过程中，蛋白质分解产生氨和胺类等碱性含氮的有毒物质，这类物质具有挥发性，在碱性溶液中蒸出后，用标准的酸溶液滴定。

【试剂】

（1）无氨蒸馏水。

（2）吸收液：2%硼酸溶液。

（3）1%氧化镁混悬液（取 MgO 1.0g 加水 100mL 制成混悬液）。

（4）混合指示剂（A.0.2%甲基红乙醇溶液；B.0.1%次甲基蓝水溶液，临用时将 A、B 两液等量混合）。

（5）0.01mol/L 盐酸标准溶液。

【仪器】

（1）半微量凯氏定氮器。

（2）微量滴定管（最小分度 0.01mL）。

【测定方法】

（1）样品处理：称取除去脂肪和结缔组织的肉样 10g，剪细研匀置于 250mL 锥形瓶中，加入无氨蒸馏水 100mL 浸渍 30min，其间不断振摇，然后用干燥滤纸过滤备用。

（2）测定：将半微量凯氏定氮器安装稳妥，把蒸馏瓶中的水加热沸腾并有足量的蒸气发生。断绝蒸气进入管，将预先盛有 10mL 吸收液并加 5～6 滴混合指示剂的接收瓶（150mL 锥形瓶）置于冷凝器下，使冷凝管下端没入液面下。取样品滤液 5mL 加入反应室内，再加入 1%氧化镁混悬液 5mL，迅速夹紧，然后在漏斗中加入少量水，以防漏气。打开蒸气进入管，通入蒸气进行蒸馏。以冷凝管内壁出现第一滴冷凝水开始计时，蒸馏 5min，移动接收瓶使冷凝管下端离开液面再蒸馏 1min。

（3）滴定：取下接收瓶，置微量滴定管下，用 0.01mol/L 盐酸溶液滴定至蓝紫色出现为止。蒸馏完毕，将漏斗的水倒掉，断绝蒸气进入管，反应室内液体被自动吸出，如此反复 3 次后，将蒸馏器底部残液弃去。

用无氨蒸馏水 5mL 代替样品滤液作一次空白试验。

【计算】

$$X = \frac{(V_1 - V_2) \times c \times 14 \times 100}{m \times \frac{5}{100}}$$

式中：X 为肉样中总挥发性盐基氮含量（mg/100g）；V_1 为样品液消耗的盐酸标准溶液的体积（mL）；V_2 为空白液消耗的盐酸标准溶液的体积（mL）；c 为盐酸标准溶液的浓度（mol/L）；m 为样品的质量（g）；14 为 1mol/L 盐酸标准液 1mL 相当于氮的质量（mg）。

计算结果保留三位有效数字。

【说明】

（1）半微量蒸馏器在使用前应用蒸馏水并通入水蒸气对其内室充分洗涤后作空白试验。操作结束后用稀硫酸并通入水蒸气对其内室残留物洗净，然后用蒸馏水再同样洗涤。

（2）本法为国标 GB 5009.44—2003 中的第一法，精密度≥10%。

【判定标准】挥发性盐基氮与肉品新鲜度的关系如表 9-1。

表 9-1　肉品新鲜度的判定指标（mg/100g）

项　目	一级鲜度	二级鲜度	变质肉
各种鲜肉	≤15	≤25	>25
咸猪肉	≤20	≤45	>45

（二）pH 的测定

肉浸液的 pH 可以作为判定肉品新鲜度的参考指标之一。动物生前肌肉的 pH 为 7.1～7.2，屠宰后由于肌肉中肌糖元的酵解作用，产生了大量的乳酸，三磷酸腺苷（ATP）分解产生磷酸。乳酸和磷酸逐渐集聚，使肉的 pH 下降。一般宰后 1h 的热鲜肉，其 pH 可降至 6.2～6.3，经过 24h 后降至 5.6～6.0，此 pH 在肉品工业中叫“排酸值”，它一直维持到肉品发生腐败分解前期。所以新鲜肉的肉浸液，其 pH 一般在 5.8～6.4。

肉腐败时，蛋白质在细菌酶的作用下被分解为氨和氨类化合物等碱性物质，而使肉逐渐趋于碱性，pH 增高，可达到 6.7 或以上。因此，肉的 pH 可以反映肉的新鲜度。但是，pH 不能作为判定肉品新鲜度的绝对指标，因为还有其他因素能影响肉的 pH，如屠宰前处于过度疲劳、虚弱或患病的动物，由于生前能量消耗过大，肌肉中所贮存的糖元减少，宰后肌肉中产生的乳酸量较低而使肉的 pH 较高。

食品 pH 的变化直接关系到食品卫生与品质的优劣，尤其在动物性食品加工方面更为重要。目前测定肉中 pH 的方法有比色法、pH 试纸法和酸度计测定法，其中以酸度计较为准确，操作也简便。

1. 比色法　样品水溶液与一定 pH 的标准缓冲溶液加同一指示剂进行颜色比较，求出 pH。

【试剂】

（1）磷酸二氢钾-氢氧化钠混合液（pH5.8～8.0）：

①磷酸二氢钾溶液（0.2mol/L）：取 27.218g 磷酸二氢钾溶于水中，准确稀释成 1 000mL。

②氢氧化钠溶液（0.2mol/L）。

每 200mL 中含 0.2mol/L 磷酸二氢钾溶液 50mL，含 0.2mol/L 氢氧化钠溶液的体积如表 9-2。

表 9-2　氢氧化钠溶液的体积

pH	0.2mol/L 氢氧化钠溶液/mL	pH	0.2mol/L 氢氧化钠溶液/mL
5.8	3.6	7.0	29.1
6.0	5.6	7.2	34.7
6.2	8.1	7.4	39.1
6.4	11.6	7.6	42.4
6.6	16.4	7.8	44.5
6.8	22.4	8.0	46.1

（2）溴麝香草酚蓝（BTB）指示液：0.01g 溴麝香草酚蓝溶于 0.02mol/L 氢氧化钠溶液 10.75mL 中，加水至 250mL。

（3）酚红指示液：0.01g 酚红溶于 0.02mol/L 氢氧化钠溶液 14.20mL 中，加水至 250mL。

（4）标准比色管：

①不同 pH 溴麝香草酚蓝标准比色管的配制：将上述 pH5.8～7.6 的不同 pH 缓冲溶液各 10mL，分别置于已加入溴麝香草酚蓝指示液各 0.5mL 的相同大小、相同色调试管内[长 15cm，直径（1.5±0.05）cm，色泽一致的硬质试管]。混匀，加塞封蜡即成。

②不同 pH 酚红标准比色管的配制：将上述 pH6.8～8.0 的不同 pH 缓冲溶液 10mL，分别置于已加入酚红指示液各 0.5mL 的相同大小、相同色调的硬质管内，混匀，加塞封蜡即成。

【测定方法】

（1）样品处理：自检样肉的不同部位采取肌肉组织，捣碎混匀，称取 10g，置锥形瓶内，加新煮沸后冷却的水 100mL，浸渍半小时后过滤或离心，滤液备用。

（2）测定：

①分别吸取滤液 10mL 于两个试管（与标准比色管的质量相同）内，一个试管中加溴麝香草酚蓝（BTB）指示液 0.5mL，另一个试管加酚红（P.R.）指示液 0.5mL。

② 将上述两试管与标准比色管对比（或在白色背景上），观察比较，当样品管与标准管色度一致时，则标准管的 pH 即为样品 pH。

2. 酸度计测定法 酸度计法测定 pH，是利用电极在不同溶液中所产生的电位变化来测定溶液 pH 的，并符合能斯特方程式。将一个测试电极（玻璃电极）和一个参比电极（甘汞电极）同浸于一溶液中组成一个电池时，玻璃电极所显示的电位因溶液氢离子浓度不同而改变，甘汞电极的电位保持不变。因此，两电极之间即产生电位差（电池电动势），电动势的大小取决于溶液的 pH 大小。在 25℃时，溶液的 pH 每相差一个 pH 单位，电极电位即差 59.16mV，pH 可在 pH 计的刻度表上直接读出。

【试剂】

（1）pH4.01 标准缓冲溶液（20℃）：准确称取在（115±5）℃烘干 2～3h 的优级纯邻苯二甲酸氢钾（$KHC_8H_4O_4$）10.12g，溶于无二氧化碳的水中，稀释至 1 000mL，摇匀。

（2）pH6.88 标准缓冲溶液（20℃）：准确称取在（115±5）℃烘干 2～3h 的磷酸二氢钾（KH_2PO_4）3.39g 和无水磷酸氢二钠（Na_2HPO_4）3.53g，溶于无二氧化碳的水中，稀释至 1 000mL，摇匀。

（3）pH 9.22 标准缓冲溶液（20℃）：准确称取纯硼砂（$Na_2B_4O_7 \cdot 10H_2O$）3.8g 溶于无二氧化碳的水中，稀释至 1 000mL，摇匀。

【仪器】

（1）pH 计（酸度计）：25 型。

（2）玻璃电极：221 型。

（3）甘汞电极；222 型。

【测定方法】（不同型号酸度计的操作方法可参考说明书）

（1）pH计的校正：酸度计接上电源预热5min，调节温度补偿开关使与当时测定的温度相同。电极安装后浸入已知标准pH缓冲液中，根据已知pH将量程开关拨至“0～17”或“7～14”档。旋转零点调节开关，使指针在pH7处。按下读数键，调节“定位调节器”，使指针恰好在已知pH处。重复校正数值不变为止。用蒸馏水洗涤电极数次，用滤纸吸干。

（2）样品测定：肉、鱼类样品一般按1∶10用中性蒸馏水浸泡、过滤，取滤液进行测定。将电极放入待测溶液，轻轻摇动，使电极与待测液均匀接触，按下读数键，指针所指的数值即为样品的pH。测定完后将量程旋扭拨至“0”，关闭电源，将电极清洗干净，测下一个样品，或浸入蒸馏水中。

【注意】

（1）复合或玻璃电极在使用、校正、测定前后均应蒸馏水充分洗净。

（2）测定时检样温度与缓冲溶液相同或相近（温差±2 ℃）。

【判定标准】

（1）新鲜肉（一级鲜度）：pH5.8～6.2。

（2）次鲜肉（二级鲜度）：pH6.3～6.6。

（3）变质肉：pH6.7以上。

3. pH计直接测定法　将待测肌肉用小刀刺一深约3cm的孔，pH计按上法调校好后，将复合电极直接插入孔内，拨下读数开关，表头指针示数即为待测肌肉的pH。

（三）过氧化物酶的测定

正常动物的机体中含有一种过氧化物酶，在有过氧化物酶存在时，可以使过氧化氢发生反应而放出氧气，并且这种过氧化物酶只在健康牲畜的新鲜肉中才经常存在。当肉处于腐败状态时，尤其是当牲畜宰前因某种疾病使机体机能发生高度障碍而死亡或被迫急宰时，肉中过氧化物酶的含量减少，甚至全无。因此，对肉中过氧化物酶的测定，不仅可以确定肉品的新鲜程度，而且能推知屠畜宰前的健康状况。

测定方法其原理是根据过氧化物酶能从过氧化氢中裂解出氧的特性，在肉浸液中加入过氧化氢和某种容易被氧化的指示剂（联苯胺），肉浸液中的过氧化物酶从过氧化氢中裂解出氧，将指示剂氧化而改变颜色（淡蓝绿色），根据显色时间判定肉品的新鲜度。此化合物经一定时间后变成褐色，所以判定时间要掌握好，不可超过3min。

【试剂】

（1）0.2%联苯胺乙醇溶液（95%乙醇）：棕色瓶中保存，时间不超过一个月。

（2）1%过氧化氢溶液：取30%过氧化氢1mL与29mL蒸馏水混合，现用现配。

【测定方法】

（1）制备肉浸液：自检样的不同部位采取肌肉组织捣碎混匀，称取10g置锥形瓶内，加煮沸冷却的蒸馏水100mL，摇匀，浸渍30min后过滤或离心，滤液备用。

（2）测定：取两支小试管，一支加入肉浸液2mL，另一支加入蒸馏水2mL为对照。于试管中各加0.2%联苯胺乙醇溶液5滴，充分振荡，立即观察在3min内溶液颜色变化的速度和程度，按判定标准进行判定。

【判定标准】根据肉浸液呈色反应的时间，判定肉品的新鲜程度见表9-3。

表 9-3 过氧化物酶试验结果判定标准

	呈色反应的时间	结果	说明
健康并新鲜肉	0.5～1.5min 显蓝绿色（以后变成褐色）	阳性（+）	有过氧化物酶存在
新鲜度可疑肉	2～3min 出现淡青棕色，或完全无变化	阴性（-）	没有过氧化物酶，若感官上无变化，而 pH 在 6.5～6.6 时，说明来自病畜或过劳和衰弱的牲畜

（四）肉中粗氨的测定

肉类腐败时，蛋白质分解生成氨和铵盐等物质，称为粗氨。肉中的粗氨随着腐败程度的加深而相应增多，因此测定氨和铵盐可作为鉴定肉类腐败程度的标志之一。但不能把粗氨测定的阳性结果作为肉类腐败的绝对标志。因为动物机体在正常状态下含有少量氨，并以谷氨酰胺的形式贮积于组织之中，谷胺酰胺的含量直接影响测定结果；另外，疲劳动物的肌肉中，氨的含量可能比正常时增大一倍，因此屠畜宰前的疲劳程度也会间接影响测定结果。

粗氨的测定常采用纳氏试剂（Nessler）法，纳氏试剂无论对肉中游离的氨还是结合的氨均能起反应，是测定氨的专用试剂。在碱性溶液中氨和铵盐能与纳氏试剂作用，生成黄色或橙色沉淀（碘化二亚汞铵），黄色沉淀物的多少与粗氨的含量成正比。

【试剂】 纳氏试剂：35g 碘化钾溶在 100mL 水中，17g 升汞（$HgCl_2$）溶于 300mL 水中，将升汞溶液倒入碘化钾溶液中至形成红色不溶性沉淀为止，加入 600mL 20%氢氧化钠溶液及其余的升汞溶液，静置 24h，吸取上清液于棕色胶塞瓶中密封，阴凉处保存。

【测定方法】

（1）制备肉浸液：称取肉样 10g 加无氨蒸馏水 100mL，搅拌浸渍 15min，过滤待检。

（2）测定：取两只小试管，在一支内加入肉浸液 1mL，在另一支内加入煮沸两次冷却的无氨蒸馏水 1mL 作为对照。轮流向两只试管内滴加纳氏试剂上清液，每加一滴后都要振荡，同时观察比较两管中溶液颜色的变化，各滴入 10 滴为止。

【判断标准】 按表 9-4 判定。

表 9-4 粗氨含量及肉的鲜度

纳氏试剂滴数	肉液变化现象	粗氨含量/（mg/100g）	肉的新鲜度评价
10	透明无变化	<16	一级鲜度
10	黄色透明	16～20	二级鲜度
10	淡黄色浑浊有少量悬浮物	21～30	腐败初期迅速利用
6～9	黄色浑浊稍有沉淀	31～45	腐败肉经处理尚可食用
1～5	大量黄色或棕色沉淀	>46	完全腐败不能食用

（五）肉中硫化氢的测定

在组成肉类的氨基酸中，有一部分是含巯基（—SH）的氨基酸，在肉腐败分解的过程中，它们在细菌产生的脱巯基酶作用下发生分解，产生硫化氢（H_2S）。硫化氢的存在与否，可判断肉品的鲜度。在完全新鲜的肉里（特别是猪肉）也时常发现含有硫化氢，这是由于动物生前肝脏中产生并通过血液运送到肌肉组织中。而在腐败肉里却并不始终都含有硫化氢，因此，当肉发生腐败时，仅用一种检查方法往往不能得出正确结果，必须运用不同的检查方法，根据 pH 的测定、氨的测定、过氧化物酶试验、硫化氢的测定和球蛋白沉淀试验等指标的测定结果进行综合判定。

硫化氢在碱性环境中与醋酸铅碱性溶液发生反应生成黑色的硫化铅。因此，测定肉中硫化氢与醋酸铅反应呈色的深浅可判定肉品的新鲜度。

【试剂】

(1) 碱性醋酸铅溶液：10％醋酸铅溶液中加入 10％氢氧化钠直至析出沉淀为止。

(2) 碱性醋酸铅滤纸：将滤纸条放入上述碱性醋酸铅溶液中浸泡后，取出晾干，备用。

【测定方法】

(1) 将被检肉剪成绿豆大小的碎块置于 50～100mL 具塞锥形瓶中，至瓶容积的 1/3，并尽量使其平铺于瓶底。

(2) 用一碱性醋酸铅滤纸条悬挂于瓶口与瓶盖之间，以瓶盖固定滤纸条，要求滤纸条紧接肉块表面而又不与肉块接触。

(3) 在室温下静置 30min 后，观察瓶内滤纸条的颜色变化。冬天可将锥形瓶浸于 50～60℃温水中，以加快反应。

【判定标准】

(1) 新鲜肉：滤纸条无变化。

(2) 新鲜度可疑肉：滤纸条的边缘变成淡褐色。

(3) 腐败肉：滤纸条的下部变为褐色或黑褐色。

(六) 球蛋白沉淀试验

肌肉中的球蛋白在碱性环境中呈可溶解状态，而在酸性条件下不溶。新鲜肉呈酸性反应，因此肉浸液中无球蛋白存在。而腐败的肉，由于大量有机碱的生成而呈碱性，其肉浸液中溶解有球蛋白。肉品腐败越严重，肉浸液中球蛋白的量就越多，蛋白质在碱性溶液中能与重金属离子（Cu^{2+}）结合形成蛋白质盐而沉淀。因此，可根据肉浸液中有无球蛋白和球蛋白的多少来检验肉品新鲜度。与 pH 一样，宰前患病或过劳的牲畜，肉中呈碱性反应，可使球蛋白试验显阳性结果。

【试剂】10％硫酸铜溶液。

【测定方法】

(1) 样品处理：同“过氧化物酶的测定”。

(2) 测定：取两支 5mL 试管，一支加 2mL 肉浸液，另一支加入 2mL 蒸馏水作为对照。然后向上述两试管中各滴入 5 滴 10％硫酸铜溶液，充分振荡后观察。

【判定标准】

(1) 新鲜肉：液体呈淡蓝色，并完全透明。

(2) 次鲜肉：液体呈轻度浑浊，或有少量混悬物。

(3) 腐败肉：液体浑浊，并有白色沉淀。

二、肉类制品的检验

肉类制品主要有火腿、灌肠类、香肠、酱卤类、肉松、板鸭、咸猪肉等，其品质检验也是包括感官、物理、化学等方面确定其适宜指标。本书主要介绍其理化检验方法。

（一）水分的测定

测定肉制品水分的方法主要有真空干燥法、加砂常压干燥法、直接干燥法、减压干燥法、蒸馏法，后三种方法见第二章第一节。

1. 真空干燥法 取均匀肉样 20g 于已恒重的水分皿中，置真空干燥箱内，将水分皿盖打开，在 79.8 kPa 气压下和 75～80℃的温度下干燥至恒重，称量样品干重，计算含量。

2. 加沙常压干燥法

（1）沙粒的制备：将通过 35～40 目筛孔的细沙用水淘洗干净，2%盐酸溶液浸泡 24h，过滤，水洗至中性，置 100～105℃干燥箱中烘烤至恒重（4～6h），冷后贮瓶中备用。

（2）测定：称取均匀肉样 10g 于盛有 6～8g 沙子的水分皿中，置 100～105℃恒温干燥箱中，将水分皿盖打开，烘干至恒重，计算水分含量。

（3）计算：

$$X=\frac{a-b}{W}\times 100\%$$

式中：X 为样品中水分含量（%）；a 为干燥前水分皿沙和样品的质量（g）；b 为干燥后水分皿沙和样品的质量（g）；W 为样品质量（g）。

（二）食盐的测定

食盐是肉类腌制最基本的成分，也是唯一必不可少的腌制材料。其主要检测方法详见本书第六章第四节。

（三）其他理化指标的测定

食品在生产、加工、运输及销售过程中易受到有害元素（汞、镉、铅、砷），有毒化学物质及某些食品添加剂如亚硝酸盐的污染，从而降低食品的卫生质量，危害人体健康。有关这些物质的检验参见第三章、第六章等。

三、动物油脂的检验

（一）酸价的测定

动物油脂水解产生游离脂肪酸，使油脂酸价升高。酸价是指中和 1g 油脂中的游离脂肪酸所需要的氢氧化钾的毫克数。酸价越低，说明油脂质量、新鲜度和精炼程度越好。

酸价的测定系利用游离脂肪酸能溶于有机溶剂的特性，将其溶于醇醚混合溶剂中，以酚酞为指示剂，用标准氢氧化钾溶液滴定，根据氢氧化钾的用量即可求出油脂的酸价。

【试剂】

（1）中性乙醇-乙醚混合液：按 2∶1 比例将乙醚和乙醇（95%）混合，加入 1%酚酞指示剂，用 0.1mol/L 的氢氧化钾溶液滴定至中性。

（2）1%酚酞指示剂。

（3）0.1mol/L 氢氧化钾标准溶液。

【仪器】

（1）分析天平。

（2）碱式滴定管。

【测定方法】称取 2g 油脂于锥形瓶中，在水浴上融化，加入 20mL 乙醇-乙醚混合液，混合后再加入 3～5 滴 1%酚酞指示剂，迅速用 0.1mol/L 氢氧化钾滴定至溶液呈玫瑰红色，并在 1min 内不消失为止。

【计算】

$$X = \frac{5.61 \times V \times R}{W}$$

式中：X 为酸价；V 为滴定时消耗 0.1mol/L 氢氧化钾标准溶液的体积（mL）；R 为滴定液的修正系数；W 为油脂样品的质量（g）。

【说明】当试样颜色较深时，终点判断困难。

【判断标准】动物性油脂酸价的标准见表 9-5。

表 9-5　动物性油脂酸价标准（%）

	特级	优级	一级	二级
精炼猪油（≤）	0.50	0.50	0.50	0.50
未精炼猪油（≤）	1.00	1.25	2.25	3.50
牛　脂（≤）	1.25		2.25	3.50
羊　脂（≤）	1.25		2.25	3.50

（二）过氧化值的测定

动物油脂放置时间过久或贮存不善，其中不饱和脂肪酸的双键与空气中的氧结合生成过氧化物。过氧化物在动物油脂中的含量以其氧化生成的碘占油脂的百分含量表示，称为过氧化值，油脂的过氧化值的上升，表明腐败变质已开始，因此，过氧化值是动物性油脂腐败变质的定量检验指标之一。

根据油脂氧化过程中产生过氧化物，与碘化钾反应而析出碘，再用硫代硫酸钠标准溶液滴定，计算含量。

【试剂】

（1）氯仿-冰乙酸混合液：二者等量混合。

（2）碘化钾饱和溶液：取碘化钾 10g，加水 5mL 微热助溶，冷后贮于棕色瓶中。

（3）1%淀粉：称取 1g 可溶性淀粉，溶于少量蒸馏水中，用玻璃棒搅拌成糊状，慢慢倒入沸腾的 100mL 蒸榴水中，随倒随搅拌，至呈透明状液体，冷后备用，临用现配。

（4）0.005mol/L 硫代硫酸钠标准溶液。

【仪器】

（1）碘量瓶。

（2）棕色滴定管。

【测定方法】

（1）样品处理：①固体样品：取绞碎或研碎的脂肪样品置于小烧杯中，于 80～90℃水浴上融化成油脂后备用；②液体样品：可直接取样测定。

（2）测定：精密称取 2～3g 融化的油脂，置于 250mL 碘量瓶中，加入 30mL 氯仿-冰乙酸混合液及 1mL 碘化钾饱和溶液，盖好瓶塞摇匀，放置于黑暗处。5min 取出，加入 100mL 蒸馏水稀释，用 0.005mol/L 硫代硫酸钠溶液滴定至浅黄色时，加入 1mL 1%淀粉溶液，此时溶液显蓝色。继续用硫代硫酸钠标准溶液滴定至蓝色消失时为终点。

同时作空白试验对照。

【计算】

$$X=\frac{(V_1-V_2)\times N\times 0.1269}{m}\times 100$$

式中：X 为过氧化值（碘 g/100g）；V_1 为样品消耗 $Na_2S_2O_3$ 标准溶液的体积（mL）；V_2 为空白消耗 $Na_2S_2O_3$ 标准溶液的体积（mL）；N 为硫代硫酸钠标准溶液的浓度；m 为样品质量（g）；0.126 9 为与 1mL $Na_2S_2O_3$ 标准滴定溶液相当于碘的质量（g）。

【说明】本法采用 $Na_2S_2O_3$ 标准溶液滴定，对常见油脂都适用。当过氧化值较高时，可减少取样量。淀粉溶液要新配制。

【判定标准】动物性油脂中过氧化值的标准是：新鲜油脂＜0.03，次鲜油脂 0.03～0.05，开始变质油脂 0.06～0.10，变质油脂＞0.10。

（三）油脂中丙二醛的测定

对动物油脂丙二醛进行检测，能准确地反映动物性油脂变质的程度，其检测方法主要采用硫代巴比妥酸分光光度法。硫代巴比妥酸值（简称 TBA 值）系指 1kg 油脂中丙二醛的质量，TBA 值的测定是根据丙二醛在酸性条件下可随水蒸气蒸出，与硫代巴比妥酸作用生成红色化合物，用分光光度计于 532nm 处比色测定。TBA 值越大，说明油脂被氧化程度越高。

【试剂】

（1）盐酸溶液（1：2 体积比）。

（2）TBA 溶液（0.02mol/L）：称取 α-硫代巴比妥酸 2.883g，溶于 90%醋酸中，并加醋酸至 100mL，在水浴中加热助溶。

（3）TEP 标准储备液（1mL 含 0.2mgTEP）：精确称取 200mg 1，1，3，3-四乙氧基丙烷置于 1 000mL 容量瓶中，加水至刻度，置冰箱中可保存 7d 左右。

（4）TEP 标准使用液（1mL 含 0.01 mgTEP）：临用时吸取 TEP 标准溶液 5mL 于 1 000mL容量瓶中，用水定容至刻度。

【仪器】

（1）分光光度计。

（2）凯氏烧瓶。

【测定方法】

（1）称取油脂 10g 于 100mL 凯氏烧瓶中，加水 20mL、加盐酸溶液 2mL，调节 pH 至 1.5，加液体石蜡 2mL，连接水蒸气蒸馏装置蒸馏 10min 以上，收集蒸馏液近 50mL，用水不足 50mL 定容。取出 5mL 置于 25mL 比色管中，加 TBA 试剂 5mL 混匀，置沸水浴中 35min 取出，置冷水中冷却 10min。于分光光度计 532nm 处比色测定。

（2）标准管与空白管：分别取 TEP 标准应用液 0mL、0.11mL、0.3mL、0.5mL、1.0mL、1.5mL、2.5mL 于 25mL 具塞比色管中，各管加水补足 5mL，各管加 TBA 试剂 5mL，盖塞混匀，与样品管同时置沸水浴中 23min 取出，置流水中冷却 10min 比色测定，并绘制标准曲线。

【计算】

$$TBA\ (\text{mg/kg}) = A \times 7.8$$

式中：A 为样品测定液的吸光度；7.8 为收集蒸馏液 50mL 时的有关常数。

【判定标准】 新鲜油脂 *TBA* 值范围为 0.202 8～0.664；变质油脂≥0.664。

（四）油脂碘值的测定

油脂的碘值系指 100g 油脂起加成反应时所需碘的克数。碘值是各种动物油脂的特征性常数之一，标志着油脂的质量和纯度。油脂碘值的测定是利用油脂中的不饱和脂肪酸在氯仿溶液中与过量的溴化碘（或氯化碘）起加成反应。剩余的溴化碘与过量的碘化钾作用析出游离碘然后再用硫代硫酸钠标准溶液滴定游离的碘，根据试样在加成反应中所消耗的量，即可计算出油脂的碘值。

【试剂】

（1）溴化碘醋酸溶液：称 13.2g 纯碘溶于 1 000mL 冰醋酸中，用 0.05mol/L 硫代硫酸钠标定，求出碘的用量，按 126.41g 碘相当于 79.92g 溴的量加入相对密度 3.1 的溴。加溴后再用 0.05mol/L $Na_2S_2O_3$滴定以校正，使加溴后的溶液恰好为加溴前的 2 倍。

（2）15%碘化钾溶液。

（3）0.05mol/L $Na_2S_2O_3$溶液。

（4）1%淀粉溶液。

【仪器】

（1）分析天平。

（2）碘量瓶。

（3）电热恒温水浴锅。

【测定方法】 称取样品 0.05g 于碘量瓶中，加 10mL 氯仿振摇溶解后加溴化碘溶液 25mL，盖塞，置暗处 30min 后加 15%碘化钾溶液 20mL、蒸馏水 100mL，盖塞振动，用 0.05mol/L $Na_2S_2O_3$溶液滴定至黄色，加 1mL 1%淀粉指示剂，继续滴定至蓝色消失，记录 $Na_2S_2O_3$的用量。同时做试剂空白实验。

【计算】

$$X = \frac{(V_1 - V_2) \times N \times 0.1269}{m} \times 100$$

式中：X 为碘值（碘 g/100g）；V_1为滴定试剂空白时 $Na_2S_2O_3$溶液体积（mL）；V_2为滴定样液时 $Na_2S_2O_3$ 溶液的体积（mL）；N 为硫代硫酸钠溶液的浓度；0.126 9 为 1mL 0.05mol/L $Na_2S_2O_3$相当于碘的质量（g）；W 为样品质量（g）。

【判定标准】 猪油：54～70；牛油：35～45；羊油：32～50。

第二节 乳及乳制品的检测

乳是哺乳动物产仔后，从乳腺分泌的一种白色或稍带微黄色的不透明液体，是一种既有充分的营养价值，又易于消化吸收的食品。乳与乳制品的品种范围主要有新鲜牛羊乳、消毒乳、酸乳、全脂乳粉、脱脂乳粉、淡炼乳、甜炼乳、奶油、硬质干酪等。

乳品是细菌生长繁殖的良好基质，往往容易成为一些人畜共患传染病的媒介。乳及其制品被微生物污染后极易腐败变质，一些对人体有害的化学物质，如黄曲霉毒素、抗生素、农药等，可通过饲料及饮水进入乳牛体内，并经牛乳排出。因此，必须对乳与乳制品进行卫生检验，以确保广大消费者的食用安全。

一、新鲜生乳、消毒乳、灭菌乳

适用于鲜乳及经巴氏灭菌和其他工艺制成的消毒、灭菌乳的各项卫生指标的测定。

（一）鲜乳卫生标准理化指标（GB 19301—2003）

鲜乳卫生标准理化指标见表 9-6。

表 9-6 鲜乳卫生标准理化指标

项 目	指 标	项 目	指 标
相对密度（20℃/4℃）	≥1.028	杂质度/(mg/kg)	≤4.0
蛋白质/(g/100g)	≥2.95	铅（Pb）/(mg/kg)	≤0.05
脂肪/(g/100g)	≥3.1	无机砷/(mg/kg)	≤0.05
非脂乳固体/(g/100g)	≥8.1	黄曲霉毒素 M_1/(μg/kg)	≤0.5
酸度/°T		六六六/(mg/kg)	≤0.02
牛乳	≤18	滴滴涕/(mg/kg)	≤0.02
羊乳	≤16		

（二）理化检验（GB/T 5009.46—2003）

1. 相对密度 牛乳相对密度为 ρ_4^{20} 的牛乳与同体积 4℃水的质量比值。

【仪器】

（1）乳稠计：牛乳相对密度用乳稠计测定，乳稠计有 20℃/4℃和 15℃/15℃两种。前者较后者测得的结果低 2°。

（2）玻璃圆筒或 200～250mL 量筒：圆筒高度应大于乳稠计的长度，其直径大小应使沉入乳稠计时其周边和圆筒内壁的距离不小于 5mm。

【测定方法】 取混匀并调节温度为 10～25℃的牛乳试样，小心倒入容积为 250mL 的玻璃圆筒内并加到容积的 3/4，勿使发生泡沫并测量试样温度。小心将乳稠计沉入试样中到相当刻度 30°处，然后让其自然浮动，但不能与筒内壁接触。静置 2～3min 后，眼睛对准筒内牛乳液面的高度，读出乳稠计数值。根据试样的温度和乳稠计读数查表 9-7 换算成 20℃时的度数。

【计算】

$$乳稠计度数（X）=（\rho_4^{20}-1.000）\times 1000$$

式中：X 为乳稠计读数；ρ_4^{20} 为试样的相对密度。

计算举例：牛乳温度为 18℃，使用 20℃/4℃ 的乳稠计，读数 28°，得相对密度为 1.028；换算成 20℃时的相对密度，查表 9-7（18℃，28°读数）应为 27.5°，20℃时的相对密度为 1.027 5。

表 9-7　乳稠计读数转换为温度 20℃时的度数换算表

乳稠计读数	鲜乳温度/℃															
	10	11	12	13	14	15	16	17	18	19	20	21	22	23	24	25
25	23.3	23.5	23.6	23.7	23.9	24.0	24.2	24.4	24.6	24.8	25.0	25.2	25.4	25.5	25.8	26.0
26	24.2	24.4	24.5	24.7	24.9	25.0	25.2	25.4	25.6	25.8	26.0	26.2	26.4	26.6	26.8	27.0
27	25.1	25.3	25.4	25.6	25.7	25.9	26.1	26.3	26.5	26.8	27.0	27.2	27.5	27.7	27.9	28.1
28	26.0	26.1	26.3	26.5	26.6	26.8	27.0	27.3	27.5	27.8	28.0	28.2	28.5	28.7	29.0	29.2
29	26.9	27.1	27.3	27.5	27.6	27.8	28.0	28.3	28.5	28.8	29.0	29.2	29.5	29.7	30.0	30.2
30	27.9	28.1	28.3	28.5	28.6	28.8	29.0	29.3	29.5	29.8	30.0	30.2	30.5	30.7	31.0	31.2
31	28.8	29.0	29.2	29.4	29.6	29.8	30.0	30.3	30.5	30.8	31.0	31.2	31.5	31.7	32.0	32.2
32	29.3	30.0	30.2	30.4	30.6	30.7	31.0	31.2	31.5	31.8	32.0	32.3	32.5	32.8	33.0	33.3
33	30.7	30.8	31.1	31.3	31.5	31.7	32.0	32.2	32.5	32.8	33.0	33.3	33.5	33.8	34.1	34.3
34	31.7	31.9	32.1	32.3	32.5	32.7	33.0	33.2	33.5	33.8	34.0	34.3	34.4	34.8	35.1	35.3
35	32.6	32.8	33.1	33.3	33.5	33.7	34.0	34.2	34.5	34.7	35.0	35.3	35.5	35.8	36.1	36.3
36	33.5	33.8	34.0	34.3	34.5	34.7	34.9	35.2	35.6	35.7	36.0	36.2	36.5	36.7	37.0	37.3

2. 脂肪

（1）罗兹-哥特里法：见第二章第三节。

（2）盖勃氏法：在牛乳中加入硫酸破坏牛乳角质性和覆盖在脂肪球上的蛋白质外膜，离心分离脂肪后测量其体积。

【试剂】

（1）异戊醇。

（2）硫酸（相对密度 1.820～1.825）。

【仪器】盖勃氏乳脂计，最小刻度 0.1%，见图 9-1。

【测定方法】于乳脂计中先加入 10mL 硫酸，再沿着管壁小心准确加入 11mL 样品，使样品与硫酸不要混合，然后加 1mL 异戊醇，塞上橡皮塞，使管口向下，同时用布包裹以防冲出，用力振摇使呈均匀棕色液体，静置数分钟（管口向下），置 65～70℃水浴中 5min，取出后放乳脂离心机中以 1 000r/min 的转速离心 5min，再置 65～70℃水浴中，注意水浴水面应高于乳脂计脂肪层，5min 后取出，立即读数，即为脂肪的百分数。

【说明】

（1）盖勃氏法是乳脂肪含量测定的简易法，因为它把牛乳和脂肪的密度看做一定值。因此进行严格的定量分析时，一定要用质量法，即罗兹-哥特里法。

（2）加入硫酸，可破坏覆盖在脂肪球上的蛋白质外膜，在离心作用下，脂肪集中浮在上层。加入异戊醇促使脂肪从蛋白质中游离出来。

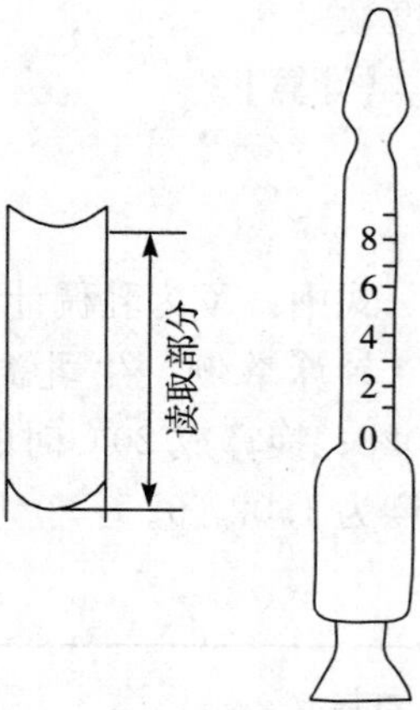

图 9-1　盖勃氏乳脂计

3. 非脂固体

【测定方法】取直径 5～7cm 的玻璃皿，加 20g 精制海沙，在 95～105℃干燥 2h，于干燥器冷却 0.5h，称量，并反复干燥至恒重，吸取 5.0mL 试样于恒重的皿内，称量，置水浴上蒸干，擦去皿外的水渍，于 95～100℃干燥 3h，取出放干燥器中冷却 0.5h，称量，再于 95～105℃干燥 1h，取出冷却后称量，至前后两次质量相差不超过 1.0mg。

【计算】

（1）试样中总固体的含量按下式进行计算。

$$X_1=\frac{m_1-m_2}{m_3-m_2}\times 100$$

式中：X_1 为试样中总固体的含量（g/100g）；m_1 为皿和海沙加试样干燥后质量（g）；m_2 为皿和海沙质量（g）；m_3 为皿和海沙加试样质量（g）。

（2）试样中非脂固体的含量按下式进行计算。

$$X=X_1-X_2$$

式中：X 为试样中非脂固体的含量（g/100g）；X_1 为试样中总固体的含量（g/100g）；X_2 为试样中脂肪的含量（g/100g）。

4. 酸度　新鲜正常乳的酸度在 16～18°T，乳的酸度由于微生物的作用而增高。酸度(°T)的度数是以酚酞为指示剂，中和 100mL 乳所需 0.100 0mol/L 氢氧化钠标准滴定溶液的体积。

【试剂】

（1）氢氧化钠标准滴定溶液［c（NaOH）＝0.100 0mol/L］。

（2）酚酞指示液：1g 酚酞溶于 100mL 乙醇中。

【测定方法】准确吸取 10mL 样品于 150mL 锥形瓶中，加 20mL 经煮沸冷却后的水和数滴酚酞指示液，混匀，用 0.100 0mol/L 氢氧化钠标准滴定溶液滴定至初现粉红色，并在 0.5min 内不褪色。消耗 0.100 0mol/L 氢氧化钠标准滴定溶液体积乘以 10 即为酸度(°T)。

【说明】

（1）重复条件下获得的两次独立滴定结果的绝对差值不得超过 0.5mL。

（2）滴定终点不易判断，可采用标准颜色法，取滴定酸度的同批和同样数量的牛乳置于

250mL 锥形瓶中，加入 20mL 水，再加入 3 滴 0.05g/L 碱性品红溶液，摇匀后作为该样品滴定酸度终点判定的标准颜色。

5. 消毒效果试验（磷酸酶测定）　生牛乳中含有磷酸酶，它能分解有机磷酸化合物成为磷酸及原来与磷酸相结合的有机单体。牛乳经消毒后，磷酸酶失活，不能分解有机磷化合物。利用苯基磷酸双钠在碱性缓冲溶液中被磷酸酶分解产生苯酚，苯酚再与 2，6-双溴醌氯酰胺作用显蓝色，蓝色深浅与苯酚含量成正比，即与消毒的完善与否成反比。

【试剂】

（1）中性丁醇：沸点 115～118℃。

（2）吉勃氏酚试剂：称取 0.04g 2，6-双溴醌氯酰胺溶于 10mL 乙醇中，置棕色瓶中于冰箱内保存，临用时新配。

（3）硼酸盐缓冲液：称 28.472g 硼酸钠（$Na_2B_4O_7 \cdot 10H_2O$）溶于 900mL 水中，加 3.27g 氢氧化钠或 81.75mL 1 mol/L 氢氧化钠溶液，加水至 1 000mL。

（4）缓冲基质溶液：称取 0.05g 苯基磷酸双钠结晶溶于 10mL 硼酸盐缓冲溶液中，加水至 100mL，用时新配。

【测定方法】吸取 0.5mL 样品，置带塞试管中，加 5mL 缓冲基质溶液，稍振摇后置 36～44℃水浴或孵箱中 10min，然后加 6 滴吉勃氏酚试剂，立即摇匀，静置 5min，有蓝色出现表示消毒处理不够，为增加灵敏度，可加 2mL 中性丁醇，反复完全倒转试管，每次倒转后稍停使气泡破裂，分出丁醇，然后观察结果，并同时做空白对照试验。

【说明】本法不仅可以查出鲜乳的消毒是否完善，还可以查出巴氏消毒处理的乳中混入 0.5%以下的生牛乳。

6. 掺碱的检验　鲜乳中如加碱，可使溴麝香草酚蓝指示剂变色，由颜色的不同，判断加碱量的多少。

【试剂】溴麝香草酚蓝-乙醇溶液（0.4g/L）。

【测定方法】量取 5mL 试样置试管中，将试管保持倾斜位置，沿管壁小心加入 5 滴 0.4g/L 溴麝香草酚蓝乙醇溶液，将试管轻轻斜转 2～3 回，使其更好地相互接触，切勿使液体相互混合，然后将试管垂直放置，2min 后根据环层指示剂颜色的特征确定结果，同时用未掺碱的鲜乳做空白对照试验。

按环层颜色变化界限判定结果如表 9-8。

表 9-8　环层颜色与含碱量的关系

乳中含 Na_2CO_3/%	环层颜色	乳中含 Na_2CO_3/%	环层颜色
无	黄色	0.50	青绿色
0.03	黄绿色	0.70	淡青色
0.05	淡绿色	1.0	青色
0.10	绿色	1.5	深青色
0.30	深绿色		

7. 掺假乳的检验

（1）掺水乳的检验：常用的方法是密度法、非脂固体或总固体的测定，但因各种因素的干扰，难以确定是天然乳汁成分偏低还是外来水分造成，因此可采用定性的化学分析。

正常乳汁中氯化物含量很低，由于水中含有氯化物，故掺水乳中的氯化物随掺水量而升高，利用硝酸银检测。氯化物含量不同，乳的颜色也有差异，据此鉴别是否掺水。

【试剂】

①10%重铬酸钾溶液。

②0.5%硝酸银溶液。

【测定方法】 取样品 2mL 放入试管中，加入 10%重铬酸钾溶液两滴，摇匀，再加入 0.5%硝酸银溶液 4mL，摇匀，观察乳色反应。同时用正常乳作对照。

【说明】

①正常乳呈柠檬黄色，掺水乳呈不同程度的砖红色。

②本方法简单，向水中掺水 5%即能鉴别。

(2) 掺蔗糖的检验——间苯二酚法：取 30mL 牛乳，加入 2mL 浓盐酸混合，过滤。取滤液 15mL，加入 1g 间苯二酚，置于沸水浴中 5min，有蔗糖存在时，即有红色出现。

(3) 掺淀粉的检验：取 5mL 牛乳注入试管中，稍稍煮沸，待冷却后，加入数滴碘液（碘的酒精溶液或 0.1mol/L 碘液），有淀粉存在时，则有蓝色或青蓝色沉淀物出现。

二、乳粉的卫生理化检验

乳粉指以牛乳或羊乳为主料，添加或不添加辅料，经加工制成的粉状产品，包括全脂乳粉、全脂加糖乳粉、脱脂乳粉和调味乳粉。

(一) 卫生标准理化指标 (GB 5410—1999)

蛋白质、脂肪、蔗糖、水分、复原乳酸度、不溶度指数和杂质度等如表 9-9、表 9-10。

表 9-9 乳粉卫生标准理化指标（一）

项　目	全脂乳粉	脱脂乳粉	全脂加糖乳粉	调味乳粉	
				全脂	脱脂
蛋白质/%	≥非脂乳固体①的 34		≥18.5	≥16.5	≥22.0
脂肪/%	≥26.0	≤2.0	≥20.0	≥18.0	—
蔗糖/%	—	—	≤20.0	—	
复原乳酸度/°T	≤18.0	≤20.0	≤16.0	—	—
水分/%			≤5.0		
不溶度指数/mL			≤1.0		
杂质度/（ml/kg）			≤16		

注：①非脂乳固体=100（%）－脂肪实测值（%）－水分实测值（%）。

表 9-10 乳粉卫生标准理化指标（二）

项　目	全脂乳粉	脱脂乳粉	全脂加糖乳粉	调味乳粉
铅/（mg/kg）			≤0.5	
铜/（mg/kg）			≤10	

（续）

项　目	全脂乳粉	脱脂乳粉	全脂加糖乳粉	调味乳粉
硝酸盐（以 $NaNO_3$ 计）/（mg/kg）			≤100	
亚硝酸盐（以 $NaNO_3$ 计）			≤2	
黄曲霉毒素 M_1 /（μg/kg）			≤5.0	

注：食品添加剂和食品营养强化剂的添加量应符合 GB 2760 和 GB 14880 的规定。

（二）检验方法（GB/T 5009.46—2003）

1. 水分　参见第二章第一节食品中水分的测定。

2. 脂肪　参见第二章第三节食品中脂肪的测定。

3. 酸度

【试剂】同消毒乳的检验。

【测定方法】称取 4.00g 试样于 50mL 烧杯中，用 96mL 新煮沸冷却水分数次将试样溶解并移入 250mL 锥形烧瓶中，加数滴酚酞指示剂，混匀。用 0.1mol/L 氢氧化钠标准滴定溶液滴定至初显粉红色并在 0.50min 内不褪色为终点，记录消耗氢氧化钠标准溶液的体积。

【计算】

$$X = \frac{c \times V \times 12}{m} \times 100$$

式中：X 为试样的酸度（°T）；c 为氢氧化钠标准滴定溶液的实际浓度（mol/L）；V 为试样消耗氢氧化钠标准溶液的体积（mL）；m 为试样质量（g）；12 为 12g 干燥乳粉相当 100mL 鲜乳。

4. 溶解度

【仪器】

（1）50mL 离心管。

（2）离心机：1 000r/min。

【测定方法】称取约 5.00g 试样于 50mL 烧杯中，用 25～30℃水 38mL，分数次将试样溶解于离心管中，加塞，将离心管放于 30℃水浴中保温 5min 后取出。上下充分振摇 3min，使试样充分溶解。于离心机中以 1 000r/min 转速离心 10min 使不溶物沉淀，倾出上清液并用棉栓拭清管壁，再加入 30℃的水 38mL，加塞，上下充分振荡 3min，使沉淀悬浮，再于离心机中以 1 000r/min 转速离心 10min，倾出上清液，用棉栓仔细拭清管壁。用少量水将沉淀物洗入已恒重的称量皿中，先在水浴上蒸干，再于 100℃干燥 1h，置干燥器中冷却 30min，称量，再于 100℃干燥 30min 后，取出冷却称量，至前后两次质量相差不超过 1.0mg。

【计算】

$$X = 100 - \frac{(m_2 - m_1) \times 100}{m_3}$$

式中：X 为试样的溶解度（g/100g）；m_3 为样品质量（g）；m_1 为称量皿质量（g）；m_2 为称量皿加不溶物质量（g）。

计算结果保留三位有效数字。

5. 杂质度 牛乳因挤乳及生产运输过程中夹杂的杂质，用牛粪、园土、木炭混合胶状液作为标准。

【仪器】

(1) 2 000～2 500mL 抽滤瓶：能安放过滤棉板的瓷质过滤漏斗或特制漏斗，在漏斗与棉板间安放一块细纱布。

(2) 棉质过滤板：直径 32mm，过滤时牛乳通过直径为 28.6mm 的圆。

【试剂】

(1) 胃酶-盐酸液：称取 5.0g 胃酶粉，溶于 25mL 水中，加 15mL 盐酸，加水稀释至 500mL。

(2) 杂质标准的制备：使牛粪、园土、木炭通过一定筛孔，然后在 100℃烘干，按照下列比例配合混匀：

牛粪：通过 40 目，53%。

牛粪：通过 20 目不通过 40 目筛，2%。

园土：通过 20 目，27%。

木炭：通过 40 目，14%。

木炭：通过 20 目不通过 40 目，4%。

将上述各物混匀，称取 2g，加 4mL 水，搅匀后加入 46mL 阿拉伯胶溶液（7.5g/L），再加入已过滤的、清洁的蔗糖溶液使成 100mL。此溶液每毫升相当于 2mg 杂质，取此溶液 5.0mL 于 50mL 容量瓶中，用蔗糖溶液（500g/L）稀释至刻度。此溶液每毫升相当于 0.2mg 杂质。

现以 500mL 牛乳或 62.5g 全脂乳粉配制成 500mL 乳液，制备各标准过滤板，如表 9-11。

将上述配好的各种不同浓度的溶液于棉质过滤板上过滤，用水冲洗黏附的牛乳，置于干燥箱中干燥即得。

上述杂质度的浓度，系以 500mL 牛乳计的标准。若以 62.5g 全脂牛乳粉为计算基础，则杂质度应以 9-11 表上数字 8 倍报告，其浓度单位为 mg/kg。

表 9-11 标准过滤板

牛乳数量/mL	加入杂质量	浓度/（mg/L）
500	1.0mL×2.0mg/mL=2mg	4
	0.75mL×2.0mg/mL=1.5mg	3
	0.50mL×2.0mg/mL=1.0mg	2
	2.5mL×0.2mg/mL=0.5mg	1
	1.25mL×0.2mg/mL=0.25mg	0.5
	0.31mL×0.2mg/mL=0.062mg	0.124

【测定方法】 称取 62.5g 试样，用 60～70℃水 500mL 溶解后，于棉质过滤板上过滤。为使过滤迅速，可用真空泵抽滤，用水冲洗黏附在过滤板上的牛乳。将棉质过滤板置于

干燥箱中干燥，其上的杂质与标准比较即得。表 9-11 所示杂质度乘以 8，即得牛乳的杂质度。

溶解度较差的牛乳粉及滚筒牛乳粉测定如下：称取 62.5g 试样，加 250mL 胃酶-盐酸溶液混合，置 45℃水浴中保持 20min，加入约 0.5mL 辛醇，加热使在 5～8min 内沸腾，立刻在棉质板上过滤，并用沸水冲洗容器及棉质过滤板。将棉质过滤板干燥后，与标准比较，照上法计算杂质度。

【说明】

（1）标准杂质板由全国乳品标准化质量检测中心制备印成杂质度标准板。

（2）杂质度测定用水均需事先过滤除去杂质后才能应用，操作全过程应严格防止灰尘。

三、酸乳卫生的理化检验

酸乳系以牛（羊）乳或复原乳为主原料，经杀菌、发酵、搅拌或不搅拌，添加或不添加其他成分制成的纯酸乳和风味酸乳。

（一）卫生标准理化指标（GB 19302—2003）

酸乳卫生标准理化指标如表 9-12。

表 9-12　酸乳卫生标准理化指标

项　目		指标	
		纯酸乳	风味酸乳
脂肪/（g/100g）	全脂	≥3.00	≥2.5
	部分脱脂	0.5～3.0	0.5～2.5
	脱脂	≤0.5	≤0.5
非脂乳固体/（g/100g）		≥8.1	≥6.5
总固形物/（g/100g）		—	≥17.0
蛋白质/（g/100g）		≥2.9	≥2.3
酸度/°T		≥70.00	
铅（Pb）/（mg/kg）		≤0.05	
无机砷/（mg/kg）		≤0.05	
黄曲霉毒素 M_1/（μg/kg）		≤0.5	

（二）检验方法（GB/T 5009.46—2003）

1. 脂肪

【试剂】同乳的脂肪测定中的盖勃氏法。

【仪器】同乳的脂肪测定中的盖勃氏法。

【测定方法】在乳脂计中先加入 10mL 硫酸，再沿管壁小心加入 5.0mL 已混匀的样品，然后吸取 6mL 水，仔细洗涤吸试样的吸管，洗液注入乳脂计中，再加入 1mL 异戊醇，以下按本章乳中脂肪测定（盖勃氏法）自“塞上橡皮塞……”起依法操作，最后按照刻度读出脂肪的百分数乘以 2.2，即为试样的脂肪百分数。

2. 酸度

【试剂】同本章乳的酸度测定。

【仪器】同本章乳的酸度测定。

【测定方法】称取 5.00g 已搅拌均匀的试样，置于 150mL 锥形瓶中，加 40mL 新煮沸放冷至 40℃的水，混匀，然后加入 5 滴酚酞指示液，用氢氧化钠标准溶液滴定至微红色在 0.5min 内不消失为终点。消耗的氢氧化钠标准滴定溶液毫升数乘以 20，即为酸度（°T）。

四、原料乳与乳制品中三聚氰胺检测方法

参见第六章中乳与乳制品中三聚氰胺的检测。

第三节　蛋品的理化检验

一、鲜蛋、冰蛋品和干蛋品的检验

（一）脂肪的测定

用三氯甲烷浸取脂肪，将浸出物蒸除溶剂即得脂肪含量。

【试剂】

（1）中性三氯甲烷（内含 1%无水乙醇）：取三氯甲烷以等量的水洗一次，同时按三氯甲烷体积的 20∶1 的比例加入 10%的氢氧化钠溶液，洗涤 2 次，静置分层。倾去洗涤液，再用等量水洗涤 2～3 次，至呈中性。将三氯甲烷用无水氯化钙脱水后，于 80℃水浴上进行蒸馏，接取中间蒸馏液并检查是否为中性。于每 100mL 三氯甲烷中加入无水乙醇 1mL，贮于棕色瓶中。

（2）无水硫酸钠。

【仪器】脂肪浸抽管。

【测定方法】精密称取 2～2.5g 均匀样品于 100mL 烧杯中，加约 15g 无水硫酸钠粉末，用玻璃棒搅匀，充分研细，小心移入脂肪浸抽管中，用少许脱脂棉拭净烧杯及玻璃棒上附着的样品，将脱脂棉一并移入脂肪浸抽管内。用 100mL 中性三氯甲烷分 10 次浸洗管内样品，脂肪洗净为止。将三氯甲烷滤入已知质量的脂肪瓶中，移脂肪瓶于水浴并连接冷凝器回收三氯甲烷。将脂肪瓶置于 70～75℃恒温真空干燥箱中干燥 4h（在开始 30min 内抽气至真空度 53kPa，以后至少间隔抽 3 次，每次真空度 93kPa 以上），取出，移入干燥器内放置 30min，称量，以后每干燥 1h（抽气 2 次）称 1 次，至前后两次称量差不超过 2mg。

【计算】

$$X=\frac{m_1-m_2}{m}\times 100\%$$

式中：X 为样品中脂肪含量（%）；m 为样品的质量（g）；m_1 为脂肪瓶加脂肪质量（g）；m_2 为脂肪瓶质量（g）。

【含量标准】鸡蛋 11.5%，鸭蛋 14.3%，鹅蛋 13.3%，火鸡蛋 11.8%。

（二）游离脂肪酸的测定

蛋制品中的游离脂肪酸含量是一定的，超过指标，预示蛋制品的质量不佳。蛋中的游离

脂肪酸易溶解在中性三氯甲烷溶液中，用标准的乙醇钠溶液进行滴定即可求得其游离脂肪酸（以油酸计）的含量。

【试剂】

（1）中性三氯甲烷（内含1%无水乙醇）。

（2）酚酞指示液（1%乙醇溶液）。

（3）0.05mol/L乙醇钠标准溶液：量取800mL无水乙醇，置于锥形瓶中，将1g金属钠均成碎片，加入无水乙醇中待作用完毕后，摇匀、密塞、静置过夜，将澄清液倾入棕色瓶中，按下述方法鉴定：

精密称取约2g在105～110℃干燥至恒重的基准邻苯二甲酸氢钾，加50mL新煮过的冷水，振摇溶解，加3滴酚酞指示液，用0.05mol/L乙醇钠标准溶液滴定至初现粉红色半分钟不褪，同时做试剂空白试验。

$$N=\frac{m}{(V_1-V_2)\times 0.2040}$$

式中：N为乙醇钠标准溶液的浓度（g/mL）；m为邻苯二甲酸氢钾的量（g）；V_1为邻苯二甲酸氢钾消耗乙醇钠溶液的体积（mL）；V_2为试剂空白试验消耗乙醇钠溶液的体积（mL）。

【测定方法】将测定脂肪后所得到的干燥浸出物以30mL中性三氯甲烷溶解，加3滴酚酞指示剂，用0.05mol/L乙醇钠标准溶液滴定，至溶液呈粉红色半分钟不褪为终点。

【计算】

$$X=\frac{N\times V_3\times 0.2820}{m}\times 100\%$$

式中：X为样品中游离脂肪酸含量（%）；V_3为样品消耗乙醇钠标准溶液的体积（mL）；N为乙醇钠标准溶液的浓度（g/mL）；m为测定脂肪时所得干燥浸出物的质量（g）。

【含量标准】皮蛋<5.6%，巴氏消毒冰鸡全蛋及冰鸡全蛋≤4.0%，巴氏消毒鸡全蛋粉及全蛋粉≤4.5%。

（三）蛋粉溶解指数的测定

蛋粉的溶解指数高低反映了蛋粉的新鲜程度和加工时温度是否过高。贮藏过久的蛋粉溶解度下降，加工时温度过高可使蛋白质凝固成不易溶解的熟粉。

【试剂】5%的氯化钠溶液。

【仪器】阿贝氏折光计。

【测定方法】称取1.00g均匀样品（以干样计）置于50mL锥形瓶中，准确加入5mL5%氯化钠溶液，加5粒小玻璃珠，用橡皮塞塞紧瓶口，轻轻旋摇锥形瓶使蛋粉全部湿润，然后振荡30min。取下锥形瓶，将样液倾入内径15mm试管中（如样液仍有蛋粉颗粒存在须重作试验），静置1.5h，取内径约2mm的尖端吸管，尖端向下，用手指压紧吸管上口，小心将吸管插入试管至样液底部，开启吸管上口，使管底样液升入吸管尖端内部少许，紧堵吸管上口取出吸管。用脱脂棉将吸管外壁的蛋液拭净，小心将样液滴于折光计三棱壁上，调节折光计所附水管的水温为20℃，读取样液的折光指数。同时测定5%氯化钠溶液的折光指数。

【计算】

$$X=(R-R_1)\times 100$$

式中：X 为溶解指数；R 为样品溶液的折光指数；R_1 为 5%NaCl 溶液的折光指数。

【卫生标准】蛋粉溶解指数在 20 以上。

二、皮蛋的检验

（一）pH 测定

皮蛋的 pH 直接关系着皮蛋的质量，pH 较低时，外界侵入的细菌和皮蛋内残存的细菌大量繁殖，使蛋白质分解，蛋白、蛋黄的凝胶液化。pH 较高时，有助于蛋白质凝胶的稳定性，且不利于细菌的生存，但 pH 过高，食后不利于人体健康。

【测定方法】样品处理：将 5 个皮蛋洗净、去壳，按皮蛋：水＝2：1 的比例加入水，在组织捣碎机中匀浆。称取 15g 匀浆稀释至 150mL，混匀后用双层纱布过滤，量取 50mL 作为测定的样品。

测定见第八章第一节 pH 的测定。

【标准】皮蛋的 pH 标准为≥9.5。

（二）总碱度的测定

样品的总碱度是指样品灰分中能与强酸相作用的所有物质的含量，按 100g 皮蛋消耗 0.1mol/L 盐酸量计算。

【试剂】

（1）0.1mol/L 氢氧化钠标准溶液。

（2）0.1mol/L 盐酸标准溶液。

（3）酚酞指示液：称取无水氯化钙 40g 溶于 100mL 水中，加酚酞指示剂 3 滴，用 0.1mol/L 盐酸中和后过滤备用。

【测定方法】取 10g 或 15g 制备匀浆置于坩埚中，先于 120℃加热 3h，再以小火炭化至无烟，再置高温炉中于 550℃灰化 1～2h 取出放冷（如灰化不完全，加 20mL 水用玻璃棒搅碎置水浴中蒸干再灰化 1h）。用热水将灰分洗于烧杯中，充分洗涤坩埚，洗液并入烧杯中，加入 50.0mL 0.1mol/L 盐酸标准溶液，烧杯上盖以表面皿，小心加热煮至微沸 5min，放冷。加 40%氯化钙溶液 30mL 及酚酞指示液 10 滴，以 0.1mol/L 氢氧化钠标准溶液滴定到溶液初现微红色，30s 不褪色为终点。

【计算】

$$X=\frac{N_1\times V_1-N_2\times V_2}{m}\times 100$$

式中：X 为样品中的总碱度；N_1 为盐酸标准溶液的摩尔浓度；N_2 为氢氧化钠标准溶液的摩尔浓度；V_1 为加入盐酸标准溶液的体积（mL）；V_2 为样品消耗氢氧化钠标准溶液的体积（mL）；m 为样品质量（g）。

【标准】硬心皮蛋总碱度不超过 15，汤心皮蛋总碱度不超过 10。

三、蛋与蛋制品理化指标

蛋与蛋制品卫生标准理化指标见表 9-13。

表 9-13　蛋与蛋制品卫生标准部分理化指标④

项目	汞/(mg/kg)	铅/(mg/kg)	砷/(mg/kg)	铬/(mg/kg)	镉/(mg/kg)	金霉素/(mg/kg)	土霉素/(mg/kg)	磺胺类/(mg/kg)①	呋喃唑酮/(mg/kg)
鸡蛋≤	0.03	0.1	0.5	1.0	0.05	1.0	0.1	0.1	0.1
皮蛋≤	0.03	2.0② 0.5③	0.5	1.0	0.05	不得检出	0.2		
咸鸭蛋≤	0.03	0.1	0.5	1.0	0.05	不得检出	0.2		

注：①以磺胺类总量计；②为传统工艺生产；③为非传统工艺生产；④来自中华人民共和国农业行业标准 NY 5039—2001、NY 5143—2002、NY 5144—2002。

第四节　水产品的理化检验

水产类食品种类繁多，主要有鱼类、甲壳类、贝类等，其产品营养丰富，是优质蛋白质的主要来源。但是，鱼类等水产品很容易腐败及受致病菌污染，因此，必须对水产品进行食品卫生检验。

一、鲜鱼类的检验

（一）挥发性盐基氮的测定

【试剂】见本章第一节肉制品检验。

【测定方法】

1. 样品的处理

（1）鱼类：将样品先用流水冲洗，去鳞，待干后在鱼背部沿脊椎切开约 5cm，自切口的两端再向两侧作垂直切口，使脊椎两侧的背肌分别向两侧翻开，从其内部剪取鱼的肌肉制成肉糜（墨鱼，用流水仔细冲洗净墨囊中的墨液，清除骨片及内脏之后，制成糜状）。称取 10g 肉糜置于 250mL 锥形瓶中，加水 100mL，不时振摇，浸渍 30min 后过滤，滤液备用。

（2）其他水产品：将样品置流水下冲洗净。

虾类：去头胸节，剥除外壳和肠管，切除与头胸节连接处的肌肉，取胸部肌肉。

牡蛎（蚝、海蛎子）、花蛤：剥去外壳，取可食部分。

蟹类：剥开壳盖和腹部（俗称蟹脐），去除腮条后，再置流水下冲洗干净，滤干水，用刀切成左右两片，再将一片蟹体的蟹肉挤出制成肉糜。

按前述方法制备滤液。

2. 测定　见本章第一节肉制品检验。

（二）腐败程度的检查

鱼肉中球蛋白在碱性条件下呈溶解状态，而鱼在腐败过程中有大量的碱性物质生成，使环境碱性化。根据蛋白质在碱性溶液中能与重金属离子结合形成蛋白质沉淀的特性，用升汞（$HgCl_2$）作沉淀剂，依据生成沉淀的情况判断其腐败程度。

【试剂】

A液：1%$HgCl_2$液。

B液：称取1g $HgCl_2$，加36%乙酸5mL，用水稀释至100mL。

【测定方法】 称取研碎混匀的鱼肉1g，加水10mL，室温下放置30min，并时时搅拌，然后离心分离，取上清液备用。将A液和B液（酸性）各2mL分别加于试管内，分别滴加上清液0.2mL，观察其浑浊程度。

【判定标准】 鱼肉新鲜度的判定标准见表9-14。

表9-14 鱼肉新鲜度的判定标准

新鲜度	观察结果
新　鲜	A、B液均不浑浊
开始腐败前	A液浑浊，混匀后浑浊仍不消失，B液不浑浊
腐败初期	A液浑浊，混匀后浑浊仍不消失，B液虽然一时浑浊，但混匀后浑浊消失
腐　败	A、B液均浑浊，浑浊物沉降于管底

（三）组胺的测定

水产品中组胺的测定方法有分光光度法、荧光法、高效液相色谱法等，分光光度法是我国国家标准检测方法。其原理为鱼体中组胺用正戊醇提取，遇偶氮试剂显橙色，与标准系列比较定量。

【试剂】

（1）正戊醇。

（2）三氯乙酸溶液（100g/L）。

（3）碳酸钠溶液（50g/L）。

（4）氢氧化钠溶液（250g/L）。

（5）盐酸（1+11）。

（6）组胺标准储备液：准确称取0.276 7g于（100±5）℃干燥2h的磷酸组胺溶于水，移入100mL容量瓶中，再加水稀释至刻度。此溶液每毫升相当于1.0mg组胺。

（7）磷酸组胺标准使用液：吸取1.0mL组胺标准液，置于50mL容量瓶中，加水稀释至刻度。此溶液每毫升相当于20.0μg组胺。

（8）偶氮试剂：

甲液：称取0.5g对硝基苯胺，加5mL盐酸溶液溶解后，再加水稀释至200mL，置冰箱中；

乙液：亚硝酸钠溶液（5g/L），临用现配；

吸取甲液5mL、乙液40mL混合后立即使用。

【测定方法】

（1）试样处理：称取5.00～10.00g绞碎并混合均匀的试样，置于具塞锥形瓶中，加入

15～20mL 三氯乙酸溶液，浸泡 2～3h，过滤。吸取 2.0mL 滤液，置于分液漏斗中，加氢氧化钠溶液使呈碱性，每次加入 3mL 正戊醇，振摇 5min，提取三次，合并正戊醇并稀释至 10.0mL。吸取 2.0mL 正戊醇提取液于分液漏斗中，每次加 3mL 盐酸（1+11）振摇提取三次，合并盐酸提取液并稀释至 10.0mL，备用。

（2）测定：吸取 2.0mL 盐酸提取液于 10mL 比色管中，另取 0mL、0.20mL、0.40mL、0.60mL、0.80mL、1.0mL 组胺标准使用液（相当于 0μg、4.0μg、8.0μg、12.0μg、16.0μg、20.0μg 组胺），分别置于 10mL 比色管中，加水至 1mL，再加 1mL 盐酸（1+11）。试样与标准管各加 3mL 碳酸钠溶液（50g/L），3mL 偶氮试剂，加水至刻度，混匀，放置 10min 后用 1cm 比色杯以零管调节零点，于 480nm 波长处测吸光度，绘制标准曲线比较，或与标准系列目测比较。

【计算】

$$X=\frac{m_1}{m_2\times\frac{2}{V_1}\times\frac{2}{10}\times\frac{2}{10}\times1000}\times100$$

式中：X 为试样中组胺的含量（mg/100g）；V_1 为加入三氯乙酸溶液（100g/L）的体积（mL）；m_1 为从标准曲线求得的试样中组胺的质量（μg）；m_2 为试样质量（g）。

计算结果表示到小数点后一位。

【说明】 本法为国标 GB 5009.45—2003。在重复性条件下获得的两次独立测定结果的绝对差值不得超过算术平均值 10%。

二、河豚毒素的检测

河豚毒素的定性和定量检测，参见第七章。

三、其他水产品卫生检验

（一）挥发性盐基氮的测定

按鲜鱼类检验操作。

（二）pH 的测定

用酸度计测定试样水溶液的 pH。

【仪器】 酸度计。

【测定方法】 称取 10.00g 绞碎的试样，加新煮沸后冷却的水至 100mL，摇匀，浸渍 30min 后过滤或离心，取约 50mL 滤液于 100mL 烧杯中，用酸度计测定 pH。

计算结果保留两位有效数字。

【说明】 在重复性条件下获得的两次独立测定结果的绝对差值不得超过 0.1。

四、动物性水产品卫生标准理化指标

（一）动物性水产干制品的理化指标（GB 10144—2005）

动物性水产干制品的理化指标见表 9-15。

表 9-15 动物性水产干制品的理化指标

项　目	指　标	项　目	指　标
无机砷/（mg/kg）：贝类及虾蟹类	≤1.0	酸价（以脂肪计，KOH）/（mg/kg）	≤130
铅（Pb）/（mg/kg）：鱼类	≤0.5	过氧化值（以脂肪计）/（g/100g）	≤0.60

（二）鲜、冻动物性水产品的理化指标（GB 2733—2005）

鲜、冻动物性水产品的理化指标见表 9-16。

表 9-16 鲜、冻动物性水产品的理化指标

项　目	指　标
挥发性盐基氮①/（mg/100g）	
海水鱼、虾、头足类	≤30
海蟹	≤25
淡水鱼、虾	≤20
海水贝类	≤15
湟鱼、牡蛎	≤10
组胺①/(mg/100g)	
鲐	≤100
其他鱼类	≤30
铅（Pb）/（mg/kg）	
鱼类	≤0.5
无机砷/（mg/kg）	
鱼类	≤0.1
其他动物性水产品	≤0.5
甲基汞/(mg/kg)	
食肉鱼(鲨鱼、旗鱼、金枪鱼、梭子鱼等)	≤1.0
其他动物性水产品	≤0.5
镉(Cd)（mg/kg）	
鱼类	≤0.1

注：①不适用于活的水产品。

第五节　蜂产品的理化检验

一、蜂　　蜜

（一）水分的测定（SN/T 0852—2000）

【仪器】

（1）阿贝折光计。

（2）恒温器。

【测定方法】

（1）试样的制备：未结晶的样品将其用力搅拌均匀。有结晶析出的样品，可将样品瓶盖塞紧后，置于不超过 60℃的水浴中温热，待样品全部融化后，搅匀，迅速冷却至室温以备检验用。在融化时必须注意防止水分侵入。

（2）将阿贝折光计与恒温器连接好，并将恒温器的温度调至所需的温度。折光计的校正是在测定样品折射指数前，先用新鲜的蒸馏水按表 9-17 校正折光计的折射指数。

表 9-17　蒸馏水折射指数

温度/℃	折射指数	温度/℃	折射指数
14	1.333 5	25	1.332 5
16	1.333 3	26	1.332 4
18	1.333 2	28	1.332 2
20	1.333 0	30	1.331 9
22	1.332 8	38	1.330 8
24	1.332 6	40	1.330 5

调节通过折光计的水流温度恰为 40℃。分开折光计两面棱镜，用脱脂棉蘸蒸馏水拭净（必要时可蘸二甲苯或乙醚拭净）。然后用干净的脱脂棉（或擦镜纸）拭干，待棱镜完全干燥后，用玻璃棒蘸取蒸馏水 1～2 滴，滴于下面的棱镜上，迅速闭合棱镜，对准光源，由目镜观察，旋转手轮，使标尺上的折射指数恰好为 40℃时水的折射指数，观察望远镜内明暗分界线是否在接物镜十字线中间。若有偏差，则用附件方孔调节扳手转动示值调节螺丝，使明暗分界线调到中央，调整完毕后，在测定样品时，不允许再转动调节好的螺钉。

（3）测定：在测定前先将棱镜擦洗干净，以免留有其他物质影响测定精度。用玻璃棒蘸取混匀的试样 1～2 滴，滴于下面的棱镜上，迅速闭合棱镜，静置数秒钟，以待样品达到 40℃。对准光源，由目镜观察，转动补偿器螺旋，使明暗分界线清晰；转动标尺指针螺旋，使其明暗分界线恰好通过接物镜上十字线的交点，读取标尺上的折射指数，同时核对温度，应恰为 40℃。

【计算】

$$X_1 = 100 - [78 + 390.7(n - 1.4768)]$$

式中：X_1 为试样中水分含量（%）；n 为试样在 40℃时的折射指数。

平行试样的允许误差为 0.2%。如在 20℃测读折射指数，可按表 9-18 换算为水分的百分率。在室温时测读折射指数时，可按下式换算得到 20℃的折射指数。

$$X_2 = n + 0.00023(t - 20)$$

式中：X_2 为折射指数（20℃）；n 为在室温 t℃时的折射指数；t 为读取折射指数时的温度（℃）。

注：如有争议，用在 40℃测定折射指数的方法检验。

表 9-18 折射指数与水分换算表

折射指数（20℃）	水分/%	折射指数（20℃）	水分/%	折射指数（20℃）	水分/%
1.504 4	13.0	1.493 5	17.2	1.483 0	21.4
1.503 8	13.2	1.493 0	17.4	1.482 5	21.6
1.503 3	13.4	1.492 5	17.6	1.482 0	21.8
1.502 8	13.6	1.492 0	17.8	1.481 5	22.0
1.502 3	13.8	1.491 5	18.0	1.481 0	22.2
1.501 8	14.0	1.491 0	18.2	1.480 5	22.4
1.501 2	14.2	1.490 5	18.4	1.480 0	22.6
1.500 7	14.4	1.490 0	18.6	1.479 5	22.8
1.500 2	14.6	1.489 5	18.8	1.479 0	23.0
1.499 7	14.8	1.489 0	19.0	1.478 5	23.2
1.499 2	15.0	1.488 5	19.2	1.478 0	23.4
1.498 7	15.2	1.488 0	19.4	1.477 5	23.6
1.498 2	15.4	1.487 5	19.6	1.477 0	23.8
1.497 6	15.6	1.487 0	19.8	1.476 5	24.0
1.497 1	15.8	1.486 5	20.0	1.476 0	24.2
1.496 6	16.0	1.486 0	20.2	1.475 5	24.4
1.496 1	16.2	1.485 5	20.4	1.475 0	24.6
1.495 6	16.4	1.485 0	20.6	1.474 5	24.8
1.495 1	16.6	1.484 5	20.8	1.474 0	25.0
1.494 6	16.8	1.484 0	21.0		
1.494 0	17.0	1.483 5	21.2		

（二）酸度的测定

酸度指中和每100g试样所需1mol/L氢氧化钠的体积。

【试剂】

（1）0.1mol/L氢氧化钠标准溶液：溶解4g氢氧化钠于1L经煮沸而冷却的水中，用邻苯二甲酸氢钾（基准试剂）按下法标定其规定浓度：

称取预先在125℃时干燥过的邻苯二甲酸氢钾基准试剂0.8～0.9g（精确至0.000 2g），置于250mL锥形瓶中，用50mL经煮沸后冷却的水溶解，加入2～3滴1%酚酞指示剂，用氢氧化钠溶液滴定至溶液呈粉红色，以在10s内不褪色为终点。

按下式计算氢氧化钠标准溶液的浓度：

$$c=\frac{m}{V\times 0.2042}$$

式中：c 为氢氧化钠标准溶液的浓度（mol/L）；m 为邻苯二甲酸氢钾的质量（g）；V 为滴定时所消耗氢氧化钠标准溶液的体积（mL）；0.204 2为与每毫升氢氧化钠［c(NaOH)＝1.000mol/L］标准溶液相当的邻苯二甲酸氢钾的质量（g）。

（2）酚酞指示剂：1%乙醇溶液。

【测定方法】

（1）试样的制备：见（一）水分的测定。

（2）测定：称取试样 10g（精确至 0.001g），溶于 75mL 经煮沸后冷却的水中，加入2～3 滴酚酞指示剂，用氢氧化钠标准溶液滴定至溶液呈粉红色，在 10s 内不褪色为终点。

【计算】

$$X = \frac{V \times c}{m} \times 100\%$$

式中：X 为试样的酸度（%）；V 为滴定所耗氢氧化钠标准溶液的体积（mL）；c 为氢氧化钠标准溶液的摩尔浓度（mol/L）；m 为试样的质量（g）。

平行试验结果的允许误差为 0.1。

（三）淀粉酶值的测定

将淀粉溶液加入蜂蜜样品溶液中，部分淀粉被蜂蜜中所含的淀粉酶水解后，剩余的淀粉与加入的碘反应而产生蓝紫色，随着反应的进行，其蓝紫色反应逐渐消失。用分光光度计于 660nm 波长处测定其达到特定吸光度所需要的时间。换算出 1g 蜂蜜在 1h 内水解 1%淀粉的体积。

【试剂】

（1）碘。

（2）碘化钾。

（3）乙酸钠（$CH_3COONa \cdot 3H_2O$）。

（4）冰乙酸。

（5）氯化钠。

（6）可溶性淀粉。

（7）碘储备液：称取 8.8g 碘于含有 22g 碘化钾的 30～40mL 水中溶解，用水定容至 1 000mL。

（8）碘溶液：称取 20g 碘化钾，用水溶解，再加入 5.0mL 碘储备液，用水定容至 500mL。每两天制备一次。

（9）乙酸盐缓冲液（pH5.3，1.59mol/L）：称取 87g 乙酸钠于 400mL 水中，加入 10.5mL 冰乙酸，用水定容至 500mL。必要时，用乙酸钠或冰乙酸调节 pH 至 5.3。

（10）氯化钠溶液（0.5mol/L）：称取 14.5g 氯化钠，用水溶解并定容至 500mL。

（11）淀粉溶液：溶解 2.000g 可溶性淀粉于 90mL 水中，迅速煮沸后再微沸 3min 至室温后，移至 100mL 容量瓶中并定容。

【仪器】

（1）分光光度计。

（2）恒温水浴锅。

【测定方法】

（1）试样的制备：无论有无结晶的实验室样品都不要加热。将样品搅拌均匀。分出 0.5kg 作为试样，制备好的试样置于样品瓶中，密封，并加以标识。将样品于常温下保存。

（2）淀粉溶液的标定：吸取5.0mL淀粉溶液和10.0mL水并分别置于40℃水浴中15min。将淀粉溶液倒入10.0mL水中并充分混合后，取1.0mL加到10.0mL的碘溶液中，混匀，用一定体积的水稀释后，以水为空白对照，用分光光度计于660nm波长处测定吸光度，确定产生0.760±0.02吸光度所需稀释水的体积数，并以此体积数作为样品溶液的稀释系数。当淀粉来源改变时，应重新进行标定。

（3）样品处理：称取5g试样，精确到0.01g，置于20mL烧杯中，加入15mL水和2.5mL乙酸盐缓冲液后，移入含有1.5mL氯化钠溶液的25mL容量瓶中并定容（样品溶液应先加缓冲液后再与氯化钠溶液混合）。

（4）测定：吸取5.0mL淀粉溶液、10.0mL样品溶液和10.0mL碘溶液，分别置于40℃水浴中15min。将淀粉溶液倒入样品溶液中并以前后倾斜的方式充分混合后开始计时。5min时取1.0mL样品混合溶液加入10.0mL的碘溶液中，再用淀粉溶液标定时确定的稀释水的体积数进行稀释并用前后倾斜的方式充分混匀后，以水为空白对照，用分光光度计于660nm波长处测定吸光度。如吸光度大于0.235（特定吸光度），应继续按步骤4重复操作，直至吸光度小于0.235为止。

待测期间，样品混合溶液、碘溶液和水应保存在40℃水浴中。吸光度与终点值对应的时间如表9-19。

表9-19　吸光度与终点值对应的时间

吸光度	终点值/min	吸光度	终点值/min
0.70	>25	0.55	11～13
0.65	20～25	0.50	9～10
0.60	15～18	0.45	7～8

【计算】 在对数坐标纸上，以吸光度（%）为纵坐标，时间（min）为横坐标，将所测的吸光度与其相对应的时间在对数坐标纸上标出，连接各点划一直线。从直线上查出样品溶液的吸光度与0.235交叉点上的相对应时间，结果按下式计算：

$$X=\frac{300}{t}$$

式中：X为样品溶液中的淀粉酶值［mL/（g·h）］；t为相对应时间（min）。

计算结果表示到小数点后一位。

【说明】 本法为国标GB/T 18932.16—2003。

（四）蜂蜜中果糖、葡萄糖、蔗糖、麦芽糖含量的测定（液相色谱示差折光检测法）

适用于蜂蜜中果糖、葡萄糖、蔗糖、麦芽糖含量的测定。检出限为：果糖、葡萄糖、麦芽糖为0.5%，蔗糖为0.2%。

【试剂】

（1）乙腈：色谱纯。

（2）果糖、葡萄糖、蔗糖、麦芽糖标准物质：纯度≥99%。

（3）果糖、葡萄糖标准储备溶液：准确称取5g果糖标准物质和4g葡萄糖标准物质，精确至0.000 1g，放入同一100mL容量瓶中，加入60mL水溶解，用乙腈定容至体积，摇匀。

(4) 蔗糖、麦芽糖标准储备溶液：分别称取 2g 蔗糖和 2g 麦芽糖标准物质，精确至 0.000 1g，放入同一 100mL 容量瓶中，加入 60mL 水溶解，用乙腈定容至体积，摇匀。

(5) 果糖、葡萄糖、蔗糖、麦芽糖标准工作溶液：吸取不同体积的果糖、葡萄糖标准储备溶液和蔗糖、麦芽糖标准储备溶液，用乙腈＋水（40＋60）稀释至体积，配成不同浓度的果糖、葡萄糖、蔗糖、麦芽糖标准工作溶液，用于绘制标准工作曲线。每种标准储备溶液的用量和定容体积见表 9-20。

表 9-20 标准储备溶液用量和定容体积

序号	果糖、葡萄糖储备溶液体积/mL	蔗糖、麦芽糖储备溶液体积/mL	定容体积/mL	标准工作溶液浓度/（g/100mL）			
				果糖	葡萄糖	蔗糖	麦芽糖
1	2.0	0.250	10	1.00	0.80	0.050	0.050
2	3.0	0.500	10	1.50	1.20	0.100	0.100
3	4.0	1.0	10	2.00	1.60	0.20	0.20
4	5.0	2.0	10	2.50	2.00	0.40	0.40
5	15.0	7.0	25	3.00	2.40	0.60	0.60

【仪器】

(1) 高效液相色谱仪：配有示差折光检测器。

(2) 分析天平。

(3) 注射器：10mL。

(4) 有机相过滤膜：0.45μm。

【测定方法】

(1) 试样的制备：对无结晶的实验室样品，将其搅拌均匀。对有结晶的样品，在密闭情况下，置于不超过 60℃的水浴中温热，振荡，待样品全部融化后搅匀，冷却至室温。分出 0.5kg 作为试样。制备好的试样置于样品瓶中，密封，并做上标记。将试样于常温下保存。

(2) 样品处理：称取 5g 试样，精确至 0.001g。置于 100mL 烧杯中，加入 30mL 水，用玻璃棒搅拌使试样完全溶解，转移至 100mL 容量瓶中，然后再用 10mL 水洗烧杯三次并转移至上述 100mL 容量瓶中，用乙腈定容至体积，混匀。用 0.45μm 滤膜将样液过滤入样品瓶中供液相色谱测定。

(3) 测定：用配制的果糖、葡萄糖、蔗糖、麦芽糖标准工作溶液绘制以峰高为纵坐标，工作溶液浓度为横坐标的标准工作曲线，保证样品溶液中果糖、葡萄糖、蔗糖、麦芽糖的响应值均应在标准工作曲线的线性范围内，样品溶液与标准工作溶液等体积进样进行测定。在上述色谱条件下，果糖、葡萄糖、蔗糖、麦芽糖的分离度应大于 1.5，其参考保留时间见表 9-21。

表 9-21 参考保留时间

糖类名称	保留时间/min
果　糖	7.804
葡萄糖	8.973
蔗　糖	12.521
麦芽糖	15.177

(4) 平行试验：按以上步骤，对同一试样进行平行试验测定。同时进行空白试验。

【计算】

$$X = c \times \frac{V}{m}$$

式中：X 为试样中被测组分含量（g/100g）；c 为从标准工作曲线上得到的被测组分溶液浓度（g/100mL）；V 为样品溶液定容体积（mL）；m 为所称试样的质量（g）。

【说明】本法为国标 GB/T 18932.22—2003，计算结果应扣除空白值。

（五）蜂蜜中羟甲基糠醛含量的测定（液相色谱-紫外检测法）

羟甲基糠醛（HMF）是美拉德反应的产物。在一些富含碳水化合物的食品中，羟甲基糠醛通常是由果糖脱水生成，当葡萄糖受酸和热的影响时也能产生此物质。食用含过多糠醛的食品可能会对人体健康造成伤害，可能导致突变和引起 DNA 链断裂。因此，世界各国均对食品中羟甲基糠醛的含量做了限量规定，一般不得超过 20mg/kg。羟甲基糠醛有多种检测方法，较常使用的为液相色谱-紫外检测法。蜂蜜样品中的羟甲基糠醛经 HPLC 反相色谱柱分离，用液相色谱仪紫外检测器检测。用标准曲线外标法定量。

【试剂】

（1）甲醇：色谱纯。

（2）甲醇溶液 10%：吸取 100mL 的甲醇到 1 000mL 容量瓶中，用水稀释至刻度。

（3）标准物质：羟甲基糠醛纯度≥99%。

（4）标准储备溶液：准确称取适量的羟甲基糠醛标准物质于 100mL 容量瓶，用 10mL 甲醇溶解，用水稀释至刻度，配成 0.20mg/mL 的标准储备液。此溶液可在温度低于 4℃冰箱中冷藏保存两个月。

（5）标准工作溶液：分别吸取适量的羟甲基糠醛标准储备溶液至 100mL 容量瓶中，用 10%甲醇溶液稀释至刻度，配成 0.10μg/mL、0.20μg/mL、1.0μg/mL、2.0μg/mL、4.0μg/mL、6.0μg/mL、10μg/mL 标准工作溶液。当天新鲜配制。

【仪器】

（1）高效液相色谱仪：配有紫外检测器。

（2）分析天平：感量 0.01g。

（3）注射器：10mL。

（4）过滤膜：0.45μm。

【测定方法】

（1）试样的制备：无论有无结晶的实验室样品，都不要加热。将其搅拌均匀，分出 0.5kg 作为试样。制备好的试样置于样品瓶中，密封，并做上标记，将试样于室温下保存。

（2）试样处理：称取 10g 试样，精确至 0.01g，置于 100mL 烧杯中，加入 10mL 甲醇，用玻璃棒轻轻搅拌均匀，使试样完全溶解。转移至 100mL 容量瓶中，用水稀释至刻度，充分混匀。用 0.45μm 的滤膜过滤，滤液用于液相色谱仪紫外检测器测定。

（3）色谱测定：

①液相色谱条件：

色谱柱：Diamonsil C_{18}，5μm，250mm×4.6mm（内径），或相当者。

流动相：甲醇＋水（10＋90）。

流速：1.0mL/min。

检测波长：285nm。

柱温：30℃。

进样量：10μL。

②液相色谱测定：首先测定七个标准工作溶液在上述色谱条件下的峰面积，以峰面积对相应浓度绘制标准工作曲线，然后测定未知样品，用标准工作曲线对样品进行定量。样品溶液中羟甲基糠醛的响应值应在仪器的线性范围内。在上述色谱条件下，羟甲基糠醛的参考保留时间约为12min。

(4) 平行试验：按上述步骤，对同一试样进行平行试验测定。同时进行空白试验。

(5) 添加试验：每批样品应至少进行一个样品的添加试验。称取10g试样，精确至0.01g，添加1.0mL羟甲基糠醛标准储备溶液，加9.9mL甲醇溶解，其他步骤按试样处理步骤进行。

【计算】

$$X = c \times \frac{V}{m} \times \frac{1000}{1000}$$

式中：X 为试样中羟甲基糠醛含量（mg/kg）；c 为从标准工作曲线上得到的被测组分溶液浓度（μg/mL）；V 为定容体积（mL）；m 为样液所代表试样的质量（g）。

【说明】 本法为国标GB/T 18932.18—2003，计算结果应扣除空白值。

（六）蜂蜜卫生标准理化指标

蜂蜜卫生标准理化指标见表9-22。

表9-22　蜂蜜卫生标准理化标准（GB 18796—2005）

项　　目	一级品	二级品
水分/%		
除下款以外的品种	≤20	≤24
荔枝蜂蜜、龙眼蜂蜜、柑橘蜂蜜、鹅掌柴蜂蜜、乌桕蜂蜜	≤23	≤26
果糖和葡萄糖含量/%	≥60	
蔗糖含量/%		
除下款以外的品种	≤5	
桉树蜂蜜、柑橘蜂蜜、紫苜蓿蜂蜜	≤10	
酸度(1mol/L氢氧化钠)/(mL/kg)	≤40	
羟甲基糠醛/(mg/kg)	≤40	
淀粉酶活性(1%淀粉溶液)/[mL/(g·h)]		
除下款以外的品种	≥4	
荔枝蜂蜜、龙眼蜂蜜、柑橘蜂蜜、鹅掌柴蜂蜜	≥2	
灰分/%	≤0.4	

二、其他蜂产品

其他蜂产品如蜂王浆、蜂胶、蜂花粉的理化检验指标见表9-23、表9-24、表9-25。

表9-23 蜂王浆理化指标（GB 19330—2003）

项目	指标	项目	指标
水分/%	65.0～69.0	总糖（以葡萄糖计）/%	≤15
蛋白质/%	11～14	淀粉	不得检出
酸度（1mol/L 氢氧化钠）/(mL/kg)	≤30～53	10-羟基-2-癸烯酸/%	≥1.4
灰分/%	≤1.5		

表9-24 蜂胶理化指标

项目	指标	项目	指标
总黄酮含量/%	≥8	75%乙醇提取物含量/%	≥55
氧化时间/s	≤22	蜂蜡和75%乙醇不溶物含量/%	≤45

表9-25 蜂花粉理化指标

项目	指标	项目	指标
水分/%	≤10	灰分/%	≤4
蛋白质/%	≥15	杂质/%	≤1.0

附录一

薄层色谱技术

薄层色谱（thin layer chromatography，TLC），又称为薄层层析，是色谱法（chromatography）中的一种，是由 Kirchner 等人在 20 世纪 50 年代从经典的柱色谱及纸色谱基础上发展起来的一种色谱技术。

一、薄层色谱的基本原理

色谱法的基本原理是利用混合物中各组分在固定相和流动相中的吸附或溶解性能的不同，或其他亲和作用性能的差异，使混合物中的组分在两相间进行反复的吸附或分配等作用，从而将各组分分开。薄层层析是将要分离的混合物点在均匀涂布固定相的薄板下端，然后将薄板斜插在盛有展开剂的层析缸中，使溶剂浸入一部分固定相。由于毛细作用，被分离的组分随展开剂以不同的速度向上移动。由于固定相对混合试样中各组分的吸附力不同，各组分会选择性地保留在原点和溶剂前沿之间的固定相上。

各组分在板上的位置用比移值（R_f）表示，R_f 值计算如下：

$$R_f = \frac{\text{原点至样品斑点之间的距离}}{\text{原点至溶剂前沿的距离}}$$

当 $R_f=0$ 时，样品留在原点，在薄层上没被展开；当 $R_f=1$ 时，表示样品不被保留，随展开剂展开至前沿。在薄层分析中合适的 R_f 值应在 0.2～0.8。化合物的吸附能力与它们的极性成正比，具有较大极性的化合物吸附较强，因此 R_f 值较小。在给定的条件下（吸附剂、展开剂、板层厚度等），化合物移动的距离和展开剂移动的距离之比是一定的，即 R_f 值是化合物的物理常数，其大小只与化合物本身的结构有关，因此可以根据 R_f 值鉴别化合物。由于不同薄层板之间的差异及操作条件的细微变化，不同薄层板之间得到的结果会略有差异，因此，通常样品的分离鉴定，都采用同一块薄层板上平行进行已知和未知样品的分析，在同一条件下进行对照定性。

二、薄层色谱固定相和流动相的选择

（一）固定相的选择

固定相亦称为吸附剂，应具备大的表面积与足够的吸附能力，对不同的化学成分有不同的吸附力，这样才能较好地把不同的化学成分分开，与溶剂及样品中各成分不起化学反应。颗粒均匀，在操作过程中不会破裂。常用的吸附剂有氧化铝、硅胶、硅酸镁、硅藻土、聚酰铵、纤维素、淀粉、蔗糖等。其中，氧化铝、硅胶，由于吸附性能良好，适用于各类化合物的分离，故应用较广，可首先使用。

（二）流动相的选择

流动相亦称为展开剂，选择时根据被分离物质的极性及其和展开剂的亲和力来决定。在吸附薄层层析中，展开剂的极性愈大，对同一化合物的洗脱能力也愈大，R_f 值增加。因此，如果用某一展开剂展开某一成分时，当发现它的 R_f 值太小时，就可考虑改用一种极性较大的展开剂，或在原来的展开剂中加入一定量的另一种极性较大的展开剂。

三、薄层层析常用显色剂及显色方法

薄层层析后组分斑点的位置，除了本身有颜色或在荧光板上有紫外吸收的物质在紫外光下可以看出外，常需要用不同的显色剂显色来定位。

（一）常用的显色方法

1. 喷雾显色　将显色剂配成一定浓度的溶液，用喷雾的方法均匀地喷洒在薄层板上。喷雾时，喷雾器与薄层板相距 30cm 左右，不可太近，这样才能使雾滴均匀喷洒在薄层板上。在喷雾显色之前最好将展开剂挥发除尽，以避免干扰。但若是软板，应趁展开剂未干前喷雾显色，以免吸附剂吹散。

2. 蒸气显色　利用一些物质的蒸气与样品作用而显色，例如，将固体碘、浓氨水、液体溴等易挥发物质放在密闭容器内，然后把挥发除去展开剂的薄层放入其中显色。多数有机物遇碘蒸气能显黄色至黄棕色斑点。显色作用多是化合物对碘的吸附作用，因此显色后在空气中放置，碘挥发逸去，斑点即褪色。

3. 光照显色　有些化合物本身发荧光，展开后一旦溶剂挥去即可在紫外灯下观察荧光斑点，用铅笔在薄层板上划下记号。有的化合物需在留有少许溶剂时才能显出荧光；有的化合物本身荧光不强，但在碘蒸气中熏一下再观察其荧光，灵敏度有所提高。

（二）常用的显色剂

1. 重铬酸钾-硫酸　检查一般有机物用。5g 重铬酸钾溶于 100mL 40％硫酸中，喷洒后加热到 150℃至斑点出现。

2. 碘　检查一般有机物用。显色方法：①层析板放于密闭缸内或瓷盘内，缸内预先放有碘结晶少许，大部分有机化合物呈棕色斑点；②层析板放于碘蒸气中 5min（或喷 5％碘的氯仿溶液），取出置空气中待过量的碘蒸气全部挥发后，喷 1％淀粉的水溶液，斑点即转成蓝色。

3. 硫酸　通用。5％的浓硫酸乙醇溶液，或 15％浓硫酸正丁醇溶液，或浓硫酸-醋酸（1＋1）溶液喷洒后，空气中干燥 15min，再加热至 110℃，直至出现颜色或荧光。

4. 荧光素-溴　检查不饱和化合物。荧光素溶液：0.1g 荧光素溶于 100mL 乙醇中；溴试剂：5％溴的四氯化碳溶液。喷洒荧光素溶液后，放置于有溴溶液的缸内，然后可于紫外分析灯下检查荧光。荧光素与溴化合成曙红（eosin）无荧光，而不饱和化合物则变成溴加成物，有荧光；若点样量较多，则呈黄色斑点，薄层板底色呈红色。

5. 磷钼酸或磷钨酸、硅钨酸溶液　检查还原性物质、类脂体、生物碱、甾体等。5％～10％磷钼酸或磷钨酸或硅钨酸乙醇溶液喷洒后，120℃加热至斑点出现。

6. 硝酸银-氢氧化铵（Tollen - Zaffaroni）**试剂**　检查还原性物质。溶液Ⅰ：0.1％硝酸银；溶液Ⅱ：5mol/L 氢氧化铵。溶液Ⅰ和Ⅱ以1：5 临用前混合，喷洒后 105℃加热 5～10min，至深黑色斑点出现。

四、薄层色谱基本操作程序

（一）薄层板的制备

1. 薄层板的大小 薄层板的大小，视使用目的而定。一般用玻璃作为支持物，若分离总成分的量为 0.5～1g 时，一般用 40cm×35cm 的薄层板 1～3 块即可，玻璃板厚 2～3mm，要求平整，四边磨光、洗净、烘干。

2. 薄层板的种类和制备

（1）软板：不含黏合剂的薄层板，叫做软板。

①氧化铝层析板：

器材：玻璃板、氧化铝、玻璃板。

制备：将洁净的玻璃板平放在光滑又洁净的白纸上，把氧化铝倾于玻璃板上，调好玻璃棒两圈套的距离（使之比玻璃板宽度约小 1cm）用两手拇食指抓住玻璃棒的两端，使套圈均等地压于玻璃板的两侧边上，然后均匀地推进玻棒，反复数次，直至氧化铝玻板平坦，厚度 0.2～0.5mm。

②纤维素层析板：取纤维素 2g，加水 6～8mL，混匀后，倒在玻璃板上，轻轻摇动玻璃板，使糊状物分布均匀，水平放置，水分蒸发后，105℃干烤 30min。

③尚可用硅胶、硅酸镁，制板方法同氧化铝软板。

（2）硬板：含黏合剂的层析板为硬板。常用的黏合剂有石膏、淀粉、羧甲基纤维素钠。

①氧化铝硬板：

成分：市售氧化铝 G（即含 15%煅石膏的氧化铝）25g、蒸馏水 45mL、乙醇少量（防止气泡）。

将以上成分在乳钵中调成糊状，倾于玻璃板上，轻敲或摇动玻板，使表面平坦光滑，水平放置，空气中干燥后，置 200～220℃烘干 4h，可得活性Ⅱ级的薄层板，如 150～160℃烘干 4h，可得Ⅲ～Ⅳ级的薄层板。

②硅胶硬板：称取市售硅胶 30g（含煅石膏 13%），加水 60～90mL，滴加少量乙醇，在乳钵中调成均匀糊状，立即铺层，室温干燥，置干燥器中保存，临用前 105℃活化 30min 即可，有时不经活化也能获得良好的分离结果。

③用淀粉作黏合剂：在吸附剂中加入 5%淀粉及两倍量的水，在沸水浴上加热，不断搅拌，直至成均匀而黏稠的糊，铺层，105℃干燥后即可。

（二）点样

通常将样品溶于低沸点溶剂（丙酮、甲醇、乙醇、氯仿、苯、乙醚等）中，用内径小于 1mm 管口平整的毛细管或微量注射器点样。

（1）先用铅笔在距薄层板一端 1cm 处轻轻划一横线作为起始线，然后用毛细管吸取样品，在起始线上小心点样，斑点直径一般不超过 2mm。

（2）若样品溶液太稀，可重复点样，但应待前次点样的溶剂挥发后方可重新点样，以防样点过大，造成拖尾、扩散等现象，而影响分离效果。

（3）若在同一板上点几个样，样点间距离应为1～1.5cm。

（4）点样要轻，不可刺破薄层。

在薄层色谱中，样品的上样量对物质的分离效果有很大影响，所需样品的量与显色剂的灵敏度、吸附剂的种类、薄层的厚度均有关系。样品太少，斑点不清楚，难以观察，但样品量太多时往往出现斑点太大或拖尾现象，以至不易分开。

（三）展开

薄层色谱展开剂的选择，主要根据样品的极性、溶解度和吸附剂的活性等因素来考虑。溶剂的极性越大，则对一化合物的洗脱能力也越大，即 R_f 值也越大（如果样品在溶剂中有一定溶解度）。理想的展开剂应能使混合物分离后各组分的 R_f 值相差尽可能大。

选择合适的量器把各组成溶剂移入分液漏斗，强烈振摇使充分混匀，放置，如果分层，取用体积大的一层作为展开剂。不应该把各组成溶液倒入展开缸，振摇展开缸来配制展开剂。展开剂配制后，在薄层板展开前，应使展开系统饱和。不管是双槽还是单槽展开缸，都应将薄层板在展开缸的蒸气中饱和半小时，让展开剂的蒸气充满展开缸，并使薄层板吸附蒸气达到饱和，防止边沿效应。展开时打开盖子把薄层板放入展开剂中，深度在1.0cm左右，切忌将点样点浸入展开剂中。薄层色谱的展开，需要在密闭容器中进行。为使溶剂蒸气迅速达到平衡，可在展开槽内衬一滤纸。

薄层展开的方式有以下几种：

（1）上升法：将色谱板垂直于盛有展开剂的容器中，适合于含黏合剂的薄层板。

（2）倾斜上行法：色谱板倾斜10°～15°，适用于干板或无黏合剂软板的展开；色谱板倾斜45°～60°，适用于含有黏合剂的色谱板。

（3）下行法：用滤纸或纱布等将展开剂吸到薄层板的上端，使展开剂沿板下行，这种连续展开的方法适用于 R_f 值小的化合物。

（4）双向色谱法：将样品点在方形薄层板的角上，先向一个方向展开，然后转动90°角的位置，再换另一种展开剂展开。适合于成分复杂的化合物分离。

（四）显色

样品展开后，如果本身带有颜色，可以直接看到斑点的位置。但是，大多数的有机化合物是无色的，常需用显色剂定位。

（五）薄层色谱的定性或定量分析

1. 定性分析 薄层色谱中的 R_f 值可作为鉴定化合物的指标。但 R_f 值受多种因素的影响，故重现性不好。最可靠的方法是用待测化合物的纯品作对照，在两种或两种以上的不同展开剂中展开，若未知样品的 R_f 值都相同，则可肯定两者为同一物。

2. 定量分析 薄层色谱法定量测定可分为两类：

（1）洗脱法：即将化合物从吸附剂上提取出来，用分光光度法定量。

（2）直接定量法：即根据薄层上斑点面积大小或斑点颜色强度或荧光强度，直接在薄层板上定量测定，或用薄层扫描仪对斑点密度扫描后进行定量分析。

附录二

相当于氧化亚铜质量的葡萄糖、乳糖、转化糖质量表

氧化亚铜	葡萄糖	果糖	乳糖（含水）	转化糖	氧化亚铜	葡萄糖	果糖	乳糖（含水）	转化糖
11.3	4.6	5.1	7.7	5.2	43.9	18.7	20.6	29.9	19.9
12.4	5.1	5.6	8.5	5.7	45.0	19.2	21.1	30.6	20.4
13.5	5.6	6.1	9.3	6.2	46.2	19.7	21.7	31.4	20.9
14.6	6.0	6.7	10.0	6.7	47.3	20.1	22.2	32.2	21.4
15.8	6.5	7.2	10.8	7.2	48.4	20.6	22.8	32.9	21.9
16.9	7.0	7.7	11.5	7.7	49.5	21.1	23.3	33.7	22.4
18.0	7.5	8.3	12.3	8.2	50.7	21.6	23.8	34.5	22.9
19.1	8.0	8.8	13.1	8.7	51.8	22.1	24.4	35.2	23.5
20.3	8.5	9.3	13.8	9.2	52.9	22.6	24.9	36.0	24.0
21.4	8.9	9.9	14.6	9.7	54.0	23.1	25.4	36.8	24.5
22.5	9.4	10.4	15.4	10.2	55.2	23.6	26.0	37.5	25.0
23.6	9.9	10.9	16.1	10.7	56.3	24.1	26.5	38.3	25.5
24.8	10.4	11.5	16.9	11.2	57.4	24.6	27.1	39.1	26.0
25.9	10.9	12.0	17.7	11.7	58.5	25.1	27.6	39.8	26.5
27.0	11.4	12.5	18.4	12.3	59.7	25.6	28.2	40.6	27.0
28.1	11.9	13.1	19.2	12.8	60.8	26.1	28.7	41.4	27.6
29.3	12.3	136.	19.9	13.3	61.9	26.5	29.2	42.1	28.1
30.4	12.8	14.2	20.7	13.8	63.0	27.0	29.8	42.9	28.6
31.5	13.3	14.7	21.5	14.3	64.2	27.5	30.3	43.7	29.1
32.6	13.8	15.2	22.2	14.8	65.3	28.0	30.9	44.4	29.6
33.8	14.3	15.8	23.0	15.3	66.4	28.5	31.4	45.2	30.1
34.9	14.8	16.3	23.8	15.8	67.6	29.0	31.9	46.0	30.6
36.0	15.3	16.8	24.5	16.3	68.7	29.5	32.5	46.7	31.2
37.2	15.7	17.4	25.3	16.8	69.8	30.0	33.0	47.5	31.7
38.3	16.2	17.9	26.1	17.3	70.9	30.5	33.6	48.3	32.2
39.4	16.7	18.4	26.8	17.8	72.1	31.0	34.1	49.0	32.7
40.5	17.2	19.0	27.6	18.3	73.2	31.5	34.7	49.8	33.2
41.7	17.7	19.5	28.4	18.9	74.3	32.0	35.2	50.6	33.7
42.8	18.2	20.1	29.1	19.4	75.4	32.5	35.8	51.3	34.3

（续）

氧化亚铜	葡萄糖	果糖	乳糖（含水）	转化糖	氧化亚铜	葡萄糖	果糖	乳糖（含水）	转化糖
76.6	33.0	36.3	52.1	34.8	119.3	52.1	57.1	81.3	54.6
77.7	33.5	36.8	52.9	35.3	120.5	52.6	57.7	82.1	55.2
78.8	34.0	37.4	53.6	35.8	121.6	53.1	58.2	82.8	55.7
79.8	34.5	37.9	54.4	36.3	122.7	53.6	58.8	83.6	56.2
81.1	35.0	38.5	55.2	36.8	123.8	54.1	59.3	84.4	56.7
82.2	35.5	39.0	55.9	37.4	125.0	54.6	59.9	85.1	57.3
83.3	36.0	39.6	56.7	37.9	126.1	55.1	60.4	85.9	57.8
84.4	36.5	40.1	57.5	38.4	127.2	55.6	61.0	86.7	58.3
85.6	37.0	40.7	58.2	38.9	128.3	56.1	61.6	87.4	58.9
86.7	37.5	41.2	59.0	39.4	129.5	56.7	62.1	88.2	59.4
87.8	38.0	41.7	59.8	40.0	130.6	57.2	62.7	89.0	59.9
88.9	38.5	42.3	60.5	40.5	131.7	57.5	63.2	89.8	60.4
90.1	39.0	42.8	61.3	41.0	132.8	58.2	63.8	90.5	61.0
91.2	39.5	43.4	62.1	41.5	134.0	58.7	64.3	91.3	61.5
92.3	40.0	43.9	62.8	42.0	135.1	59.2	64.9	92.1	62.0
93.4	40.5	44.5	63.6	42.6	136.2	59.7	65.4	92.8	62.6
94.6	41.0	45.0	64.4	43.1	137.4	60.2	66.0	93.6	63.1
95.7	41.5	45.6	65.1	43.6	138.5	60.7	66.5	94.4	63.6
96.8	42.0	46.1	65.9	44.1	139.6	61.3	67.1	95.2	64.2
97.9	42.5	46.7	66.7	44.7	140.7	61.8	67.7	95.9	64.7
99.1	43.0	47.2	67.4	45.2	141.9	62.3	68.2	96.7	65.2
100.2	43.5	47.8	68.2	45.7	143.0	62.8	68.8	97.5	65.8
101.3	44.0	48.3	69.0	46.2	144.1	63.3	69.3	98.2	66.3
102.5	44.5	48.9	69.7	46.7	145.2	63.8	69.9	99.0	66.8
103.6	45.0	49.4	70.5	47.3	146.4	64.3	70.4	99.8	67.4
104.7	45.5	50.0	71.3	47.8	147.5	64.9	71.0	100.6	67.9
105.8	46.0	50.5	72.1	48.3	148.6	65.4	71.6	101.3	68.4
107.0	46.5	51.5	72.8	48.8	149.7	65.9	72.1	102.1	69.0
108.1	47.0	51.6	73.6	49.4	150.9	66.4	72.7	102.9	69.5
109.2	47.5	52.2	74.4	49.9	152.0	66.9	73.2	103.6	70.0
110.3	48.0	52.7	75.1	50.4	153.1	67.4	73.8	104.4	70.6
111.5	48.5	53.3	75.9	50.9	154.2	68.0	74.3	105.2	71.1
112.6	49.0	53.8	76.7	51.5	155.4	68.5	74.9	106.0	71.6
113.7	49.5	54.4	77.4	52.0	156.5	69.0	75.5	106.7	72.2
114.8	50.0	54.9	78.2	52.5	157.6	69.5	76.0	107.5	72.7
116.0	50.6	55.5	79.0	53.0	158.7	70.0	76.6	108.3	73.2
117.1	51.1	56.0	79.7	53.6	159.9	70.5	77.1	109.0	73.8
118.2	51.6	56.6	80.5	54.1	161.0	71.1	77.7	109.8	74.3

（续）

氧化亚铜	葡萄糖	果糖	乳糖（含水）	转化糖	氧化亚铜	葡萄糖	果糖	乳糖（含水）	转化糖
162.1	71.6	78.3	110.6	74.9	204.9	91.5	99.7	140.0	95.5
163.2	72.1	78.8	111.4	75.4	206.0	92.0	100.3	140.8	96.0
164.4	72.6	79.4	112.1	75.9	207.2	92.6	100.9	141.5	96.6
165.5	73.1	80.0	112.9	76.5	208.3	93.1	101.4	142.3	97.1
166.6	73.7	80.5	113.7	77.0	209.4	93.6	102.0	143.1	97.7
167.8	74.2	81.1	114.4	77.6	210.5	94.2	102.6	143.9	98.2
168.9	74.7	81.6	115.2	78.1	211.7	94.7	103.1	144.6	98.8
170.0	75.2	82.2	116.0	78.6	212.8	95.2	103.7	145.4	99.3
171.1	75.7	82.8	116.8	79.2	213.9	95.7	104.3	146.2	99.9
172.3	76.3	83.8	117.5	79.7	215.0	96.3	104.8	147.0	100.4
173.4	76.8	83.9	118.3	80.3	216.2	96.8	105.4	147.7	101.0
174.5	77.3	84.4	119.1	80.8	217.3	97.3	106.0	148.5	101.5
175.6	77.8	85.0	119.9	81.3	218.4	97.9	106.6	149.3	102.1
176.8	78.3	85.6	120.6	81.9	219.5	98.4	107.1	150.1	102.6
177.9	78.9	86.1	121.4	82.4	220.7	98.9	107.7	150.8	103.2
179.0	79.4	86.7	122.2	83.0	221.8	99.5	108.3	151.6	103.7
180.1	79.9	87.3	122.9	83.5	222.9	100.0	108.8	152.4	104.3
181.3	80.4	87.8	123.7	84.0	224.0	100.5	109.4	153.2	104.8
182.4	81.0	88.4	124.5	84.6	225.2	101.1	110.0	153.9	105.4
183.5	81.5	89.0	125.3	85.1	226.3	101.6	110.6	154.7	106.0
184.5	82.0	89.5	126.0	85.7	227.4	102.2	111.1	155.5	106.5
185.8	82.5	90.1	126.8	86.2	228.5	102.7	111.7	156.3	107.1
186.9	83.1	90.6	127.6	86.8	229.7	103.2	112.3	157.0	107.6
188.0	83.6	91.2	128.4	87.3	230.8	103.8	112.9	157.8	108.2
189.1	84.1	91.8	129.1	87.8	231.9	104.3	113.4	158.6	108.7
190.3	84.6	92.3	129.9	88.4	233.1	104.8	114.0	159.4	109.3
191.4	85.2	92.2	130.7	88.9	234.2	105.4	114.6	160.2	109.8
192.5	85.7	93.5	131.5	89.5	235.3	105.9	115.2	160.9	110.4
193.6	86.2	94.0	132.2	90.0	236.4	106.5	115.7	161.7	110.9
194.8	86.7	94.6	133.0	90.6	237.6	107.0	116.3	162.5	111.5
195.9	87.3	95.2	133.8	91.1	238.7	107.5	116.9	163.3	112.1
197.0	87.8	95.7	134.6	91.7	239.8	108.1	117.5	164.0	112.6
198.1	88.3	96.3	135.3	92.2	240.9	108.6	118.0	164.8	113.2
199.3	88.9	96.9	136.1	92.8	242.1	109.2	118.6	165.6	113.7
200.4	89.4	97.4	136.9	93.3	243.1	109.7	119.2	166.4	114.3
201.5	89.9	98.0	137.7	93.8	244.3	110.2	119.8	167.1	114.9
202.7	90.4	98.6	138.4	94.4	245.4	110.8	120.3	167.9	115.4
203.8	91.0	99.2	139.2	94.9	246.6	111.3	120.9	168.7	116.0

（续）

氧化亚铜	葡萄糖	果糖	乳糖（含水）	转化糖	氧化亚铜	葡萄糖	果糖	乳糖（含水）	转化糖
247.7	111.9	121.5	169.5	116.5	290.5	132.7	143.6	199.1	138.0
248.8	112.4	122.1	170.3	117.1	291.6	133.2	144.2	199.9	138.6
249.9	112.9	122.6	171.0	117.6	292.7	133.8	144.8	200.7	139.1
251.1	113.5	123.2	171.8	118.2	293.8	134.3	145.4	201.4	139.7
252.2	114.0	123.8	172.6	118.8	295.0	134.9	145.9	202.2	140.3
253.3	114.6	124.4	173.4	119.3	296.1	135.4	146.5	203.0	140.8
254.4	115.1	125.0	174.2	119.9	297.2	136.0	147.1	203.8	141.4
255.6	115.7	125.5	174.9	120.4	298.3	136.5	147.7	204.6	142.0
256.7	116.2	126.1	175.7	121.0	299.5	137.1	148.3	205.3	142.6
257.8	116.7	126.7	176.5	121.6	300.6	137.7	148.9	206.1	143.1
258.9	117.3	127.3	177.3	122.1	301.7	138.2	149.5	206.9	143.7
260.1	117.8	127.9	178.1	122.7	302.9	138.8	150.1	207.7	144.3
261.2	118.4	128.4	178.8	123.3	304.0	139.3	150.6	208.5	144.8
262.3	118.9	129.0	179.6	123.8	305.1	139.9	151.2	209.2	145.4
263.4	119.5	129.6	180.4	124.4	306.2	140.4	151.8	210.0	146.0
264.6	120.0	130.2	181.2	124.9	307.4	141.0	152.4	210.8	146.6
265.7	120.6	130.8	181.9	125.5	308.5	141.6	153.0	211.6	147.1
266.8	121.1	131.3	182.7	126.1	309.6	142.1	153.6	212.4	147.7
268.0	121.7	131.9	183.5	126.6	310.7	142.7	154.2	213.2	148.3
269.1	122.2	132.5	184.3	127.2	311.9	143.2	154.8	214.0	148.9
270.2	122.7	133.1	185.1	127.8	313.0	143.8	155.4	214.7	149.4
271.3	123.3	133.7	185.8	128.3	314.1	144.4	156.0	215.5	150.0
272.5	123.8	134.2	186.6	128.9	315.2	144.9	156.5	216.3	150.6
273.6	124.4	134.8	187.4	129.5	316.4	145.5	157.1	217.1	151.2
274.7	124.9	135.4	188.2	130.0	317.5	146.0	157.7	217.9	151.8
275.8	125.5	136.0	189.0	130.6	318.6	146.6	158.3	218.7	152.3
277.0	126.0	136.6	189.7	131.2	319.7	147.2	158.9	219.4	152.9
278.1	126.6	137.2	190.5	131.7	320.9	147.7	159.5	220.2	153.5
279.2	127.1	137.7	191.3	132.3	322.0	148.3	160.1	221.0	154.1
280.3	127.7	138.3	192.1	132.9	323.1	148.8	160.7	221.8	154.6
281.5	128.2	138.9	192.9	133.4	324.3	149.4	161.3	222.6	155.2
282.6	128.8	139.5	193.6	134.0	325.4	150.5	161.9	223.3	155.8
283.7	129.3	140.1	194.4	134.6	326.5	150.5	162.5	224.1	156.4
284.8	129.9	140.7	195.2	135.1	327.6	151.1	163.1	224.9	157.0
286.0	130.4	141.3	196.0	135.7	328.7	151.7	163.7	225.7	157.5
287.1	131.0	141.8	196.8	136.3	329.9	152.2	164.3	226.5	158.1
288.2	131.6	142.4	197.5	136.8	331.0	152.8	164.9	227.3	158.7
289.3	132.1	143.0	198.3	137.4	332.1	153.4	165.4	228.0	159.3

（续）

氧化亚铜	葡萄糖	果糖	乳糖（含水）	转化糖	氧化亚铜	葡萄糖	果糖	乳糖（含水）	转化糖
333.3	153.9	166.0	228.8	159.9	376.0	175.7	188.8	258.7	182.2
334.4	154.5	166.6	229.6	160.5	377.2	176.3	189.4	259.4	182.8
335.5	155.1	167.2	230.4	161.0	378.3	176.8	190.1	260.2	183.4
336.6	155.6	167.8	231.2	161.6	379.4	177.4	190.7	261.0	184.0
337.8	156.2	168.4	232.0	162.2	380.5	178.0	191.3	261.8	184.6
338.9	156.8	169.0	232.7	162.8	381.7	178.6	191.9	262.6	185.2
340.0	157.3	169.6	233.5	163.4	382.8	179.2	192.5	263.4	185.8
341.1	157.9	170.2	234.3	164.0	383.9	179.7	193.1	264.2	186.4
342.3	158.2	170.8	235.1	164.5	385.0	180.3	193.7	265.0	187.0
343.4	159.0	171.4	235.9	165.1	386.2	180.9	194.3	265.8	187.6
344.5	159.6	172.0	236.7	165.7	387.3	181.5	194.9	266.6	188.2
345.6	160.2	172.6	237.4	166.3	388.4	182.1	195.5	267.4	188.8
346.8	160.7	173.2	238.2	166.9	389.5	182.7	196.1	268.1	189.4
347.9	161.3	173.8	239.0	167.5	390.7	183.2	196.7	268.9	190.0
349.0	161.9	174.4	239.8	168.0	391.8	183.8	197.3	269.7	190.6
350.1	162.5	175.0	240.6	168.6	392.9	184.4	197.9	270.5	191.2
351.3	163.0	175.6	241.4	169.2	394.0	185.0	198.5	271.3	191.8
352.4	163.6	176.2	242.2	169.8	395.2	185.6	199.2	272.1	192.4
353.5	164.2	176.8	243.0	170.4	396.3	186.2	199.8	272.9	193.0
354.6	164.7	177.4	243.7	171.0	397.4	186.8	200.4	273.7	193.6
355.8	165.3	178.0	244.5	171.6	398.5	187.3	201.0	274.4	194.2
356.9	165.9	178.6	245.3	172.2	399.7	187.9	201.6	275.2	194.8
358.0	166.5	179.2	246.1	172.8	400.8	188.5	202.2	276.0	195.4
359.1	167.0	179.8	246.9	173.3	401.9	189.1	202.8	276.8	196.0
360.3	167.6	180.4	247.7	173.9	403.1	189.7	203.4	277.6	196.6
361.4	168.2	181.0	248.5	174.5	404.2	190.3	204.0	278.4	197.2
362.5	168.8	181.6	249.2	175.1	405.3	190.9	204.7	279.2	197.8
363.6	169.3	182.2	250.0	175.7	406.4	191.5	205.3	280.0	198.4
364.8	169.9	182.8	250.8	176.3	407.6	192.0	205.9	280.8	199.0
365.9	170.5	183.4	251.6	176.9	408.7	192.6	206.5	281.6	199.6
367.0	171.1	184.0	252.4	177.5	409.8	193.2	207.1	282.4	200.2
368.2	171.6	184.6	253.2	178.1	410.9	193.8	207.7	283.2	200.8
369.5	172.2	185.2	253.9	178.7	412.1	194.4	208.3	284.0	201.4
370.4	172.8	185.8	254.7	179.2	413.2	195.0	209.0	284.8	202.0
371.5	173.4	186.4	255.5	179.8	414.3	195.6	209.6	285.6	202.6
372.7	173.9	187.0	256.3	180.4	415.4	196.2	210.2	286.3	203.2
373.8	174.5	187.6	257.1	181.0	416.6	196.8	210.8	287.1	203.8
374.9	175.1	188.2	257.9	181.6	417.7	197.4	211.4	287.9	204.4

（续）

氧化亚铜	葡萄糖	果糖	乳糖（含水）	转化糖	氧化亚铜	葡萄糖	果糖	乳糖（含水）	转化糖
418.8	198.0	212.0	288.7	205.0	454.8	217.1	232.0	314.2	224.7
419.9	198.5	212.6	289.5	205.7	456.0	217.8	232.6	315.0	225.4
421.1	199.1	213.3	290.3	206.3	457.1	218.4	233.2	315.9	226.0
422.2	199.7	213.9	291.1	206.9	458.2	219.0	233.9	316.7	226.6
423.3	200.3	214.5	291.9	207.5	459.3	219.6	234.5	317.5	227.2
424.4	200.9	215.1	292.7	208.1	460.5	220.2	235.1	318.3	227.9
425.6	201.5	215.7	293.5	208.7	461.6	220.8	235.8	319.1	228.5
426.7	202.1	216.3	294.3	209.3	462.7	221.4	236.4	319.9	229.1
427.8	202.7	217.0	295.0	209.9	463.8	222.0	237.1	320.7	229.7
428.9	203.3	217.6	295.8	210.5	465.0	222.6	237.7	321.6	230.4
430.1	203.9	218.2	296.6	211.1	466.1	223.3	238.4	322.4	231.0
431.2	204.5	218.8	297.4	211.8	467.2	223.9	239.0	323.2	231.7
432.3	205.1	219.5	298.2	212.4	468.4	224.5	239.7	324.0	232.3
433.5	205.7	220.1	299.0	213.0	469.5	225.1	240.3	324.9	232.9
434.6	206.3	220.7	299.8	213.6	470.6	225.7	241.0	325.7	233.6
435.7	206.9	221.3	300.6	214.2	471.7	226.3	241.6	326.5	234.2
436.8	207.5	221.9	301.4	214.8	472.9	227.0	242.2	327.4	234.8
438.0	208.1	222.6	302.2	215.1	474.0	227.6	242.9	328.2	235.5
439.1	208.7	232.2	303.0	216.0	475.1	228.2	243.6	329.1	236.1
440.2	209.3	223.8	303.8	216.7	476.2	228.8	244.3	329.9	236.8
441.3	209.9	224.4	304.6	217.3	477.4	229.5	244.9	330.8	237.5
442.5	210.5	225.1	305.4	217.9	478.5	230.1	245.6	331.7	238.1
443.6	211.1	225.7	306.2	218.5	479.6	230.7	246.3	332.6	238.8
444.7	211.7	226.3	307.0	219.1	480.7	231.4	247.0	333.5	239.5
445.8	212.3	226.9	307.8	219.8	481.9	232.0	247.8	334.4	240.2
447.0	212.9	227.6	308.6	220.4	483.0	232.7	248.5	335.3	240.8
448.1	213.5	228.2	309.4	221.0	484.1	233.3	249.2	336.3	241.5
449.2	214.1	228.8	310.2	221.6	485.2	234.0	250.0	337.3	242.3
450.3	214.7	229.4	311.0	222.2	486.4	234.7	250.8	338.3	243.0
451.5	215.3	230.1	311.8	222.9	487.5	235.3	251.6	339.4	243.8
452.6	215.9	230.1	312.6	223.5	488.6	236.1	252.7	340.7	244.7
453.7	216.5	231.3	313.4	224.1	489.7	236.9	253.7	342.0	245.8

主要参考文献

李俊锁，邱月明，王超 . 2002. 兽药残留分析［M］. 上海：上海科学技术出版社 .

刘长虹 . 2006. 食品分析及实验［M］. 北京：化学工业出版社 .

刘岱岳，余传隆，刘鹊华 . 2007. 生物毒素开发与利用［M］. 北京：化学工业出版社 .

刘兴友，刁有祥 . 2008. 食品理化检验学［M］. 2 版 . 北京：中国农业大学出版社 .

曲祖乙 . 2006. 食品分析与检验［M］. 北京：中国环境科学出版社 .

王秉栋 . 2006. 动物性食品卫生理化检验［M］. 北京：中国农业出版社 .

王叔淳 . 2002. 食品卫生检验技术手册［M］. 3 版 . 北京：化学工业出版社 .

王向东 . 2007. 食品毒理学［M］. 南京：东南大学出版社 .

卫生部卫生监督中心卫生标准处 . 2005. 食品卫生标准及相关法规汇编（上、下）［M］. 北京：中国标准出版社 .

吴永宁，邵兵，沈建忠 . 2007. 兽药残留监测与监控技术［M］. 北京：化学工业出版社 .

吴永宁 . 2003. 现代食品安全科学［M］. 北京：化学工业出版社 .

谢音，屈小英 . 2006. 食品分析［M］. 北京：科学技术文献出版社 .

杨惠芬，李明元，沈文 . 1998. 食品卫生理化检验标准手册［M］. 北京：中国标准出版社 .

张彦明，余锐萍 . 2002. 动物性食品卫生学［M］. 3 版 . 北京：中国农业出版社 .

中华人民共和国农业部 . NY 5001—5073. 无公害食品［M］. 北京：中国标准出版社 .

中华人民共和国农业部 . NY 5125—5172、5054、5061、5067、5069—5072. 无公害食品（第二批）· 养殖业部分［M］. 北京：中国标准出版社 .

中华人民共和国卫生部 . GB/T 5009.1—222. 食品卫生检验方法　理化部分（一、二）［M］. 北京：中国标准出版社 .

图书在版编目（CIP）数据

动物性食品卫生理化检验/刁有祥，张雨梅主编．
—北京：中国农业出版社，2011.8（2023.7重印）
全国高等农林院校“十一五”规划教材
ISBN 978-7-109-15964-8

Ⅰ.①动…　Ⅱ.①刁…②张…　Ⅲ.①动物性食品—
食品检验—高等教育—教材　Ⅳ.①TS251.7

中国版本图书馆CIP数据核字（2011）第161710号

中国农业出版社出版
（北京市朝阳区麦子店街18号楼）
（邮政编码100125）
责任编辑　武旭峰　王晓荣
文字编辑　郑　君

中农印务有限公司印刷　　新华书店北京发行所发行
2011年8月第1版　　2023年7月北京第3次印刷

开本：787mm×1092mm　1/16　　印张：21.75
字数：523千字
定价：48.50元
（凡本版图书出现印刷、装订错误，请向出版社发行部调换）